基礎電磁學

何銘子、賴富順　編著

全華圖書股份有限公司

序言

本書編寫的動機是希望藉由特別的編排，對電磁學的初學者提供一本能輕易上手與理解電磁學用書。所謂的「能輕易上手與理解」的講法並非指像速食店式的速成，也不是可以完全避開繁擾數學式的簡易，而是藉由本書的帶領，讀者順著章節編排，按部就班、由淺開始學習電磁學。

本書編寫的目的是希望能爲大專院校學生提供一本整學年的電磁學教材或是自學用書。本書具有下列特性：內容基礎精簡、例題解說詳盡、逐步引導理解、有助於鞏固電磁學的基礎。當然，讀者的投入非常重要。對於虛無飄渺的電與磁，作者希望透過本書的引導，使讀者不輕易放棄電磁學，那麼學習電磁學舊不難了。

本書編著雖力求完善，但不免有所不及之處或是有待改善之空間，若能蒙讀者不吝來函指正，則不勝感激。

吳鳳科技大學

何銘子

本書特色

◎定義、重點詳細解說

詳細講解定義、重點部分，詳列相關方程式，並用簡單易懂的語言，闡明方程式中符號的物理意義，是自學的最家用書。

在 3-4 節中曾經比較靜電場的電荷間的電力，與靜磁場中的電流間的磁力：

$$\vec{\mathbf{F}}_{ab} = \frac{1}{4\pi\varepsilon_0}\frac{Q_aQ_b}{r^2}\hat{\mathbf{r}} \tag{2-1}$$

$$\vec{\mathbf{F}}_{ab} = \frac{\mu_0}{4\pi}\oint_a\oint_b \frac{I_a d\vec{\ell}_a \times (I_b d\vec{\ell}_b \times \hat{\mathbf{r}})}{r^2} \tag{3-8}$$

也曾經強調過，電荷(帶電質點)的等速運動產生定電流。因此，電荷在磁場中的等速運動情況可視為電流在磁場中情況一般，只要電流在垂直磁場方向有分量時，就有磁力存在。這個磁力可由下列公式得到完整描述：假設電荷 Q 在磁場 $\vec{\mathbf{B}}$ 中以等速度 $\vec{\mathbf{u}}$ 移動，則電荷 Q 承受一磁力 $\vec{\mathbf{F}}_m$ 定義為

$$\vec{\mathbf{F}}_m = Q(\vec{\mathbf{u}}\times\vec{\mathbf{B}}) \tag{3-26}$$

其中符號 $\vec{\mathbf{F}}_m$ 是為了強調這是個磁力，單位也是牛頓(N)；速度 $\vec{\mathbf{u}}$ 與磁場 $\vec{\mathbf{B}}$ 間的外積則強調兩者間的角度，若是平行則無磁力、若是垂直則所受磁力最大；而磁力 $\vec{\mathbf{F}}_m$ 的方向則垂直於速度 $\vec{\mathbf{u}}$ 與磁場 $\vec{\mathbf{B}}$ 所在的平面。

◎例題與插圖輔助理解

每章均提供大量例題，讓讀者思考並消化剛剛所學之電磁學知識。例題解答詳列步驟說明與運算過程，並輔以插圖幫助理解，提升學習效率。

例題 2.2

已知兩電荷的電量分別為 10μC 與 20μC 且相距 4 米，試問第三個電荷 15μC 應置於何處，使得受力為零(達到力平衡)。

解　參考圖例2.2，三個電荷帶同性電，因此電荷間庫倫力為斥力。所以如下圖所示唯一可能達到力平衡的區域，就是兩電荷連線上且在兩電荷之間，就是M區，也就是連線上的中間區。

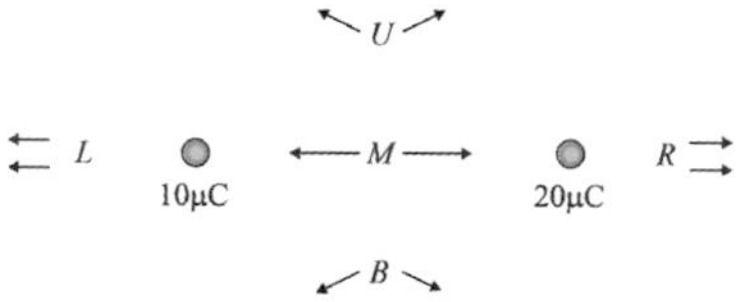

圖例 2.2　在三同性電荷系統中可能達到力平衡的情況。

假設第三個電荷在10μC電荷的右側x米處，同時也在20μC電荷左側$(4-x)$米處。依據庫倫定律第三個電荷分別受力為

$$F_{10} = \frac{1}{4\pi\varepsilon_0}\frac{(10\times10^{-6})(15\times10^{-6})}{x^2} \quad 向右$$

$$F_{20} = \frac{1}{4\pi\varepsilon_0}\frac{(20\times10^{-6})(15\times10^{-6})}{(4-x)^2} \quad 向左$$

當達到力平衡時，$F_{10}=F_{20}$。因F_{10}與F_{20}已經是反向了，所以大小相等即為平衡。整理得下列x的二次方程式

$$\frac{1}{x^2}=\frac{2}{(4-x)^2} \text{ 或是 } 2x^2 = x^2-8x+16$$

即 $x^2+8x-16=0$ 解得 $x\approx1.657$ 米

故第三個電荷應置放於10μC電荷右側1.657米處，或是20μC電荷左側2.343米處，其淨力為零。

驗算　代入數據得 $F_{10}=0.4918$ N(向右)；$F_{20}=0.4918$ N(向左)。

◎生活化的應用實例

從周遭隨處可見的事物切入，以圖文並茂的方式來說明這些發生在我們日常生活中隨處可見的電磁學現象，讓學習電磁學變得更簡易、更輕鬆。

應用實例

名稱：靜電除塵

技術：高壓放電、電場吸集

原理：利用高壓放電使粉塵及煙霧等粒子帶電，再以(靜)電場吸集除塵

說明：利用靜電場除塵是吸附懸浮氣體中帶電的塵粒、分離、去除。高壓放電使粉塵及煙霧等粒子帶正電，再以電場吸附集塵，氣體因而被淨化。除塵效率可達95%～99%；捕集微粒範圍達10奈米。

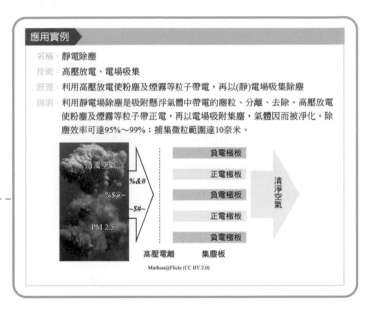

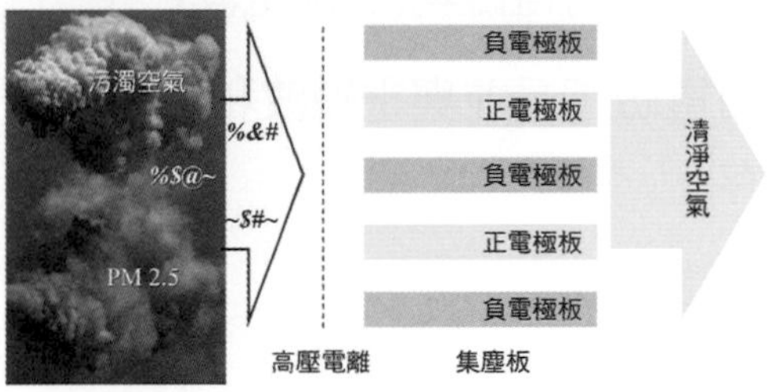

Mathias@Flickr (CC BY 2.0)

◎深入淺出的電磁小百科

以深入淺出的文自介紹晦澀難懂的定律或方程式，在輕鬆有趣的氣氛下瞭解來源，並進一步理解熟記。

電磁小百科

安培定律(Ampère's law)

又稱安培環路定律；法國物理學家、數學家 André-Marie Ampère 在 1820 年受丹麥物理學家、化學家 Ørsted 發現電流磁效應的啟發，集中精力研究並於 1826 年提出安培右手螺旋定則。安培定律載明導線電流與環繞導線磁場間的關係，右手螺旋定則表明導線電流方向與環繞導線磁場的方向。有一次在街上，安培想到一個電學問題的解法，隨即在一塊黑板上演算；該黑板竟是馬車的車廂。馬車動了，安培跟著走，邊走邊寫，越走越快，最後安培追不上馬車，才停下「運算」。當靈感湧現的時候，你 / 妳是否「馬上」寫下？或是以 3C 產品錄音？

◎輔助教材供教學參考

本書另有提供教師輔助教材光碟，作為教學參考之用。

1. 中文教學 PPT：提供詳盡而實用的中文教學 PPT，包含各章的重點摘要與重要圖表，以供授課老師教學上使用，增進教學內容的豐富性與多元性，並使學生更能掌握學習重點。此外，本教學 PPT 可做修改，老師可依不同的教學需求自行編排其內容。

2. 習題詳解：提供各章習題的詳細解答 WORD 檔，方便老師教學上參考。

3. 例題與習題：提供各章例題與習題 PDF 檔，方便老師課後出題時參考。

目錄

chapter 0

電磁日常應用及電、磁與學

本章節前段的目的在於介紹電磁學中的電、磁與學。電磁日常應用的多樣化實例從燈泡到 3C 衛星通訊比比皆是。電磁應用在現今人類生活中具有提升生活品質的重要角色，而且是無處不在、無可避免的；電磁應用在現代人的心理上一方面造成不可或缺的依賴，另一方面卻是怕被傷害、怕會被電磁波烤熟、怕會造成身心病變的恐懼。所以身為現代人應該具有瞭解電磁原理及如何善用電磁工具的心態上的準備，才能與電磁和平共存。

0-1 無所不在的電磁場(無線電波)

電磁場在我們生活的環境中是無所不在的，電磁場的頻率(波長)範圍極廣極闊，可見光範圍以外的電磁場是人類眼睛無法感知察覺的。有些不可見的電磁場對人類是明顯有害的，如輻射線(X 光)、紅外線、紫外線等；在不正常的使用或操作下，可見的電磁場(光)對人類也是有害的，如藍光、長期使用等。

電場是因電壓差的存在而產生的，且電壓越高，電場越強；磁場是因電流的存在而產生的，且電流越大，磁場越強。電場的存在不會受電流的存在與否影響。磁場可導致導體內部的電流(渦電流)流動，並藉由焦耳(Joule)效應產生熱，消耗能量。電磁場的輻射是因帶電粒子的加速運動而產生的，當電磁場(靜態微觀)傳播於空間時則稱為電磁波(動態宏觀)。

參考基地臺電磁波知識服務網(http://www.emfsite.org.tw/index.php)中的「和電磁波朝夕相處」篇指出電和磁的現象無所不在(頻率範圍從家用電的 60 Hz 至 10^{15}Hz)：大自然的太陽光和閃電；人爲的在室內有 WiFi、電視、微波爐、電燈泡、電腦等各類電器用品；在室外有無線基地臺、廣播電視臺、警用與計程車無線電、高壓輸配電線、衛星行動通信等等無線電磁波，都存在我們的生活環境中。

另外，較爲先進的電磁應用爲感應爐灶面與醫療目的。前者雖提供人類方便烹飪，然也增加人體暴露在磁場中的機會，後者則爲人類健康因素而研究電磁場對生物組織的影響。在應用焦耳熱效應可熔化導體的同時，人體組織雖然是很差的電導體，但感應電流有導致肌肉收縮的危險。因此，研究造成人體組織傷害的磁場臨界點有其必要性。

0-2 善用電磁工具並與電磁波和平共存

既然電磁波對現代人而言是無可避免的，所以在心態上應該是瞭解並善用電磁工具，才能在提升生活品質的同時，與電磁波和平共存。電磁在日常生活的應用例子不勝枚舉，本書中將適時列出一些應用實例。

應用實例

名稱：電磁波消除器

技術：接地與防護罩

原理：利用接地線把靜電與電磁波引導接地

說明：接地與防護罩爲消除電磁波的二大要素；接地則爲最直接、最有效且最省錢的作法，所以使用電腦、3C家電產品時要確實接地。1997年以後之產品都有電磁相容(EMC)認證。另外，使用EMC認證的防電磁波電源、借助USB電磁波消除器的外殼、以消除電磁波夾器夾住3C家電的綠色接地線等方式，都可達到接地或消除電磁波的效果。

0-3 電、磁與學

一般談電磁學時就必須提及數學，這是無法避免。若想將繁複的數學暫時擺在一邊而談電磁學的話，將會發現寸步難行。若將「電磁學」裡的「電」字與「磁」字拿掉，剩下的「學」字代表兩層意義：數學的「學」字與學習的「學」字。所以，學電磁學首先要接受數學。

編寫本書的目標之一就是將學電磁學中繁複的數學減至最少，希望讀者可以暫時將數學擺一邊而學習電磁之學。

有一個非常明顯的例子。常常聽到「電生磁、磁生電」的講法，好似清楚但也很模糊，又似懂非懂的。其實沒有數學的電磁學將只是「電生磁、磁生電」而已。如果要進一步解釋「電生磁、磁生電」的話，就必須藉由數學將電磁的關係以數學式寫出，則就會有「道理不講自清」之豁然開朗的感覺。

就「電生磁、磁生電」的講法，電磁學裡最有名的馬克士威(Maxwell)方程式，這是一組描寫自由空間中動態電磁現象的完整方程式：

$$\frac{\partial \vec{\mathbf{D}}}{\partial t} - \nabla \times \vec{\mathbf{H}} = 0 \tag{0-1}$$

$$\frac{\partial \vec{\mathbf{B}}}{\partial t} + \nabla \times \vec{\mathbf{E}} = 0 \tag{0-2}$$

$$\nabla \cdot \vec{\mathbf{D}} = 0 \tag{0-3}$$

$$\nabla \cdot \vec{\mathbf{B}} = 0 \tag{0-4}$$

其中 $\frac{\partial \vec{\mathbf{D}}}{\partial t}$ 與 $\frac{\partial \vec{\mathbf{B}}}{\partial t}$ 兩項是時間的變化率，$\nabla\times\vec{\mathbf{E}}$、$\nabla\times\vec{\mathbf{H}}$、$\nabla\cdot\vec{\mathbf{D}}$、$\nabla\cdot\vec{\mathbf{B}}$ 四項都是與位置的變化有關。所以，場在位置上的變化與場在時間上的變化互相關聯，反之亦然。

0-1 式至 0-4 式中的符號分別解釋如下：

$\vec{\mathbf{E}}$ 代表電場強度，單位為 V/m (伏特 / 米)，伏特為電壓的單位

$\vec{\mathbf{H}}$ 代表磁場強度，單位為 A/m (安培 / 米)，安培為電流的單位

$\vec{\mathbf{D}}$ 代表電通密度，單位為 C/m^2 (庫倫 / 米平方)，庫倫為電荷的單位

$\vec{\mathbf{B}}$代表磁通密度，單位為 T 或 N/ (A · m)(牛頓 / (安培 · 米))，牛頓為力的單位

另外，電場強度$\vec{\mathbf{E}}$與電通密度$\vec{\mathbf{D}}$(有時稱電位移)的關係為

$$\vec{\mathbf{D}} = \varepsilon\vec{\mathbf{E}} = \varepsilon_0\varepsilon_r\vec{\mathbf{E}}$$

ε 為介質的介電係數，單位為 F/m 或 $C^2/(m^2 \cdot N)$庫倫平方/(米平方 · 牛頓)。

法拉(Farad，F)為電容的單位；ε_0 為真空的介電係數，其大小為 $\frac{10^{-9}}{36\pi} \approx 8.8419 \times 10^{-12}$ F/m；ε_r 為介質的相對介電係數或稱介質常數，為純量不具單位，例如：真空與空氣的介質常數為 1，即 $\varepsilon_r \approx 1$；蒸餾水為 80。

磁場強度$\vec{\mathbf{H}}$與磁通密度$\vec{\mathbf{B}}$的關係為

$$\vec{\mathbf{B}} = \mu\vec{\mathbf{H}} = \mu_0\mu_r\vec{\mathbf{H}}$$

μ 為介質的導磁係數，單位為 H/m(亨利/米)。

亨利(Henry，H)為電感的單位；μ_0 為真空的導磁係數，其大小為 $4\pi\times10^{-7}$ H/m；μ_r 為介質的相對導磁係數，為純量不具單位，例如：非磁性(non-magnetic)材料的 μ_r 值均為 1，如玻璃、鋁，一般鐵的 μ_r 值約為 4000。

還有，眾所皆知的事實：電磁波在自由空間中以光速直線傳播行進。光速的符號為 c，其數值大小及其與介電係數 ε_0 、導磁係數 μ_0 的關係如下：

$$c = \frac{1}{\sqrt{\mu_0\varepsilon_0}} \approx 3 \times 10^8 \text{ m/s}$$

電磁波的電場強度$\vec{\mathbf{E}}$與磁場強度$\vec{\mathbf{H}}$的比值定為真空(空氣)的特性阻抗

$$\eta_0 = \sqrt{\frac{\mu_0}{\varepsilon_0}} = 120\pi \approx 377\ \Omega$$

0-1 式至 0-4 式意涵電場($\vec{\mathbf{D}}$、$\vec{\mathbf{E}}$)與磁場($\vec{\mathbf{B}}$、$\vec{\mathbf{H}}$)不僅是時間(t)的函數，同時也是位置(x，y，z)的函數。式中的 $\frac{\partial\vec{\mathbf{D}}}{\partial t}$ 、$\frac{\partial\vec{\mathbf{B}}}{\partial t}$ 兩項分別代表著電通密度$\vec{\mathbf{D}}$與磁通密度$\vec{\mathbf{B}}$對時間的變化率(微分、偏微分)，$\nabla\cdot\vec{\mathbf{D}}$、$\nabla\cdot\vec{\mathbf{B}}$兩項分別代表著電通密度$\vec{\mathbf{D}}$與磁通密度$\vec{\mathbf{B}}$的散度，$\nabla\times\vec{\mathbf{E}}$、$\nabla\times\vec{\mathbf{H}}$兩項分別代表著電場強度$\vec{\mathbf{E}}$與磁場強度$\vec{\mathbf{H}}$的旋度。簡單地講，一般向量的乘法有兩種：內積(使用符號 ·)與外積(使用

符號×)；三度空間的兩種向量乘法則爲散度(使用符號∇ ·)與旋度(使用符號∇ ×)。符號∇代表三度空間的微分運算符。這也就是爲什麼要先學向量的原因，在第 1 章的向量分析會有詳細介紹。

因此，0-1 式與 0-2 式闡釋以下的事實：電場在時間上的變化必伴隨著磁場在空間中的變化(旋度)；磁場在時間上的變化必伴隨著電場在空間中的變化(旋度)。反之亦然，在空間中磁場的變化必伴隨著電場在時間上的變化；在空間中電場的變化必伴隨著磁場在時間上的變化。這也就是所謂的「電生磁、磁生電」講法。這些物理現象也都將在本書中依序介紹。注意：在兩式間的正負號差異，當等號兩側的向量存在負號，則負號代表反方向。

電與磁、磁與電不論是在時間上或是空間中都是相互交織著，這也是爲什麼電磁學令人卻步的原因。但是，只要按部就班，將之一一解開，電磁學也就沒那麼嚇人了。

0-3 式與 0-4 式代表電場與磁場的散度(在第 1 章介紹)，其物理意義即是求電場與磁場的場源—電荷及磁荷。這裡它們扮演的角色是輔助條件，使得方程組更完備。與 0-1 式、0-2 式一樣，因爲是在自由空間(沒有電流源、電荷或磁荷)中，所以等號的右側都是零。

由上觀之，數學式的解讀是多麼地重要，而且並非表面上的艱澀深奧，而是學習電磁學(或是其他學科)最有力的幫手。事實上，數學式更有簡化物理現象的功能。

又例如，$\nabla\times\vec{\mathbf{E}}$稱爲電場的旋度，其完整的數學表示式如下所示。

在直角(卡氏，Cartesian)座標系中，任一電場$\vec{\mathbf{E}}$可寫成下列分量形式

$$\vec{\mathbf{E}}(t,x,y,z)=\hat{\mathbf{x}}\,E_x(t,x,y,z)+\hat{\mathbf{y}}\,E_y(t,x,y,z)+\hat{\mathbf{z}}\,E_z(t,x,y,z)$$

E_x、E_y、E_z 分別是電場 E 在 x、y、z 方向上的三個分量，而且都是時間(t)與位置(x，y，z)的函數；符號$\hat{\mathbf{x}},\hat{\mathbf{y}},\hat{\mathbf{z}}$分別代表 x、y、z 三個方向(單位向量)；則電場的旋度定義爲

$$\nabla\times\vec{\mathbf{E}}=\begin{vmatrix}\hat{\mathbf{x}} & \hat{\mathbf{y}} & \hat{\mathbf{z}}\\ \dfrac{\partial}{\partial x} & \dfrac{\partial}{\partial y} & \dfrac{\partial}{\partial z}\\ E_x & E_y & E_z\end{vmatrix}$$

或者

$$\nabla \times \vec{\mathbf{E}} = \hat{\mathbf{x}}\left(\frac{\partial E_z}{\partial y} - \frac{\partial E_y}{\partial z}\right) + \hat{\mathbf{y}}\left(\frac{\partial E_x}{\partial z} - \frac{\partial E_z}{\partial x}\right) + \hat{\mathbf{z}}\left(\frac{\partial E_y}{\partial x} - \frac{\partial E_x}{\partial y}\right)$$

其中$\frac{\partial E_x}{\partial y}$、$\frac{\partial E_x}{\partial z}$、$\frac{\partial E_y}{\partial x}$、$\frac{\partial E_y}{\partial z}$、$\frac{\partial E_z}{\partial x}$、$\frac{\partial E_z}{\partial y}$代表電場的各分量分別在其他兩個方向的變化率。若電場的旋度爲零($\nabla \times \vec{\mathbf{E}} = 0$)，則稱該電場爲不旋轉場。

同樣地，電場的散度定義爲

$$\nabla \cdot \vec{\mathbf{E}} = \frac{\partial E_x}{\partial x} + \frac{\partial E_y}{\partial y} + \frac{\partial E_z}{\partial z}$$

其中$\frac{\partial E_x}{\partial x}$、$\frac{\partial E_y}{\partial y}$、$\frac{\partial E_z}{\partial z}$代表電場的各分量在該分量方向的變化率。物理上，計算電場的散度就是在找電場的場源。

由上得知，電場與磁場都帶有方向而且是隨著時間、位置的變化而變化。

本書當然也不例外，第 1 章除了介紹向量與向量分析外，也介紹三種基本的座標系統：直角座標系、圓柱座標系及球座標系。這些不同的座標系統都是因物理量分佈的形式不同，而且爲了解決問題的方便所引用的。如長直導線的問題就適合採用圓柱座標系；而點電荷或是球形電荷分佈的問題則採用球座標系。座標系統的使用上，各有各的優勢與缺點，端看應用的對象。

本書的第 2 章及第 3 章分別介紹靜電場與靜磁場。

靜電場是源自於靜電荷。所謂「靜」就是靜止不動的意思，因爲移動中的電荷即形成電流；而電流的形成則連帶起磁場的形成(電生磁、磁生電)。靜磁場是指由無限長直導線內流動的定電流(直流電)所產生的磁場。所謂的直流電就是電荷等速移動的結果。

若電荷或電流隨時間變化時，則電場與磁場也隨之變化；若加速中或減速中的電荷或電流，則會輻射電磁波；傳播中的電場與磁場以電磁波形式相互交織著。這部分將是本書第 5 章時變之電磁場(time-varying electromagnetic fields)的範圍。

被波源輻射出並在空間中傳播的電磁波(一般是呈球面對稱)是通過所謂的媒介在其中傳播；媒介可能是無損失的(電磁波的能量不被損耗)、也可能是有損失的(電磁波的能量會被損耗)；前者稱爲無損媒介，後者稱爲有損媒介。電磁波能量的損耗與否決定電磁波可以傳播的距離。一般應用上，電磁波都是來自於相對遠處，因此，探討電磁波時，大多以平面波來近似遠場電磁波。本書第 6 章將介紹平面波(plane-wave)。

電磁波在不同媒介中傳播會產生反射與折射的現象，爲本書第 7 章波導與共振腔的內容。第 8 章輻射與天線介紹電磁波的輻射與接收。第 9 章傳輸線介紹設計高頻電路、微波工程時所必須具備的基本理論。第 9 章傳輸線(transmission lines)與第 7 章波導(waveguide)則介紹應用、導引電磁波時，所使用的方法。

最後，本書所採用物理量的單位爲 SI 國際單位。所謂的 SI 國際單位就是長度以米(m = meter)、質量以公斤(kg = kilogram)、時間以秒(s = second)、電流以安培(A = Ampere)。在電磁領域中所有常用的物理量單位雖以人名命之，但也都可以上述四個基本單位構成的。就本章前面所提過的物理量，表 0.1 列出各物理量的通用單位及其對照的 SI 國際單位。

表 0.1　電磁領域中常用的物理量名稱及其單位

物理量	符號	單位(中文)	單位(英文代號)	SI 國際單位	物理量(英文)
電荷	Q	庫倫	C(Coul)	A · s	Charge
電流	I	安培	A(Amp)	A	Current
電壓	V	伏特	V(Volt)	$\frac{kg\cdot m^2}{A\cdot s^3}$	Voltage
電場強度	E	$\frac{伏特}{米}$	$\frac{V}{m}$	$\frac{kg\cdot m}{A\cdot s^3}$	Electric Field Intensity
電通密度(電位移)	D	$\frac{庫倫}{米^2}$	$\frac{C}{m^2}$	$\frac{A\cdot s}{m^2}$	Electric Flux Density (Electric Displacement)
磁場強度	H	$\frac{安培}{米}$	$\frac{A}{m}$	$\frac{A}{m}$	Magnetic Field Intensity
磁通密度	B	特斯拉	T(Tesla)	$\frac{kg}{A\cdot s^2}$	Magnetic Flux Density
電阻	R	歐姆	Ω(Ohm)	$\frac{kg\cdot m^2}{A^2\cdot s^3}$	Resistance
電容	C	法拉	F(Farad)	$\frac{A^2\cdot s^4}{kg\cdot m^2}$	Capacitance
電感	L	亨利	H(Henry)	$\frac{kg\cdot m^2}{A^2\cdot s^2}$	Inductance

註　$kg\frac{m}{s^2}$ 為力的單位，稱為牛頓，英文代號為 N、全名為 Newton。

$kg\frac{m^2}{s^2}$ 或 N · m 為能量的單位，稱為焦耳，英文代號為 J、全名為 Joule。

應用實例

名稱：電磁爐

技術：磁場感應導體產生渦電流(eddy current)

原理：利用電磁感應加熱原理，當高頻(頻率範圍為20 kHz至27 kHz)電流流經扁平感應線圈時，感應高頻磁場，使得金屬導體底板產生渦電流，產生電阻加熱效應。

說明：使用電力的烹調工具，利用電磁感應加熱(induction heating)使煮食器皿發熱，且爐身不發熱。電磁爐面為熱絕緣板、爐面下方有一銅線圈其軸與爐面垂直，線圈產生交流磁場。交流磁場通過爐面上的鐵磁性金屬器皿時，在器皿金屬內部的渦電流為其主要熱能的來源。所以，金屬器皿的電阻必須夠大，才能將食物煮熟。因此，只有鐵磁性的鍋具才有較佳的加熱效果；鍋底必須平坦，使用時平貼於電磁爐上。

chapter 1

向量與向量分析

在一般物理及數學課程都會介紹向量。處理電磁問題時，除了必須用到向量外，也必須用到不同的座標系統：直角座標系、圓柱座標系與球座標系。另外，向量在不同座標系統中的用法與轉換的關係都必須學習。在本章的前半部分，介紹向量的符號表示法、向量代數及向量分析；在後半部分則介紹三個不同的座標系統與物理微量表示法。

1-1 向量

向量的介紹分爲三部分向量的符號、向量的表示法、向量的大小與單位向量。

1-1-1 向量的符號

一般而言，量可分爲純量與向量。純量具有大小，也具有單位。例如圖 1.1 的(a)1000 元；(b)3 本書；(c)2 顆蕃茄都具有大小(量)及單位。反觀下列例子(圖 1.2)：(a)飛機以每小時 650 公里(km/h)(速率、單位)向東(方向)飛行；(b)地球表面上的重力加速度是 9.8 米 / 平方秒(m/s^2)(大小、單位)指向(方向)地心；(c)太陽光以 3×10^8 米 / 秒(大小、單位)射向(方向)地球。這些例子顯示所描述的量除了有大小及單位外，也同時具有方向—射向地球、飛向東、指向地心。此時就用向量來區分純量。

在定義上純量與向量確有相異之處，其符號表示法的使用上也必須區隔開來。代表純量的符號一般都是用英文字母，如 a、A、s、S…。而代表向量的符號除了也是英文字母外，都是粗體字如 **a**、**A**、**s**、**S** …，或是帶有箭頭如 $\vec{\mathbf{a}}$、$\vec{\mathbf{A}}$、$\vec{\mathbf{s}}$、$\vec{\mathbf{S}}$…。因為粗體字有時不易辨識，書寫時也很難記載清楚，所以在本書的向量符號表示法都是採用帶有箭頭的英文字母為原則。

(a)1000 元

(b)3 本書

Sheila Sund@Flickr (CC BY 2.0)

(c)2 顆蕃茄

圖 1.1 純量。

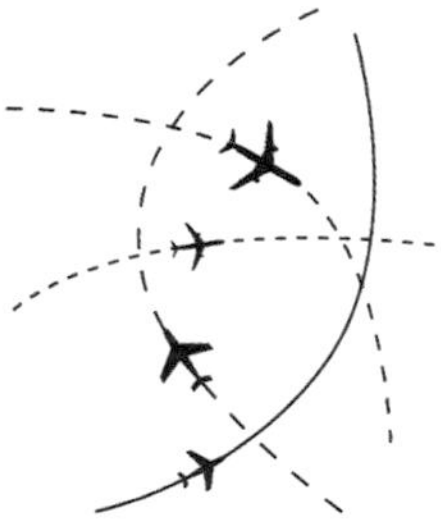

(a) 飛機航向

Rubén Moreno Montolíu@Flickr (CC BY-SA 2.0)

(b) 地球表面的重力加速度

Scott Wylie@Flickr (CC BY 2.0)

(c) 太陽光

圖 1.2 向量。

1-1-2 向量的表示法

向量的表示式可分為分量式與座標式兩種。

向量的分量式：在直角座標系中，分別以 $\hat{\mathbf{x}}$、$\hat{\mathbf{y}}$、$\hat{\mathbf{z}}$(單位向量，有時以 $\hat{\mathbf{i}}$、$\hat{\mathbf{j}}$、$\hat{\mathbf{k}}$ 表示)代表 x、y、z 三個方向，A_x、A_y、A_z 為向量 $\vec{\mathbf{A}}$ 的三個分量(任意實數)，則向量 $\vec{\mathbf{A}}$ 可表為

$$\vec{\mathbf{A}} = A_x\hat{\mathbf{x}} + A_y\hat{\mathbf{y}} + A_z\hat{\mathbf{z}} \text{ 或 } \vec{\mathbf{A}} = \hat{\mathbf{i}}A_x + \hat{\mathbf{j}}A_y + \hat{\mathbf{k}}A_z \quad (1\text{-}1)$$

如圖 1.3a 所示。

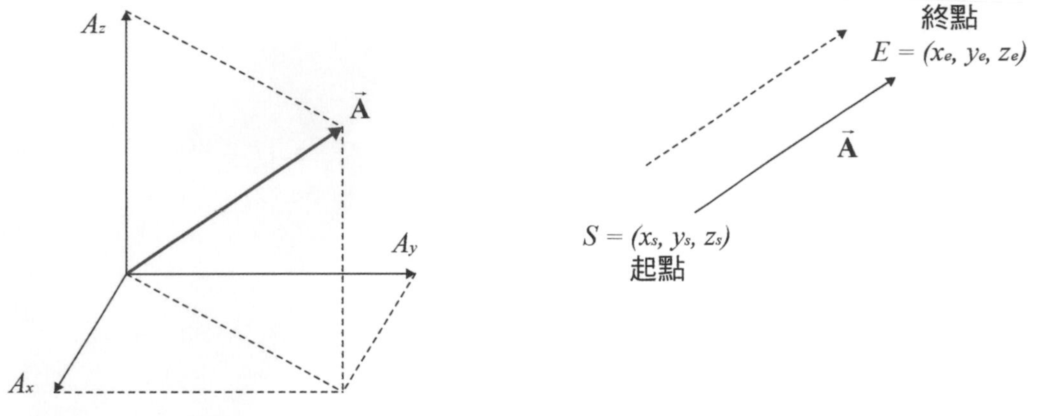

(a) 分量式　　(b) 座標式

圖 1.3　向量的表示式。

向量的座標式：向量具有起點與終點(由起點指向終點，參考圖 1.3b 所示)；若起點 S 的座標為(x_s, y_s, z_s)且終點 E 的座標為(x_e, y_e, z_e)，則向量 $\vec{\mathbf{A}}$ 的座標式定為終點座標減起點座標(x、y、z 三個方向各自相減)。向量 $\vec{\mathbf{A}}$ 可視為具有方向的線段，即 $\vec{\mathbf{A}} = \overline{\mathbf{SE}}$ ，或

$$\vec{\mathbf{A}} = (x_e - x_s, y_e - y_s, z_e - z_s) \tag{1-2}$$

或其分量式

$$\vec{\mathbf{A}} = \overline{\mathbf{SE}} = (x_e - x_s)\,\hat{\mathbf{x}} + (y_e - y_s)\,\hat{\mathbf{y}} + (z_e - z_s)\,\hat{\mathbf{z}} \tag{1-3}$$

一般若沒特別指定起點的座標時，起點即被設定為座標系統的原點(0, 0, 0)，如 $\vec{\mathbf{A}} = (x, y, z)$。因此，向量相加或相減時可以任意平移。所謂平移並不會改變向量的大小、方向。如圖 1.3b 的虛線向量，與向量 $\vec{\mathbf{A}}$ 平行(方向不變)且長度相等(大小不變)。

互相垂直的 x、y、z 三軸如圖 1.4a 所示，每個紙箱的角落就是一組直角座標系。該注意的是，次序很重要。x 軸與 y 軸互相垂直且形成一個平面；z 軸與該平面垂直。x-y-z 的次序則遵守右手定則：右手拇指代表 x 軸方向，其餘併合的四隻手指代表 y 軸方向且與拇指垂直，攤開的右手掌面的面向即為 z 軸方向，如圖 1.4b。其中的單位向量 $\hat{\mathbf{x}}$、$\hat{\mathbf{y}}$、$\hat{\mathbf{z}}$(或 $\hat{\mathbf{i}}$、$\hat{\mathbf{j}}$、$\hat{\mathbf{k}}$)會在後面章節定義。

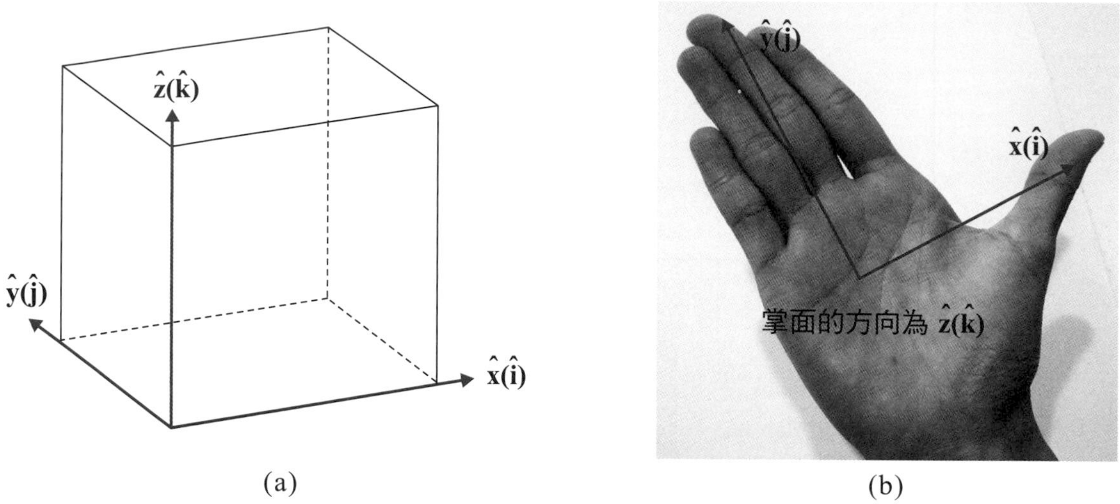

圖 1.4 直角座標系。

1-1-3 向量的大小與單位向量

以 1-1 式爲例，向量具有大小(長度)與方向，而大小與方向也分別有符號代表及數學定義。A 向量以符號 $\vec{\mathbf{A}}$ 代表，$\vec{\mathbf{A}}$ 的大小以符號 $|\vec{\mathbf{A}}|$ 代表，即爲向量 $\vec{\mathbf{A}}$ 的絕對值，有時也表爲 A，其定義爲

$$|\vec{\mathbf{A}}| = A = \sqrt{A_x^2 + A_y^2 + A_z^2} \tag{1-4}$$

向量 $\vec{\mathbf{A}}$ 的表示式本身就有方向的意義，一般也以其單位向量 $\hat{\mathbf{A}}$ 代表向量 $\vec{\mathbf{A}}$ 的方向，單位向量定義爲

$$\hat{\mathbf{A}} = \frac{\vec{\mathbf{A}}}{|\vec{\mathbf{A}}|} = \frac{A_x\hat{\mathbf{x}} + A_y\hat{\mathbf{y}} + A_z\hat{\mathbf{z}}}{\sqrt{A_x^2 + A_y^2 + A_z^2}} \tag{1-5}$$

$$= \frac{A_x}{\sqrt{A_x^2 + A_y^2 + A_z^2}}\hat{\mathbf{x}} + \frac{A_y}{\sqrt{A_x^2 + A_y^2 + A_z^2}}\hat{\mathbf{y}} + \frac{A_z}{\sqrt{A_x^2 + A_y^2 + A_z^2}}\hat{\mathbf{z}}$$

1-5 式具有下列的涵意

$$\vec{\mathbf{A}} = |\vec{\mathbf{A}}|\,\hat{\mathbf{A}} = A\,\hat{\mathbf{A}} \tag{1-6}$$

注意 1-5 式既然定義為向量 $\vec{\mathbf{A}}$ 的單位向量，所以單位向量 $\hat{\mathbf{A}}$ 的大小(長度)為 1，如同 $|\hat{\mathbf{x}}| = |\hat{\mathbf{y}}| = |\hat{\mathbf{z}}| = 1$。單位向量可視為在向量 $\vec{\mathbf{A}}$ 方向上的單位量尺。另外，$\hat{\mathbf{A}}$ 與 $\vec{\mathbf{A}}$ 具有相同的方向。

例題 1.1

已知 $P(1, 2, 3)$與 $Q(6, 5, 4)$兩點，若向量$\vec{\mathbf{A}}$由 P 指向 Q，試求$\vec{\mathbf{A}}$。

解　P爲起點指向終點Q，即$x_s = 1$、$y_s = 2$、$z_s = 3$，$x_e = 6$、$y_e = 5$、$z_e = 4$，

依定義$\vec{\mathbf{A}} = (x_e - x_s = 5$、$y_e - y_s = 3$、$z_e - z_s = 1)$

$$\vec{\mathbf{A}} = \overline{\mathbf{PQ}} = 5\hat{\mathbf{x}} + 3\hat{\mathbf{y}} + \hat{\mathbf{z}}$$

類題1　承例題1.1，試求$|\vec{\mathbf{A}}|$與$\hat{\mathbf{A}}$。

類題2　承例題1.1，若向量$\vec{\mathbf{B}}$由Q指向P，試求$\vec{\mathbf{B}}$、$|\vec{\mathbf{B}}|$及$\hat{\mathbf{B}}$。

例題 1.2

已知向量$\vec{\mathbf{A}} = 4\hat{\mathbf{x}} + 2\hat{\mathbf{y}} + \hat{\mathbf{z}}$，試求$|\vec{\mathbf{A}}|$與$\hat{\mathbf{A}}$。

解　依定義$A_x = 4$、$A_y = 2$、$A_z = 1$，則

$$|\vec{\mathbf{A}}| = \sqrt{4^2 + 2^2 + 1^2} = \sqrt{21}$$

$$\hat{\mathbf{A}} = \frac{\vec{\mathbf{A}}}{|\vec{\mathbf{A}}|} = \frac{4\hat{\mathbf{x}} + 2\hat{\mathbf{y}} + \hat{\mathbf{z}}}{\sqrt{21}} = \frac{4}{\sqrt{21}}\hat{\mathbf{x}} + \frac{2}{\sqrt{21}}\hat{\mathbf{y}} + \frac{1}{\sqrt{21}}\hat{\mathbf{z}}$$

註　$$|\vec{\mathbf{A}}| = \sqrt{\left(\frac{4}{\sqrt{21}}\right)^2 + \left(\frac{2}{\sqrt{21}}\right)^2 + \left(\frac{1}{\sqrt{21}}\right)^2} = 1$$

例題 1.3

已知向量$\vec{\mathbf{A}} = -3\hat{\mathbf{x}} + 5\hat{\mathbf{y}} - \hat{\mathbf{z}}$，試求 $|\vec{\mathbf{A}}|$ 與 $\hat{\mathbf{A}}$。

解　$$|\vec{\mathbf{A}}| = \sqrt{(-3)^2 + 5^2 + (-1)^2} = \sqrt{35}$$

$$\hat{\mathbf{A}} = \frac{\vec{\mathbf{A}}}{|\vec{\mathbf{A}}|} = \frac{-3\hat{\mathbf{x}} + 5\hat{\mathbf{y}} - \hat{\mathbf{z}}}{\sqrt{35}} = \frac{-3}{\sqrt{35}}\hat{\mathbf{x}} + \frac{5}{\sqrt{35}}\hat{\mathbf{y}} + \frac{-1}{\sqrt{35}}\hat{\mathbf{z}}$$

1-2 向量的基本運算

在介紹向量的加法、減法、乘法之前，有些特例必須先說明。兩向量的相加或相減的對象必須也是向量，但是向量相乘則與代數相乘在定義上略有不同。兩向量相乘分爲內積、外積，其對象也必須是向量，另外向量也可與純數相乘。

以下例題輔助說明。

例題 1.4

已知向量 $\vec{\mathbf{A}} = -3\,\hat{\mathbf{x}} + 5\,\hat{\mathbf{y}} - \hat{\mathbf{z}}$，試求 $\kappa\vec{\mathbf{A}}$，

若 $\kappa =$ (a) 0；(b) −1；(c) 2.5；(d) $\dfrac{1}{3}$。

解 (a) $\kappa\vec{\mathbf{A}} = (0)(\vec{\mathbf{A}}) = 0\,\hat{\mathbf{x}} + 0\,\hat{\mathbf{y}} + 0\,\hat{\mathbf{z}} = \mathbf{0}$

本例的結果是零向量而非一般純數零。

(b) $\kappa\vec{\mathbf{A}} = (-1)(\vec{\mathbf{A}}) = +3\,\hat{\mathbf{x}} - 5\,\hat{\mathbf{y}} + \hat{\mathbf{z}} = -\vec{\mathbf{A}}$

本例的負號代表反方向，即與原向量反向，但向量大小與原向量相等。

(c) $\kappa\vec{\mathbf{A}} = (2.5)(\vec{\mathbf{A}}) = -7.5\,\hat{\mathbf{x}} + 12.5\,\hat{\mathbf{y}} - 2.5\,\hat{\mathbf{z}}$

結果向量的方向與原向量相同，大小爲原向量的2.5倍長(加長)。

(d) $\kappa\vec{\mathbf{A}} = (\frac{1}{3})(\vec{\mathbf{A}}) = -\hat{\mathbf{x}} + \frac{5}{3}\hat{\mathbf{y}} - \frac{1}{3}\hat{\mathbf{z}}$

結果向量的方向與原向量同向，大小爲原向量的 $\frac{1}{3}$ 倍長(縮短)。

註 從(c)與(d)，可以藉由兩向量的分量比判斷該兩向量是否互相平行或為同向。

已知兩向量 $\vec{\mathbf{A}} = \hat{\mathbf{x}}\,A_x + \hat{\mathbf{y}}\,A_y + \hat{\mathbf{z}}\,A_z$ 與 $\vec{\mathbf{B}} = \hat{\mathbf{x}}\,B_x + \hat{\mathbf{y}}\,B_y + \hat{\mathbf{z}}\,B_z$，若向量 $\vec{\mathbf{A}}$ 與向量 $\vec{\mathbf{B}}$ 平行(同向 / 反向)，則

$$\frac{A_x}{B_x} = \frac{A_y}{B_y} = \frac{A_z}{B_z} \tag{1-7}$$

必成立；或 $\vec{\mathbf{A}} = \kappa\vec{\mathbf{B}}\,(\kappa \neq 0)$。

1-2-1 兩向量的加法與減法

兩向量相加減的解法可直接在各別分量上作加減。

已知兩向量 $\vec{\mathbf{A}}=\hat{\mathbf{x}}A_x+\hat{\mathbf{y}}A_y+\hat{\mathbf{z}}A_z$ 與 $\vec{\mathbf{B}}=\hat{\mathbf{x}}B_x+\hat{\mathbf{y}}B_y+\hat{\mathbf{z}}B_z$，則

$$\vec{\mathbf{A}}\pm\vec{\mathbf{B}}=\hat{\mathbf{x}}(A_x\pm B_x)+\hat{\mathbf{y}}(A_y\pm B_y)+\hat{\mathbf{z}}(A_z\pm B_z) \tag{1-8}$$

參考下列實例。

例題 1.5

已知兩向量 $\vec{\mathbf{A}}=-3\hat{\mathbf{x}}+5\hat{\mathbf{y}}-3\hat{\mathbf{z}}$，$\vec{\mathbf{B}}=5\hat{\mathbf{x}}+2\hat{\mathbf{y}}+6\hat{\mathbf{z}}$，
試求(a) $\vec{\mathbf{A}}+\vec{\mathbf{B}}$；(b) $\vec{\mathbf{A}}-\vec{\mathbf{B}}$；(c) $\vec{\mathbf{B}}+\vec{\mathbf{A}}$；(d) $\vec{\mathbf{B}}-\vec{\mathbf{A}}$；(e) $-\vec{\mathbf{A}}+\vec{\mathbf{B}}$。

解 (a) $\vec{\mathbf{A}}+\vec{\mathbf{B}}=(-3+5)\hat{\mathbf{x}}+(5+2)\hat{\mathbf{y}}+(-3+6)\hat{\mathbf{z}}=2\hat{\mathbf{x}}+7\hat{\mathbf{y}}+3\hat{\mathbf{z}}$。

(b) $\vec{\mathbf{A}}-\vec{\mathbf{B}}=(-3-5)\hat{\mathbf{x}}+(5-2)\hat{\mathbf{y}}+(-3-6)\hat{\mathbf{z}}=(-8)\hat{\mathbf{x}}+(3)\hat{\mathbf{y}}+(-9)\hat{\mathbf{z}}$

$\vec{\mathbf{A}}-\vec{\mathbf{B}}=-8\hat{\mathbf{x}}+3\hat{\mathbf{y}}-9\hat{\mathbf{z}}$。

(c) $\vec{\mathbf{B}}+\vec{\mathbf{A}}=(5-3)\hat{\mathbf{x}}+(2+5)\hat{\mathbf{y}}+(6-3)\hat{\mathbf{z}}=2\hat{\mathbf{x}}+7\hat{\mathbf{y}}+3\hat{\mathbf{z}}$

比較(a)與(c)得 $\vec{\mathbf{B}}+\vec{\mathbf{A}}=\vec{\mathbf{A}}+\vec{\mathbf{B}}$，即向量加法具交換性。

(d) $\vec{\mathbf{B}}-\vec{\mathbf{A}}=(5-(-3))\hat{\mathbf{x}}+(2-5)\hat{\mathbf{y}}+(6-(-3))\hat{\mathbf{z}}=8\hat{\mathbf{x}}-3\hat{\mathbf{y}}+9\hat{\mathbf{z}}$

比較(b)與(d)得 $\vec{\mathbf{B}}-\vec{\mathbf{A}}=-(\vec{\mathbf{A}}-\vec{\mathbf{B}})$，即向量減法不具交換性。

(e) $-\vec{\mathbf{A}}+\vec{\mathbf{B}}=(+3+5)\hat{\mathbf{x}}+(-5+2)\hat{\mathbf{y}}+(+3+6)\hat{\mathbf{z}}=8\hat{\mathbf{x}}-3\hat{\mathbf{y}}+9\hat{\mathbf{z}}$

$-\vec{\mathbf{A}}+\vec{\mathbf{B}}=\vec{\mathbf{B}}-\vec{\mathbf{A}}=-(\vec{\mathbf{A}}-\vec{\mathbf{B}})$。

註 兩向量相減，可視為減向量的反向與被減向量的相加。如
$\vec{\mathbf{A}}-\vec{\mathbf{B}}=\vec{\mathbf{A}}+(-\vec{\mathbf{B}})$。

例題 1.6

承例題 1.5，試求(a)～(e)的大小(長度)及單位向量。

解 (a) $|\vec{\mathbf{A}}+\vec{\mathbf{B}}|=\sqrt{(2)^2+(7)^2+(3)^2}=\sqrt{62}$

$$\frac{\vec{\mathbf{A}}+\vec{\mathbf{B}}}{|\vec{\mathbf{A}}+\vec{\mathbf{B}}|}=\frac{2}{\sqrt{62}}\hat{\mathbf{x}}+\frac{7}{\sqrt{62}}\hat{\mathbf{y}}+\frac{3}{\sqrt{62}}\hat{\mathbf{z}}\text{。}$$

(b) $|\vec{\mathbf{A}}-\vec{\mathbf{B}}|=\sqrt{(-8)^2+(3)^2+(-9)^2}=\sqrt{154}$

$$\frac{\vec{\mathbf{A}}-\vec{\mathbf{B}}}{|\vec{\mathbf{A}}-\vec{\mathbf{B}}|}=\frac{-8}{\sqrt{154}}\hat{\mathbf{x}}+\frac{3}{\sqrt{154}}\hat{\mathbf{y}}+\frac{-9}{\sqrt{154}}\hat{\mathbf{z}}=-\frac{8}{\sqrt{154}}\hat{\mathbf{x}}+\frac{3}{\sqrt{154}}\hat{\mathbf{y}}-\frac{9}{\sqrt{154}}\hat{\mathbf{z}}\text{。}$$

(c) $|\vec{\mathbf{B}}+\vec{\mathbf{A}}|=\sqrt{2^2+7^2+3^2}=\sqrt{62}$

$$\frac{\vec{\mathbf{B}}+\vec{\mathbf{A}}}{|\vec{\mathbf{B}}+\vec{\mathbf{A}}|}=\frac{2}{\sqrt{62}}\hat{\mathbf{x}}+\frac{7}{\sqrt{62}}\hat{\mathbf{y}}+\frac{3}{\sqrt{62}}\hat{\mathbf{z}}\text{ 。}$$

(d) $|\vec{\mathbf{B}}-\vec{\mathbf{A}}|=\sqrt{8^2+(-3)^2+9^2}=\sqrt{154}$

$$\frac{\vec{\mathbf{B}}-\vec{\mathbf{A}}}{|\vec{\mathbf{B}}-\vec{\mathbf{A}}|}=\frac{8}{\sqrt{154}}\hat{\mathbf{x}}-\frac{3}{\sqrt{154}}\hat{\mathbf{y}}+\frac{9}{\sqrt{154}}\hat{\mathbf{z}}\text{ 。}$$

(e) $|-\vec{\mathbf{A}}+\vec{\mathbf{B}}|=\sqrt{8^2+(-3)^2+9^2}=\sqrt{154}$

$$\frac{-\vec{\mathbf{A}}+\vec{\mathbf{B}}}{|-\vec{\mathbf{A}}+\vec{\mathbf{B}}|}=\frac{8}{\sqrt{154}}\hat{\mathbf{x}}-\frac{3}{\sqrt{154}}\hat{\mathbf{y}}+\frac{9}{\sqrt{154}}\hat{\mathbf{z}}\text{ 。}$$

例題 1.7

承例題 1.5，試求 $3\vec{\mathbf{A}}+2\vec{\mathbf{B}}$、$2\vec{\mathbf{A}}-5\vec{\mathbf{B}}$及其大小(長度)、單位向量。

解 (a) $3\vec{\mathbf{A}}+2\vec{\mathbf{B}}=3(-3\hat{\mathbf{x}}+5\hat{\mathbf{y}}-3\hat{\mathbf{z}})+2(5\hat{\mathbf{x}}+2\hat{\mathbf{y}}+6\hat{\mathbf{z}})=\hat{\mathbf{x}}+19\hat{\mathbf{y}}+3\hat{\mathbf{z}}$

$|3\vec{\mathbf{A}}+2\vec{\mathbf{B}}|=\sqrt{(1)^2+(19)^2+(3)^2}=\sqrt{371}$

$$\frac{3\vec{\mathbf{A}}+2\vec{\mathbf{B}}}{|3\vec{\mathbf{A}}+2\vec{\mathbf{B}}|}=\frac{1}{\sqrt{371}}\hat{\mathbf{x}}+\frac{19}{\sqrt{371}}\hat{\mathbf{y}}+\frac{3}{\sqrt{371}}\hat{\mathbf{z}}\text{ 。}$$

(b) $2\vec{\mathbf{A}}-5\vec{\mathbf{B}}=2(-3\hat{\mathbf{x}}+5\hat{\mathbf{y}}-3\hat{\mathbf{z}})-5(5\hat{\mathbf{x}}+2\hat{\mathbf{y}}+6\hat{\mathbf{z}})=-31\hat{\mathbf{x}}-36\hat{\mathbf{z}}$

$|2\vec{\mathbf{A}}-5\vec{\mathbf{B}}|=\sqrt{(-31)^2+(0)^2+(-36)^2}=\sqrt{2257}$

$$\frac{2\vec{\mathbf{A}}-5\vec{\mathbf{B}}}{|2\vec{\mathbf{A}}-5\vec{\mathbf{B}}|}=-\frac{31}{\sqrt{2257}}\hat{\mathbf{x}}-\frac{36}{\sqrt{2257}}\hat{\mathbf{z}}\text{ 。}$$

類題3 請任意線性組合兩向量並查看結果。

兩向量相加減可推廣至多向量的加減，做法一樣，故在此不多談。另外，向量加減也可利用圖解法求得。

圖解法一：先平移向量並將兩向量的「起點重疊」，想像該兩向量圍成的一平行四邊形，如圖 1.5a 與 1.5c，兩向量相加的結果即是對角線向量且與原兩向量具有相同的起點。注意：其中圖 1.5c 是先將減向量反轉再執行相加。

圖解法二：先平移向量並使兩向量的「起點與終點相接」，則兩向量相加的結果即是自被加向量的起點連至加向量的終點，如圖 1.5b 與 1.5d。注意：其中圖 1.5d 是先將減向量反轉再執行相加。還有，圖 1.5b、1.5d 顯示兩向量所圍成的平行四邊形分別與圖 1.5a、1.5c 相同。兩種圖解怯的結果也是一致。

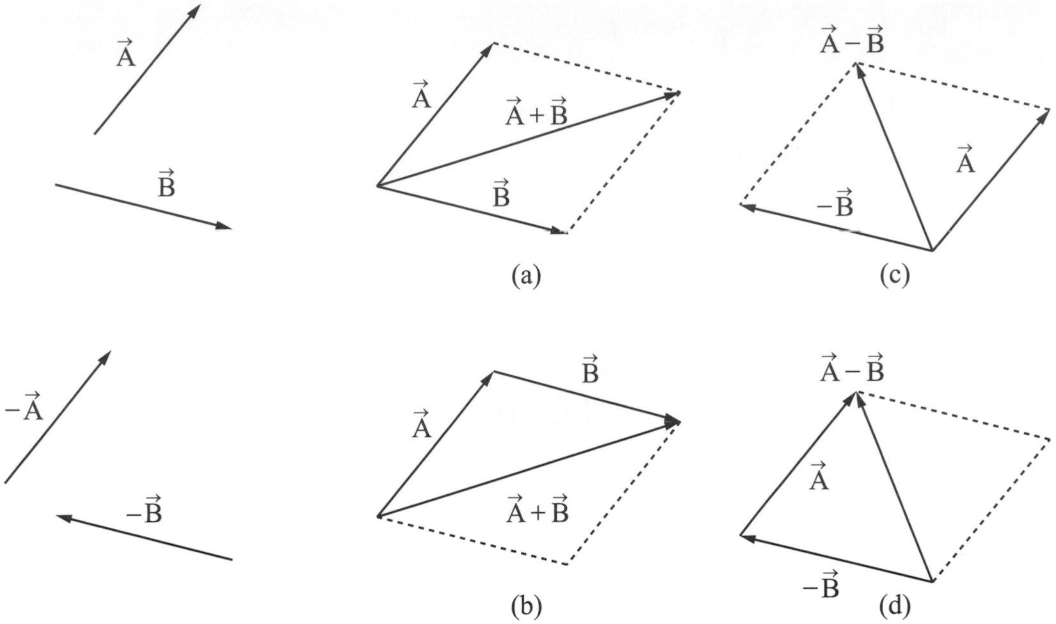

圖 1.5　兩向量的加法與減法。

由上可推得以下結論：當向量同向時，相加得最大值，如圖 1.6a；當向量反向時，相加得最小值(即向量相減)，如圖 1.6b。向量相加時，其結果偏向較大的一方，如圖 1.6c。

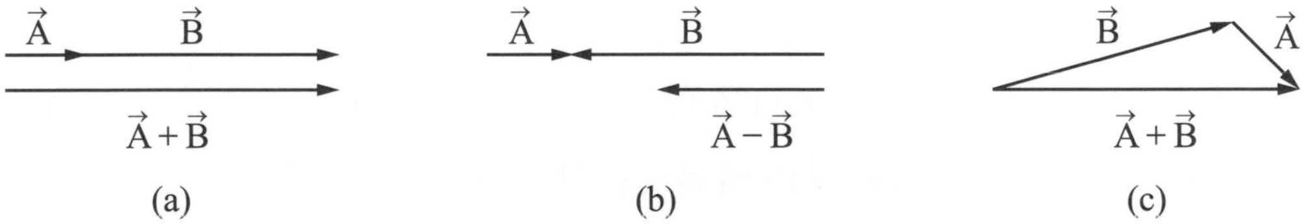

圖 1.6　兩向量的加減。

1-2-2　兩向量的乘法

兩向量 $\vec{\mathbf{a}}$、$\vec{\mathbf{b}}$ 的乘積與兩純數 a、b 的乘積表示方式有極大的相異之處。

兩純數 a 與 b 的乘積可表為

$$a \times b = a \cdot b = (a)(b) = ab = b \times a = b \cdot a = (b)(a) = ba\text{(純數相乘具交換性)}$$

兩向量的乘積則分為內積($\vec{\mathbf{a}} \cdot \vec{\mathbf{b}}$)與外積($\vec{\mathbf{a}} \times \vec{\mathbf{b}}$)。因為定義上的不同，內積與外積的結果也大大不同，分別在以下兩章節介紹。

應用實例

名稱：尋找北極星

技術：應用向量的指向性

原理：向量的延伸及縮小只改變距離但不改變方向

說明：利用北斗七星尋找北極星。以北斗七星的天璇至天樞(指極星)為一單位向量 $\hat{\mathbf{v}}$，在該方向再延伸5倍處附近，即可找到北極星。如右圖所示。

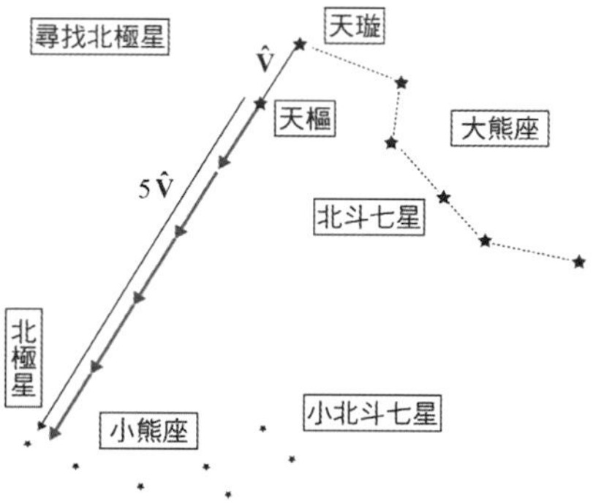

1-3 向量的內積

兩向量的內積定義如下(內積又稱點積)：

設 $\vec{\mathbf{a}} = a_x\hat{\mathbf{i}} + a_y\hat{\mathbf{j}} + a_z\hat{\mathbf{k}}$ 與 $\vec{\mathbf{b}} = b_x\hat{\mathbf{i}} + b_y\hat{\mathbf{j}} + b_z\hat{\mathbf{k}}$，則向量 $\vec{\mathbf{a}}$ 與向量 $\vec{\mathbf{b}}$ 的內積記為 $\vec{\mathbf{a}} \cdot \vec{\mathbf{b}}$，其結果為純量(不是向量)。

$$\vec{\mathbf{a}} \cdot \vec{\mathbf{b}} = a_x b_x + a_y b_y + a_z b_z \text{(各別分量乘積的總和)} \tag{1-9}$$

因其結果為純量，所以向量內積具交換性，即

$$\vec{\mathbf{a}} \cdot \vec{\mathbf{b}} = \vec{\mathbf{b}} \cdot \vec{\mathbf{a}} \tag{1-10}$$

若考慮兩向量間的夾角 θ，如圖 1.7 所示，則向量內積又可表為

$$\vec{\mathbf{a}} \cdot \vec{\mathbf{b}} = |\vec{\mathbf{a}}|\,|\vec{\mathbf{b}}|\cos\theta \tag{1-11}$$

依內積定義，兩向量內積結果為兩向量長度以及其間夾角 θ 餘弦的乘積；因 $|\vec{\mathbf{a}}|$、$|\vec{\mathbf{b}}|$、$\cos\theta$ 都是實數，所以具交換性；從圖 1.7a 與圖 1.7b 分別得

$$\vec{\mathbf{a}} \cdot \vec{\mathbf{b}} = (|\vec{\mathbf{a}}|\cos\theta)(|\vec{\mathbf{b}}|)$$

$$\vec{\mathbf{a}} \cdot \vec{\mathbf{b}} = (|\vec{\mathbf{b}}|\cos\theta)(|\vec{\mathbf{a}}|)$$

其中向量 $\vec{\mathbf{a}}$ 與夾角 θ 餘弦的乘積代表向量 $\vec{\mathbf{a}}$ 在向量 $\vec{\mathbf{b}}$ 上的投影量，如圖 1.7b 的 $|\vec{\mathbf{a}}|\cos\theta$；同理，向量 $\vec{\mathbf{b}}$ 與夾角 θ 餘弦的乘積代表向量 $\vec{\mathbf{b}}$ 在向量 $\vec{\mathbf{a}}$ 上的投影量，如圖 1.7a 的 $|\vec{\mathbf{b}}|\cos\theta$。因此，兩種做法應該得到相同的結果。兩向量內積的物理意

義爲兩向量同向性，數學計算爲其中一向量的長度與另一向量在該向量投影量的乘積。一般情況，若兩已知向量間的夾角 θ 是未知，則可利用內積公式 1-11 以求得這個角度，即

$$\theta = \cos^{-1}\left(\frac{\vec{\mathbf{a}}\cdot\vec{\mathbf{b}}}{|\vec{\mathbf{a}}||\vec{\mathbf{b}}|}\right) \tag{1-12}$$

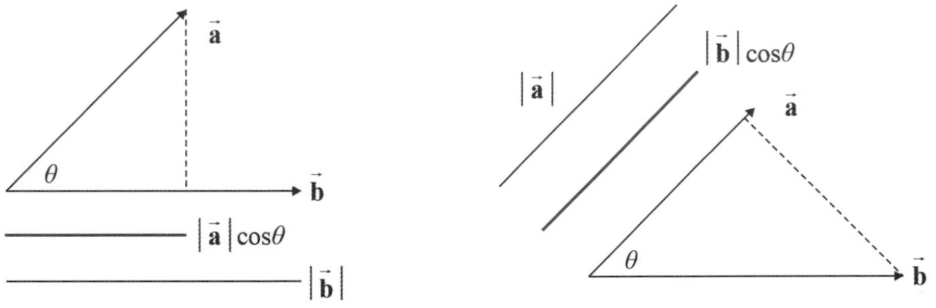

圖 1.7 向量內積。

參考圖 1.8，當兩向量同向時，其內積值爲正值最大(夾角 $\theta = 0°$，$\cos\theta = 1$)；當兩向量反向時，其內積值爲負值最大(夾角 $\theta = 180°$，$\cos\theta = -1$)；又，當兩向量互相垂直時，其內積結果爲零(夾角 $\theta = 90°$，$\cos\theta = 0$)。請注意：兩向量的內積結果爲負值時，其中的負號表示兩向量具有反向成分，即 $\theta > 90°$。

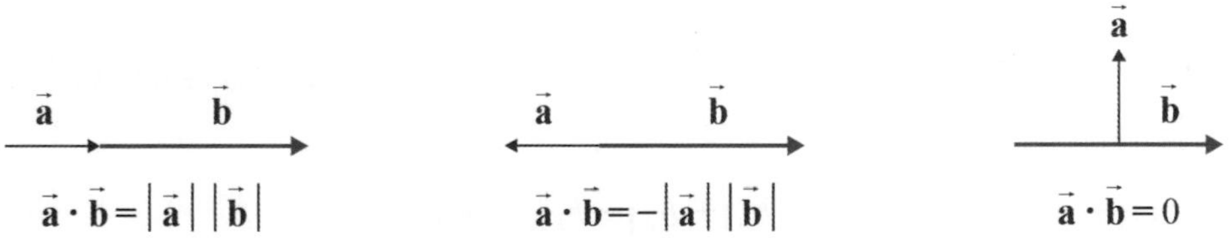

圖 1.8 兩向量內積的特例。

例題 1.8

已知兩向量 $\vec{\mathbf{A}} = 3\,\hat{\mathbf{x}} - 5\,\hat{\mathbf{y}} - \hat{\mathbf{z}}$，$\vec{\mathbf{B}} = 5\,\hat{\mathbf{x}} + \hat{\mathbf{y}} + 3\,\hat{\mathbf{z}}$，試求 $\vec{\mathbf{A}}\cdot\vec{\mathbf{B}}$ 及夾角 θ。

解 (a) $\vec{\mathbf{A}}\cdot\vec{\mathbf{B}} = (3)(5) + (-5)(1) + (-1)(3) = 7$

(b) $|\vec{\mathbf{A}}| = \sqrt{(3)^2 + (-5)^2 + (-1)^2} = \sqrt{35}$；$|\vec{\mathbf{B}}| = \sqrt{(5)^2 + (1)^2 + (3)^2} = \sqrt{35}$

$$\theta = \cos^{-1}\left(\frac{\vec{\mathbf{A}}\cdot\vec{\mathbf{B}}}{|\vec{\mathbf{A}}||\vec{\mathbf{B}}|}\right) = \cos^{-1}\left(\frac{7}{\sqrt{35}\,|\,\sqrt{35}}\right) = \cos^{-1}\left(\frac{1}{5}\right) \approx 78.46° \text{ (銳角)}$$

例題 1.9

已知兩向量 $\vec{\mathbf{A}} = 3\,\hat{\mathbf{x}} - 5\,\hat{\mathbf{y}} - \hat{\mathbf{z}}$，$\vec{\mathbf{B}} = -5\,\hat{\mathbf{x}} + \hat{\mathbf{y}} + 3\,\hat{\mathbf{z}}$，試求 $\vec{\mathbf{A}} \cdot \vec{\mathbf{B}}$ 及夾角 θ。

解 (a) $\vec{\mathbf{A}} \cdot \vec{\mathbf{B}} = (3)(-5) + (-5)(1) + (-1)(3) = -23$

(b) $|\vec{\mathbf{A}}| = \sqrt{(3)^2 + (-5)^2 + (-1)^2} = \sqrt{35}$

$|\vec{\mathbf{B}}| = \sqrt{(-5)^2 + (1)^2 + (3)^2} = \sqrt{35}$

$$\theta = \cos^{-1}\left(\frac{\vec{\mathbf{A}} \cdot \vec{\mathbf{B}}}{|\vec{\mathbf{A}}||\vec{\mathbf{B}}|}\right) = \cos^{-1}\left(\frac{-23}{\sqrt{35}\,|\sqrt{35}}\right) = \cos^{-1}\left(\frac{-23}{35}\right) \approx 131.08^\circ \text{(鈍角)}$$

例題 1.10

已知兩向量 $\vec{\mathbf{A}} = 3\,\hat{\mathbf{x}} - 5\,\hat{\mathbf{y}} - \hat{\mathbf{z}}$ 與 $\vec{\mathbf{B}} = u\,\hat{\mathbf{x}} + \hat{\mathbf{y}} + 3\,\hat{\mathbf{z}}$ 互相垂直，試求 u。

解 因 $\vec{\mathbf{A}} \perp \vec{\mathbf{B}}$，所以 $\vec{\mathbf{A}} \cdot \vec{\mathbf{B}} = 0$

$(3)(u) + (-5)(1) + (-1)(3) = 0$ 解得

$$u = \frac{8}{3}$$

雖然已經學習如何使用內積公式 1-9，但是公式的推導過程卻也利用公式的結果。現就詳細敘述如下：

設 $\vec{\mathbf{a}} = a_x\hat{\mathbf{i}} + a_y\hat{\mathbf{j}} + a_z\hat{\mathbf{k}}$ 與 $\vec{\mathbf{b}} = b_x\hat{\mathbf{i}} + b_y\hat{\mathbf{j}} + b_z\hat{\mathbf{k}}$，則

$$\begin{aligned}
\vec{\mathbf{a}} \cdot \vec{\mathbf{b}} &= (a_x\hat{\mathbf{i}} + a_y\hat{\mathbf{j}} + a_z\hat{\mathbf{k}}) \cdot (b_x\hat{\mathbf{i}} + b_y\hat{\mathbf{j}} + \mathrm{b}_z\hat{\mathbf{k}}) \\
&= (a_x\hat{\mathbf{i}}) \cdot (b_x\hat{\mathbf{i}} + b_y\hat{\mathbf{j}} + b_z\hat{\mathbf{k}}) + (a_y\hat{\mathbf{j}}) \cdot (b_x\hat{\mathbf{i}} + b_y\hat{\mathbf{j}} + b_z\hat{\mathbf{k}}) + (a_z\hat{\mathbf{k}}) \cdot (b_x\hat{\mathbf{i}} + b_y\hat{\mathbf{j}} + b_z\hat{\mathbf{k}}) \\
&= (a_xb_x\hat{\mathbf{i}} \cdot \hat{\mathbf{i}} + a_xb_y\hat{\mathbf{i}} \cdot \hat{\mathbf{j}} + a_xb_z\hat{\mathbf{i}} \cdot \hat{\mathbf{k}}) + (a_yb_x\hat{\mathbf{j}} \cdot \hat{\mathbf{i}} + a_yb_y\hat{\mathbf{j}} \cdot \hat{\mathbf{j}} + a_yb_z\hat{\mathbf{j}} \cdot \hat{\mathbf{k}}) + \\
&\quad (a_zb_x\hat{\mathbf{k}} \cdot \hat{\mathbf{i}} + a_zb_y\hat{\mathbf{k}} \cdot \hat{\mathbf{j}} + a_zb_z\hat{\mathbf{k}} \cdot \hat{\mathbf{k}}) \\
&= a_xb_x + a_yb_y + a_zb_z
\end{aligned}$$

其中

$\hat{\mathbf{i}} \cdot \hat{\mathbf{i}} = \hat{\mathbf{j}} \cdot \hat{\mathbf{j}} = \hat{\mathbf{k}} \cdot \hat{\mathbf{k}} = |\hat{\mathbf{i}}|^2 = |\hat{\mathbf{j}}|^2 = |\hat{\mathbf{k}}|^2 = 1$(因爲單位向量的長度大小爲 1)

而且交叉項

$\hat{\mathbf{i}} \cdot \hat{\mathbf{j}} = \hat{\mathbf{i}} \cdot \hat{\mathbf{k}} = \hat{\mathbf{j}} \cdot \hat{\mathbf{i}} = \hat{\mathbf{j}} \cdot \hat{\mathbf{k}} = \hat{\mathbf{k}} \cdot \hat{\mathbf{i}} = \hat{\mathbf{k}} \cdot \hat{\mathbf{j}} = 0$ (因爲 $\hat{\mathbf{i}}$、$\hat{\mathbf{j}}$、$\hat{\mathbf{k}}$ 兩兩互相垂直)

另外，向量與本身的內積結果為其長度的平方，如

$$\vec{\mathbf{a}}\cdot\vec{\mathbf{a}}=a_xa_x+a_ya_y+a_za_z=a_x^2+a_y^2+a_z^2$$
$$=(\sqrt{a_x^2+a_y^2+a_z^2})^2=|\vec{\mathbf{a}}|^2$$

例題 1.11

已知兩向量 $\vec{\mathbf{A}}=3\hat{\mathbf{x}}-5\hat{\mathbf{y}}-\hat{\mathbf{z}}$，$\vec{\mathbf{B}}=5\hat{\mathbf{x}}+\hat{\mathbf{y}}+3\hat{\mathbf{z}}$，試求 $\vec{\mathbf{A}}\cdot\vec{\mathbf{A}}$ 及 $\vec{\mathbf{B}}\cdot\vec{\mathbf{B}}$。

解 (a) $\vec{\mathbf{A}}\cdot\vec{\mathbf{A}}=(3)(3)+(-5)(-5)+(-1)(-1)=35$

(b) $\vec{\mathbf{B}}\cdot\vec{\mathbf{B}}=(5)(5)+(1)(1)+(3)(3)=35$

最後，向量內積對向量加法適合分配律，即

$$\vec{\mathbf{A}}\cdot(\vec{\mathbf{B}}\pm\vec{\mathbf{C}})=\vec{\mathbf{A}}\cdot\vec{\mathbf{B}}\pm\vec{\mathbf{A}}\cdot\vec{\mathbf{C}} \qquad (1\text{-}13)$$

這部分則留由讀者自行舉證驗明。

1-4 向量的外積

兩向量的外積(又稱叉積)定義如下：

設 $\vec{\mathbf{a}}=a_x\hat{\mathbf{i}}+a_y\hat{\mathbf{j}}+a_z\hat{\mathbf{k}}$ 與 $\vec{\mathbf{b}}=b_x\hat{\mathbf{i}}+b_y\hat{\mathbf{j}}+b_z\hat{\mathbf{k}}$，則 $\vec{\mathbf{a}}$、$\vec{\mathbf{b}}$ 的外積記為 $\vec{\mathbf{a}}\times\vec{\mathbf{b}}$ (或 $\vec{\mathbf{b}}\times\vec{\mathbf{a}}$)，其結果仍為向量且與 $\vec{\mathbf{a}}$、$\vec{\mathbf{b}}$ 所在的平面垂直，所以同時也與 $\vec{\mathbf{a}}$、$\vec{\mathbf{b}}$ 垂直。或稱 $\vec{\mathbf{a}}\times\vec{\mathbf{b}}$ 的方向為其所在平面的法線方向並記為 $\hat{\mathbf{n}}$。向量外積遵守右手定則：攤開右手掌，拇指的方向為向量 $\vec{\mathbf{a}}$ 的方向，其他四指的方向為向量 $\vec{\mathbf{b}}$ 的方向($\vec{\mathbf{a}}$ 與 $\vec{\mathbf{b}}$ 間夾角為 θ)，此時手心面的方向即為 $\vec{\mathbf{a}}\times\vec{\mathbf{b}}$ 的方向。外積的排式與計算公式為

$$\vec{\mathbf{a}}\times\vec{\mathbf{b}}=\begin{vmatrix}\hat{\mathbf{i}} & \hat{\mathbf{j}} & \hat{\mathbf{k}}\\ a_x & a_y & a_z\\ b_x & b_y & b_z\end{vmatrix}=\hat{\mathbf{i}}(a_yb_z-a_zb_y)+\hat{\mathbf{j}}(a_zb_x-a_xb_z)+\hat{\mathbf{k}}(a_xb_y-a_yb_x) \qquad (1\text{-}14)$$

仍爲向量；兩向量交換的外積爲

$$\vec{\mathbf{b}} \times \vec{\mathbf{a}} = \begin{vmatrix} \hat{\mathbf{i}} & \hat{\mathbf{j}} & \hat{\mathbf{k}} \\ b_x & b_y & b_z \\ a_x & a_y & a_z \end{vmatrix} = \hat{\mathbf{i}}(a_z b_y - a_y b_z) + \hat{\mathbf{j}}(a_x b_z - a_z b_x) + \hat{\mathbf{k}}(a_y b_x - a_x b_y)$$

雖其結果仍爲向量，但與 $\vec{\mathbf{a}} \times \vec{\mathbf{b}}$ 反向。因此，向量外積不具交換性，且其結果互爲反向，即

$$\vec{\mathbf{a}} \times \vec{\mathbf{b}} = -(\vec{\mathbf{b}} \times \vec{\mathbf{a}})$$

但大小相等，即

$$|\vec{\mathbf{a}} \times \vec{\mathbf{b}}| = |\vec{\mathbf{b}} \times \vec{\mathbf{a}}|$$

本結論可利用右手定則驗證。

圖 1.9 中所使用的符號 $\hat{\mathbf{n}}_{\vec{\mathbf{a}} \times \vec{\mathbf{b}}}$ 爲平面(以 $\vec{\mathbf{a}} \times \vec{\mathbf{b}}$ 所定義)的面向，$\hat{\mathbf{n}}_{\vec{\mathbf{a}} \times \vec{\mathbf{b}}}$ 又稱該平面面向的法向量；$\hat{\mathbf{n}}_{\vec{\mathbf{b}} \times \vec{\mathbf{a}}}$ 則爲以 $\vec{\mathbf{b}} \times \vec{\mathbf{a}}$ 所定義的平面面向，是該平面面向的法向量，即任一平面具有兩面向。

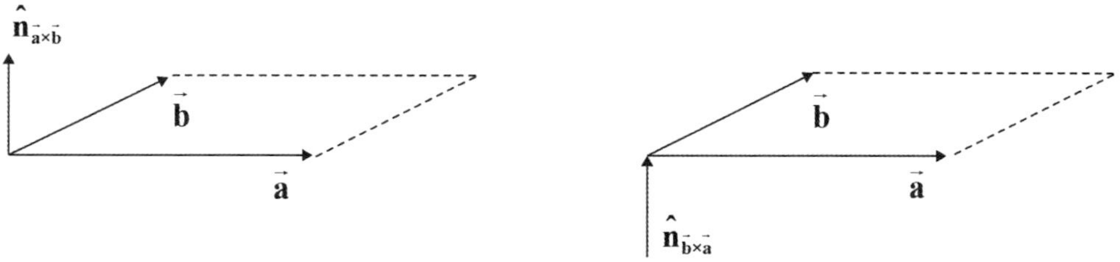

圖 1.9 兩向量外積。

例題 1.12

已知兩向量 $\vec{\mathbf{A}} = 3\hat{\mathbf{i}} - 5\hat{\mathbf{j}} - \hat{\mathbf{k}}$，$\vec{\mathbf{B}} = 5\hat{\mathbf{i}} + \hat{\mathbf{j}} + 3\hat{\mathbf{k}}$，試求 $\vec{\mathbf{A}} \times \vec{\mathbf{B}}$ 及 $\vec{\mathbf{B}} \times \vec{\mathbf{A}}$。

解 (a) $\vec{\mathbf{A}} \times \vec{\mathbf{B}} = \begin{vmatrix} \hat{\mathbf{i}} & \hat{\mathbf{j}} & \hat{\mathbf{k}} \\ 3 & -5 & -1 \\ 5 & 1 & 3 \end{vmatrix}$

$$= \hat{\mathbf{i}}[(-5)(3) - (-1)(1)] + \hat{\mathbf{j}}[(-1)(5) - (3)(3)] + \hat{\mathbf{k}}[(3)(1) - (-5)(5)]$$

$$= -14\hat{\mathbf{i}} - 14\hat{\mathbf{j}} + 28\hat{\mathbf{k}}$$

$$\text{(b) } \vec{\mathbf{B}}\times\vec{\mathbf{A}}=\begin{vmatrix}\hat{\mathbf{i}} & \hat{\mathbf{j}} & \hat{\mathbf{k}}\\ 5 & 1 & 3\\ 3 & -5 & -1\end{vmatrix}$$

$$=\hat{\mathbf{i}}\,[(-1)(1)-(-5)(3)]+\hat{\mathbf{j}}\,[(3)(3)-(-1)(5)]+\hat{\mathbf{k}}\,[(-5)(5)-(3)(1)]$$

$$=14\,\hat{\mathbf{i}}+14\,\hat{\mathbf{j}}-28\,\hat{\mathbf{k}}$$

故得 $\vec{\mathbf{A}}\times\vec{\mathbf{B}}=-(\vec{\mathbf{B}}\times\vec{\mathbf{A}})$。

類題4 承例題1.12，試證明 $\vec{\mathbf{A}}\times\vec{\mathbf{B}}$ 及 $\vec{\mathbf{B}}\times\vec{\mathbf{A}}$ 分別與 $\vec{\mathbf{A}}$ 與 $\vec{\mathbf{B}}$ 互相垂直。

類題5 已知 $\vec{\mathbf{A}}=\hat{\mathbf{i}}+2\hat{\mathbf{j}}-3\hat{\mathbf{k}}$，$\vec{\mathbf{B}}=2\hat{\mathbf{i}}-\hat{\mathbf{j}}+\hat{\mathbf{k}}$，試求 $\vec{\mathbf{A}}\times\vec{\mathbf{B}}$ 及 $\vec{\mathbf{B}}\times\vec{\mathbf{A}}$。

類題6 承類題5，試求 $\vec{\mathbf{A}}\times\vec{\mathbf{B}}$ 及 $\vec{\mathbf{B}}\times\vec{\mathbf{A}}$ 的單位向量 $\hat{\mathbf{n}}_{\vec{A}\times\vec{B}}$ 與 $\hat{\mathbf{n}}_{\vec{B}\times\vec{A}}$。

兩向量的外積與內積一樣，外積結果也與其間夾角 θ 正弦有關；一如 1-11 式

$$\vec{\mathbf{a}}\times\vec{\mathbf{b}}=|\vec{\mathbf{a}}||\vec{\mathbf{b}}|\sin\theta\,\hat{\mathbf{n}} \tag{1-15}$$

$$|\vec{\mathbf{a}}\times\vec{\mathbf{b}}|=\left||\vec{\mathbf{a}}||\vec{\mathbf{b}}|\sin\theta\right|$$

符號 $\hat{\mathbf{n}}$ 為 $\vec{\mathbf{a}}$、$\vec{\mathbf{b}}$ 所在的平面法線方向(以右手定則定義)。

另外，$|\vec{\mathbf{a}}\times\vec{\mathbf{b}}|$ 與 $|\vec{\mathbf{b}}\times\vec{\mathbf{a}}|$ 代表 $\vec{\mathbf{a}}$、$\vec{\mathbf{b}}$ 所圍平行四邊形的面積大小；而例題 1.12 中的負號表示方向相反，絕非表示面積有負值。因此有 $|\vec{\mathbf{a}}\times\vec{\mathbf{b}}|=|\vec{\mathbf{b}}\times\vec{\mathbf{a}}|$ 的結論。

進一步觀察，就向量外積公式 1-15，如圖 1.10a 所示若將 $|\vec{\mathbf{b}}|$ 視為基底，則 $|\vec{\mathbf{a}}|\sin\theta$ 為高，底與高構成一矩形(實線表示、平行四邊形的特例)，如圖 1.11a；同理，如圖 1.10b 所示若將 $|\vec{\mathbf{a}}|$ 視為基底，則 $|\vec{\mathbf{b}}|\sin\theta$ 為高，底與高構成一矩形(實線表示、平行四邊形的特例)，如圖 1.11b。結論是圖 1.10a 與圖 1.11b 中的原平行四邊形及兩個矩形具有相同的面積。

基於以上討論，外積公式 1-15 可改寫如下：

$|\vec{\mathbf{a}}\times\vec{\mathbf{b}}|=(|\vec{\mathbf{b}}|)(|\vec{\mathbf{a}}|\sin\theta)$，如圖 1.10a 與圖 1.11a 所示

$|\vec{\mathbf{a}}\times\vec{\mathbf{b}}|=(|\vec{\mathbf{a}}|)(|\vec{\mathbf{b}}|\sin\theta)$，如圖 1.10b 與圖 1.11b 所示

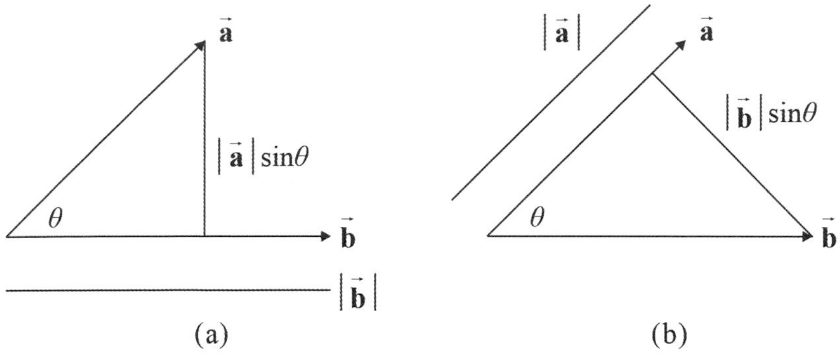

圖 1.10 向量外積。

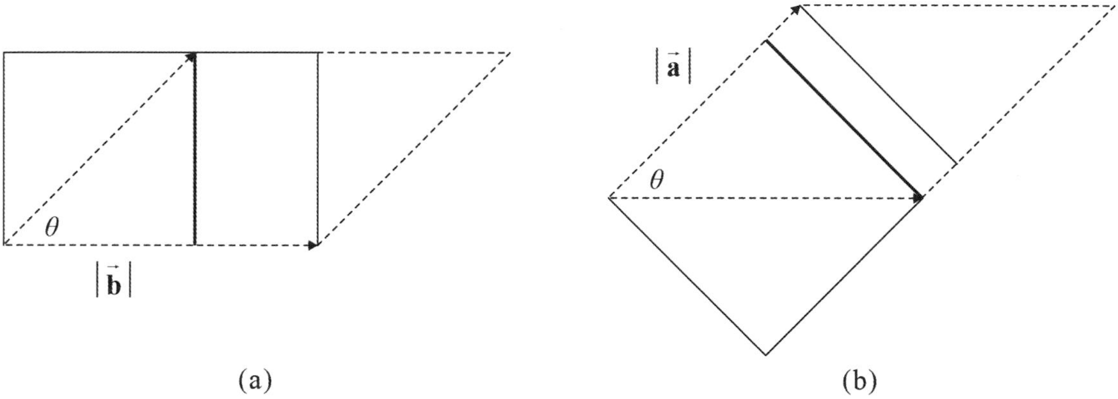

圖 1.11 平行四邊形面積。

最後，如圖 1.12 所示，當 $\vec{\mathbf{a}}$ 與 $\vec{\mathbf{b}}$ 平行(同向，$\theta = 0°$，$\sin\theta = 0$；反向，$\theta = 180°$，$\sin\theta = 0$)時，$\vec{\mathbf{a}} \times \vec{\mathbf{b}}$ 及 $\vec{\mathbf{b}} \times \vec{\mathbf{a}}$ 值最小(爲零，並無構成平行四邊形的情況，故無面積可言)；當 $\vec{\mathbf{a}}$ 與 $\vec{\mathbf{b}}$ 垂直($\theta = 90°$，$\sin\theta = 1$)時，$\vec{\mathbf{a}} \times \vec{\mathbf{b}}$ 或 $\vec{\mathbf{b}} \times \vec{\mathbf{a}}$ 值最大(構成矩形的情況)。

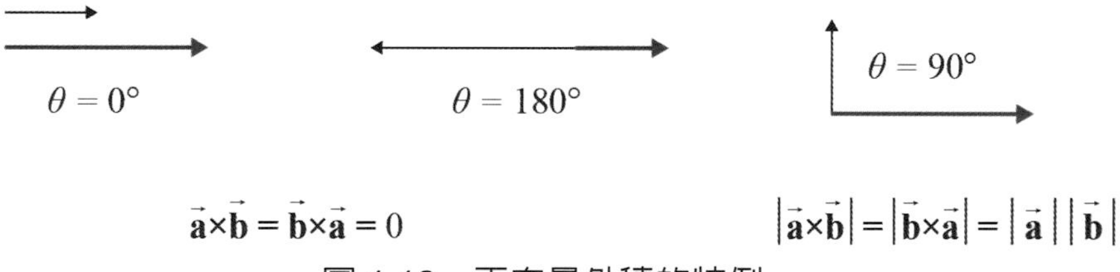

圖 1.12 兩向量外積的特例。

例題 1.13

已知 $\vec{\mathbf{A}} = \hat{\mathbf{i}} + \hat{\mathbf{j}} - 2\hat{\mathbf{k}}$、$\vec{\mathbf{B}} = 2\hat{\mathbf{i}} + 2\hat{\mathbf{j}} + \hat{\mathbf{k}}$、$\vec{\mathbf{C}} = \hat{\mathbf{j}} - 2\hat{\mathbf{k}}$，試求 $\vec{\mathbf{A}}$ 與 $\vec{\mathbf{B}}$、$\vec{\mathbf{A}}$ 與 $\vec{\mathbf{C}}$ 所圍平行四邊形的面積大小與方向。

解 (a) $\vec{\mathbf{A}}\times\vec{\mathbf{B}}=\begin{vmatrix}\hat{\mathbf{i}} & \hat{\mathbf{j}} & \hat{\mathbf{k}}\\ 1 & 1 & -2\\ 2 & 2 & 1\end{vmatrix}$

$=\hat{\mathbf{i}}\,[(1)(1)-(2)(-2)]+\hat{\mathbf{j}}\,[(-2)(2)-(1)(1)]+\hat{\mathbf{k}}\,[(1)(2)-(1)(2)]$

$=5\,\hat{\mathbf{i}}-5\,\hat{\mathbf{j}}$

$|\vec{\mathbf{A}}\times\vec{\mathbf{B}}|=\sqrt{(5)^2+(-5)^2}=\sqrt{50}=5\sqrt{2}$

$\hat{\mathbf{n}}_{\vec{\mathbf{A}}\times\vec{\mathbf{B}}}=\dfrac{5}{5\sqrt{2}}\hat{\mathbf{i}}-\dfrac{5}{5\sqrt{2}}\hat{\mathbf{j}}=\dfrac{1}{\sqrt{2}}(\hat{\mathbf{i}}-\hat{\mathbf{j}})$

(b) $\vec{\mathbf{A}}\times\vec{\mathbf{C}}=\begin{vmatrix}\hat{\mathbf{i}} & \hat{\mathbf{j}} & \hat{\mathbf{k}}\\ 1 & 1 & -2\\ 0 & 1 & -2\end{vmatrix}$

$=\hat{\mathbf{i}}\,[(1)(-2)-(1)(-2)]+\hat{\mathbf{j}}\,[(-2)(0)-(1)(-2)]+\hat{\mathbf{k}}\,[(1)(1)-(1)(0)]$

$=2\,\hat{\mathbf{i}}+\hat{\mathbf{k}}$

$|\vec{\mathbf{A}}\times\vec{\mathbf{C}}|=\sqrt{(2)^2+(1)^2}=\sqrt{5}$

$\hat{\mathbf{n}}_{\vec{\mathbf{A}}\times\vec{\mathbf{C}}}=\dfrac{2}{\sqrt{5}}\hat{\mathbf{i}}+\dfrac{1}{\sqrt{5}}\hat{\mathbf{j}}$

類題7 承例題1.13，試利用外積的結果求 $\vec{\mathbf{A}}$ 與 $\vec{\mathbf{B}}$ 間、$\vec{\mathbf{A}}$ 與 $\vec{\mathbf{C}}$ 間的夾角。

注意 利用外積公式求兩向量間的夾角無法檢測出鈍角($\theta>90°$)的情況，因此，夾角問題還是以內積公式較為適當。

另解 利用內積公式，請參考例題 1.17，內積公式與外積公式的結果一致，因為 θ_{AB} 與 θ_{AC} 均為銳角($\theta<90°$)的緣故。

類題8 自行「設計」問題並進行驗證。同學間互相交換題目練習。

例題 1.14

利用外積公式證明任一向量與自己外積的結果爲零。

解 設向量 $\vec{\mathbf{V}}=V_x\hat{\mathbf{i}}+V_y\hat{\mathbf{j}}+V_z\hat{\mathbf{k}}$

則 $\vec{\mathbf{V}}\times\vec{\mathbf{V}}=\begin{vmatrix}\hat{\mathbf{i}} & \hat{\mathbf{j}} & \hat{\mathbf{k}}\\ V_x & V_y & V_z\\ V_x & V_y & V_z\end{vmatrix}=\hat{\mathbf{i}}(V_yV_z-V_zV_y)+\hat{\mathbf{j}}(V_zV_z-V_xV_z)+\hat{\mathbf{k}}(V_xV_y-V_yV_x)=0$

註： 行列式中任兩行或兩列成比例關係時，行列式值必為零。
另外，向量與自己外積表示「兩」向量平行，故無面積。

例題 1.15

利用外積公式證明直角座標系遵守右手定則。

解 設直角座標系的三個單位向量分別為 $\hat{\mathbf{x}}=(1,0,0)$、$\hat{\mathbf{y}}=(0,1,0)$、$\hat{\mathbf{z}}=(0,0,1)$。所謂遵守右手定則即表示下列各式成立：

$$\hat{\mathbf{x}}\times\hat{\mathbf{y}}=\hat{\mathbf{z}}\ ，\ \hat{\mathbf{y}}\times\hat{\mathbf{z}}=\hat{\mathbf{x}}\ ，\ \hat{\mathbf{z}}\times\hat{\mathbf{x}}=\hat{\mathbf{y}}$$

則 $\hat{\mathbf{x}}\times\hat{\mathbf{y}}=\begin{vmatrix}\hat{\mathbf{x}} & \hat{\mathbf{y}} & \hat{\mathbf{z}}\\ 1 & 0 & 0\\ 0 & 1 & 0\end{vmatrix}=\hat{\mathbf{z}}$

$$\hat{\mathbf{y}}\times\hat{\mathbf{z}}=\begin{vmatrix}\hat{\mathbf{x}} & \hat{\mathbf{y}} & \hat{\mathbf{z}}\\ 0 & 1 & 0\\ 0 & 0 & 1\end{vmatrix}=\hat{\mathbf{x}}$$

$$\hat{\mathbf{z}}\times\hat{\mathbf{x}}=\begin{vmatrix}\hat{\mathbf{x}} & \hat{\mathbf{y}} & \hat{\mathbf{z}}\\ 0 & 0 & 1\\ 1 & 0 & 0\end{vmatrix}=\hat{\mathbf{y}}$$

類題9 請將上述外積的兩單位向量交換並查看結果。

例題 1.16

已知 $\vec{\mathbf{A}}=\hat{\mathbf{i}}-\hat{\mathbf{j}}-\hat{\mathbf{k}}$、$\vec{\mathbf{B}}=\hat{\mathbf{i}}+\hat{\mathbf{j}}+3\hat{\mathbf{k}}$、$\vec{\mathbf{C}}=\hat{\mathbf{j}}-\hat{\mathbf{k}}$，試求 $(\vec{\mathbf{A}}\times\vec{\mathbf{B}})\times\vec{\mathbf{C}}$ 及 $\vec{\mathbf{A}}\times(\vec{\mathbf{B}}\times\vec{\mathbf{C}})$，並比較結果。

解 (a) $\vec{\mathbf{A}}\times\vec{\mathbf{B}}=\begin{vmatrix}\hat{\mathbf{i}} & \hat{\mathbf{j}} & \hat{\mathbf{k}}\\ 1 & -1 & -1\\ 1 & 1 & 3\end{vmatrix}$

$$=\hat{\mathbf{i}}\,[(-1)(3)-(-1)(1)]+\hat{\mathbf{j}}\,[(-1)(1)-(1)(3)]+\hat{\mathbf{k}}\,[(1)(1)-(-1)(1)]$$

$$=-2\hat{\mathbf{i}}-4\hat{\mathbf{j}}+2\hat{\mathbf{k}}$$

$$(\vec{\mathbf{A}}\times\vec{\mathbf{B}})\times\vec{\mathbf{C}}=\begin{vmatrix}\hat{\mathbf{i}} & \hat{\mathbf{j}} & \hat{\mathbf{k}}\\ -2 & -4 & 2\\ 0 & 1 & -1\end{vmatrix}$$

$$=\hat{\mathbf{i}}\,[(-4)(-1)-(2)(1)]+\hat{\mathbf{j}}\,[(2)(0)-(-2)(-1)]+\hat{\mathbf{k}}\,[(-2)(1)-(-4)(0)]$$
$$=2\hat{\mathbf{i}}-2\hat{\mathbf{j}}-2\hat{\mathbf{k}}$$

(b) $$\vec{\mathbf{B}}\times\vec{\mathbf{C}}=\begin{vmatrix}\hat{\mathbf{i}} & \hat{\mathbf{j}} & \hat{\mathbf{k}}\\ 1 & 1 & 3\\ 0 & 1 & -1\end{vmatrix}$$

$$=\hat{\mathbf{i}}\,[(1)(-1)-(1)(3)]+\hat{\mathbf{j}}\,[(3)(0)-(1)(-1)]+\hat{\mathbf{k}}\,[(1)(1)-(1)(0)]$$
$$=-4\hat{\mathbf{i}}+\hat{\mathbf{j}}+\hat{\mathbf{k}}$$

$$\vec{\mathbf{A}}\times(\vec{\mathbf{B}}\times\vec{\mathbf{C}})=\begin{vmatrix}\hat{\mathbf{i}} & \hat{\mathbf{j}} & \hat{\mathbf{k}}\\ 1 & -1 & -1\\ -4 & 1 & 1\end{vmatrix}$$
$$=\hat{\mathbf{i}}\,[(-1)(1)-(1)(-1)]+\hat{\mathbf{j}}\,[(-4)(-1)-(1)(1)]+\hat{\mathbf{k}}\,[(1)(1)-(-4)(-1)]$$
$$=3\hat{\mathbf{j}}-3\hat{\mathbf{k}}$$

(c) 由上運算得知$(\vec{\mathbf{A}}\times\vec{\mathbf{B}})\times\vec{\mathbf{C}}$與$\vec{\mathbf{A}}\times(\vec{\mathbf{B}}\times\vec{\mathbf{C}})$的結果不一樣，結論是：向量外積除了不具交換性外，也不具結合性。

例題 1.17

試利用內積公式驗證類題 7 的結果。

解　依定義$\vec{\mathbf{A}}\cdot\vec{\mathbf{B}}=|\vec{\mathbf{A}}||\vec{\mathbf{B}}|\cos\theta$得

$$\theta_{AB}=\cos^{-1}\left(\frac{\vec{\mathbf{A}}\cdot\vec{\mathbf{B}}}{|\vec{\mathbf{A}}||\vec{\mathbf{B}}|}\right)$$

$$\vec{\mathbf{A}}\cdot\vec{\mathbf{B}}=(1)(2)+(1)(2)+(-2)(1)=2$$

$$\vec{\mathbf{A}}\cdot\vec{\mathbf{C}}=(1)(0)+(1)(1)+(-2)(-2)=5$$

$$\theta_{AB}=\cos^{-1}\left(\frac{2}{\sqrt{6}\cdot 3}\right)\approx 74.21^\circ$$

$$\theta_{AC}=\cos^{-1}\left(\frac{5}{\sqrt{6}\cdot\sqrt{5}}\right)\approx 24.09^\circ$$

結論　內積公式 1-11 與外積公式 1-15 得到的兩向量間夾角結果一致。

應用實例

名稱：判斷推動物體的難易度

技術：向量內積的應用

原理：對物體施力的方向與物體移動的方向一致才會省力

說明：施力a較容易(與移動方向平行)、施力b較困難(與移動方向成一角度)、施力c做白功(與移動方向垂直)

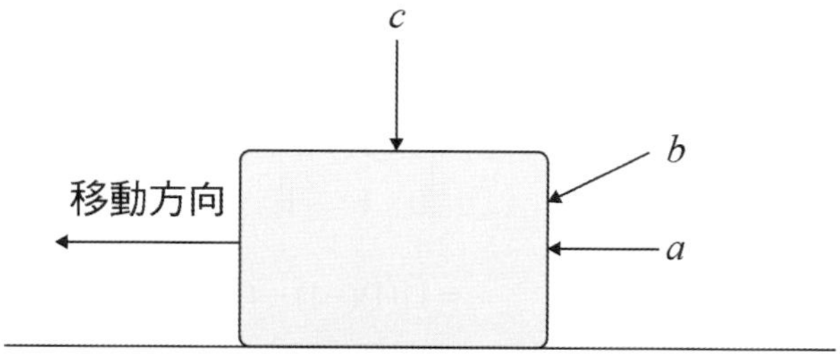

1-5 向量的三重積運算

最常用的三向量間的運算有 $\vec{\mathbf{A}}\cdot(\vec{\mathbf{B}}\times\vec{\mathbf{C}})$與 $\vec{\mathbf{A}}\times\vec{\mathbf{B}}\times\vec{\mathbf{C}}$ 兩種。

由前面章節得知，前者的結果爲純量，而後者仍爲向量。現分述如下：

首先介紹的是純量三重積，記爲

$$\vec{\mathbf{A}}\cdot(\vec{\mathbf{B}}\times\vec{\mathbf{C}}) = [A_x\hat{\mathbf{i}} + A_y\hat{\mathbf{j}} + A_z\hat{\mathbf{k}}]\cdot[(B_yC_z - B_zC_y)\hat{\mathbf{i}} + (B_zC_x - B_xC_z)\hat{\mathbf{j}} + (B_xC_y - B_yC_x)\hat{\mathbf{k}}]$$
$$= (A_xB_yC_z - A_xB_zC_y) + (A_yB_zC_x - A_yB_xC_z) + (A_zB_xC_y - A_zB_yC_x) \quad (1\text{-}16)$$

整理歸納之，上式可寫成行列式形式

$$\vec{\mathbf{A}}\cdot(\vec{\mathbf{B}}\times\vec{\mathbf{C}}) = \begin{vmatrix} A_x & A_y & A_z \\ B_x & B_y & B_z \\ C_x & C_y & C_z \end{vmatrix} \quad (1\text{-}17)$$

$\vec{\mathbf{A}}\cdot(\vec{\mathbf{B}}\times\vec{\mathbf{C}})$的值可能爲正或爲負，該數值的意義爲 $\vec{\mathbf{A}}$ 、$\vec{\mathbf{B}}$ 、$\vec{\mathbf{C}}$ 三向量所圍成平行六面體的體積如圖 1.13a 所示。亦即以$(\vec{\mathbf{B}}\times\vec{\mathbf{C}})$爲基底面積、以 $\vec{\mathbf{A}}$ 在 $\hat{\mathbf{n}}_{\vec{\mathbf{B}}\times\vec{\mathbf{C}}}$ 方向的投影量爲高，所構成的平行六面體。

又，$\vec{\mathbf{A}}\cdot(\vec{\mathbf{B}}\times\vec{\mathbf{C}})$可能爲負值，這並不表示體積爲負值，而是因爲構成基底的兩向量無法與第三向量形成一組遵守右手定則的關係。於圖 1.13a 中 $\vec{\mathbf{A}}$ 、$\vec{\mathbf{B}}$ 、$\vec{\mathbf{C}}$ 的關係符合右手定則，即 $\vec{\mathbf{A}}$ 與 $\hat{\mathbf{n}}_{\vec{\mathbf{B}}\times\vec{\mathbf{C}}}$ 同向，所以 $\vec{\mathbf{A}}\cdot(\vec{\mathbf{B}}\times\vec{\mathbf{C}})$的值爲正。若考慮 $\vec{\mathbf{A}}\cdot$

$(\vec{\mathbf{C}}\times\vec{\mathbf{B}})$的情況，則$\vec{\mathbf{A}}$與$\hat{\mathbf{n}}_{\vec{C}\times\vec{B}}$反方向，並導致$\vec{\mathbf{A}}\cdot(\vec{\mathbf{C}}\times\vec{\mathbf{B}})$的值爲負。但圖 1.13a 仍適用於$\vec{\mathbf{A}}\cdot(\vec{\mathbf{C}}\times\vec{\mathbf{B}})$且平行六面體體積仍存在(正值)。所以一般將平行六面體體積表示爲

$$|\vec{\mathbf{A}}\cdot(\vec{\mathbf{B}}\times\vec{\mathbf{C}})| = |\vec{\mathbf{B}}\cdot(\vec{\mathbf{C}}\times\vec{\mathbf{A}})| = |\vec{\mathbf{C}}\cdot(\vec{\mathbf{A}}\times\vec{\mathbf{B}})| \tag{1-18}$$

上式有時甚至被簡記爲 **ABC** = **BCA** = **CAB**。

純量三重積的另一應用則藉以求得三角錐體積。如圖 1.13b 顯示，考慮由向量$\vec{\mathbf{A}}$、$\vec{\mathbf{B}}$、$\vec{\mathbf{C}}$所構成平行六面體的一部分：三角錐，則該三角錐體體積爲平行六面體體積的六分之一。

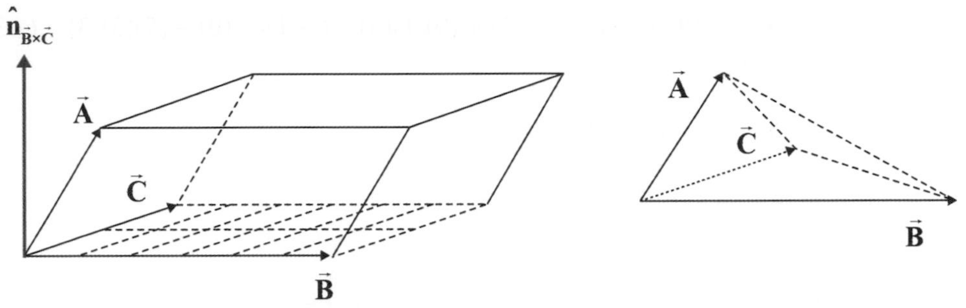

(a) 平行六面體 (b) 三角錐體

圖 1.13 純量三重積。

探討至此，得到一個結論：處理向量問題不如純數問題單純，必須考慮方向及相關事項。

接著介紹的是向量三重積，其恆等式記爲

$$\vec{\mathbf{A}}\times(\vec{\mathbf{B}}\times\vec{\mathbf{C}}) = \vec{\mathbf{B}}(\vec{\mathbf{A}}\cdot\vec{\mathbf{C}}) - \vec{\mathbf{C}}(\vec{\mathbf{A}}\cdot\vec{\mathbf{B}}) \tag{1-19}$$

這部分請以增廣見聞、鞏固觀念的心情學習。首先要觀察的是$\vec{\mathbf{A}}\times(\vec{\mathbf{B}}\times\vec{\mathbf{C}})$的結果必同時垂直$\vec{\mathbf{A}}$與$\hat{\mathbf{n}}_{\vec{B}\times\vec{C}}$。若參考圖 1.13a，則也可推知$\vec{\mathbf{A}}\times(\vec{\mathbf{B}}\times\vec{\mathbf{C}})$必與$\vec{\mathbf{B}}$、$\vec{\mathbf{C}}$共面。所以上述恆等式是合理的。因$(\vec{\mathbf{A}}\cdot\vec{\mathbf{C}})$與$(\vec{\mathbf{A}}\cdot\vec{\mathbf{B}})$都是純數，所以恆等式將$\vec{\mathbf{A}}\times(\vec{\mathbf{B}}\times\vec{\mathbf{C}})$表示成$\vec{\mathbf{B}}$與$\vec{\mathbf{C}}$的線性組合也是合理的。

例題 1.18

已知 $\vec{\mathbf{A}}=-3\,\hat{\mathbf{x}}+5\,\hat{\mathbf{y}}-\hat{\mathbf{z}}$ 、 $\vec{\mathbf{B}}=\hat{\mathbf{x}}+2\,\hat{\mathbf{y}}+\hat{\mathbf{z}}$ 、 $\vec{\mathbf{C}}=\hat{\mathbf{y}}+3\,\hat{\mathbf{z}}$ ，

求 $\vec{\mathbf{A}}$ 、 $\vec{\mathbf{B}}$ 、 $\vec{\mathbf{C}}$ 所構成平行六面體的體積及三角錐體體積。

解　依定義該六面體體積爲

$$
\begin{aligned}
&\vec{\mathbf{A}}\cdot(\vec{\mathbf{B}}\times\vec{\mathbf{C}})\\
&=\begin{vmatrix}-3 & 5 & -1\\ 1 & 2 & 1\\ 0 & 1 & 3\end{vmatrix}\\
&=(-3)(2)(3)+(1)(1)(-1)+(0)(1)(5)-(-1)(2)(0)-(5)(5)(3)-(-3)(1)(1)\\
&=-31\\
&|\vec{\mathbf{A}}\cdot(\vec{\mathbf{B}}\times\vec{\mathbf{C}})|=31
\end{aligned}
$$

$$\text{三角錐體體積}=\frac{1}{6}\,|\vec{\mathbf{A}}\cdot(\vec{\mathbf{B}}\times\vec{\mathbf{C}})|=\frac{31}{6}$$

例題 1.19

承例題 1.18，求 $\vec{\mathbf{A}}\times(\vec{\mathbf{B}}\times\vec{\mathbf{C}})$ 及 $(\vec{\mathbf{A}}\times\vec{\mathbf{B}})\times\vec{\mathbf{C}}$ 。

解

$$
\vec{\mathbf{B}}\times\vec{\mathbf{C}}=\begin{vmatrix}\hat{\mathbf{x}} & \hat{\mathbf{y}} & \hat{\mathbf{z}}\\ 1 & 2 & 1\\ 0 & 1 & 3\end{vmatrix}
$$

$$
\begin{aligned}
&=\hat{\mathbf{x}}\,[(2)(3)-(1)(1)]+\hat{\mathbf{y}}\,[(1)(0)-(1)(3)]+\hat{\mathbf{z}}\,[(1)(1)-(2)(0)]\\
&=5\,\hat{\mathbf{x}}-3\,\hat{\mathbf{y}}+\hat{\mathbf{z}}
\end{aligned}
$$

$$
\vec{\mathbf{A}}\times(\vec{\mathbf{B}}\times\vec{\mathbf{C}})=\begin{vmatrix}\hat{\mathbf{x}} & \hat{\mathbf{y}} & \hat{\mathbf{z}}\\ -3 & 5 & -1\\ 5 & -3 & 1\end{vmatrix}
$$

$$
\begin{aligned}
&=\hat{\mathbf{x}}\,[(5)(1)-(-3)(-1)]+\hat{\mathbf{y}}\,[(-1)(5)-(1)(-3)]+\hat{\mathbf{z}}\,[(-3)(-3)-(5)(5)]\\
&=2\,\hat{\mathbf{x}}-2\,\hat{\mathbf{y}}-16\,\hat{\mathbf{z}}
\end{aligned}
$$

$$\vec{\mathbf{A}}\times\vec{\mathbf{B}}=\begin{vmatrix}\hat{\mathbf{x}} & \hat{\mathbf{y}} & \hat{\mathbf{z}}\\ -3 & 5 & -1\\ 1 & 2 & 1\end{vmatrix}$$

$$=\hat{\mathbf{x}}\,[(5)(1)-(-2)(-1)]+\hat{\mathbf{y}}\,[(-1)(1)-(1)(-3)]+\hat{\mathbf{z}}\,[(-3)(2)-(5)(1)]$$

$$=7\,\hat{\mathbf{x}}+2\,\hat{\mathbf{y}}-11\,\hat{\mathbf{z}}$$

$$(\vec{\mathbf{A}}\times\vec{\mathbf{B}})\times\vec{\mathbf{C}}=\begin{vmatrix}\hat{\mathbf{x}} & \hat{\mathbf{y}} & \hat{\mathbf{z}}\\ 7 & 2 & -11\\ 0 & 1 & 3\end{vmatrix}$$

$$=\hat{\mathbf{x}}\,[(2)(3)-(1)(-11)]+\hat{\mathbf{y}}\,[(-11)(0)-(7)(3)]+\hat{\mathbf{z}}\,[(7)(1)-(2)(0)]$$

$$=17\,\hat{\mathbf{x}}-21\,\hat{\mathbf{y}}+7\,\hat{\mathbf{z}}$$

因向量外積不具結合性，所以$\vec{\mathbf{A}}\times(\vec{\mathbf{B}}\times\vec{\mathbf{C}})$與$(\vec{\mathbf{A}}\times\vec{\mathbf{B}})\times\vec{\mathbf{C}}$會有不同的結果，這是預料中的事。而且$\vec{\mathbf{A}}\times(\vec{\mathbf{B}}\times\vec{\mathbf{C}})\perp\vec{\mathbf{A}}$及$(\vec{\mathbf{A}}\times\vec{\mathbf{B}})\times\vec{\mathbf{C}}\perp\vec{\mathbf{C}}$的事實也可被驗證。

類題10 承例題1.18，試證明$\vec{\mathbf{A}}\times(\vec{\mathbf{B}}\times\vec{\mathbf{C}})=\vec{\mathbf{B}}(\vec{\mathbf{A}}\cdot\vec{\mathbf{C}})-\vec{\mathbf{C}}(\vec{\mathbf{A}}\cdot\vec{\mathbf{B}})$。

類題11 重作例題1.18，但利用$(\vec{\mathbf{A}}\times\vec{\mathbf{B}})\cdot\vec{\mathbf{C}}$。

類題12 重作例題1.18，若$\vec{\mathbf{D}}=2\vec{\mathbf{A}}-\vec{\mathbf{B}}$，試求$\vec{\mathbf{D}}\cdot(\vec{\mathbf{A}}\times\vec{\mathbf{B}})$。

1-6 座標系統

目前常用的三套座標系統是直角(卡氏)座標系、圓柱(圓筒)座標系、球座標系，分別如圖 1.14 至圖 1.16。其中最簡易的座標系統雖是直角座標系，但是處理具有圓柱對稱或是球面(體)對稱問題時，直角座標系就顯得非常不順手、繁複及不適用。這三套座標系統都有三個參數，分別是(x, y, z)、(r, ϕ, z)、(r, θ, ϕ)，而且變數都是互相的獨立與正交(垂直)。

座標系統參數的獨立性與正交性的重要，在之前的向量加減法就有應用到。在直角座標系中執行向量加減時，都將向量的 x、y、z 分量個別處理。基於同樣的理由，其他兩套座標系統的參數也都有這樣的特性，本章節將一一介紹。

一般可將 x、y、z 視為左$(-x)$右$(+x)$、前$(+y)$後$(-y)$、上$(+z)$下$(-z)$三個方向。當空間中任一點 P 以已知 x、y、z 值所定義，則點 P 的位置已完全被描述，如圖 1.14 所示。以讀者自己為參考原點，若 P 點為(1.5 米，–3 米，2 米)，則 P 點的位置在讀者的右方 1.5 米處、再往後 3 米、之後再向上 2 米。而 P 點與讀者的距離爲 $\sqrt{(1.5)^2+(-3)^2+(2)^2}\approx 3.9$ 米，其方位爲在讀者的後上方偏右。

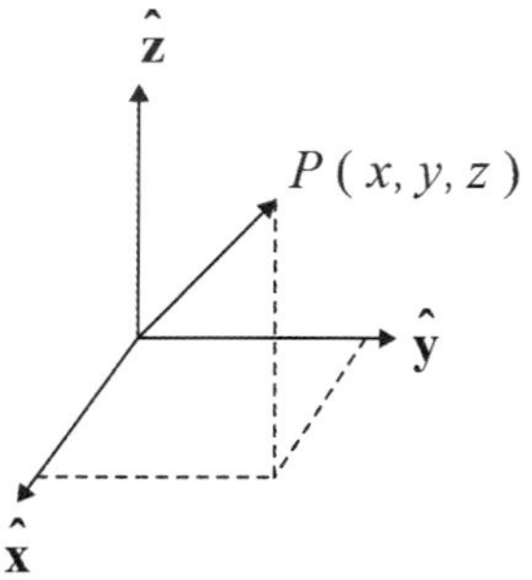

圖 1.14 直角座標系。

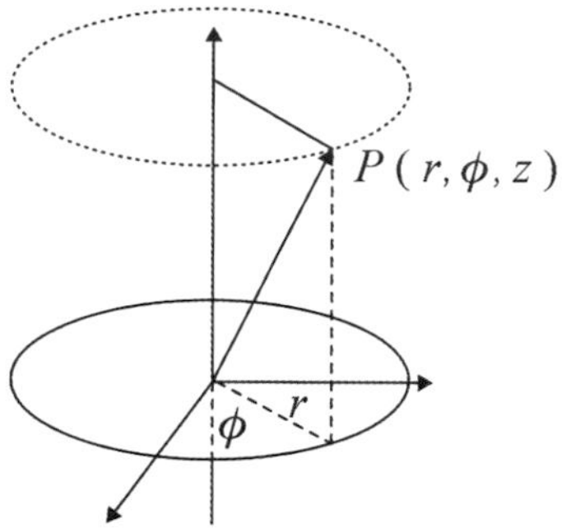

圖 1.15 圓柱座標系。

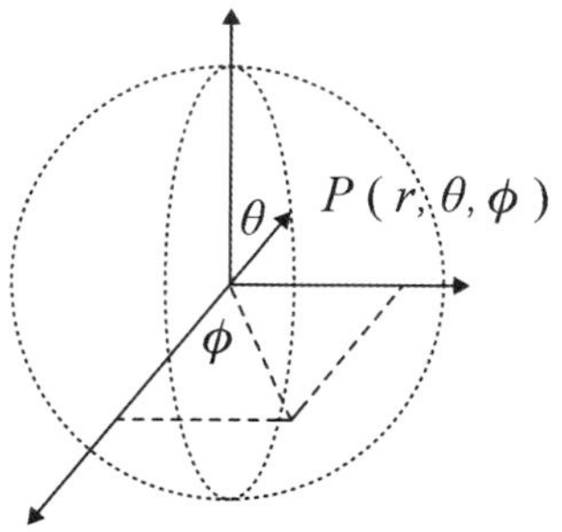

圖 1.16 球座標系。

若以讀者爲參考點，則該向量表爲 $\vec{\mathbf{P}}=1.5\,\hat{\mathbf{x}}-3\,\hat{\mathbf{y}}+2\,\hat{\mathbf{z}}$。另外，數學上所謂的點是沒有大小與體積的，所以只需計算距離與方位。

現在就以直角座標系爲基礎將其他兩套座標系統分述如下。

例如長直導線(垂直軸)問題，一般函數都是與導線垂直距離成某種關係。所以任何一點 P 與導線垂直距離爲半徑的剖面，該半徑的軌跡呈圓形，如圖 1.15 所示。因爲與導線垂直等距的軌跡爲圓(虛線)，即是該圓的半徑(r)，也是圓柱座標系統的第一個參數，如圖 1.15 中圓的半徑。參數 r 的方向是指向外的($\hat{\mathbf{r}}$)。

另外，實線圓所在的平面代表一個參考零平面。這兩個圓心距離即是第三個參數(z)，方向向上爲正($\hat{\mathbf{z}}$)，稱爲高度。第二個參數(ϕ)則代表原點至 P 點連線在參考零平面的投影與 x 軸間的夾角，並稱爲方位角。這個角度具有方向：自 x 軸(方位角零度)起始、逆時鐘方向爲正($\hat{\boldsymbol{\phi}}$)，如圖 1.17 所示。

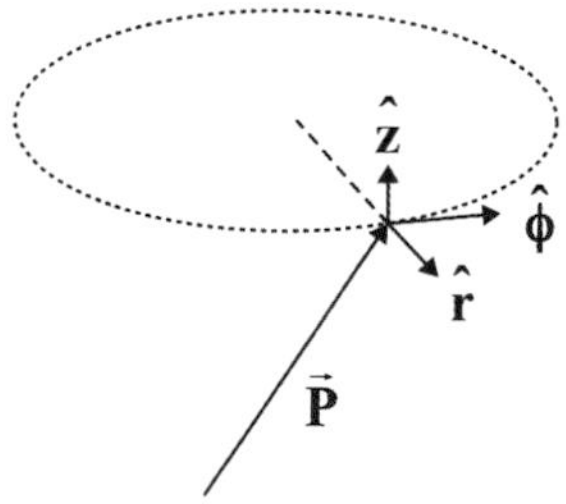

圖 1.17 圓柱座標系的三個單位向量。

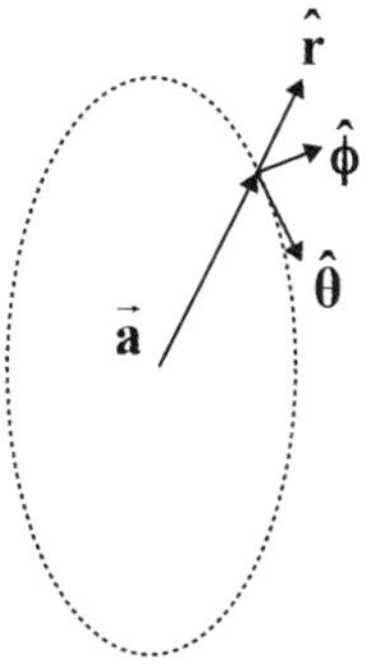

圖 1.18 球座標系的三個單位向量。

球座標系統大家幾乎每天使用，並生活在其中——地球。讀者所在的位置可以由三個參數完全描述，如圖 1.16：半徑(r)——由地球中心往外延伸，經度(ϕ)——與赤道平行面上(從參考零度算起)的角度，以及緯度(θ)——自北極量起的角度。圖 1.18 標示其三個單位向量：參數(r)的單位向量是指向外的($\hat{\mathbf{r}}$)；參數(ϕ)的單位向量自北極俯瞰逆時鐘方向為正($\hat{\boldsymbol{\phi}}$)；參數(θ)的單位向量在球表面上切向南極方向為正($\hat{\boldsymbol{\theta}}$)。

讀者應該已注意到下列事實:如同直角座標系的三個單位向量遵守右手定則一樣，圓柱座標系與球座標系的三個單位向量也都遵守右手定則。如下所列：

直角座標系：$\hat{\mathbf{x}}\times\hat{\mathbf{y}}=\hat{\mathbf{z}}$、$\hat{\mathbf{y}}\times\hat{\mathbf{z}}=\hat{\mathbf{x}}$、$\hat{\mathbf{z}}\times\hat{\mathbf{x}}=\hat{\mathbf{y}}$

圓柱座標系：$\hat{\mathbf{r}}\times\hat{\boldsymbol{\phi}}=\hat{\mathbf{z}}$、$\hat{\boldsymbol{\phi}}\times\hat{\mathbf{z}}=\hat{\mathbf{r}}$、$\hat{\mathbf{z}}\times\hat{\mathbf{r}}=\hat{\boldsymbol{\phi}}$

球座標系：$\hat{\mathbf{r}}\times\hat{\boldsymbol{\theta}}=\hat{\boldsymbol{\phi}}$、$\hat{\boldsymbol{\theta}}\times\hat{\boldsymbol{\phi}}=\hat{\mathbf{r}}$、$\hat{\boldsymbol{\phi}}\times\hat{\mathbf{r}}=\hat{\boldsymbol{\theta}}$

再者，任一向量 $\vec{\mathbf{V}}$ 分別在不同的座標系統具有類似的分量表示形式：

$$\vec{\mathbf{V}}=V_x\hat{\mathbf{x}}+V_y\hat{\mathbf{y}}+V_z\hat{\mathbf{z}}\text{(直角座標系)}$$

$$\vec{\mathbf{V}}=V_r\hat{\mathbf{r}}+V_\phi\hat{\boldsymbol{\phi}}+V_z\hat{\mathbf{z}}\text{(圓柱座標系)}$$

$$\vec{\mathbf{V}}=V_r\hat{\mathbf{r}}+V_\theta\hat{\boldsymbol{\theta}}+V_\phi\hat{\boldsymbol{\phi}}\text{(球座標系)}$$

對同一向量 $\vec{\mathbf{A}}=\hat{\mathbf{x}}A_x+\hat{\mathbf{y}}A_y+\hat{\mathbf{z}}A_z=\hat{\mathbf{r}}A_r+\hat{\boldsymbol{\phi}}A_\phi+\hat{\mathbf{z}}A_z$，其分量間的關係可以轉換矩陣形式表示為

$$\begin{bmatrix}A_x\\A_y\\A_z\end{bmatrix}=\begin{bmatrix}\cos\phi & -\sin\phi & 0\\ \sin\phi & \cos\phi & 0\\ 0 & 0 & 1\end{bmatrix}=\begin{bmatrix}A_r\\A_\phi\\A_z\end{bmatrix}$$

反之則得

$$\begin{bmatrix}A_r\\A_\phi\\A_z\end{bmatrix}=\begin{bmatrix}\cos\phi & -\sin\phi & 0\\ \sin\phi & \cos\phi & 0\\ 0 & 0 & 1\end{bmatrix}^{-1}=\begin{bmatrix}A_x\\A_y\\A_z\end{bmatrix}=\begin{bmatrix}\cos\phi & \sin\phi & 0\\ -\sin\phi & \cos\phi & 0\\ 0 & 0 & 1\end{bmatrix}=\begin{bmatrix}A_x\\A_y\\A_z\end{bmatrix}$$

例題 1.20

請推導 (V_x, V_y, V_z)、(C_r, C_ϕ, C_z)、(S_r, S_θ, S_ϕ) 間的關係。

解 參考圖1.14至圖1.16已知V_x、V_y、V_z爲向量$\vec{\mathbf{V}}$在直角座標系的三個分量。圓柱座標系的C_r分量爲垂直z軸平面(即x-y平面)上的圓半徑就是$C_r=\sqrt{V_x^2+V_y^2}$。C_ϕ分量爲C_r與x軸間的夾角$C_\phi=\tan^{-1}(V_y/V_x)$。至於$C_z$分量則是共通參數。整理後得表1.1。

表 1.1 圓柱座標系與直角座標系的參數關係

圓柱座標系(C_r, C_ϕ, C_z)		直角座標系(V_x, V_y, V_z)
$C_r=\sqrt{V_x^2+V_y^2}$		$V_x=C_r\cos(C_\phi)$
$C_\phi=\tan^{-1}(V_y/V_x)$	$\Leftrightarrow$	$V_y=C_r\sin(C_\phi)$
$C_z=V_z$		$V_z=C_z$

在球座標系裡，向量$\vec{\mathbf{V}}$的長度就是球體的半徑$S_r=\sqrt{V_x^2+V_y^2+V_z^2}$。向量$\vec{\mathbf{V}}$與$z$軸的夾角爲球座標系的第二個參數$S_\theta$，這個角度可透過下式求得

$$S_\theta=\tan^{-1}(\theta\text{的對邊} \ / \ \theta \text{ 的鄰邊})$$

$$=\tan^{-1}(\vec{\mathbf{V}}\text{ 在}x\text{-}y\text{平面上的投影 } / \vec{\mathbf{V}}\text{ 在}z\text{軸的投影})$$

$$=\tan^{-1}(\sqrt{V_x^2+V_y^2}/V_z)$$

第三個參數$S_\phi=\tan^{-1}(V_y/V_x)$。整理後得表1.2。

表 1.2 球座標系與直角座標系的參數關係

球座標系 (S_r, S_θ, S_ϕ)		直角座標系 (V_x, V_y, V_z)
$S_r=\sqrt{V_x^2+V_y^2+V_z^2}$		$V_x=S_r\sin(S_\theta)\cos(S_\phi)$
$S_\theta=T\text{an}^{-1}(\sqrt{V_x^2+V_y^2}/V_z)$	$\Leftrightarrow$	$V_y=S_r\sin(S_\theta)\sin(S_\phi)$
$S_\phi=\tan^{-1}(V_y/V_x)$		$V_z=S_r\cos(S_\theta)$

例題 1.21

已知$\vec{\mathbf{A}}=7\hat{\mathbf{x}}+2\hat{\mathbf{y}}+\hat{\mathbf{z}}$，求$(C_r, C_\phi, C_z)$ 與 (S_r, S_θ, S_ϕ)。

解 (a)圓柱座標系

$$C_r=\sqrt{V_x^2+V_y^2}=\sqrt{7^2+2^2}=\sqrt{53}\approx 7.28$$

$$C_\phi=\tan^{-1}(V_y/V_x)=\tan^{-1}(2/7)=15.95°$$

$$C_z=1$$

(b)球座標系

$$S_r = \sqrt{V_x^2 + V_y^2 + V_z^2} = \sqrt{7^2 + 2^2 + 1^2} = \sqrt{54} \approx 7.35$$

$$S_\theta = \tan^{-1}(\sqrt{V_x^2 + V_y^2} / V_z) = \tan^{-1}(\sqrt{7^2 + 2^2}) = 82.18°$$

$$S_\phi = \tan^{-1}(V_y / V_x) = \tan^{-1}(2/7) = 15.95°$$

例題 1.22

已知 Q 點的座標爲$(5, \pi, \pi/3)$，求 Q 點的直角座標值。

解　依題意Q點的座標爲球座標系統，$S_r = 5$、$S_\phi = \pi$、$S_\theta = \pi/3$

$V_x = S_r \sin(S_\theta) \cos(S_\phi) = 5 \sin(\pi/3) \cos(\pi) \approx -4.33$

$V_y = S_r \sin(S_\theta) \sin(S_\phi) = 5 \sin(\pi/3) \sin(\pi) = 0$

$V_z = S_r \cos(S_\theta) = 5 \cos(\pi/3) = 2.5$

1-7 微量表示法

處理電磁問題時避免不了積分，或對線段積分，或對整個平面積分，或對整個體積積分。對線段(ℓ)積分必須用到微線段$(d\ell)$，面積(S)積分則用到微面積(ds)，體積(V)積分則用到微體積(dv)。

對任一微線段$(d\vec{\ell})$在不同的座標系統的分量表示形式：

$d\vec{\ell} = dx\,\hat{\mathbf{x}} + dy\,\hat{\mathbf{y}} + dz\,\hat{\mathbf{z}}$(直角座標系)，參考圖 1.19

$d\vec{\ell} = dr\,\hat{\mathbf{r}} + rd\phi\,\hat{\boldsymbol{\phi}} + dz\,\hat{\mathbf{z}}$(圓柱座標系)，參考圖 1.20

$d\vec{\ell} = dr\,\hat{\mathbf{r}} + rd\theta\,\hat{\boldsymbol{\theta}} + r\sin\theta d\phi\,\hat{\boldsymbol{\phi}}$(球座標系)，參考圖 1.21

注意　微線段$(d\vec{\ell})$是具方向性的。每一微線段$(d\vec{\ell})$的長度與向量有同樣的表示式：

$|d\vec{\ell}| = \sqrt{dx^2 + dy^2 + dz^2}$ (直角座標系)

$|d\vec{\ell}| = \sqrt{dr^2 + r^2 d\phi^2 + dz^2}$ (圓柱座標系)

$|d\vec{\ell}| = \sqrt{dr^2 + r^2 d\theta^2 + r^2 \sin^2 \theta d\phi^2}$ (球座標系)

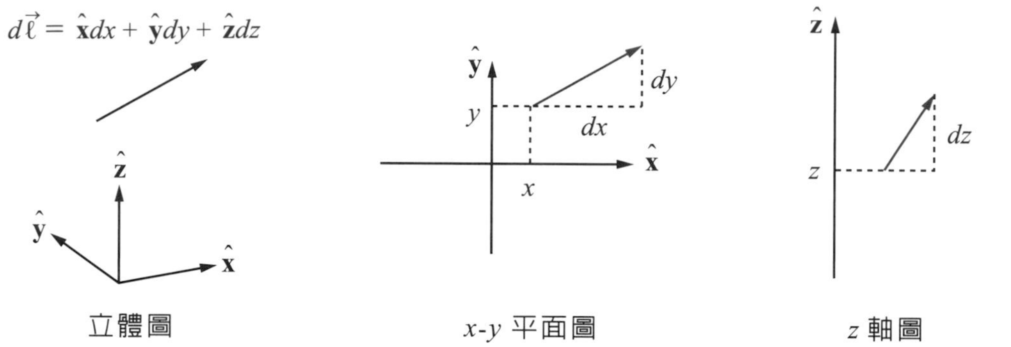

$$d\vec{\ell} = \hat{\mathbf{x}}dx + \hat{\mathbf{y}}dy + \hat{\mathbf{z}}dz$$

立體圖

x-y 平面圖

z 軸圖

圖 1.19 直角座標系的微線段表示。

$$d\vec{\ell} = \hat{\mathbf{r}}dr + \hat{\boldsymbol{\phi}}rd\phi + \hat{\mathbf{z}}dz$$

立體圖

r-ϕ 平面圖

z 軸圖

圖 1.20 圓柱座標系的微線段表示。

$$d\vec{\ell} = \hat{\mathbf{r}}dr + \hat{\boldsymbol{\theta}}rd\theta + \hat{\boldsymbol{\phi}}r\sin\theta d\phi$$

立體圖

r-ϕ 平面圖

南北軸圖

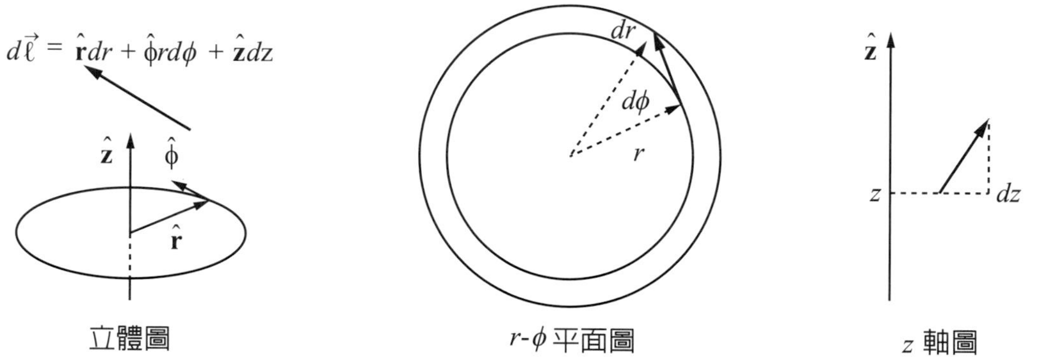

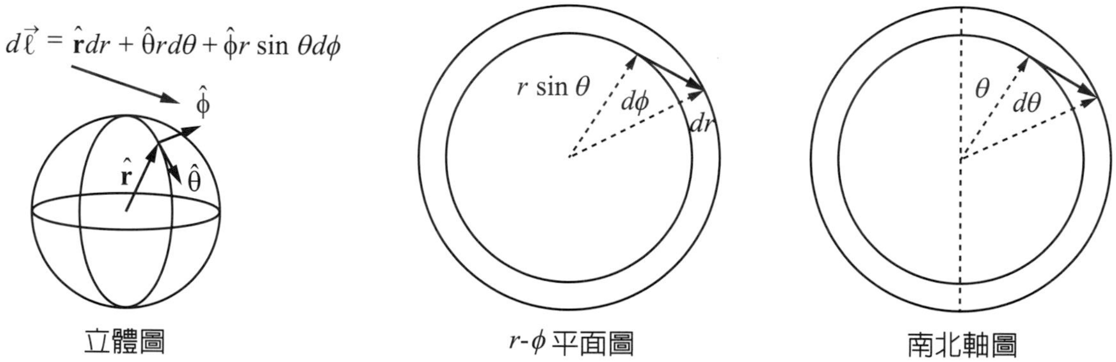

圖 1.21 球座標系的微線段表示。

對任一微體積(dv)在不同的座標系統的分量表示形式：

$dv = dx\ dy\ dz$(直角座標系)，參考圖 1.22a

$dv = r\ dr\ d\phi\ dz$(圓柱座標系)，參考圖 1.22b

$dv = r^2\sin\theta\ dr\ d\theta\ d\phi$(球座標系)，參考圖 1.22c

▌注意　下列微體積都有六個面，各具有大小，每面各具有兩個(法線)方向：向內與向外；在下一段則探討各面的微面積。

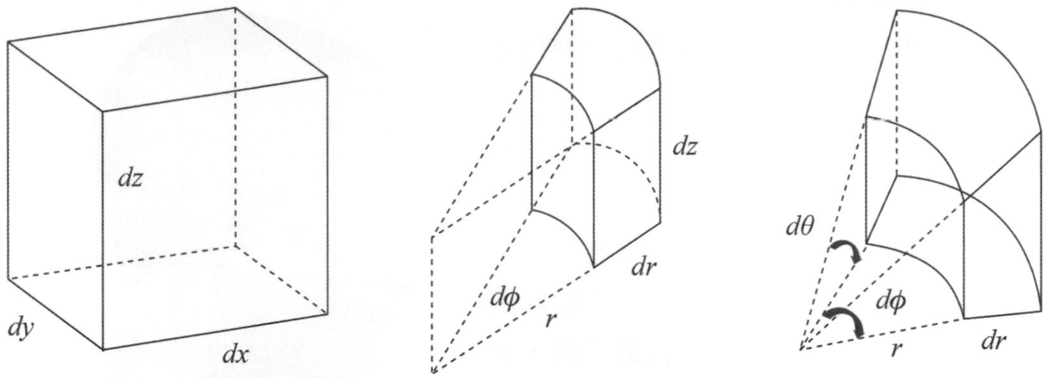

(a) 直角座標系　(b) 圓柱座標系　(c) 球座標系

圖 1.22　直角座標系的微體積表示

至於每一微面積($d\vec{\mathbf{s}}$)除了是寬邊與長邊的乘積外，還具有方向；所以應用上需要進一步注意。例如：

在直角座標系中，垂直 x 軸的微面積有兩面，一正一負，可表爲 $d\vec{\mathbf{s}} = \pm\hat{\mathbf{x}}\, dy\, dz$；同理，垂直 y 軸爲 $d\vec{\mathbf{s}} = \pm\hat{\mathbf{y}}\, dx\, dz$；垂直 z 軸則爲 $d\vec{\mathbf{s}} = \pm\hat{\mathbf{z}}\, dx\, dy$，參考圖 1.22a。

在圓柱座標系中，六個微面積並不完全像直角座標系兩兩平行且反向；與 $\hat{\mathbf{r}}$ 方向垂直的微面積可表爲 $d\vec{\mathbf{s}} = \pm\hat{\mathbf{r}}\, r\, d\phi\, dz$；與 $\hat{\boldsymbol{\phi}}$ 方向垂直的微面積可表爲 $d\vec{\mathbf{s}} = \pm\hat{\boldsymbol{\phi}}\, dr dz$；與 $\hat{\mathbf{z}}$ 方向垂直的微面積可表爲 $d\vec{\mathbf{s}} = \pm\hat{\mathbf{z}}\, r\, dr\, d\phi$，參考圖 1.22b。

最後在球座標系中，參考圖 1.22c，三套微面積請自行判斷是否互相平行或互爲反向；它們分別爲 $d\vec{\mathbf{s}} = \pm\hat{\mathbf{r}}\,(r\, d\theta)(r\sin\theta\, d\phi) = \pm\hat{\mathbf{r}}\, r^2\sin\theta\, d\theta\, d\phi$； $d\vec{\mathbf{s}} = \pm\hat{\boldsymbol{\theta}}\, r\sin\theta\, dr\, d\phi$； $d\vec{\mathbf{s}} = \pm\hat{\boldsymbol{\phi}}\, r\, dr\, d\theta$。

其他無法由上列表示式所描述的任何情況將不在本書討論，希望讀者自行探索。

應用實例

名稱：人臉辨識

技術：分析比較人臉視覺特徵信息進行身分鑑別的計算機技術

原理：將人臉特徵資訊轉換成一組基底影像的線性組合

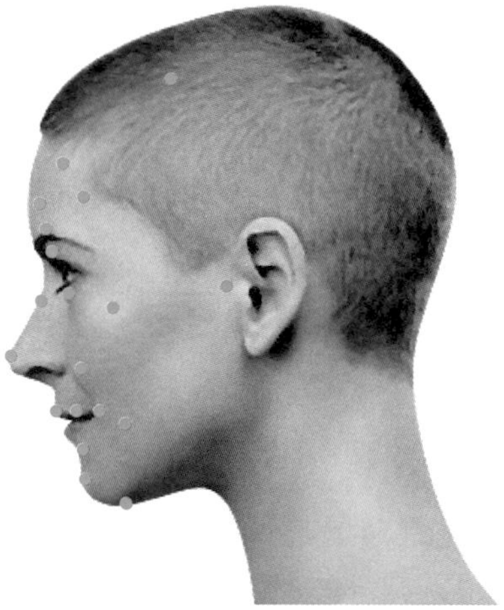

說明：生物資訊辨識以人臉最為直接。透過影像處理與數值技術從人臉影像中抽取具代表意義的特徵資訊，並轉換成為一組基底影像的線性組合。所謂的「特徵向量」是將特徵資訊以向量形式儲存並進行運算。廣義的相關技術包括人臉圖像採集、人臉定位、人臉識別預處理、身分確認以及身分鑑別。

1-8 向量三度空間微分、梯度、散度、旋度

在介紹三度空間微分運算之前，先將微分與偏微分複習一下。

對單一變數函數的微分，運算上較直接，如

$$\text{若 } f(x) = 3x^3 + 2x - 5\text{，則 } f'(x) = \frac{d}{dx}f(x) = 9x^2 + 2$$

$$\frac{d}{dt}\sin(\omega t) = \omega\cos(\omega t)$$

$$\frac{d}{dt}e^{-at} = -a e^{-at}$$

對多變數函數微分，運算上必須指定微分的變數。如函數 F 是位置與時間的函數，在直角座標系中記為 $F = F(t, x, y, z)$，可為純量或向量。若要對函數 F 微分時，則必須知道對哪個變數微分，因為函數 F 有四個變數。所以若只對時間變數微分，稱為偏微分，則記為

$\frac{\partial}{\partial t}F(t, x, y, z)$，其中符號「$\partial$」念為 partial，全名為 partial derivative。作法是只對時間變數 t 執行一般微分，同時將其他變數則視為常數處理。如

若 $f(t, x, y, z) = 3x^3 + e^{-2t} + 2xy - 5z$，則 $\dfrac{\partial f}{\partial t} = -2e^{-2t}$

$$\frac{\partial f}{\partial x} = 9x^2 + 2y$$

$$\frac{\partial f}{\partial y} = 2x$$

$$\frac{\partial f}{\partial z} = -5$$

對多變數函數作全微分，則寫成

$$df = \frac{\partial f}{\partial t}dt + \frac{\partial f}{\partial x}dx + \frac{\partial f}{\partial y}dy + \frac{\partial f}{\partial z}dz$$

處理電磁場問題時也必須小心處理，因爲電場、磁場都是時間與空間位置的函數，所以對向場量微分時，指定微分的變數是必要的。除此之外，因應簡便的需要，若對空間位置的變數微分(如在直角座標系中，同時對 x、y、z 變數微分)，則另外有新符號與定義。現在詳述如後。

向量分析領域中常常應用簡便符號處理複雜的問題。例如在直角座標系中三度空間微分的符號與定義爲

$$\nabla = \frac{\partial}{\partial x}\hat{\mathbf{x}} + \frac{\partial}{\partial y}\hat{\mathbf{y}} + \frac{\partial}{\partial z}\hat{\mathbf{z}} \text{(直角座標系)} \tag{1-20}$$

並稱爲 Del 運算符。Del 不但是一個運算符，同時也是一個向量。因此在使用上 Del 既可以作用於向量場上，也可以作用於純量場上。

在其他兩個座標系 Del 運算符的相對應定義爲

$$\nabla = \frac{\partial}{\partial r}\hat{\mathbf{r}} + \frac{1}{r}\frac{\partial}{\partial \phi}\hat{\boldsymbol{\phi}} + \frac{\partial}{\partial z}\hat{\mathbf{z}} \text{(圓柱座標系)} \tag{1-21}$$

$$\nabla = \frac{\partial}{\partial r}\hat{\mathbf{r}} + \frac{1}{r}\frac{\partial}{\partial \theta}\hat{\boldsymbol{\theta}} + \frac{1}{r\sin\phi}\frac{\partial}{\partial \phi}\hat{\boldsymbol{\phi}} \text{(球座標系)} \tag{1-22}$$

在應用 Del 運算符時，則因作用的對象不同而有不同的運算名稱、結果及物理意義，分述如下。

1-8-1 梯度

Del 運算符的作用對象爲純量場，其結果爲向量場。梯度(gradient)指向最大增量的方向。

假設一純量場爲 f，則場 f 的梯度定義爲

$$\nabla f = \frac{\partial f}{\partial x}\hat{\mathbf{x}} + \frac{\partial f}{\partial y}\hat{\mathbf{y}} + \frac{\partial f}{\partial z}\hat{\mathbf{z}} \text{ (直角座標系)} \quad (1\text{-}23)$$

$$\nabla f = \frac{\partial f}{\partial r}\hat{\mathbf{r}} + \frac{1}{r}\frac{\partial f}{\partial \phi}\hat{\boldsymbol{\phi}} + \frac{\partial f}{\partial z}\hat{\mathbf{z}} \text{ (圓柱座標系)} \quad (1\text{-}24)$$

$$\nabla f = \frac{\partial f}{\partial r}\hat{\mathbf{r}} + \frac{1}{r}\frac{\partial f}{\partial \theta}\hat{\boldsymbol{\theta}} + \frac{1}{r\sin\theta}\frac{\partial f}{\partial \phi}\hat{\boldsymbol{\phi}} \text{ (球座標系)} \quad (1\text{-}25)$$

梯度的方向指向場 f 的最大增加方向。

例題 1.23

假設一純量場爲 $f = 2xy + 3yz^2$，試求 f 的梯度。

解　f 爲直角座標系的純量場

依定義 $\nabla f = \hat{\mathbf{x}}\frac{\partial}{\partial x}(2xy + 3yz^2) + \hat{\mathbf{y}}\frac{\partial}{\partial y}(2xy + 3yz^2) + \hat{\mathbf{z}}\frac{\partial}{\partial z}(2xy + 3yz^2)$

$= \hat{\mathbf{x}}\,(2y) + \hat{\mathbf{y}}\,(2x + 3z^2) + \hat{\mathbf{z}}\,(6y)$

類題13 承例題1.23，試求在點(1, 2, –1)與點(3, 1, 2)處 ∇f 的值與大小。

結論　純量場的梯度為向量場，其方向與大小隨位置而變。

1-8-2 散度

Del 運算符的作用對象爲向量場，其結果爲純量。散度(divergence)代表該向量場在特定點的向外(正散度)或向內(負散度)通量的體積密度。

假設一向量場爲 $\vec{\mathbf{A}}$，則向量場 $\vec{\mathbf{A}}$ 的散度定義爲

$$\nabla \cdot \vec{\mathbf{A}} = \frac{\partial A_x}{\partial x} + \frac{\partial A_y}{\partial y} + \frac{\partial A_z}{\partial z} \text{ (直角座標系)} \quad (1\text{-}26)$$

$$\nabla \cdot \vec{\mathbf{A}} = \frac{1}{r}\frac{\partial}{\partial r}(rA_r) + \frac{1}{r}\frac{\partial A_\phi}{\partial \phi} + \frac{\partial A_z}{\partial z} \text{ (圓柱座標系)} \quad (1\text{-}27)$$

$$\nabla \cdot \vec{\mathbf{A}} = \frac{1}{r^2}\frac{\partial}{\partial r}(r^2 A_r) + \frac{1}{r\sin\theta}\frac{\partial}{\partial \theta}(A_\theta \sin\theta) + \frac{1}{r\sin\theta}\frac{\partial A_z}{\partial \phi} \text{ (球座標系)} \quad (1\text{-}28)$$

散度的定義與向量內積很相似，其物理意義爲求場源。若結果爲正值，代表該場源是向外發散的，如正電荷的電場是向外的，或如爆炸源的質量與能量是向外散開的；若結果爲負值，代表該場源是向內吸納的，如負電荷的電場是向內的，或如水槽的漏孔水是被吸進的。若結果爲零，表示運算範圍不含場源，如兩電板之間的電場、磁鐵外的磁場。

例題 1.24

假設在球座標系中的向量場 $\vec{\mathbf{E}}=\dfrac{\rho r}{3\varepsilon}\hat{\mathbf{r}}$，試求 $\vec{\mathbf{E}}$ 的散度。

解　向量場 $\vec{\mathbf{E}}$ 不含經度 ϕ 與緯度 θ 分量，依定義1-25式得

$$\nabla\cdot\vec{\mathbf{E}}=\frac{1}{r^2}\frac{\partial}{\partial r}\left(r^2\frac{\rho r}{3\varepsilon}\right)=\frac{1}{r^2}\frac{\partial}{\partial r}\left(\frac{\rho r}{3\varepsilon}\right)=\frac{1}{r^2}\left(\frac{\rho r^2}{\varepsilon}\right)=\frac{\rho}{\varepsilon}$$

電場的場源爲 ρ/ε。

例題 1.25

已知長線電荷(密度爲 λ)外 r 米處的電場 $\vec{\mathbf{E}}=\dfrac{\lambda}{2\pi\varepsilon_0 r}\hat{\mathbf{r}}$，試求 $\vec{\mathbf{E}}$ 的散度。

解　圓柱座標系適用於長線狀的問題，且向量場 $\vec{\mathbf{E}}$ 只含徑向分量，依定義得

$$\nabla\cdot\vec{\mathbf{E}}=\frac{1}{r}\frac{\partial}{\partial r}\left(r\frac{\lambda}{2\pi\varepsilon_0 r}\right)=\frac{1}{r}\frac{\partial}{\partial r}\left(\frac{\lambda}{2\pi\varepsilon_0}\right)=0$$

由運算結果得知除了在 $r=0$ 處(線電荷本身)外，並不包含任何場源，因此結果爲零，但在 $r=0$ 處 $\nabla\cdot\vec{\mathbf{E}}$ 卻無法定義，這代表線電荷內部無法定義電場 $\vec{\mathbf{E}}$，不像點電荷一樣可以獨立定義。

例題 1.26

已知向量場 $\vec{\mathbf{A}}=x^3\hat{\mathbf{x}}+xy\hat{\mathbf{y}}-yz\hat{\mathbf{z}}$，試求 $\nabla\cdot\vec{\mathbf{A}}$ 與在(1, 5, –2)處的值。

解　$$\nabla\cdot\vec{\mathbf{A}}=\frac{\partial(x^3)}{\partial x}+\frac{\partial(xy)}{\partial y}+\frac{\partial(-yz)}{\partial z}=3x^2+x-y$$

將(1, 5, –2)代入上式得 $\nabla\cdot\vec{\mathbf{A}}=-1$

例題 1.27

已知向量場 $\vec{\mathbf{A}} = \cos(xy)\hat{\mathbf{x}} + \sin(yz)\hat{\mathbf{y}} - \hat{\mathbf{z}}$，試求 $\nabla \cdot \vec{\mathbf{A}}$。

解 $\nabla \cdot \vec{\mathbf{A}} = \dfrac{\partial \cos(xy)}{\partial x} + \dfrac{\partial \sin(yz)}{\partial y} + \dfrac{\partial(-1)}{\partial z} = -y\sin(xy) + z\cos(yz)$

1-8-3 旋度

Del 運算符的作用對象為向量場，其結果仍為向量場。旋度(curl)的特定點的大小與方向代表該點的旋轉；旋度的旋轉軸方向遵守右手定則。

假設一向量場為 $\vec{\mathbf{A}}$，則向量場 $\vec{\mathbf{A}}$ 的旋度定義為

$$\nabla \times \vec{\mathbf{A}} = \begin{vmatrix} \hat{\mathbf{x}} & \hat{\mathbf{y}} & \hat{\mathbf{z}} \\ \dfrac{\partial}{\partial x} & \dfrac{\partial}{\partial y} & \dfrac{\partial}{\partial z} \\ A_x & A_y & A_z \end{vmatrix} \text{(直角座標系)} \tag{1-29}$$

$$\nabla \times \vec{\mathbf{A}} = \frac{1}{r}\begin{vmatrix} \hat{\mathbf{r}} & r\hat{\boldsymbol{\phi}} & \hat{\mathbf{z}} \\ \dfrac{\partial}{\partial r} & \dfrac{\partial}{\partial \phi} & \dfrac{\partial}{\partial z} \\ A_r & rA_\phi & A_z \end{vmatrix} \text{(圓柱座標系)} \tag{1-30}$$

$$\nabla \times \vec{\mathbf{A}} = \frac{1}{r^2 \sin\theta}\begin{vmatrix} \hat{\mathbf{r}} & r\hat{\boldsymbol{\theta}} & r\sin\theta\hat{\boldsymbol{\phi}} \\ \dfrac{\partial}{\partial r} & \dfrac{\partial}{\partial \theta} & \dfrac{\partial}{\partial \phi} \\ A_r & rA_\theta & r\sin\theta A_\phi \end{vmatrix} \text{(球座標系)} \tag{1-31}$$

旋度的定義與向量外積很相似，其物理意義在於測試向量場的旋度。

例題 1.28

已知向量場 $\vec{\mathbf{A}} = x^3\hat{\mathbf{x}} + xy\hat{\mathbf{y}} - yz\hat{\mathbf{z}}$，試求 $\nabla \times \vec{\mathbf{A}}$ 與在(1, 5, –2)處的值。

解 $$\nabla\times\vec{\mathbf{A}}=\begin{vmatrix}\hat{\mathbf{x}} & \hat{\mathbf{y}} & \hat{\mathbf{z}}\\ \dfrac{\partial}{\partial x} & \dfrac{\partial}{\partial y} & \dfrac{\partial}{\partial z}\\ x^3 & xy & -yz\end{vmatrix}$$

$$=\hat{\mathbf{x}}\left[\frac{\partial}{\partial y}(-yz)-\frac{\partial}{\partial z}(xy)\right]+\hat{\mathbf{y}}\left[\frac{\partial}{\partial z}(x^3)-\frac{\partial}{\partial x}(-yz)\right]+\hat{\mathbf{z}}\left[\frac{\partial}{\partial x}(xy)-\frac{\partial}{\partial y}(x^3)\right]$$

$$=-\hat{\mathbf{x}}z+\hat{\mathbf{z}}y$$

將(1, 5, –2)代入上式得

$$\nabla\times\vec{\mathbf{A}}=-\hat{\mathbf{x}}z+\hat{\mathbf{z}}y=-\hat{\mathbf{x}}(-2)+\hat{\mathbf{z}}(5)=2\hat{\mathbf{x}}+5\hat{\mathbf{z}}$$

例題 1.29

已知向量場 $\vec{\mathbf{A}}=\cos(xy)\,\hat{\mathbf{x}}+\sin(yz)\,\hat{\mathbf{y}}-\hat{\mathbf{z}}$，試求 $\nabla\times\vec{\mathbf{A}}$。

解 $$\nabla\times\vec{\mathbf{A}}=\begin{vmatrix}\hat{\mathbf{x}} & \hat{\mathbf{y}} & \hat{\mathbf{z}}\\ \dfrac{\partial}{\partial x} & \dfrac{\partial}{\partial y} & \dfrac{\partial}{\partial z}\\ \cos(xy) & \sin(yz) & -1\end{vmatrix}=\hat{\mathbf{x}}\left\{\frac{\partial}{\partial y}(-1)-\frac{\partial}{\partial z}[\sin(yz)]\right\}$$

$$+\hat{\mathbf{y}}\left\{\frac{\partial}{\partial z}[\cos(xy)]-\frac{\partial}{\partial x}(-1)\right\}+\hat{\mathbf{z}}\left\{\frac{\partial}{\partial x}[\sin(yz)]-\frac{\partial}{\partial y}[\cos(xy)]\right\}$$

$$=\hat{\mathbf{x}}[-y\cos(yz)]+\hat{\mathbf{z}}\{-[-x\sin(xy)]\}$$

$$=-y\cos(yz)\hat{\mathbf{x}}+x\sin(xy)\hat{\mathbf{z}}$$

1-9 散度定理、史托克斯定理、拉氏運算符

1-9-1 散度定理

就前一章節所介紹的散度，借用直角座標系進一步說明。首先假設空間中有一微小正方體，邊長分別爲 $\Delta x(x, x+\Delta x)$、$\Delta y(y, y+\Delta y)$、$\Delta z(z, z+\Delta z)$，所以正方體的體積爲 $\Delta v=\Delta x\Delta y\Delta z$。另外，引進數值極限表示法，令 $\Delta x\to 0$、$\Delta y\to 0$、$\Delta z\to 0$，並將微分改寫如下：

$$\frac{df}{dx}\to\frac{\Delta f}{\Delta x}、\frac{df}{dy}\to\frac{\Delta f}{\Delta y}、\frac{df}{dz}\to\frac{\Delta f}{\Delta z}$$

向量 $\vec{\mathbf{A}}$ 在直角座標系的散度定義為

$$\nabla \cdot \vec{\mathbf{A}} = \frac{\partial A_x}{\partial x} + \frac{\partial A_y}{\partial y} + \frac{\partial A_z}{\partial z} \text{(直角座標系)} \tag{1-32}$$

如果將向量 $\vec{\mathbf{A}}$ 的散度應用在這微小正方體($dv = \Delta x \Delta y \Delta z$)內，並對整個體積積分得

$$\int_v \nabla \cdot \vec{\mathbf{A}} dv \approx \frac{\Delta A_x}{\Delta x} \Delta x \Delta y \Delta z + \frac{\Delta A_y}{\Delta y} \Delta x \Delta y \Delta z + \frac{\Delta A_z}{\Delta z} \Delta x \Delta y \Delta z$$

$$= (A_{x+\Delta x} - A_x) \Delta y \Delta z + (A_{y+\Delta y} - A_y) \Delta x \Delta z + (A_{z+\Delta z} - A_z) \Delta x \Delta y$$

其中 $\Delta A_x = (A_{x+\Delta x} - A_x)$，這裡符號 $A_{x+\Delta x}$ 與 A_x 有兩層意義：向量 $\vec{\mathbf{A}}$ 的 x 分量、向量 $\vec{\mathbf{A}}$ 分別在 $x + \Delta x$ 及 x 處的函數值；除此，其方向在 x 軸上，且垂直正方體的側面 $\Delta y \Delta z$，或與該側面的法線同向；A_x 項的負號表示該側面的法線方向為負 x；同理，A_y 垂直 $\Delta x \Delta z$ 面；A_z 垂直 $\Delta x \Delta y$ 面。A 分量與正方體側面的乘積可利用向量內積闡述，所以將上述結果整理並寫成積分形式得

$$\int_v \nabla \cdot \vec{\mathbf{A}} dv = \int_s \vec{\mathbf{A}} \cdot d\vec{\mathbf{s}} \text{(散度定理)} \tag{1-33}$$

從散度定理可以很清楚看出：向量 $\vec{\mathbf{A}}$ 散度的體積積分與向量 $\vec{\mathbf{A}}$ 對該體積的表面積分所得的結果相等。散度定理是連結體積積分與表面積分的橋梁。

例題 1.30

已知向量 $\vec{\mathbf{A}} = x^3 \hat{\mathbf{x}} + xy \hat{\mathbf{y}} - yz \hat{\mathbf{z}}$ 與正方體 $0 \le x \le 1$、$0 \le y \le 1$、$0 \le z \le 1$，試證明散度定理。

解

$$\nabla \cdot \vec{\mathbf{A}} = \frac{\partial (x^3)}{\partial x} + \frac{\partial (xy)}{\partial y} + \frac{\partial (-yz)}{\partial z} = 3x^2 + x - y$$

$$\int_v (\nabla \cdot \vec{\mathbf{A}}) dv = \int_{z=0}^{1} \int_{y=0}^{1} \int_{z=0}^{1} (3x^2 + x - y) dx\, dy\, dz$$

$$= \int_{z=0}^{1} \int_{y=0}^{1} \left(x^3 + \frac{x^2}{2} - xy \right)_{x=0}^{1} dy\, dz = \int_{z=0}^{1} \int_{y=0}^{1} \left(\frac{3}{2} - y \right) dy\, dz$$

$$= \int_{z=0}^{1} \left(\frac{3}{2} y - \frac{y^2}{2} \right)_{y=0}^{1} dz = \int_{z=0}^{1} (1) dz = 1$$

正方體有六面，與x軸垂直的有：$\Delta y\Delta z$面在$x=0$處法線向左(負)、$\Delta y\Delta z$面在$x=1$處法線向右(正)

$$\int_x \vec{\mathbf{A}}\cdot d\vec{\mathbf{s}} = \int_{z=0}^{1}\int_{y=0}^{1}(x^3\hat{\mathbf{x}}+xy\hat{\mathbf{y}}-yz\hat{\mathbf{z}})\cdot[(-\hat{\mathbf{x}}dydz)_{x=0}+(\hat{\mathbf{x}}dydz)_{x=1}]$$

$$=\int_{z=0}^{1}\int_{y=0}^{1}(x^3dydz)_{x=1}=\int_{z=0}^{1}\int_{y=0}^{1}dy\,dz=1$$

與y軸垂直的有：$\Delta x\Delta z$面在$y=0$處法線向後(負)、$\Delta x\Delta z$面在$y=1$處法線向前(正)

$$\int_y \vec{\mathbf{A}}\cdot d\vec{\mathbf{s}} = \int_{z=0}^{1}\int_{x=0}^{1}(x^3\hat{\mathbf{x}}+xy\hat{\mathbf{y}}-yz\hat{\mathbf{z}})\cdot[(-\hat{\mathbf{y}}\,dxdz)_{y=0}+(\hat{\mathbf{y}}\,dxdz)_{y=1}]$$

$$=\int_{z=0}^{1}\int_{x=0}^{1}(xydxdz)_{y=1}=\int_{z=0}^{1}\left(\frac{x^2}{2}\right)_0^1 dz=\frac{1}{2}$$

與z軸垂直的有：$z=0$面向下(負)、$z=1$面向上(正)

$$\int_z \vec{\mathbf{A}}\cdot d\vec{\mathbf{s}} = \int_{y=0}^{1}\int_{x=0}^{1}(x^3\hat{\mathbf{x}}+xy\hat{\mathbf{y}}-yz\hat{\mathbf{z}})\cdot[(-\hat{\mathbf{z}}\,dxdy)_{z=0}+(\hat{\mathbf{z}}\,dxdy)_{z=1}]$$

$$=\int_{y=0}^{1}\int_{x=0}^{1}(-yzdxdy)_{z=1}=\int_{y=0}^{1}(-y)dy=-\frac{1}{2}$$

總和六面的積分結果得

$$\int_s \vec{\mathbf{A}}\cdot d\vec{\mathbf{s}}=\int_x \vec{\mathbf{A}}\cdot d\vec{\mathbf{s}}+\int_y \vec{\mathbf{A}}\cdot d\vec{\mathbf{s}}+\int_z \vec{\mathbf{A}}\cdot d\vec{\mathbf{s}}=1+\frac{1}{2}-\frac{1}{2}=1$$

兩種方式的積分結果一致，故得證。

例題 1.31

已知$\vec{\mathbf{A}}=2x^5\,\hat{\mathbf{x}}$、正方體 $-1\le x\le 1$、$-1\le y\le 1$、$-1\le z\le 1$，試證明散度定理。

解 $\nabla\cdot\vec{\mathbf{A}}=\dfrac{\partial(2x^5)}{\partial x}=10x^4$

$$\int_v(\nabla\cdot\vec{\mathbf{A}})dv=(10)\int_{z=-1}^{1}\int_{y=-1}^{1}\int_{z=-1}^{1}(x^4)dx\,dy\,dz$$

$$=(10)\int_{z=-1}^{1}\int_{y=-1}^{1}\left(\frac{x^5}{5}\right)_{x=-1}^{+1}dy\,dz=(10)(\frac{2}{5})(2)(2)=16$$

雖正方體有六面，但與x軸垂直只有兩面，也就是在$x=-1$處的$\Delta y\Delta z$面向左(負)及在$x=1$處的$\Delta y\Delta z$面向右(正)，積分為

$$\int_s \vec{\mathbf{A}}\cdot d\vec{\mathbf{s}}=\int_{z=-1}^{1}\int_{y=-1}^{1}(2x^5\hat{\mathbf{x}})\cdot[(-\hat{\mathbf{x}}\,dydz)_{x=-1}+(\hat{\mathbf{x}}\,dydz)_{x=1}]$$

$$=\int_{z=-1}^{1}\int_{y=-1}^{1}(-2(-1)^5)dydz+\int_{z=-1}^{1}\int_{y=-1}^{1}(2(+1)^5)dydz$$

$$=(2)[y]_{x=-1}^{+1}[z]_{x=-1}^{+1}+(2)[y]_{x=-1}^{+1}[z]_{x=-1}^{+1}=8+8=16$$

兩種方式的積分結果一致，故得證。

例題 1.32

已知 $\vec{\mathbf{A}}=25\,e^{-r}\hat{\mathbf{r}}-3z\hat{\mathbf{z}}$ 、圓柱筒半徑為 3 柱高為 $5(0\le r\le 3$、$2\le z\le 7)$，試證明散度定理。

解　圓柱座標系的散度公式為

$$\nabla\cdot\vec{\mathbf{A}}=\frac{1}{r}\frac{\partial}{\partial r}(rA_r)+\frac{1}{r}\frac{\partial A_\phi}{\partial\phi}+\frac{\partial}{\partial z}(A_z)$$

在本題中 $A_r=25e^{-1}\hat{\mathbf{r}}$ 、 $A_\phi=0$ 、 $A_z=-3z$ 代入得

$$\nabla\cdot\vec{\mathbf{A}}=\frac{1}{r}\frac{\partial}{\partial r}(r25e^{-r})+\frac{\partial}{\partial z}(-3z)=\frac{25e^{-r}}{r}-25e^{-r}-3$$

$$\int_v(\nabla\cdot\vec{\mathbf{A}})dv=\int_{z=2}^{7}\int_{\phi=0}^{2\pi}\int_{r=0}^{3}(\frac{25e^{-r}}{r}-25e^{-r}-3)rdr\,d\phi\,dz$$

$$=[\int_0^3(25e^{-r})dr-\int_0^3(25r\,e^{-r})dr-\int_0^3(3r)dr](\phi)_0^{2\pi}(z)_2^7$$

利用部分積分第二項寫為

$$\int_0^3(25r\,e^{-r})dr=(-25r\,e^{-r})_0^3+\int_0^3(25\,e^{-r})dr$$

代回上式得

$$\int_v(\nabla\cdot\vec{\mathbf{A}})dv=\left[(25r\,e^{-r})_0^3-\left(\frac{3r^2}{2}\right)_0^3\right](2\pi)(7-2)$$

$$=(10\pi)\left(75e^{-3}-\frac{27}{2}\right)\approx-306.807$$

圓柱筒有三面(參考圖例1.32)，上蓋與下底的微小面積$ds=r\,dr\,d\phi$ 面分別向上$(+\hat{\mathbf{z}})$與向下$(-\hat{\mathbf{z}})$，側面為$ds=r\,d\phi\,dz$方向朱徑向，其表面積分為

$$\int_s \vec{\mathbf{A}}\cdot d\vec{\mathbf{s}} = \int_{z=2}^{7}\int_{\phi=0}^{2\pi}(r25e^{-r})_{r=3}\,d\phi\,dz + \int_{\phi=0}^{2\pi}\int_{r=0}^{3}(3z)_{z=2}\,rdr\,d\phi$$

$$+\int_{\phi=0}^{2\pi}\int_{r=0}^{3}(-3z)_{z=7}\,r\,dr\,d\phi$$

$$=(10\pi)(3\times 25e^{-3})+(3)(2-7)(\frac{3^2}{2})(2\pi)=750\pi e^{-3}-135\pi$$

$$\approx 117.308-424.115=-306.807$$

散度定理又一次得到證明。

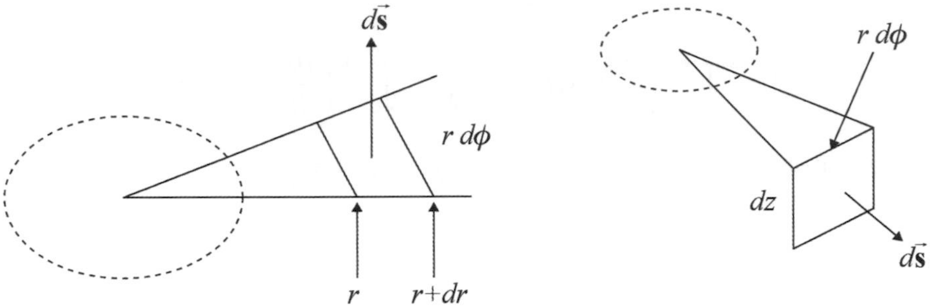

圖例 1.32　圓柱筒的上蓋與側面。

1-9-2　史托克斯定理

前已提及「散度定理是連結體積積分與表面積分的橋梁」。類似的應用「連結表面積分與線積分的橋梁」則爲史托克斯定理：假設一開放表面 S，其周邊爲一封閉曲線 C，則向量 $\vec{\mathbf{A}}$ 沿著封閉路徑 C 的線積分結果與向量 $\vec{\mathbf{A}}$ 旋度通過表面 S 的面積分結果相同。其數學式如下：

$$\oint_C \vec{\mathbf{A}}\cdot d\vec{\ell} = \int_s (\nabla\times\vec{\mathbf{A}})\cdot d\vec{\mathbf{s}} \text{(史托克斯定理)} \tag{1-34}$$

所謂的「$\vec{\mathbf{A}}$ 沿著 C」是指向量 $\vec{\mathbf{A}}$ 必須與路徑 C 同方向的分量對積分才有貢獻；同時，「$\vec{\mathbf{A}}$ 旋度通過 S」是指 $\vec{\mathbf{A}}$ 的旋度方向必須垂直表面 S 對積分才有貢獻。這也就是在公式裡向量 $\vec{\mathbf{A}}$ 與路徑 $d\vec{\ell}$ 內積的意義及 $\nabla\times\vec{\mathbf{A}}$ 與 $d\vec{\ell}$ 內積的意義。

於此還是借用直角座標系說明。前已介紹過的向量 $\vec{\mathbf{A}}$ 的旋度如下：

$$\nabla\times\vec{\mathbf{A}} = \hat{\mathbf{i}}\left(\frac{\partial A_z}{\partial y}-\frac{\partial A_y}{\partial z}\right)+\hat{\mathbf{j}}\left(\frac{\partial A_x}{\partial z}-\frac{\partial A_z}{\partial x}\right)+\hat{\mathbf{k}}\left(\frac{\partial A_y}{\partial x}-\frac{\partial A_x}{\partial y}\right)$$

且對任一正立方體 $d\vec{\mathbf{s}}$ 可爲下列任一面：$[-\hat{\mathbf{i}}\,(dy\,dz)]_x$ 面向左、$[+\hat{\mathbf{i}}\,(dy\,dz)]_{x+\Delta x}$ 面向右、$[-\hat{\mathbf{j}}\,(dx\,dz)]_y$ 面向後、$[+\hat{\mathbf{j}}\,(dx\,dz)]_{y+\Delta y}$ 面向前、$[-\hat{\mathbf{k}}\,(dx\,dy)]_z$ 面向下、$[\hat{\mathbf{k}}\,(dx\,dy)]_{z+\Delta z}$ 面向上；就 $[-\hat{\mathbf{i}}\,(dy\,dz)]_x$ 面爲例，再引用數值近似表示法得

$$\int_s (\nabla\times\vec{\mathbf{A}})\cdot d\vec{\mathbf{s}}\,|_x = \left[\hat{\mathbf{i}}\left(\frac{\partial A_z}{\partial y}-\frac{\partial A_y}{\partial z}\right)+\hat{\mathbf{j}}\left(\frac{\partial A_x}{\partial z}-\frac{\partial A_z}{\partial x}\right)+\hat{\mathbf{k}}\left(\frac{\partial A_y}{\partial x}-\frac{\partial A_x}{\partial y}\right)\right]\cdot[-\hat{\mathbf{i}}(dy\,dz)]$$

$$=\int_y^{y+\Delta y}\int_z^{z+\Delta z}\left(\frac{\partial A_z}{\partial y}-\frac{\partial A_y}{\partial z}\right)(-dy\,dz)$$

$$=\int_y^{y+\Delta y}\int_z^{z+\Delta z}\left(\frac{\partial A_y}{\partial z}\right)(dy\,dz)-\int_y^{y+\Delta y}\int_z^{z+\Delta z}\left(\frac{\partial A_z}{\partial y}\right)(dy\,dz)$$

同理，分別就 $[-\hat{\mathbf{j}}\,(dx\,dz)]_y$ 面與 $[-\hat{k}\,(dx\,dz)]_z$ 面得

$$\int_s (\nabla\times\vec{\mathbf{A}})\cdot d\vec{\mathbf{s}}\,|_y = \int_x^{x+\Delta x}\int_z^{z+\Delta z}\left(\frac{\partial A_x}{\partial z}-\frac{\partial A_z}{\partial x}\right)(-dx\,dz)$$

$$=\int_x^{x+\Delta x}\int_z^{z+\Delta z}\left(\frac{\partial A_z}{\partial x}\right)(dx\,dz)-\int_x^{x+\Delta x}\int_z^{z+\Delta z}\left(\frac{\partial A_x}{\partial z}\right)(dx\,dz)$$

$$\int_s (\nabla\times\vec{\mathbf{A}})\cdot d\vec{\mathbf{s}}\,|_z = \int_x^{x+\Delta x}\int_y^{y+\Delta y}\left(\frac{\partial A_y}{\partial x}-\frac{\partial A_x}{\partial y}\right)(-dx\,dy)$$

$$=\int_x^{x+\Delta x}\int_y^{y+\Delta y}\left(\frac{\partial A_x}{\partial y}\right)(dx\,dy)-\int_x^{x+\Delta x}\int_y^{y+\Delta y}\left(\frac{\partial A_y}{\partial x}\right)(dx\,dy)$$

其中 $\left(\frac{\partial A_x}{\partial y}\right)$ 項表示 A_x 分量在 y 方向的變化量，對 y 與 $y+\Delta y$ 兩點間該項爲

$$\left(\frac{\partial A_x}{\partial y}\right)\approx\left(\frac{A_x(x,y+\Delta y,z)-A_x(x,y,z)}{\Delta y}\right)$$

同樣地，其他項如 $\left(\frac{\partial A_z}{\partial x}\right)\approx\left(\frac{A_z(x+\Delta x,y,z)-A_z(x,y,z)}{\Delta x}\right)$ 也依此推導。

這部分剩下的工作就是積分了

$$\int_s (\nabla\times\vec{\mathbf{A}})\cdot d\vec{\mathbf{s}}\,|_y = \int_x^{x+\Delta x}\int_z^{z+\Delta z}\left(\frac{\partial A_z}{\partial x}\right)(dx\,dz) - \int_x^{x+\Delta x}\int_z^{z+\Delta z}\left(\frac{\partial A_x}{\partial z}\right)(dx\,dz)$$

$$= \int_x^{x+\Delta x}\int_z^{z+\Delta z}\left(\frac{A_z(x+\Delta x, y, z) - A_z(x, y, z)}{\Delta x}\right)(dx\,dz)$$

$$- \int_x^{x+\Delta x}\int_z^{z+\Delta z}\left(\frac{A_x(x, y, z+\Delta z) - A_x(x, y, z)}{\Delta z}\right)(dx\,dz)$$

$$= \int_z^{z+\Delta z}[A_z(x+\Delta x, y, z) - A_z(x, y, z)dz$$

$$- \int_x^{x+\Delta x}[A_x(x, y, z+\Delta z) - A_x(x, y, z)]dx$$

$$\begin{aligned}
&= \{[A_z(x + \Delta x, y, z + \Delta z) - A_z(x, y, z + \Delta z)] \\
&\quad - [A_z(x + \Delta x, y, z) - A_z(x, y, z)]\}\Delta z \\
&\quad - \{[A_x(x + \Delta x, y, z + \Delta z) - A_x(x + \Delta x, y, z)] \\
&\quad - [A_x(x, y, z + \Delta z) - A_x(x, y, z)]\}\Delta x \\
&= A_x(x + \Delta x, y, z)\Delta x - A_x(x, y, z)\Delta x \\
&\quad + A_z(x + \Delta x, y, z + \Delta z)\Delta z - A_z(x + \Delta x, y, z)\Delta z \\
&\quad + A_x(x, y, z + \Delta z)\Delta x - A_x(x + \Delta x, y, z + \Delta z)\Delta x \\
&\quad + A_z(x, y, z)\Delta z - A_z(x, y, z + \Delta z)\Delta z
\end{aligned}$$

另外，參考圖 1.23 並集中注意力於$[-\hat{\mathbf{j}}(dx\,dz)]_y$面，對該面的周圍 C 積分得

$$\begin{aligned}
\oint_C \vec{\mathbf{A}}\cdot d\vec{\boldsymbol{\ell}} &= [A_x(x + \Delta x, y, z) - A_x(x, y, z)]\Delta x \\
&\quad + [A_z(x + \Delta x, y, z + \Delta z) - A_z(x + \Delta x, y, z)]\Delta z \\
&\quad + [A_x(x, y, z + \Delta z) - A_x(x + \Delta x, y, z + \Delta z)]\Delta x \\
&\quad + [A_z(x, y, z) - A_z(x, y, z + \Delta z)]\Delta z
\end{aligned}$$

比較兩項積分結果，成功推導史托克斯定理。雖然只對一正方形狀表面，但也不至於失去它的一般性。

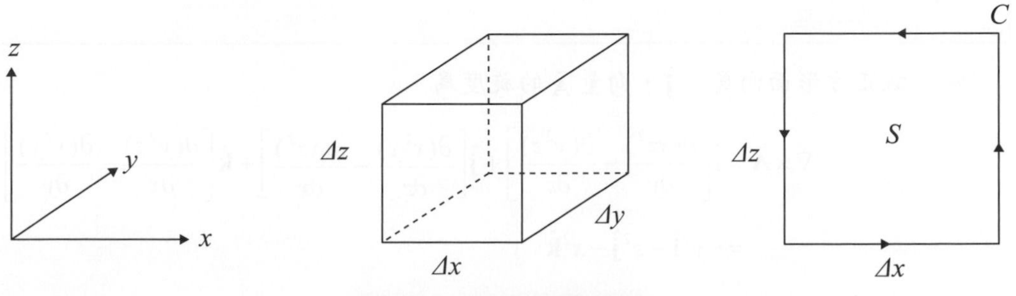

圖 1.23 史托克斯定理。

例題 1.33

已知向量 $\vec{\mathbf{A}} = x^3\,\hat{\mathbf{i}} + xy\,\hat{\mathbf{j}} - yz\,\hat{\mathbf{k}}$ 與正方形表面 $-1 \le x \le 1$、$-1 \le y \le 1$ 位於 $z = 6$，試證明史托克斯定理。

解　首先，該正方形表面的方向爲 $+\hat{\mathbf{k}}$，向量 $\vec{\mathbf{A}}$ 的旋度爲

$$\nabla\times\vec{\mathbf{A}} = \hat{\mathbf{i}}\left[\frac{\partial(-yz)}{\partial y} - \frac{\partial(xy)}{\partial z}\right] + \hat{\mathbf{j}}\left[\frac{\partial(x^3)}{\partial z} - \frac{\partial(-yz)}{\partial x}\right] + \hat{\mathbf{k}}\left[\frac{\partial(xy)}{\partial x} - \frac{\partial(x^3)}{\partial y}\right]$$

$$= -z\hat{\mathbf{i}} + y\hat{\mathbf{k}}$$

$$\int_s (\nabla\times\vec{\mathbf{A}})\cdot d\vec{\mathbf{s}} = \int_{y=-1}^{+1}\int_{x=-1}^{+1}(-z\hat{\mathbf{i}} + y\hat{\mathbf{k}})\cdot(dxdy\hat{\mathbf{k}})$$

$$= \int_{y=-1}^{+1}\int_{x=-1}^{+1} dx\,dy$$

$$= (x|_{-1}^{1})\left(\frac{y^2}{2}\right)_{-1}^{1} = 0$$

$$\oint_C \vec{\mathbf{A}}\cdot d\vec{\ell} = \int_{x=-1}^{+1}(x^3\hat{\mathbf{i}} + xy\hat{\mathbf{j}} - yz\hat{\mathbf{k}})\cdot(dx\hat{\mathbf{i}}) + \int_{y=-1}^{+1}(x^3\hat{\mathbf{i}} + xy\hat{\mathbf{j}} - yz\hat{\mathbf{k}})\cdot(dy\hat{\mathbf{j}})$$

$$+\int_{x=+1}^{-1}(x^3\hat{\mathbf{i}} + xy\hat{\mathbf{j}} - yz\hat{\mathbf{k}})\cdot(-dx\hat{\mathbf{i}}) + \int_{x=+1}^{-1}(x^3\hat{\mathbf{i}} + xy\hat{\mathbf{j}} - yz\hat{\mathbf{k}})\cdot(-dy\hat{\mathbf{j}})$$

$$= \left(\frac{x^4}{4}\right)_{-1}^{1} + (x)_{x=1}\left(\frac{y^2}{2}\right)_{-1}^{+1} + \left(\frac{x^4}{4}\right)_{-1}^{1} + (x)_{x=-1}\left(\frac{y^2}{2}\right)_{-1}^{+1} = 0$$

向量 $\vec{\mathbf{A}}$ 旋度通過表面S的面積分 ＝ 向量 $\vec{\mathbf{A}}$ 沿著封閉路徑C的線積分，得證。

類題14 承例題1.33，正方形改爲 $-2 \le y \le 2$、$-2 \le z \le 2$位於$x = 2$，重新作答。

例題 1.34

已知向量 $\vec{\mathbf{A}} = x^2y\,\hat{\mathbf{i}} + y^2z\,\hat{\mathbf{j}} + xz^2\,\hat{\mathbf{k}}$ 與正方形表面 $-2 \le x \le 2$、$-2 \le z \le 2$ 位於 $y = 2$，試證明史托克斯定理。

解　該正方形面向爲 $+\hat{\mathbf{j}}$，向量 $\vec{\mathbf{A}}$ 的旋度爲

$$\nabla\times\vec{\mathbf{A}} = \hat{\mathbf{i}}\left[\frac{\partial(xz^2)}{\partial y} - \frac{\partial(y^2z)}{\partial z}\right] + \hat{\mathbf{j}}\left[\frac{\partial(x^2y)}{\partial z} - \frac{\partial(xz^2)}{\partial x}\right] + \hat{\mathbf{k}}\left[\frac{\partial(y^2z)}{\partial x} - \frac{\partial(x^2y)}{\partial y}\right]$$

$$= -y^2\hat{\mathbf{i}} - z^2\hat{\mathbf{j}} - x^2\hat{\mathbf{k}}$$

$$\int_s (\nabla\times\vec{\mathbf{A}})\cdot d\vec{\mathbf{s}} = \int_{z=-2}^{+2}\int_{z=-2}^{+2}(-y^2\hat{\mathbf{i}} - z^2\hat{\mathbf{j}} - x^2\hat{\mathbf{k}})\cdot(dxdz\hat{\mathbf{j}})$$

$$= (x|_{-2}^{2})\left(\frac{z^3}{3}\right)_{-2}^{2}$$

$$= -[2-(-2)]\left[\frac{2^3}{3} - \frac{(-2)^3}{3}\right]$$

$$= -\frac{64}{3}$$

$$\oint_C \vec{\mathbf{A}}\cdot d\vec{\ell} = \int_{x=-2}^{2}(x^2y\hat{\mathbf{i}} + y^2z\hat{\mathbf{j}} + xz^2\hat{\mathbf{k}})\cdot(dx\hat{\mathbf{i}}) + \int_{z=2}^{-2}(x^2y\hat{\mathbf{i}} + y^2z\hat{\mathbf{j}} + xz^2\hat{\mathbf{k}})\cdot(-dz\hat{\mathbf{k}})$$

$$+\int_{x=2}^{-2}(x^2y\hat{\mathbf{i}} + y^2z\hat{\mathbf{j}} + xz^2\hat{\mathbf{k}})\cdot(-dx\hat{\mathbf{i}}) + \int_{z=-2}^{2}(x^2y\hat{\mathbf{i}} + y^2z\hat{\mathbf{j}} + xz^2\hat{\mathbf{k}})\cdot(dz\hat{\mathbf{k}})$$

$$= (y)_{y=2}\left[\frac{2^3}{3} - \frac{(-2)^3}{3}\right] - (x)_{x=2}\left[\frac{(-2)^3}{3} - \frac{2^3}{3}\right]$$

$$+(y)_{y=2}\left[\frac{(-2)^3}{3} - \frac{2^3}{3}\right] + (x)_{x=-2}\left[\frac{2^3}{3} - \frac{(-2)^3}{3}\right]$$

$$= -\frac{64}{3}$$

1-9-3 拉普拉斯(拉氏)運算符

介紹拉普拉斯(拉氏)運算符之前，先借用第 2 章的高斯定理如下：

$$\oint \vec{\mathbf{D}}\cdot d\vec{\mathbf{s}} = Q_c(\text{高斯定理}) \qquad (2\text{-}15)$$

再次借用直角座標系統中一正立方體 $\Delta v = \Delta x\Delta y\Delta z$，其六個面：$[-\hat{\mathbf{i}}\,(\Delta y\ \Delta z)]_x$ 面向左、$[+\hat{\mathbf{i}}\,(\Delta y\ \Delta z)]_{x+\Delta x}$ 面向右、$[-\hat{\mathbf{j}}\,(\Delta x\ \Delta z)]_y$ 面向後、$[+\hat{\mathbf{j}}\,(\Delta x\ \Delta z)]_{y+\Delta y}$ 面向前、$[-\hat{\mathbf{k}}\,(\Delta x\ \Delta y)]_z$ 面向下、$[\hat{\mathbf{k}}\,(\Delta x\ \Delta y)]_{z+\Delta z}$ 面向上。將此六面代入 2-15 式得

$$-D_x(\Delta y\Delta z) + D_{x+\Delta x}(\Delta y\Delta z) - D_y(\Delta x\Delta z) + D_{y+\Delta y}(\Delta x\Delta z) - D_z(\Delta x\Delta y) + D_{z+\Delta z}(\Delta x\Delta y) = Q_c$$

式中的 D_x、$D_{x+\Delta x}$、D_y、$D_{y+\Delta y}$、D_z、$D_{z+\Delta z}$ 符號除了顯示電通密度 D 的分量外，也表示該分量在各個位置上的函數值。若將上式除以正立方體 $\Delta v = \Delta x\Delta y\Delta z$，並再次引用數值近似表示法得

$$-\frac{D_x}{\Delta x}+\frac{D_{x+\Delta x}}{\Delta x}-\frac{D_y}{\Delta y}+\frac{D_{y+\Delta y}}{\Delta y}-\frac{D_z}{\Delta z}+\frac{D_{z+\Delta z}}{\Delta z}=\frac{Q_c}{\Delta v}$$

$$\frac{D_{x+\Delta x}-D_x}{\Delta x}+\frac{D_{y+\Delta y}-D_y}{\Delta y}+\frac{D_{z+\Delta z}-D_z}{\Delta z}=\frac{Q_c}{\Delta v}$$

$$\frac{\Delta D_x}{\Delta x}+\frac{\Delta D_y}{\Delta y}+\frac{\Delta D_z}{\Delta z}=\frac{Q_c}{\Delta v}$$

取極限 $\Delta x \to 0$、$\Delta y \to 0$、$\Delta z \to 0$ 且 $\Delta v \to 0$ 上式可改寫爲

$$\frac{\partial D_x}{\partial x}+\frac{\partial D_y}{\partial y}+\frac{\partial D_z}{\partial z}=\lim_{dv\to 0}\frac{Q_c}{dv}$$

式中左邊正好符合是電通密度 D 的散度定義，右邊則爲體積電荷密度記爲 ρ_v，其單位爲 C/m^3。因此高斯定理的積分形式 2-15 式可改爲微分形式如下：

$$\nabla\cdot\vec{\mathbf{D}}=\rho_v \text{ (高斯定理微分形式)} \tag{2-18}$$

接著借用電位 V 與電場 $\vec{\mathbf{E}}$ 的關係：

$$\vec{\mathbf{E}}=-\nabla V \tag{2-10}$$

以及

$$\vec{\mathbf{D}}=\varepsilon_0\vec{\mathbf{E}} \text{ (自由空間)} \tag{2-16}$$

將 2-10 式與 2-16 式代入 2-18 式得

$$\nabla\cdot\vec{\mathbf{D}}=\nabla\cdot(-\nabla V)=-\nabla^2 V=\frac{\rho_v}{\varepsilon_0}$$

或

$$\nabla^2 V=-\frac{\rho_v}{\varepsilon_0} \text{ (坡松方程式)} \tag{1-35}$$

▌注意　在介質內坡松方程式為 $\nabla^2 V=\frac{\rho_v}{\varepsilon_0\varepsilon_r}$，$\varepsilon_r$ 為介質常數。

根據定義，在直角座標系中上式寫爲

$$\nabla^2 V=\left(\frac{\partial^2}{\partial x^2}+\frac{\partial^2}{\partial y^2}+\frac{\partial^2}{\partial z^2}\right)V=\frac{\partial^2 V}{\partial x^2}+\frac{\partial^2 V}{\partial y^2}+\frac{\partial^2 V}{\partial z^2}$$

假若所處的自由空間中(ρ_v)項不為零，1-35 式成立，並稱為坡松方程式。但有些情況下(ρ_v)項是不存在，亦即 $\rho_v = 0$，則 1-35 式為

$$\nabla^2 V = 0 \text{ (拉普拉斯方程式)} \tag{1-36}$$

據此，拉普拉斯(拉氏)運算符定義為

$$\nabla^2 = \frac{\partial^2}{\partial x^2} + \frac{\partial^2}{\partial y^2} + \frac{\partial^2}{\partial z^2} \text{ (拉普拉斯運算符)} \tag{1-37}$$

相較於之前的 Del 運算符

$$\nabla = \frac{\partial}{\partial x}\hat{\mathbf{x}} + \frac{\partial}{\partial y}\hat{\mathbf{y}} + \frac{\partial}{\partial z}\hat{\mathbf{z}} \text{ (Del 運算符)} \tag{1-20}$$

拉氏運算符可寫成

$$\nabla^2 = \nabla \cdot \nabla$$

可視為兩向量的內積，但只是三維的雙重微分運算符，不具方向與大小。這一部分留由讀者自己驗證。

本節最後介紹拉氏運算符在各座標系中的形式

$$\nabla^2 = \frac{\partial^2}{\partial x^2} + \frac{\partial^2}{\partial y^2} + \frac{\partial^2}{\partial z^2} \text{ (直角座標系)} \tag{1-38}$$

$$\nabla^2 = \frac{1}{r}\frac{\partial}{\partial r}\left(r\frac{\partial}{\partial r}\right) + \frac{1}{r^2}\frac{\partial^2}{\partial \phi^2} + \frac{\partial^2}{\partial z^2} \text{ (圓柱座標系)} \tag{1-39}$$

$$\nabla^2 = \frac{1}{r^2}\frac{\partial}{\partial r}\left(r^2\frac{\partial}{\partial r}\right) + \frac{1}{r^2 \sin\theta}\frac{\partial}{\partial \theta}\left(\sin\theta\frac{\partial}{\partial \theta}\right) + \frac{1}{r^2 \sin^2\theta}\frac{\partial^2}{\partial \phi^2} \text{ (球座標系)} \tag{1-40}$$

例題 1.35

兩平行平面導電板相距 g 米如圖例 1.35 所示，其中均勻填滿介質(ε_r)，上電板帶有電壓 V_0、下電板則接地為零。試求兩電板間的電壓 V、電場 $\vec{\mathbf{E}}$、電通密度 $\vec{\mathbf{D}}$，與電板上的面電荷密度 ρ_s。忽略邊緣效應。

解 依題意，空間中除了兩帶有電壓的電板外，並無其他電荷存在，故利用拉普拉斯方程式解題

$$\nabla^2 V = \frac{\partial^2 V}{\partial x^2} + \frac{\partial^2 V}{\partial y^2} + \frac{\partial^2 V}{\partial z^2}$$

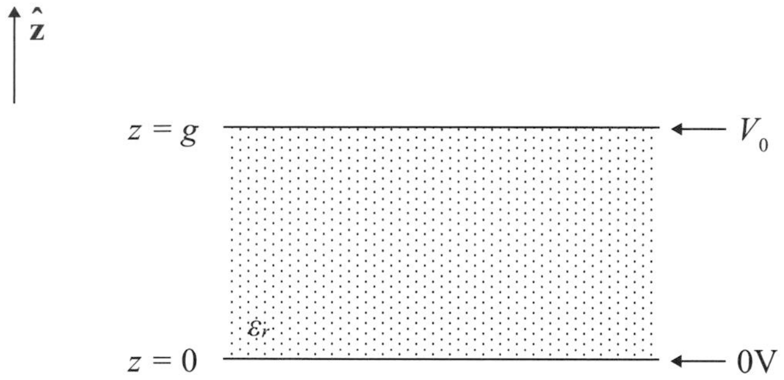

圖例 1.35 兩導電板間的電場。

因爲電板是沿著z軸上下置放的，兩電板間的電壓僅是爲高度z的函數，而與x、y變數無關，所以改寫上式爲

$$\frac{d^2V(z)}{dz^2} = \frac{d}{dz}\frac{dV(z)}{dz} = 0$$

解得

$$\frac{dV(z)}{dz} = a\,(\text{常數})$$

積分得

$$V(z) = a\,z + b\ (b\text{爲積分常數})$$

將已知條件$z = 0$代入

$$V(z = 0) = 0\text{得}b = 0$$

將已知條件$z = g$代入

$$V(z = g) = V_0 \Rightarrow a\,g = V_0 \Rightarrow a = \frac{V_0}{g}$$

將所解得的a、b代入得

$$V(z) = \frac{V_0}{g}z$$

由$\vec{\mathbf{E}} = -\nabla V$ 得

$$\vec{\mathbf{E}} = -\frac{\partial V(z)}{\partial z}\hat{\mathbf{k}} = -\frac{V_0}{g}\hat{\mathbf{k}}$$

注意 兩導電板間的電場$\vec{\mathbf{E}}$為均勻場，由高電壓板指向低電壓板。從本例可以很清楚看出公式$\vec{\mathbf{E}} = -\nabla V$ 中負號的實際意義。

電通密度

$$\vec{\mathbf{D}} = \varepsilon_r\varepsilon_0\vec{\mathbf{E}} = -\varepsilon_r\varepsilon_0\frac{V_0}{g}\hat{\mathbf{k}}$$

因$\vec{\mathbf{D}}$垂直兩導電板，所以依據邊界條件

$$\vec{\mathbf{D}}\cdot d\vec{\mathbf{s}}=\rho_s$$

對$z=g$的導電板其面向為$(-\hat{\mathbf{k}})$，故得

$$\rho_s(z=g)=+\varepsilon_r\varepsilon_0\frac{V_0}{g}$$

對$z=0$的導電板其面向為$(+\hat{\mathbf{k}})$，故得

$$\rho_s(z=0)=-\varepsilon_r\varepsilon_0\frac{V_0}{g}$$

類題15 承例題1.35，兩平行導電板相距5 mm，介質常數$\varepsilon_r=3.5$，上、下電板電壓分別為–5 V與+5 V。試求兩電板間的電壓V、電場$\vec{\mathbf{E}}$、電通密度$\vec{\mathbf{D}}$，與電板上的面電荷密度ρ_s。

例題 1.36

求兩同心圓柱筒狀導電板間的電壓 V 與電場$\vec{\mathbf{E}}$。內板的半徑為 2 mm 電壓為 0V、外板的半徑為 8 mm 電壓為+50 V。

解　依題意，將在圓柱座標系中解題，又兩板間的電場$\vec{\mathbf{E}}$為徑向$\hat{\mathbf{r}}$(與角度ϕ、高度z無關)，且無任何電荷密度存在其間，所以從

$$\nabla^2V=\frac{1}{r}\frac{\partial}{\partial r}\left(r\frac{\partial V}{\partial r}\right)+\frac{1}{r^2}\frac{\partial^2V}{\partial\phi^2}+\frac{\partial^2V}{\partial z^2}=0$$

得

$$\frac{1}{r}\frac{d}{dr}\left(r\frac{dV}{dr}\right)=0\text{ 即 }r\frac{dV}{dr}=a\text{ 或 }\frac{dV}{dr}=\frac{a}{r}$$

$$V(r)=\int a\frac{dr}{r}=a\ell n(r)+b$$

將$r=2\times10^{-3}$、$V(r)=0$ V代入得

$$a\,\ell n(0.002)+b=0$$

將$r=8\times10^{-3}$、$V(r)=+50$ V代入得

$$a\,\ell n(0.008)+b=50$$

解得$a\approx36.067$；$b\approx224.145$。

最後

$$V(r)=(36.067)\,\ell n(r)+(224.145)$$

由 $\vec{\mathbf{E}} = -\nabla V$ 得

$$\vec{\mathbf{E}} = -\frac{dV(r)}{dr}\hat{\mathbf{r}} = -\frac{36.067}{r}\hat{\mathbf{r}}\ (\text{方向由外電板指向內電板})$$

類題16 求兩空心同心金屬球間的電壓V、電場$\vec{\mathbf{E}}$、電通密度$\vec{\mathbf{D}}$，與金屬球上的面電荷密度ρ_s。金屬球的半徑分別為10 cm與20 cm、電壓為0 V與 +150 V，中間介質為$\varepsilon_r = 5$。

類題17 試證明函數$f(x, y) = A e^{-ky}\cos(kx)$符合二維拉普拉斯方程式。

類題18 兩無限導板分別帶有電壓V_1與V_2，若兩板間夾角為ϕ而成楔形結構如右圖所示。試求兩板間及兩板外的電壓分佈。

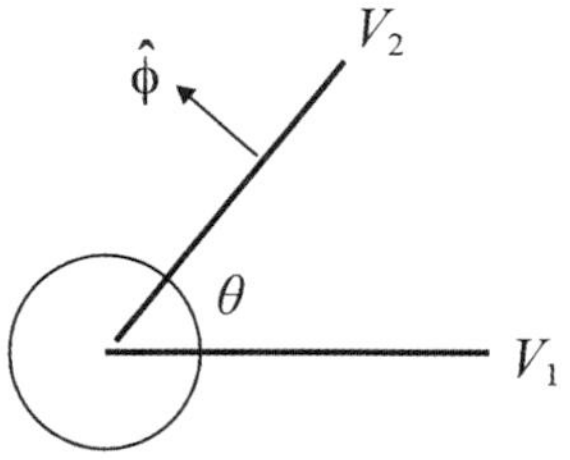

楔形導板。

例題 1.37

同心金屬球殼分別帶有電壓 V_1 與 V_2，如圖例 1.37 所示。試求兩金屬球殼間的電壓分佈。

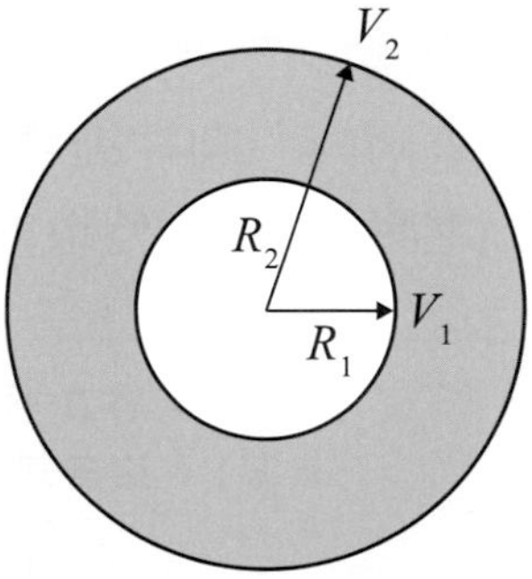

圖例 1.37 同心導電球殼。

解 採用球座標系統。依題意，電壓分佈與變數ϕ及θ無關，且無其他電壓源，因此球座標系統的拉普拉斯方程式簡化為

$$\nabla^2 V = \frac{1}{r^2}\frac{\partial}{\partial r}\left(r^2\frac{\partial V}{\partial r}\right) + \frac{1}{r^2\sin\theta}\frac{\partial}{\partial\theta}\left(\sin\theta\frac{\partial}{\partial\theta}\right) + \frac{1}{r^2\sin^2\theta}\frac{\partial^2 V}{\partial\phi^2}$$

$$= \frac{1}{r^2}\frac{\partial}{\partial r}\left(r^2\frac{\partial V}{\partial r}\right) = 0$$

解上式得 $V(r) = \frac{K_1}{r} + K_2$（$K_1$與$K_2$為積分常數）

解兩金屬球殼間的電壓分佈，代入邊界值分別得

$$V(r = R_1) = \frac{K_1}{R_1} + K_2 = V_1 \ldots\ldots(1)$$

$$V(r=R_2)=\frac{K_1}{R_2}+K_2=V_2\ \ldots\ldots(2)$$

由(1)與(2)式解得

$$K_1=\frac{V_1-V_2}{\dfrac{1}{R_1}-\dfrac{1}{R_2}}=\frac{(V_1-V_2)R_1R_2}{R_2-R_1}$$

$$K_2=\frac{R_2V_2-R_1V_1}{R_2-R_1}$$

$$V(r)=\frac{R_1R_2}{R_2-R_1}\left(\frac{V_1-V_2}{r}\right)+\frac{R_2V_2-R_1V_1}{R_2-R_1}$$

$$=\frac{1}{R_2-R_1}\left[\frac{R_1R_2(V_1-V_2)}{r}+R_2V_2-R_1V_1\right]$$

類題19 同心金屬圓柱殼分別帶有電壓V_1與V_2，其剖面如圖例1.37所示。試求兩金屬圓柱殼間的電壓分佈。

1-10 一些恆等式

1-10-1 保守場

如果一向量場 $\vec{\mathbf{A}}$ 對一封閉路徑 C 的線積分結果爲零的話，稱此向量場 $\vec{\mathbf{A}}$ 爲保守場。也就是說，若

$$\oint_C \vec{\mathbf{A}}\cdot d\vec{\ell}=0 \tag{1-41}$$

則向量場 $\vec{\mathbf{A}}$ 爲保守場。應用史托克斯定理得以下結論：若向量場 $\vec{\mathbf{A}}$ 爲保守場，則其旋度必爲零；反之亦然，若向量場 $\vec{\mathbf{A}}$ 的旋度爲零，向量場 $\vec{\mathbf{A}}$ 爲保守場。

1-10-2 不旋轉場

當一向量場 $\vec{\mathbf{A}}$ 的旋度爲零，則稱該場爲不旋轉場，即

$$\nabla\times\vec{\mathbf{A}}=0 \tag{1-42}$$

1-10-3 純量場的梯度為不旋轉場

若一向量場 $\vec{\mathbf{A}}$ 可以表示爲某純量場 f 的梯度，如 $\vec{\mathbf{A}}=\nabla f$，則向量場 $\vec{\mathbf{A}}$ 的旋度爲零，即梯度不具旋度，其數學式如下：

$$\nabla\times\vec{\mathbf{A}}=\nabla\times(\nabla f)=0 \tag{1-43}$$

借用直角座標系說明。假設純量場 f，則其梯度爲

$$\vec{\mathbf{A}}=\nabla f=\frac{\partial f}{\partial x}\hat{\mathbf{i}}+\frac{\partial f}{\partial y}\hat{\mathbf{j}}+\frac{\partial f}{\partial z}\hat{\mathbf{k}}=A_x\hat{\mathbf{i}}+A_y\hat{\mathbf{j}}+A_z\hat{\mathbf{k}}$$

$$\nabla\times\vec{\mathbf{A}}=\nabla\times(\nabla f)=\begin{vmatrix}\hat{\mathbf{i}} & \hat{\mathbf{j}} & \hat{\mathbf{k}}\\ \frac{\partial}{\partial x} & \frac{\partial}{\partial y} & \frac{\partial}{\partial z}\\ \frac{\partial f}{\partial x} & \frac{\partial f}{\partial y} & \frac{\partial f}{\partial z}\end{vmatrix}$$

$$=\hat{\mathbf{i}}\left[\frac{\partial}{\partial y}\left(\frac{\partial f}{\partial z}\right)-\frac{\partial}{\partial z}\left(\frac{\partial f}{\partial y}\right)\right]+\hat{\mathbf{j}}\left[\frac{\partial}{\partial z}\left(\frac{\partial f}{\partial x}\right)-\frac{\partial}{\partial x}\left(\frac{\partial f}{\partial z}\right)\right]+\hat{\mathbf{k}}\left[\frac{\partial}{\partial x}\left(\frac{\partial f}{\partial y}\right)-\frac{\partial}{\partial y}\left(\frac{\partial f}{\partial x}\right)\right]$$

$$=\hat{\mathbf{i}}\left[\frac{\partial^2 f}{\partial y\partial z}-\frac{\partial^2 f}{\partial z\partial y}\right]+\hat{\mathbf{j}}\left[\frac{\partial^2 f}{\partial z\partial x}-\frac{\partial^2 f}{\partial x\partial z}\right]+\hat{\mathbf{k}}\left[\frac{\partial^2 f}{\partial x\partial y}-\frac{\partial^2 f}{\partial y\partial x}\right]$$

$$=0$$

這裡引用了 $\frac{\partial}{\partial y}\left(\frac{\partial f}{\partial z}\right)-\frac{\partial}{\partial z}\left(\frac{\partial f}{\partial y}\right)=\frac{\partial^2 f}{\partial y\partial z}-\frac{\partial^2 f}{\partial z\partial y}=0$ 的結果。故 1-43 式得到證明。

1-10-4 向量場的旋度不具散度

若一向量場 $\vec{\mathbf{A}}$ 可以表示爲另一向量場 $\vec{\mathbf{F}}$ 的旋度，如 $\vec{\mathbf{A}}=\nabla\times\vec{\mathbf{F}}$，則向量場 $\vec{\mathbf{A}}$ 的散度爲零，即

$$\nabla\cdot\vec{\mathbf{A}}=\nabla\cdot(\nabla\times\vec{\mathbf{F}})=0 \tag{1-44}$$

同樣地，令向量場 $\vec{\mathbf{F}}=F_x\hat{\mathbf{i}}+F_y\hat{\mathbf{j}}+F_z\hat{\mathbf{k}}$，則

$$\vec{\mathbf{A}} = \nabla \times \vec{\mathbf{F}} = \begin{vmatrix} \hat{\mathbf{i}} & \hat{\mathbf{j}} & \hat{\mathbf{k}} \\ \dfrac{\partial}{\partial x} & \dfrac{\partial}{\partial y} & \dfrac{\partial}{\partial z} \\ F_x & F_y & F_z \end{vmatrix}$$

$$= \hat{\mathbf{i}}\left(\frac{\partial F_z}{\partial y} - \frac{\partial F_y}{\partial z}\right) + \hat{\mathbf{j}}\left(\frac{\partial F_x}{\partial z} - \frac{\partial F_z}{\partial x}\right) + \hat{\mathbf{k}}\left(\frac{\partial F_y}{\partial x} - \frac{\partial F_x}{\partial z}\right)$$

$$\nabla \cdot \vec{\mathbf{A}} = \left(\hat{\mathbf{i}}\frac{\partial}{\partial x} + \hat{\mathbf{j}}\frac{\partial}{\partial y} + \hat{\mathbf{k}}\frac{\partial}{\partial z}\right) \cdot \left[\hat{\mathbf{i}}\left(\frac{\partial F_z}{\partial y} - \frac{\partial F_y}{\partial z}\right) + \hat{\mathbf{j}}\left(\frac{\partial F_x}{\partial z} - \frac{\partial F_z}{\partial x}\right) + \hat{\mathbf{k}}\left(\frac{\partial F_y}{\partial x} - \frac{\partial F_x}{\partial z}\right)\right]$$

$$= \left(\frac{\partial^2 F_z}{\partial x \partial y} - \frac{\partial^2 F_y}{\partial x \partial z}\right) + \left(\frac{\partial^2 F_x}{\partial y \partial z} - \frac{\partial^2 F_z}{\partial y \partial x}\right) + \left(\frac{\partial^2 F_z}{\partial x \partial y} - \frac{\partial^2 F_y}{\partial x \partial z}\right)$$

整理後得到 $\nabla \cdot \vec{\mathbf{F}} = \nabla \cdot (\nabla \times \vec{\mathbf{F}}) = 0$ 。

重要公式

1. 向量公式：兩點(起點指向終點)間的向量 ＝ 終點座標 － 起點座標

2. 向量長度：$|\vec{\mathbf{A}}| = A = \sqrt{A_x^2 + A_y^2 + A_z^2}$

3. 單位向量：$\hat{\mathbf{A}} = \dfrac{\vec{\mathbf{A}}}{|\vec{\mathbf{A}}|}$

4. 平行向量：$\dfrac{A_x}{B_x} = \dfrac{A_y}{B_y} = \dfrac{A_z}{B_z}$

5. 向量內積公式：$\vec{\mathbf{a}} \cdot \vec{\mathbf{b}} = a_x b_x + a_y b_y + a_z b_z$(結果爲純量)

6. 向量內積與夾角 θ：$\vec{\mathbf{a}} \cdot \vec{\mathbf{b}} = |\vec{\mathbf{a}}||\vec{\mathbf{b}}| \cos\theta$

7. 向量間的夾角 θ 公式：$\theta = \cos^{-1}\left(\dfrac{\vec{\mathbf{a}} \cdot \vec{\mathbf{b}}}{|\vec{\mathbf{a}}||\vec{\mathbf{b}}|}\right)$

8. 向量外積公式：$\vec{\mathbf{a}}\times\vec{\mathbf{b}}=\begin{vmatrix}\hat{\mathbf{i}} & \hat{\mathbf{j}} & \hat{\mathbf{k}}\\ a_x & a_y & a_z\\ b_x & b_y & b_z\end{vmatrix}$(結果爲向量、遵守右手定則)

9. 向量外積與夾角 θ：$\vec{\mathbf{a}}\times\vec{\mathbf{b}}=|\vec{\mathbf{a}}||\vec{\mathbf{b}}|\sin\theta\,\hat{\mathbf{n}}$(平行四邊形的面積、具方向)

10. 向量三重積：$\vec{\mathbf{A}}\cdot(\vec{\mathbf{B}}\times\vec{\mathbf{C}})=\begin{vmatrix}A_x & A_y & A_z\\ B_x & B_y & B_z\\ C_x & C_y & C_z\end{vmatrix}$(結果爲純量、平行六面體的體積)

習題

★表示難題。

1.1 已知下列點座標：
$A(1, 2, 3)$、$B(-5, 3, 1)$、
$C(2, x, 6)$、$D(2, -2, 3)$、
$E(y, 1, 7)$。

(a) 求向量 $\vec{\mathbf{A}}$ 的單位向量 $\hat{\mathbf{A}}$。

(b) 若向量 $\vec{\mathbf{V}}=\overrightarrow{\mathbf{AB}}$，求 $\vec{\mathbf{V}}$ 與 $\hat{\mathbf{V}}$。

(c) 若向量 $\vec{\mathbf{A}}$ 與向量 $\vec{\mathbf{C}}$ 平行，求 x 的值。

(d) 若向量 $\vec{\mathbf{B}}$ 與向量 $\vec{\mathbf{E}}$ 垂直，求 y 的值。

(e) 求 $\overrightarrow{\mathbf{AB}}$ 與 $\overrightarrow{\mathbf{AD}}$ 的內積與夾角。

(f) 設 $\vec{\mathbf{W}}=\overrightarrow{\mathbf{AB}}\times\overrightarrow{\mathbf{AD}}$，求 $\vec{\mathbf{W}}$ 與 $\hat{\mathbf{W}}$。

(g) $\overrightarrow{\mathbf{AB}}$ 與 $\overrightarrow{\mathbf{AD}}$ 所圍成平行四邊形的面積。

(h) 求 $\vec{\mathbf{A}}$、$\vec{\mathbf{B}}$ 與 $\vec{\mathbf{D}}$ 所圍成平行六面體的體積。

(i) 求 $\vec{\mathbf{C}}$、$\vec{\mathbf{D}}$ 與 $\vec{\mathbf{E}}$ 所圍成三角錐體的體積。

(j) 求 $\overrightarrow{\mathbf{AB}}$ 在 $\overrightarrow{\mathbf{AD}}$ 上的投影量。
[註：借用(e)的結果]

(k) 利用已知外積的結果求 $\overrightarrow{\mathbf{AB}}$ 與 $\overrightarrow{\mathbf{AD}}$ 間的夾角並與(e)的結果比較。

1.2 已知 $\vec{\mathbf{A}}=2\hat{\mathbf{x}}+\hat{\mathbf{y}}$、$\vec{\mathbf{B}}=\hat{\mathbf{x}}-3\hat{\mathbf{z}}$、$\vec{\mathbf{C}}=3\hat{\mathbf{x}}-6\hat{\mathbf{y}}+\hat{\mathbf{z}}$ 及 $\vec{\mathbf{D}}=2\hat{\mathbf{y}}+\hat{\mathbf{z}}$，試證明

(a) $\vec{\mathbf{C}}$ 分別垂直於 $\vec{\mathbf{A}}$ 與 $\vec{\mathbf{B}}$。

(b) $\vec{\mathbf{C}}$ 平行於 $\vec{\mathbf{A}}\times\vec{\mathbf{B}}$。

計算並比較(c)與(d)

(c) $(\vec{\mathbf{A}}\times\vec{\mathbf{B}})\times\vec{\mathbf{D}}$。

(d) $\vec{\mathbf{A}}\times(\vec{\mathbf{B}}\times\vec{\mathbf{D}})$。

1.3 在球座標系統中，
利用球面上任一微面積公式
$d\vec{\mathbf{s}}=\pm\hat{\mathbf{r}}\,r^2\sin\theta\,d\theta\,d\phi$，
求半徑爲 R 的球面表面積。

1.4 在球座標系統中，利用球體微體積公式 $dv = r^2 \sin\theta\, dr\, d\theta\, d\phi$，求半徑為 R 的球體體積。

★ 1.5 承 1.4 題，求部分球殼體積，球殼定義為 $2 \le r \le 5$、$0 \le \theta \le \frac{\pi}{2}$、$0 \le \phi \le \frac{\pi}{2}$。

★ 1.6 承 1.5 題，若球殼定義為 $2 \le r \le 5$、$\frac{\pi}{2} \le \theta \le \pi$、$\frac{\pi}{4} \le \phi \le \frac{3\pi}{4}$，求其體積並比較結果。

1.7 在圓柱座標系統中，利用圓柱側面上任一微面積公式 $d\vec{\mathbf{s}} = \pm\hat{\mathbf{r}}\, r\, d\phi\, dz$，求圓柱側面的面積。假設 $r = 1$ m、$0 \le z \le 3$、$0° \le \phi \le 360°$。

1.8 承 1.7 題，若圓柱側面定義為 $r = 3$ m、$25° \le \phi \le 115°$、$1 \le z \le 6$，求其面積。

★ 1.9 在球座標系統中一點 (5, 45°, 45°)，請轉換算出直角座標系統的座標值。

1.10 已知 $\vec{\mathbf{F}} = 3y^2 \cos(\frac{\pi}{4}x)\,\hat{\mathbf{x}}$，求 $\vec{\mathbf{F}}$ 的散度及在(1, 1, 1)處的散度值。

1.11 若 $\vec{\mathbf{F}} = 3x^2 \cos(\frac{\pi}{4}x)\,\hat{\mathbf{x}}$，求 $\vec{\mathbf{F}}$ 的散度及在(1, 1, 1)處的散度值。

1.12 已知 $\vec{\mathbf{A}} = \frac{3}{r^2}\sin\theta\,\hat{\mathbf{r}} + \frac{r}{\sin\theta}\hat{\boldsymbol{\theta}} + r\sin\theta\cos\phi\,\hat{\boldsymbol{\phi}}$，求 $\nabla \cdot \vec{\mathbf{A}}$。

1.13 已知 $\vec{\mathbf{A}} = r\cos\phi\,\hat{\mathbf{r}} + r^3\sin\phi\,\hat{\boldsymbol{\phi}} + 5re^{-3z}\hat{\mathbf{z}}$，求 $\nabla \cdot \vec{\mathbf{A}}$。

1.14 已知 $\vec{\mathbf{S}} = \sqrt{x^2 + y^2}\,\hat{\mathbf{x}}$，求 $\nabla \cdot \vec{\mathbf{S}}$。

★ 1.15 已知 $\vec{\mathbf{A}} = 25e^{-2r}\hat{\mathbf{r}} - 3z\hat{\mathbf{z}}$，若圓柱定義為 $r = 2.5$、$1 \le z \le 6$，試證明散度定理。

★ 1.16 已知 $\vec{\mathbf{D}} = 3r^2\,\hat{\mathbf{r}}$，若球體定義為 $1 \le r \le 2$，試證明散度定理。

★ 1.17 已知電通密度在 $r \le 2$ 區域為 $\vec{\mathbf{D}} = (2r - r^3)\,\hat{\mathbf{r}}$ 且在 $r > 2$ 區域為 $\vec{\mathbf{D}} = 3r^{-2}\hat{\mathbf{r}}$，求兩區域中的電荷。

1.18 已知 $f = \sqrt{x^2 + y^2}$，求 ∇f。

★ 1.19 已知平面 $P = x + 2y + 3z - 6$，求平面的法線向量。

1.20 已知 $\vec{\mathbf{A}} = \cos(ay)\,\hat{\mathbf{x}} + z^2\,\hat{\mathbf{y}} + e^{-x}\,\hat{\mathbf{z}}$，求 $\nabla \times \vec{\mathbf{A}}$。

1.21 已知 $\vec{\mathbf{A}} = e^{-r}\sin\phi\,\hat{\mathbf{z}}$，求 $\nabla \times \vec{\mathbf{A}}$。

1.22 已知 $\vec{\mathbf{A}} = \pi\sin\theta\,\hat{\boldsymbol{\theta}}$，求 $\nabla \times \vec{\mathbf{A}}$。

1.23 已知 $\vec{\mathbf{A}} = \cos(x)\sin(y)\,\hat{\mathbf{z}}$，求 $\nabla \times \vec{\mathbf{A}}$。

1.24 已知 $\vec{\mathbf{A}} = \cos(x)\sin(y)\,\hat{\mathbf{x}} + \sin(x)\cos(y)\,\hat{\mathbf{y}}$，求 $\nabla \times \vec{\mathbf{A}}$。

★ 1.25 已知 $\vec{\mathbf{A}} = \nabla f$，試證 $\nabla \times \vec{\mathbf{A}} = 0$。

chapter 2

靜電場

靜電場的介紹則由兩電荷間的作用力開始，這是有名的庫倫定律。庫倫力的存在乃因爲某電荷(q)處在另一電荷(Q)的「場」內，反之亦然。因此，在庫倫力的定義下，也定義電場強度爲每電荷(q)所受庫倫力爲電荷(Q)的電場強度。接著定義電位能與電位。最後介紹邊界條件。

2-1 庫倫定律

介紹靜電場之前，必須先提到一個比較不那麼抽象的概念——庫倫定律。這是描述兩電荷間的力，一種可以量測到的特性。假設空間中存在兩電荷分別以 Q_1 與 Q_2 代表，其間距離爲 r，則庫倫定律定義此兩電荷間的力爲

$$\vec{\mathbf{F}} = \frac{1}{4\pi\varepsilon_0}\frac{Q_1 Q_2}{r^2}\hat{\mathbf{r}} \tag{2-1}$$

其中符號 $\vec{\mathbf{F}}$ 代表庫倫力，有方向，單位爲牛頓(N、Newton 或 kg · m/s^2)；

符號 Q_1 與 Q_2 代表電荷大小(帶電量)，單位爲庫倫(C、Coulomb 或 A · s)；

符號 ε_0 爲眞空的介電係數($\varepsilon_0 \approx \frac{10^{-9}}{36\pi}$ F/m)，常數 $\frac{1}{4\pi\varepsilon_0} \approx 9\times10^9$ N · m^2 / C^2；

符號 r 代表電荷間直線距離，單位爲米(m、meter)；

符號 $\hat{\mathbf{r}}$ 代表兩電荷連線上的單位向量，在此也代表庫倫力的方向，也是 Q_1 與 Q_2 的連線上。

另外，安培(ampere)爲電流的單位，簡寫爲 A；法拉(farad)爲電容的單位，簡寫爲 F。

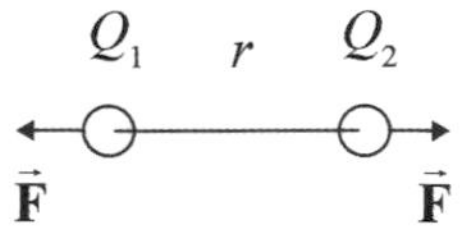

圖 2.1 庫倫力。

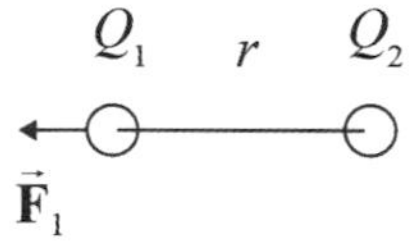

圖 2.2 作用於 Q_1 的力。

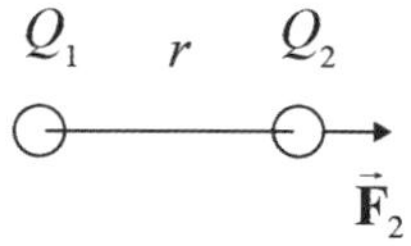

圖 2.3 作用於 Q_2 的力。

還有，兩個同性電荷間的庫倫力是互相排斥的，此時的庫倫力是正值；兩個異性電荷間的庫倫力是互相吸引的，此時的庫倫力是負值；庫倫力的大小與 Q_1、Q_2 的電量大小成正比，但與其間距離 r 的平方成反比。力的正值或是負值代表是力的方向的改變。

就 2-1 式，雖具向量形式，兩電荷的電性(正電或負電)及庫倫力並無特別指定，因爲庫倫力是相對性的，所以欲知力的方向，必先指出兩電荷的電性、受力對象或是出力來源。如上圖 2.1 表示，在兩同性電荷連線上，兩個電荷分別承受來自對方的力。這兩個力大小相等，但方向相反。故改寫 2-1 式並定義 $\vec{\mathbf{F}}_1$ 爲作用於電荷 Q_1 上的力，$\vec{\mathbf{F}}_2$ 爲作用於電荷 Q_2 上的力。如圖 2.2 與圖 2.3 所示。

電磁小百科

庫倫定律(Coulomb's law)

英格蘭化學家 Joseph Priestley 在 1767 年、蘇格蘭物理學家 John Robison 在 1769 年、英國物理學家 Henry Cavendish 在 1770 年，與蘇格蘭數學物理學家 James Maxwell 在 1879 年分別提出電荷間的作用力：靜電力與距離的平方成反比的結果類似於萬有引力的結論，該「平方」的精確度竟達 2.06 甚至 $2 \pm \frac{1}{21600}$，而不只是單純的 2；可以想像嗎 —— $\frac{1}{21600}$！

例題 2.1

已知兩電荷的電量與位置分別爲 $Q_1 = 10\mu C$ 位於(1, 2, 3)、$Q_2 = 20\mu C$ 位於(0, 1, – 1)，試求 $\vec{\mathbf{F}}_1$ 與 $\vec{\mathbf{F}}_2$。位置的單位爲米。

解 Q_1與Q_2帶同性電，因此庫倫力爲互斥。

作用於Q_1的力$\vec{\mathbf{F}}_1$的方向是由Q_2指向Q_1，所以

$$\vec{\mathbf{r}}_{21} = (1,2,3) - (0,1,-1) = \hat{\mathbf{x}} + \hat{\mathbf{y}} + 4\hat{\mathbf{z}}$$

$$r_{21} = |\vec{\mathbf{r}}_{21}| = \sqrt{(1)^2 + (1)^2 + (4)^2} = \sqrt{18}$$

$$\hat{\mathbf{r}}_{21} = \frac{1}{\sqrt{18}}\hat{\mathbf{x}} + \frac{1}{\sqrt{18}}\hat{\mathbf{y}} + \frac{4}{\sqrt{18}}\hat{\mathbf{z}}$$

$$\vec{\mathbf{F}}_1 = \frac{1}{4\pi\varepsilon_0}\frac{Q_1Q_2}{{r_{21}}^2}\hat{\mathbf{r}}_{21}$$

$$= 9\times10^9\frac{(10\times10^{-6})(20\times10^{-6})}{18}\left(\frac{1}{\sqrt{18}}\hat{\mathbf{x}} + \frac{1}{\sqrt{18}}\hat{\mathbf{y}} + \frac{4}{\sqrt{18}}\hat{\mathbf{z}}\right)$$

$$= 0.1\left(\frac{1}{\sqrt{18}}\hat{\mathbf{x}} + \frac{1}{\sqrt{18}}\hat{\mathbf{y}} + \frac{4}{\sqrt{18}}\hat{\mathbf{z}}\right)\text{N}$$

$$F_1 = |\vec{\mathbf{F}}_1| = 0.1\text{N}$$

作用於Q_2的力$\vec{\mathbf{F}}_2$的方向是由Q_1指向Q_2，所以

$$\vec{\mathbf{r}}_{12} = (0,1,-1) - (1,2,3) = -\hat{\mathbf{x}} - \hat{\mathbf{y}} - 4\hat{\mathbf{z}}$$

$$r_{12} = |\vec{\mathbf{r}}_{12}| = \sqrt{(-1)^2 + (-1)^2 + (-4)^2} = \sqrt{18}$$

$$\hat{\mathbf{r}}_{12} = -\frac{1}{\sqrt{18}}\hat{\mathbf{x}} - \frac{1}{\sqrt{18}}\hat{\mathbf{y}} - \frac{4}{\sqrt{18}}\hat{\mathbf{z}}$$

$$\vec{\mathbf{F}}_2 = \frac{1}{4\pi\varepsilon_0}\frac{Q_1Q_2}{{r_{12}}^2}\hat{\mathbf{r}}_{12}$$

$$= 9\times10^9\frac{(10\times10^{-6})(20\times10^{-6})}{18}\left(-\frac{1}{\sqrt{18}}\hat{\mathbf{x}} - \frac{1}{\sqrt{18}}\hat{\mathbf{y}} - \frac{4}{\sqrt{18}}\hat{\mathbf{z}}\right)$$

$$= 0.1\left(-\frac{1}{\sqrt{18}}\hat{\mathbf{x}} - \frac{1}{\sqrt{18}}\hat{\mathbf{y}} - \frac{4}{\sqrt{18}}\hat{\mathbf{z}}\right)\text{N}$$

$$F_2 = |\vec{\mathbf{F}}_2| = 0.1\text{N}$$

綜合兩種結果得到以下結論：

$\vec{\mathbf{F}}_1$與$\vec{\mathbf{F}}_2$大小相等，即$|\vec{\mathbf{F}}_1| = |\vec{\mathbf{F}}_2|$或$F_1 = F_2$；

但方向相反，即$\hat{\mathbf{r}}_{12} = -\hat{\mathbf{r}}_{21}$且$\vec{\mathbf{F}}_1 = -\vec{\mathbf{F}}_2$。

例題 2.2

已知兩電荷的電量分別爲 10μC 與 20μC 且相距 4 米，試問第三個電荷 15μC 應置於何處，使得受力爲零(達到力平衡)。

解 參考圖例2.2，三個電荷帶同性電，因此電荷間庫倫力爲斥力。所以如下圖所示唯一可能達到力平衡的區域，就是兩電荷連線上且在兩電荷之間，就是M區，也就是連線上的中間區。

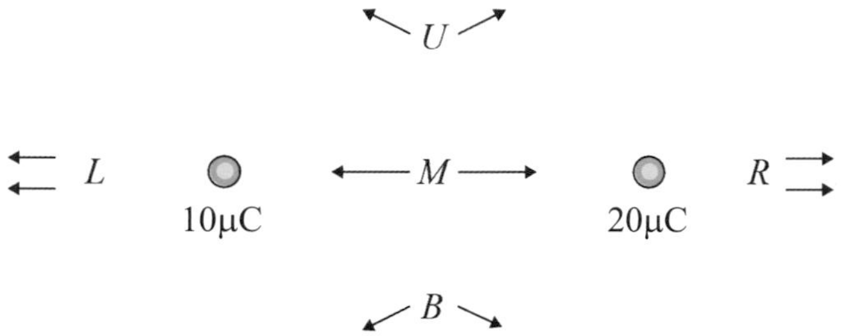

圖例 2.2 在三同性電荷系統中可能達到力平衡的情況。

假設第三個電荷在10μC電荷的右側x米處，同時也在20μC電荷左側$(4-x)$米處。依據庫倫定律第三個電荷分別受力爲

$$F_{10}=\frac{1}{4\pi\varepsilon_0}\frac{(10\times10^{-6})(15\times10^{-6})}{x^2} \quad \text{向右}$$

$$F_{20}=\frac{1}{4\pi\varepsilon_0}\frac{(20\times10^{-6})(15\times10^{-6})}{(4-x)^2} \quad \text{向左}$$

當達到力平衡時，$F_{10}=F_{20}$。因F_{10}與F_{20}已經是反向了，所以大小相等即爲平衡。整理得下列x的二次方程式

$$\frac{1}{x^2}=\frac{2}{(4-x)^2} \text{ 或是 } 2x^2=x^2-8x+16$$

即 $x^2+8x-16=0$ 解得 $x\approx1.657$ 米

故第三個電荷應置放於10μC電荷右側1.657米處，或是20μC電荷左側2.343米處，其淨力爲零。

驗算 代入數據得 $F_{10}=0.4918$ N(向右)；$F_{20}=0.4918$ N(向左)。

例題 2.3

承例題 2.2，若兩電荷分別爲 – 10μC 與 + 20μC，試求平衡點。

解　參考圖例2.3，在兩異性電荷系統中電荷間庫倫力有二：一爲推力，一爲引力。所以如下圖所示有兩處可能達到力平衡的情況：兩電荷連線上的L區與R區。因爲 – 10μC電荷的電量較小，平衡點應比較靠近 – 10μC電荷，即L區。

假設第三個電荷在 – 10μC電荷的左側x米處，同時也在20μC電荷左側$(4+x)$米處。依據庫倫定律第三個電荷分別受力爲

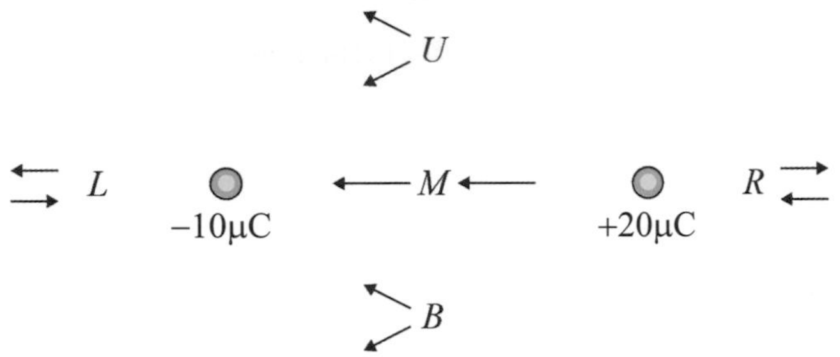

圖例 2.3　在兩異性電荷系統中可能達到力平衡的情況。

$$F_{-10}=\frac{1}{4\pi\varepsilon_0}\frac{(10\times10^{-6})(15\times10^{-6})}{x^2} \text{ 向右}$$

$$F_{+20}=\frac{1}{4\pi\varepsilon_0}\frac{(20\times10^{-6})(15\times10^{-6})}{(4+x)^2} \text{ 向左}$$

當達到力平衡時，$F_{-10}=F_{+20}$。整理得下列x的二次方程式

$$\frac{1}{x^2}=\frac{2}{(4+x)^2} \text{ 或是 } 2x^2=x^2+8x+16$$

即 $x^2-8x-16=0$ 解得 $x\approx 9.657$ 米。

故第三個電荷應置放於 – 10μC電荷左側9.657米處，即是20μC電荷左側13.657米處，其淨力爲零。

驗算　代入數據得 $F_{-10}=0.0107$ N(向右)；$F_{+20}=0.0107$ N(向左)。

上列例題可以歸類爲兩電荷系統，雖有第三個電荷介入，然運算過程中卻沒有實際角色，另外常數項 $\frac{1}{4\pi\varepsilon_0}$ 也都在運算中抵消。下面介紹的例題則歸類爲多電荷系統，計算求解方式一樣：兩兩電荷間求出庫倫力，再從所有的力中求總受力，或是受力平衡點，如下圖 2.4 所示。

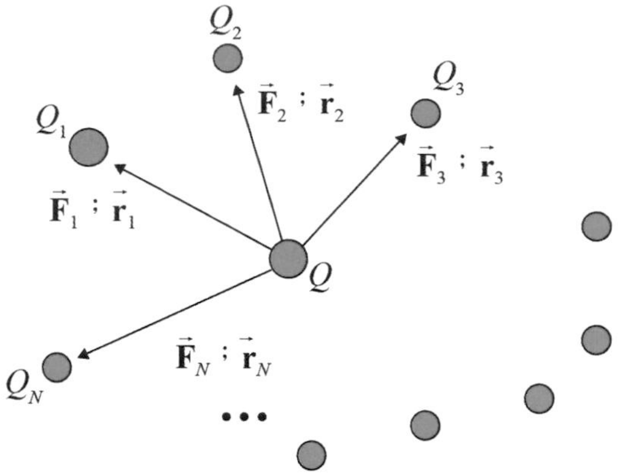

圖 2.4 多電荷系統中的總受力。

利用庫倫力公式得

$$\vec{\mathbf{F}}_1 = \frac{Q}{4\pi\varepsilon_0}\frac{Q_1}{r_1^2}\hat{\mathbf{r}}_1$$

$$\vec{\mathbf{F}}_2 = \frac{Q}{4\pi\varepsilon_0}\frac{Q_2}{r_2^2}\hat{\mathbf{r}}_2$$

$$\vec{\mathbf{F}}_3 = \frac{Q}{4\pi\varepsilon_0}\frac{Q_3}{r_3^2}\hat{\mathbf{r}}_3$$

$$\vdots$$

$$\vec{\mathbf{F}}_N = \frac{Q}{4\pi\varepsilon_0}\frac{Q_N}{r_N^2}\hat{\mathbf{r}}_N$$

總受力爲

$$\begin{aligned}\vec{\mathbf{F}} &= \vec{\mathbf{F}}_1 + \vec{\mathbf{F}}_2 + \vec{\mathbf{F}}_3 + \cdots + \vec{\mathbf{F}}_N \\ &= \frac{Q}{4\pi\varepsilon_0}\frac{Q_1}{r_1^2}\hat{\mathbf{r}}_1 + \frac{Q}{4\pi\varepsilon_0}\frac{Q_2}{r_2^2}\hat{\mathbf{r}}_2 + \frac{Q}{4\pi\varepsilon_0}\frac{Q_3}{r_3^2}\hat{\mathbf{r}}_3 + \cdots + \frac{Q}{4\pi\varepsilon_0}\frac{Q_N}{r_N^2}\hat{\mathbf{r}}_N \\ &= \frac{Q}{4\pi\varepsilon_0}\left(\frac{Q_1}{r_1^2}\hat{\mathbf{r}}_1 + \frac{Q_2}{r_2^2}\hat{\mathbf{r}}_2 + \frac{Q_3}{r_3^2}\hat{\mathbf{r}}_3 + \cdots + \frac{Q_N}{r_N^2}\hat{\mathbf{r}}_N\right)\end{aligned}$$

故得總受力的公式爲

$$\vec{\mathbf{F}} = \frac{Q}{4\pi\varepsilon_0}\left(\sum_i \frac{Q_i}{r_i^2}\hat{\mathbf{r}}_i\right) \tag{2-2}$$

上式中符號 Σ 代表累加、Q 代表受力電荷、Q_i 爲其他施力電荷、r_i 爲 Q 與 Q_i 間距離、$\hat{\mathbf{r}}_i$ 爲由 Q_i 指向 Q 的單位向量。總受力的計算是多向量的加減運算。

例題 2.4

一直線上 4 個相似電荷(+10μC)間隔爲 1 米，試問最左側電荷的總受力。

解　以圖例2.4輔助解說，坐落於原點電荷受力爲三個方向各異的庫倫力總和。

依據2-2式最左側電荷的總受力爲

$$F=\frac{10\times10^{-6}}{4\pi\varepsilon_0}\left(\frac{10\times10^{-6}}{1^2}+\frac{10\times10^{-6}}{2^2}+\frac{10\times10^{-6}}{3^2}\right)$$

$$=(9\times10^{9})(100\times10^{-12})\left(1+\frac{1}{4}+\frac{1}{9}\right)\approx1.225\text{ N(向左)}$$

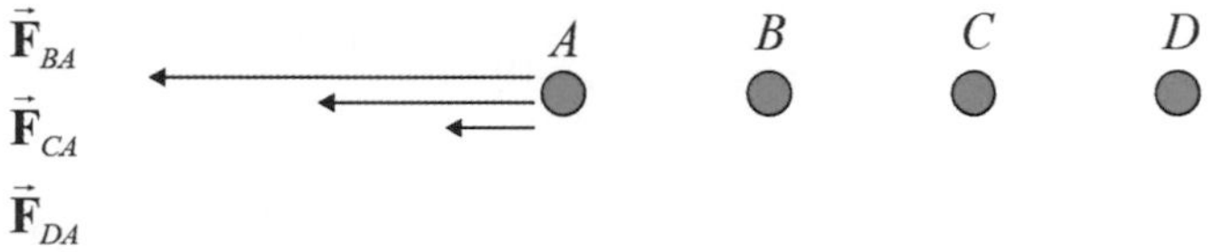

圖例 2.4　多電荷系統中的受力。

例題 2.5

一直線上每隔 1 米由左至右分置電荷 A (+ 10μC)、B (– 20μC)、C (+ 30μC)、D (– 40μC)，試問各電荷的總受力。

解　假設所有力向右爲正，向左爲負，則作用於電荷A的總力爲

$$F_A=\frac{10\times10^{-6}}{4\pi\varepsilon_0}\left(\frac{+20\times10^{-6}}{1^2}+\frac{-30\times10^{-6}}{2^2}+\frac{+40\times10^{-6}}{3^2}\right)$$

$$=(0.9)\left(\frac{2}{1}+\frac{-3}{4}+\frac{4}{9}\right)\approx1.525\text{ N}(\vec{\mathbf{F}}_A\text{ 向右})$$

同理，

$$F_B=\frac{20\times10^{-6}}{4\pi\varepsilon_0}\left(\frac{-10\times10^{-6}}{1^2}+\frac{+30\times10^{-6}}{1^2}+\frac{-40\times10^{-6}}{2^2}\right)$$

$$=(1.8)(-1+3-1)\approx1.8\text{N}(\vec{\mathbf{F}}_B\text{ 向右})$$

$$F_C=\frac{30\times10^{-6}}{4\pi\varepsilon_0}\left(\frac{+10\times10^{-6}}{2^2}+\frac{-20\times10^{-6}}{1^2}+\frac{+40\times10^{-6}}{1^2}\right)$$

$$=(2.7)\left(\frac{1}{4}-2+4\right)\approx6.075\text{ N}(\vec{\mathbf{F}}_C\text{ 向右})$$

$$F_D=\frac{40\times10^{-6}}{4\pi\varepsilon_0}\left(\frac{-10\times10^{-6}}{3^2}+\frac{+20\times10^{-6}}{2^2}+\frac{-30\times10^{-6}}{1^2}\right)$$

$$=(3.6)\left(\frac{-1}{9}+\frac{1}{2}-3\right)\approx-9.400\,\text{N}(\vec{\mathbf{F}}_D\text{ 向左})$$

例題 2.6

已知 4 個相似電荷(+ 10μC)，分置於邊長為 1 米正方形角落 $A(0, 0)$、$B(1, 0)$、$C(0, 1)$、$D(1, 1)$，試問電荷 A 的總受力為何。

解　以圖例2.6輔助解說，坐落於原點電荷受力為三個方向各異的庫倫力總和。

$$\vec{\mathbf{R}}_{BA}=-\hat{\mathbf{x}}\text{ ; }|\vec{\mathbf{R}}_{BA}|=1\text{ ; }\vec{\mathbf{F}}_{BA}=(9\times10^9)\frac{(10\times10^{-6})^2}{1^2}(-\hat{\mathbf{x}})=-0.9\hat{\mathbf{x}}\,\text{N}$$

$$\vec{\mathbf{R}}_{CA}=-\hat{\mathbf{y}}\text{ ; }|\vec{\mathbf{R}}_{CA}|=1\text{ ; }\vec{\mathbf{F}}_{CA}=(9\times10^9)\frac{(10\times10^{-6})^2}{1^2}(-\hat{\mathbf{y}})=-0.9\hat{\mathbf{y}}\,\text{N}$$

$$\vec{\mathbf{R}}_{DA}=-\hat{\mathbf{x}}-\hat{\mathbf{y}}\text{ ; }|\vec{\mathbf{R}}_{DA}|=\sqrt{2}\text{ ;}$$

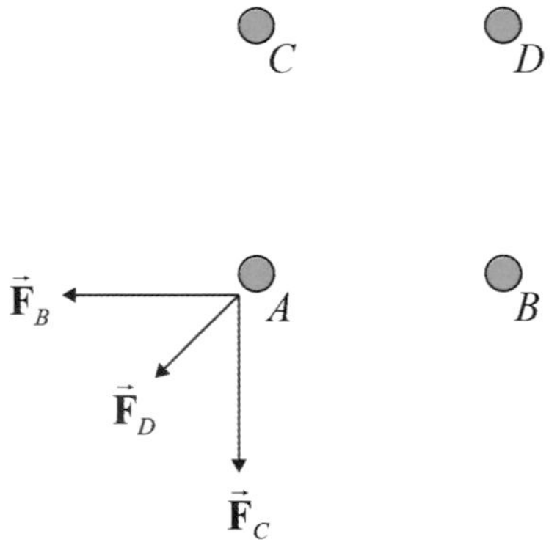

圖例 2.6　在多電荷系統中的淨受力。

$$\vec{\mathbf{F}}_{DA}=(9\times10^9)\frac{(10\times10^{-6})^2}{(\sqrt{2})^2}\left(\frac{-\hat{\mathbf{x}}-\hat{\mathbf{y}}}{\sqrt{2}}\right)=-0.45\left(\frac{\hat{\mathbf{x}}+\hat{\mathbf{y}}}{\sqrt{2}}\right)\text{N}$$

$$\vec{\mathbf{F}}=\left(-0.9-\frac{0.45}{\sqrt{2}}\right)\hat{\mathbf{x}}+\left(-0.9-\frac{0.45}{\sqrt{2}}\right)\hat{\mathbf{y}}$$

$$=1.22\hat{\mathbf{x}}-1.22\hat{\mathbf{y}}\,\text{N}$$

$$|\vec{\mathbf{F}}|=1.723\text{N}$$

2-2 電場強度

前節所討論的庫倫力其存在是因為某電荷 q 處在另一電荷 Q 的「場」內所使然。相對的情況也是一樣，電荷 Q 處在另一電荷 q 的「場」內也會構成庫倫力，因為庫倫力是相對的。所以電荷 q 與電荷 Q 所受到的力大小相同、方向相反。因此，在電荷 q 與電荷 Q 間庫倫力的定義下，定義電荷 Q 的電場強度為每電荷 q 所受庫倫力。其文字敘述如下：

電荷 Q 的電場等於測試電荷 q 所承受來自電荷 Q 的庫倫力除以測試電荷 q；

反之，電荷 q 的電場則等於測試電荷 Q 所受來自電荷 q 的庫倫力除以測試電荷 Q。

這裡所謂的測試電荷 q 是假設將一電荷 Q 固定於空間中，再將另一電荷 q 移進電荷 Q 的電場內，並量測電荷 q 所受的庫倫力。之後再將量測得到的庫倫力除以電荷 q。如此，電荷 q 只借用來量測庫倫力，協助定義另一電荷 Q 的電場強度。故稱之為測試電荷。

接著定義電場方向與電荷電性間的關係如下：正電荷的電場呈球形對稱指向外(發散)，如圖 2.5a；負電荷的電場呈球形對稱指向內(吸納)，如圖 2.5b。

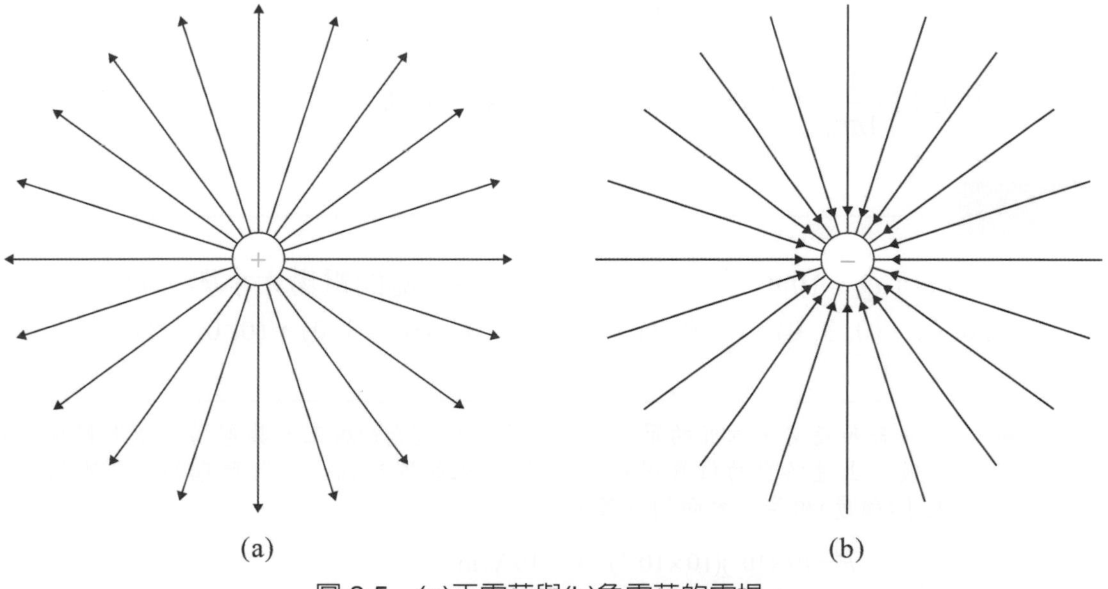

圖 2.5 (a)正電荷與(b)負電荷的電場。

與庫倫力相似的是電場的大小與電荷的電量成正比，且電荷外任意點處的電場強度與距離平方成反比。電場強度的符號與定義如下所推導。

由前章節並借用 2-1 式得知，兩電荷 q 與 Q 相距 r_{Qq} 米，其間存在庫倫力爲

$$\vec{\mathbf{F}}_{Qq} = \frac{1}{4\pi\varepsilon_0}\frac{qQ}{r_{Qq}^2}\hat{\mathbf{r}}_{Qq}\ (\mathrm{N})$$

上式是測試電荷 q 承受來自電荷 Q 的庫倫力，其中 $\hat{\mathbf{r}}_{Qq}$ 爲由電荷 Q 指向電荷 q 的單位向量，則電荷 Q 的電場強度(距離電荷 r 米處)定義爲

$$\vec{\mathbf{E}}_Q = \frac{\vec{\mathbf{F}}_{Qq}}{q} = \frac{1}{4\pi\varepsilon_0}\frac{Q}{r^2}\hat{\mathbf{r}}\ (\mathrm{V/m}) \tag{2-3}$$

這裡所用的 $\hat{\mathbf{r}}$ 是以電荷 Q 爲球心的徑向上單位向量。距離 r 純粹是指從電荷中心至量測電場強度點間的距離。對點電荷而言，其電場強度呈球形對稱。具相同距離(半徑 r)的球面上任何點上的電場強度大小相等，但方向爲徑向。電場的單位爲伏特 / 米(V/m)。

另由 2-3 式可看出，點電荷的電場強度與電荷的電量成正比，與距離的平方成反比。若點電荷的電性爲正，則其電場呈球形對稱向外發散($\hat{\mathbf{r}}$ 爲自球心指向外)。若點電荷的電性爲負，則其電場呈球形對稱向內吸納($\hat{\mathbf{r}}$ 爲自外指向負電荷所在的球心)。點電荷 Q 外 r 米處的電場簡化爲

$$\vec{\mathbf{E}} = \frac{Q}{4\pi\varepsilon_0 r^2}\hat{\mathbf{r}} \tag{2-4}$$

其中常數部分爲 $\frac{1}{4\pi\varepsilon_0}$，其數值等於 $9\times10^9\ \mathrm{N}\cdot\mathrm{m}^2/\mathrm{C}^2$。

例題 2.7

已知電荷 $Q = 10\mathrm{nC}$ 位於原點，求下列各點處的電場大小與方向。
(3, 0, 0)、(0, 3, 0)、(0, 0, 3)、(－3, 0, 0)、(0, －3, 0)、(0, 0, －3)

解　一般若無指定，位置的單位預設爲米。因電荷Q爲正，其電場呈球形對稱向外發散。上述各點的位置同在一半徑爲3米的圓球面上，可預期的是各點的電場大小(強度)相等、方向均爲徑向向外。

$$E = (9\times10^9)(10\times10^{-9})/3^2 = 10\ \mathrm{V/m}。$$

在點(3, 0, 0)處的電場方向爲 $3\hat{\mathbf{x}}/3 = \hat{\mathbf{x}}$；

在點(0, 3, 0)處的電場方向爲 $3\hat{\mathbf{y}}/3 = \hat{\mathbf{y}}$；

在點(0, 0, 3)處的電場方向爲 $3\hat{\mathbf{z}}/3=\hat{\mathbf{z}}$；

在點(– 3, 0, 0)處的電場方向爲 $-3\hat{\mathbf{x}}/3=-\hat{\mathbf{x}}$；

在點(0, – 3, 0)處的電場方向爲 $-3\hat{\mathbf{y}}/3=-\hat{\mathbf{y}}$；

在點(0, 0, – 3)處的電場方向爲 $-3\hat{\mathbf{z}}/3=-\hat{\mathbf{z}}$；

均與球面垂直，並背離正電荷 Q 指向外。

例題 2.8

已知電荷 $Q=10\mu\text{C}$ 位於原點，求下列各點處的電場大小與方向。
$A=(1, 2, 3)$、$B=(-2, 3, 1)$、$C=(2, 1, -3)$、$D=(-3, -2, -1)$

解　因電荷 Q 爲正，其電場呈球形對稱向外發散。

(1) $\vec{\mathbf{r}}_A=\hat{\mathbf{x}}+2\hat{\mathbf{y}}+3\hat{\mathbf{z}}$；$|\vec{\mathbf{r}}_A|=\sqrt{14}$；$\hat{\mathbf{r}}_A=\dfrac{\hat{\mathbf{x}}+2\hat{\mathbf{y}}+3\hat{\mathbf{z}}}{\sqrt{14}}$；

$$\vec{\mathbf{E}}_A=(9\times10^9)\frac{(10\times10^{-6})^2}{(\sqrt{14})^2}\left(\frac{\hat{\mathbf{x}}+2\hat{\mathbf{y}}+3\hat{\mathbf{z}}}{\sqrt{14}}\right)$$

$$=64.286\left(\frac{\hat{\mathbf{x}}+2\hat{\mathbf{y}}+3\hat{\mathbf{z}}}{\sqrt{14}}\right)$$

$$=|\vec{\mathbf{E}}_A|\,\hat{\mathbf{r}}_A$$

或

$$\vec{\mathbf{E}}_A=17.181\hat{\mathbf{x}}+34.362\hat{\mathbf{y}}+51.543\hat{\mathbf{z}}$$

其中，電場強度爲 $E_A=|\vec{\mathbf{E}}_A|=64.286\ \text{V/m}$，方向爲 $\hat{\mathbf{r}}_A=\dfrac{\hat{\mathbf{x}}+2\hat{\mathbf{y}}+3\hat{\mathbf{z}}}{\sqrt{14}}$。

(2) $\vec{\mathbf{r}}_B=-2\hat{\mathbf{x}}+3\hat{\mathbf{y}}+\hat{\mathbf{z}}$；$|\vec{\mathbf{r}}_A|=\sqrt{14}$；$\hat{\mathbf{r}}_B=\dfrac{-2\hat{\mathbf{x}}+3\hat{\mathbf{y}}+\hat{\mathbf{z}}}{\sqrt{14}}$；

$$\vec{\mathbf{E}}_B=(9\times10^9)\frac{(10\times10^{-6})^2}{(\sqrt{14})^2}\left(\frac{-2\hat{\mathbf{x}}+3\hat{\mathbf{y}}+\hat{\mathbf{z}}}{\sqrt{14}}\right)$$

$$=64.286\left(\frac{-2\hat{\mathbf{x}}+3\hat{\mathbf{y}}+\hat{\mathbf{z}}}{\sqrt{14}}\right)$$

$$=-34.362\hat{\mathbf{x}}+51.543\hat{\mathbf{y}}+17.181\hat{\mathbf{z}}$$

$$E_B = |\vec{\mathbf{E}}_B| = 64.286 \text{ V/m}$$

(3) $\vec{\mathbf{r}}_C = 2\hat{\mathbf{x}} + \hat{\mathbf{y}} - 3\hat{\mathbf{z}}$；$|\vec{\mathbf{r}}_C| = \sqrt{14}$；$\hat{\mathbf{r}}_C = \dfrac{2\hat{\mathbf{x}} + \hat{\mathbf{y}} - 3\hat{\mathbf{z}}}{\sqrt{14}}$；

$$\vec{\mathbf{E}}_C = (9\times10^9)\frac{(10\times10^{-6})}{(\sqrt{14})^2}\left(\frac{2\hat{\mathbf{x}} + \hat{\mathbf{y}} - 3\hat{\mathbf{z}}}{\sqrt{14}}\right)$$

$$= 64.286\left(\frac{2\hat{\mathbf{x}} + \hat{\mathbf{y}} - 3\hat{\mathbf{z}}}{\sqrt{14}}\right)$$

$$= 34.362\hat{\mathbf{x}} + 17.181\hat{\mathbf{y}} - 51.543\hat{\mathbf{z}}$$

$$E_C = |\vec{\mathbf{E}}_C| = 64.286 \text{ V/m}$$

(4) $\vec{\mathbf{r}}_D = -3\hat{\mathbf{x}} - 2\hat{\mathbf{y}} - \hat{\mathbf{z}}$；$|\vec{\mathbf{r}}_D| = \sqrt{14}$；$\hat{\mathbf{r}}_D = \dfrac{-3\hat{\mathbf{x}} - 2\hat{\mathbf{y}} - \hat{\mathbf{z}}}{\sqrt{14}}$；

$$\vec{\mathbf{E}}_D = (9\times10^9)\frac{(10\times10^{-6})}{(\sqrt{14})^2}\left(\frac{-3\hat{\mathbf{x}} - 2\hat{\mathbf{y}} - \hat{\mathbf{z}}}{\sqrt{14}}\right)$$

$$= 64.286\left(\frac{-3\hat{\mathbf{x}} - 2\hat{\mathbf{y}} - \hat{\mathbf{z}}}{\sqrt{14}}\right)$$

$$= -51.543\hat{\mathbf{x}} - 34.362\hat{\mathbf{y}} - 17.181\hat{\mathbf{z}}$$

$$E_D = |\vec{\mathbf{E}}_D| = 64.286 \text{ V/m}$$

從上列結果證實以下事實：若距離相等，則電場強度相等。

空間中兩電荷系統中的電場分佈，如圖 2.6 所示。

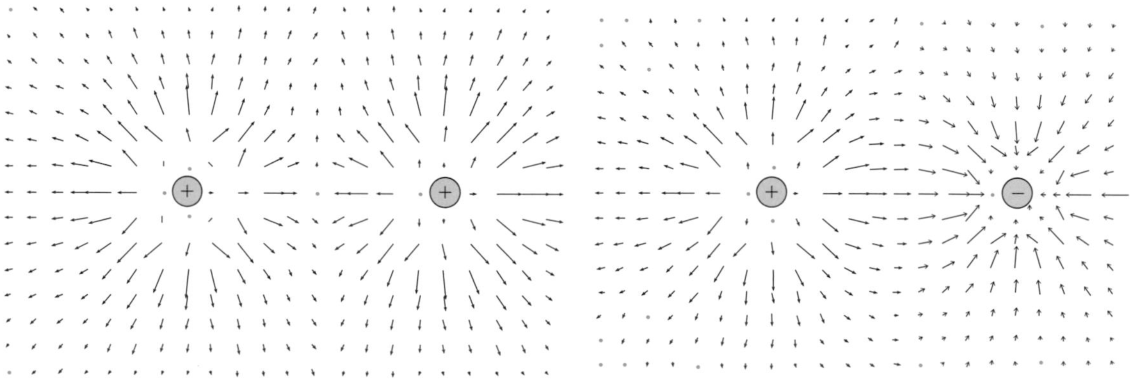

(a) 兩正電荷的電場　　(b) 正電荷與負電荷的電場

圖 2.6　兩電荷的電場分佈。

若在多電荷系統中求空間中某測試點上的總電場，則方法與求庫倫力一樣；先計算出每個電荷在測試點處的電場，再將所有的電場向量合併求總電場。尋找多電荷系統中的電場平衡點也是一種很好的練習。在多電荷系統中，空間某定點處總電場的公式為

$$\vec{\mathbf{E}} = \frac{1}{4\pi\varepsilon_0}\left(\sum_i \frac{Q_i}{r_i^2}\hat{\mathbf{r}}_i\right)(\text{V/m}) \tag{2-5}$$

上式中符號 Q_i 為電場源電荷、r_i 為電荷 Q_i 至測試點間距離、$\hat{\mathbf{r}}_i$ 為由電荷 Q_i 指向測試點的單位向量。請參考圖 2.4，其中電荷 Q 所在的位置即是求總電場的位置。公式 2-5 中，電荷 Q_i 的電性已告知其電場相對於測試點的方向。若電荷 Q_i 為正，則 $\hat{\mathbf{r}}_i$ 為由電荷 Q_i 指向測試點；若電荷 Q_i 為負，則 $\hat{\mathbf{r}}_i$ 為由測試點指向電荷 Q_i。總電場的計算是多向量的加減運算。

例題 2.9

假設有 4 個相似電荷(+ 10nC)由左至右排成一直線間隔為 1 米，試問最左側電荷處的總電場。

解　本題可參考例題2.4的受力問題。依據2-5式最左側電荷處的總電場方向向左，因為其他電荷在該處的電場都指向左方。

總電場的大小為

$$E = (9\times10^9)(10\times10^{-9})\left(\frac{1}{1^2}+\frac{1}{2^2}+\frac{1}{3^2}\right)$$

$$= (90)\left(1+\frac{1}{4}+\frac{1}{9}\right) \approx 122.5\,\text{V/m}(\text{向左})$$

例題 2.10

假設一直線上每隔 1 米由左至右分置電荷 A(+ 10nC)、B(− 20nC)、C(+ 30nC)、D(− 40nC)，試問各電荷處的總電場。

解　規定所有的電場向右為正，則在電荷A處的電場有三個來源：來自電荷B的電場指向右、來自電荷C的電場指向左、來自電荷D的電場指向右。所以，在電荷A處的總電場大小為

$$E_A=\frac{1}{4\pi\varepsilon_0}\left(\frac{+20\times10^{-9}}{1^2}+\frac{-30\times10^{-9}}{2^2}+\frac{+40\times10^{-9}}{3^2}\right)$$

$$=(90)\left(\frac{2}{1}+\frac{-3}{4}+\frac{4}{9}\right)$$

$$\approx 152.46\ \text{V/m}(\vec{\mathbf{E}}_A\ \text{向右})$$

同理，在電荷B處的電場也有三個來源：來自電荷A的電場指向右、來自電荷C的電場指向左、來自電荷D的電場指向右。所以

$$E_B=\frac{1}{4\pi\varepsilon_0}\left(\frac{+10\times10^{-9}}{1^2}+\frac{-30\times10^{-9}}{1^2}+\frac{+40\times10^{-9}}{2^2}\right)$$

$$=(180)(1-3+1)$$

$$\approx -1.8\ \text{V/m}(\vec{\mathbf{E}}_B\ \text{向左})$$

其他由讀者自行練習。

例題 2.11

4 個相似電荷(– 10nC)分置於邊長為 1 米正方形角落 $A(0, 0)$、$B(1, 0)$、$C(0, 1)$、$D(1, 1)$，試問電荷 A 的總電場為何。

解　以圖例2.11輔助說明，因電荷的電性為負，所以各電場如圖示。

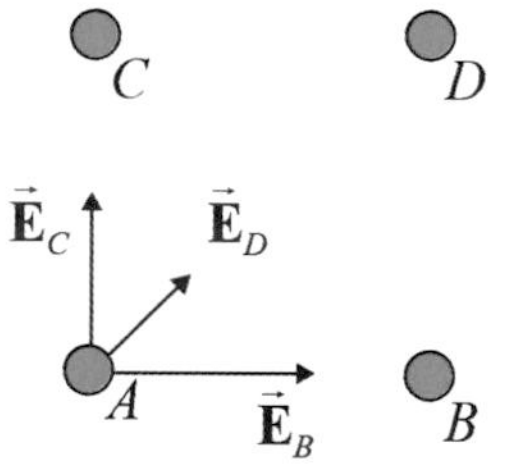

圖例 2.11　在多電荷系統中的電場。

$$\vec{\mathbf{R}}_B=(0,0)-(1,0)=-\hat{\mathbf{x}}\ ；\ |\vec{\mathbf{R}}_B|=1\ ；\ \hat{\mathbf{R}}_B=-\hat{\mathbf{x}}\ ；$$

$$\vec{\mathbf{E}}_B=(9\times10^9)\frac{(-10\times10^{-9})}{1^2}(-\hat{\mathbf{x}})=90\hat{\mathbf{x}}\ \text{V/m}$$

$$\vec{\mathbf{R}}_C=(0,0)-(0,1)=-\hat{\mathbf{y}}\ ；\ |\vec{\mathbf{R}}_C|=1\ ；\ \hat{\mathbf{R}}_C=-\hat{\mathbf{y}}\ ；$$

$$\vec{\mathbf{E}}_C=(9\times10^9)\frac{(-10\times10^{-9})}{1^2}(-\hat{\mathbf{y}})=90\hat{\mathbf{y}}\ \text{V/m}$$

$$\vec{\mathbf{R}}_D=(0,0)-(1,1)=-\hat{\mathbf{x}}-\hat{\mathbf{y}}\ ；\ |\vec{\mathbf{R}}_D|=\sqrt{2}\ ；\ \hat{\mathbf{R}}_D=\frac{-\hat{\mathbf{x}}-\hat{\mathbf{y}}}{\sqrt{2}}\ ；$$

$$\vec{\mathbf{E}}_D=(9\times10^9)\frac{(-10\times10^{-9})}{\left(\sqrt{2}\right)^2}\left(\frac{\widehat{-\mathbf{x}-\mathbf{y}}}{\sqrt{2}}\right)=45\left(\frac{\hat{\mathbf{x}}+\hat{\mathbf{y}}}{\sqrt{2}}\right)\text{V/m}$$

$$\vec{\mathbf{E}}=\left(90+\frac{45}{\sqrt{2}}\right)\hat{\mathbf{x}}+\left(90+\frac{45}{\sqrt{2}}\right)\hat{\mathbf{y}}$$

$$=121.82\hat{\mathbf{x}}+121.82\hat{\mathbf{y}}\ \text{V/m}$$

$$|\vec{\mathbf{E}}|=172.28\ \text{V/m}$$

2-3 電位能與電位

前面已講過庫倫力是因爲某電荷處在另一電荷的電場中所使然，也曾提過「兩電荷相距 1 米」的講法。既然兩電荷都承受來自對方的力(不論是斥力或是引力)，電荷都應該因受力而移動才對。若是電荷間存在的是斥力(同性電荷)，則電荷該自然而然地互相排斥，並離開遠去；若是電荷間存在的是引力(異性電荷)，則電荷該自然而然地互相吸引，而相遇結合。但這些事實在之前的章節都被略過不談，現在補充說明。

首先，當說「兩電荷相距 1 米」時，同時假設該兩電荷是被「抓住」、固定不動的，並依據公式算出庫倫力。所謂「抓住電荷」的講法純粹是假設的。理論上，當「放開電荷」時，電荷則應該會自然而然地移動，因爲電荷都有承受力的作用。這裡所謂的「自然而然」的事，就是電位能(能量)的觀念。另一方面，果眞「兩電荷相距 1 米」的現象發生，這也需要外力「抓住」才有可能發生。

例如，「抓住」兩個同性電荷，使之相距 1 米，則兩電荷間存在斥力。當「放開」其中一個電荷時，這個電荷就會被排斥並移動遠離仍被「抓住」的電荷。該現象有如將一顆蘋果高高舉起，然後將蘋果放開，蘋果則會自然而然地落下著地。當蘋果被舉高時，代表位能被提升(高位能具自發性)；當蘋果落地後，位能從正值(高高在上)降爲零(地表爲位能的參考零點，零位能狀態不具自發性——蘋果不再移動)。

同理，當兩同性電荷被迫互相接近時，排斥力加強，電位能漸高(自發性愈強)，因爲外力介入(抵抗斥力)迫使接近；當兩同性電荷相互遠離時，排斥力減弱，電位能變低(自發性較弱)。因此，在無外力介入的狀態下，位能趨於零的狀態。

何時電位能會爲零？理論上是無窮遠，在無窮遠處時，庫倫力及電場強度都趨近於零。因此，兩同性電荷距離趨近於零時，電位能則趨近於正的無窮大(記爲→ $+\infty$)；當距離無窮遠時，電位能爲零(由正值趨近於零，記爲→ 0^+)。

另外，兩異性電荷會自然吸引而相互靠近，「抓住使之相距 1 米」的作法是違反自發性的，外力的介入用於抵抗引力。又，異性電荷的引力定義上爲負值，所以所謂的自發性是指由負值少的電位能狀態至負值多的電位能狀態。當兩異性電荷距離趨近於零時，電位能則趨近於負的無窮大(記爲$\rightarrow -\infty$)；當兩異性電荷距離無窮遠時，電位能爲零(由負值趨近於零，記爲$\rightarrow 0^-$)。

話題回到兩電荷(Q_1、Q_2)系統。雖電荷的電場呈球形對稱，當討論兩電荷間庫倫力時，力的方向則限於兩電荷連線上。因此，如之前所討論，在 Q_2 的電場中移動電荷 Q_1 會改變電位能的大小，因爲其間的庫倫力也被改變；電位能只有當兩電荷間的直線距離改變時，才會有所改變。

這個距離的改變對 Q_2 的電場而言是徑向的(直線距離)，或是距離的改變必須含有徑向成分(直線距離)方能導致系統能量的改變。對於可以改變電能的任意微小位移記爲 $d\vec{\mathbf{r}}$ (爲徑向且具有方向性)，其相對的微小電能改變量爲 dU(不具方向性)。則定義 dU 爲庫倫力 $\vec{\mathbf{F}}$ 與 $d\vec{\mathbf{r}}$ 的內積(探討同向性)形式如下

$$dU = \vec{\mathbf{F}} \cdot d\vec{\mathbf{r}} \tag{2-6}$$

內積代表唯有測試電荷 Q_1 的位移 $d\vec{\mathbf{r}}$ 在 $\vec{\mathbf{F}}$ 方向上才能構成能量改變。例如，若將測試電荷 Q_1 沿著電荷 Q_2 電場的等距離球面上移動是不會引起能量變化的。因爲沿著球面移動並沒有改變距離(半徑維持不變)，所以 $d\vec{\mathbf{r}} = 0$ (雖有位移量但不在徑向上)，即 $dU = 0$。再者，沿著同半徑球面移動時 $d\vec{\mathbf{r}}$ 與 $\vec{\mathbf{F}}$ 總是垂直的，故 $\vec{\mathbf{F}} \cdot d\vec{\mathbf{r}} = 0$ (內積爲零)。

進一步將庫倫力的公式代入 2-6 式，庫倫力公式中的 $\hat{\mathbf{r}}$ 是自電荷 Q_2 指向測試電荷 Q_1，而 $d\vec{\mathbf{r}}$ 則是在兩電荷間的連線上移動。若測試電荷 Q_1 是被從距離 Q_2 電荷 R_a 處移到距離 R_b，則能量的變化量(ΔU 等於移動後的能量 U_b 減動前的能量 U_a)，可由積分求得

$$\Delta U = U_b - U_a = \int_{R_a}^{R_b} \vec{\mathbf{F}} \cdot d\vec{\mathbf{r}} = \left(\frac{Q_1 Q_2}{4\pi\varepsilon_0 r} \right)_{R_a}^{R_b} \tag{2-7}$$

$$= \left(\frac{Q_1 Q_2}{4\pi\varepsilon_0} \right) \left(\frac{1}{R_b} - \frac{1}{R_a} \right)$$

這裡之所以使用積分計算的原因如下：式中任一變化量 dr 會牽動分母距離 r^2 的變化。因此，分子(dr)與$(\frac{1}{r^2})$都是變量。這必須借用積分方能計算完整的變化量。若假設 R_a 是無窮遠處，即 $R_a \to \infty$與 $\frac{1}{R_a} \to 0$，且 $U_a = 0$。故得電荷 Q_1 在距離 Q_2 電荷 R_b 米處的電位能為

$$U_b = \frac{Q_1 Q_2}{4\pi\varepsilon_0 R_b}$$

較通用形式如下：存在於相距 r 米兩電荷 Q_1 與 Q_2 間的電位能定義為

$$U = \frac{Q_1 Q_2}{4\pi\varepsilon_0 r} \tag{2-8}$$

將測試電荷 Q_1 從上式提出得

$$U = Q_1 \frac{Q_2}{4\pi\varepsilon_0 r} = Q_1 V$$

依據上式，定義了電位 V 如下：距 Q 電荷 r 米處的電位為

$$V = \frac{Q}{4\pi\varepsilon_0 r} \tag{2-9}$$

回顧 2-7 式的積分其實可視為對 Q_2 電場 $\frac{Q_2}{4\pi\varepsilon_0 r^2}$ 的積分，如

$$U_b - U_a = Q_1\left(\int_{R_a}^{R_b} (-E_2)\,dr\right)$$

因此在電荷 Q_2 的電場中，若在徑向上的位置有所改變，將也改變電位。或是徑向上位置間的差距將導致電位差，例如在電荷 Q 的電場中兩相異半徑(R_1 與 R_2)間的電位差可由下列討論得到。透過 2-7 式，若置電荷 Q 於座標原點，則距場源 R_1 米處的電位 V_1 為

$$V_1 = \int_{\infty}^{R_1} (-E)\,dr = \int_{\infty}^{R_1} \left(-\frac{Q}{4\pi\varepsilon_0 r^2}\right) dr = \frac{Q}{4\pi\varepsilon_0}\left(\frac{1}{R_1} - \frac{1}{\infty}\right) = \frac{Q}{4\pi\varepsilon_0 R_1}$$

同樣地，距場源 R_2 米處的電位 V_2 為

$$V_2 = \int_{\infty}^{R_2} (-E)\,dr = \int_{\infty}^{R_2} \left(-\frac{Q}{4\pi\varepsilon_0 r^2}\right) dr = \frac{Q}{4\pi\varepsilon_0}\left(\frac{1}{R_2} - \frac{1}{\infty}\right) = \frac{Q}{4\pi\varepsilon_0 R_2}$$

則由 R_1 米處移到 R_2 米處的電位差爲

$$\Delta V = V_2 - V_1 = \frac{Q}{4\pi\varepsilon_0}\left(\frac{1}{R_2} - \frac{1}{R_1}\right)$$

注意 以上只考慮距離 R_1 與距離 R_2，並無提到方向抑或東西南北方位問題，因為電位只與徑向的距離有關，與方位無關。

由上面推導過程得到另一公式，電位 V 與電場 $\vec{\mathbf{E}}$ 的關係：

$$\vec{\mathbf{E}} = -\nabla V \tag{2-10}$$

或是

$$V = -\int \vec{\mathbf{E}} \cdot d\vec{\mathbf{r}} \tag{2-11}$$

2-10 式表示的是電位 V 梯度的反方向即是電場強度 $\vec{\mathbf{E}}$。2-11 式可推廣之而成爲法拉第定律的積分形式。如果積分路徑爲封閉，則改寫爲

$$\oint_C \vec{\mathbf{E}} \cdot d\vec{\mathbf{r}} = 0 \text{(法拉第定律的積分形式)} \tag{2-12}$$

當完成封閉路徑積分的同時，也回到積分起始點。因此，移動前後的電位是一樣的，也就沒有所謂的電位差，或是說零電位差。2-12 式自然成立。

再應用史托克斯定理

$$\oint_C \vec{\mathbf{A}} \cdot d\vec{\ell} = \int_S (\nabla \times \vec{\mathbf{A}}) \cdot d\vec{\mathbf{s}} \text{(史托克斯定理)} \tag{1-34}$$

2-12 式中的 $\vec{\mathbf{E}}$ 代入 1-34 式的 $\vec{\mathbf{A}}$ 得

$$\nabla \times \vec{\mathbf{E}} = 0 \text{(法拉第定律的微分形式)} \tag{2-13}$$

上式表明的事實爲：若場在與場本身垂直的方向沒有變化的話，這個場就沒有旋度。再次強調，符合 2-12 式與 2-13 式的場稱爲保守場。請參考圖 2.7。

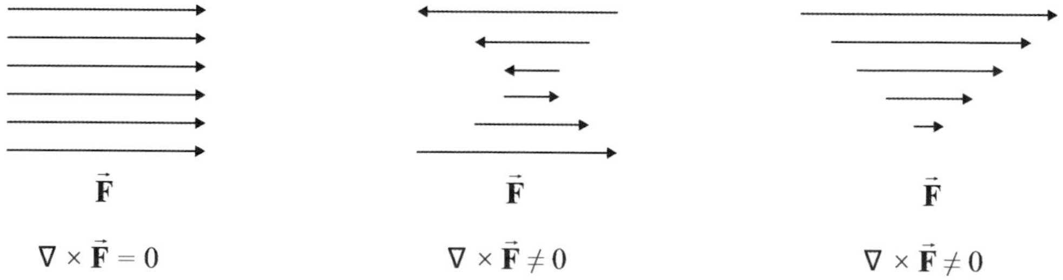

圖 2.7 場的旋度。

與庫倫力、電場強度相似之處則在於處理多電荷問題的方式：利用疊加(重疊)原理。設空間中存在 N 個相異電荷(Q_1、Q_2 ⋯ Q_N)，則空間中任意點上的總(淨)電位可以透過下列式子求得

$$V = \frac{Q_1}{4\pi\varepsilon_0 r_1} + \frac{Q_2}{4\pi\varepsilon_0 r_2} + \cdots + \frac{Q_N}{4\pi\varepsilon_0 r_N} \tag{2-14}$$

$$= \frac{1}{4\pi\varepsilon_0}\left(\frac{Q_1}{r_1} + \frac{Q_2}{r_2} + \cdots + \frac{Q_N}{r_N}\right)$$

$$= \frac{1}{4\pi\varepsilon_0}\sum_{i=1}^{N}\frac{Q_i}{r_i}$$

例題 2.12

已知電位 $V = x^3 + 2yz$，求下列各點的電位與電場。
$A(3, 0, 0)$、$B(1, 3, 2)$、$C(-2, 1, 3)$、$D(0, 0, -3)$

解 $\vec{\mathbf{E}} = -\nabla V = -\hat{\mathbf{x}}\frac{\partial}{\partial x}(x^3 + 2yz) - \hat{\mathbf{y}}\frac{\partial}{\partial y}(x^3 + 2yz) - \hat{\mathbf{z}}\frac{\partial}{\partial z}(x^3 + 2yz)$

$\vec{\mathbf{E}} = 3x^2\hat{\mathbf{x}} - 2z\hat{\mathbf{y}} - 2y\hat{\mathbf{z}}$

$V_A = (3)^3 + 2(0)(0) = 27$ V

$V_B = (1)^3 + 2(3)(2) = 13$ V

$V_C = (-2)^3 + 2(1)(3) = -2$ V

$V_D = (0)^3 + 2(0)(-3) = 0$ V

$\vec{\mathbf{E}}_A = -3(3)^2\hat{\mathbf{x}} - 2(0)\hat{\mathbf{y}} - 2(0)\hat{\mathbf{z}} = -27\hat{\mathbf{x}}$ V/m

$\vec{\mathbf{E}}_B = -3(1)^2\hat{\mathbf{x}} - 2(2)\hat{\mathbf{y}} - 2(3)\hat{\mathbf{z}} = -3\hat{\mathbf{x}} - 4\hat{\mathbf{y}} - 6\hat{\mathbf{z}}$ V/m

$\vec{\mathbf{E}}_C = -3(-2)^2\hat{\mathbf{x}} - 2(3)\hat{\mathbf{y}} - 2(1)\hat{\mathbf{z}} = -12\hat{\mathbf{x}} - 6\hat{\mathbf{y}} - 2\hat{\mathbf{z}}$ V/m

$\vec{\mathbf{E}}_D = -3(0)^2\hat{\mathbf{x}} - 2(-3)\hat{\mathbf{y}} - 2(0)\hat{\mathbf{z}} = -6\hat{\mathbf{y}}$ V/m

例題 2.13

已知距 Q 電荷 r 米處的電場為 $\vec{\mathbf{E}} = \frac{Q}{4\pi\varepsilon_0 r^2}\hat{\mathbf{r}}$，試求其在 R 米處的電位，將另一電荷自無窮遠處移到 R 米處的電位能變化。

解 依定義

$$V=-\int \vec{\mathbf{E}}\cdot d\vec{\mathbf{r}}=-\int_{\infty}^{R}\frac{Q}{4\pi\varepsilon_0 r^2}\hat{\mathbf{r}}\cdot d\vec{\mathbf{r}}$$

$$=\frac{Q}{4\pi\varepsilon_0 r}\Bigg|_{\infty}^{R}$$

$$=\frac{Q}{4\pi\varepsilon R}$$

$$U=-q\int \vec{\mathbf{E}}\cdot d\vec{\mathbf{r}}=-\left(\frac{qQ}{4\pi\varepsilon_0}\right)\int_{\infty}^{R}\frac{dr}{r^2}$$

$$=\frac{qQ}{4\pi\varepsilon_0 R}=qV$$

例題 2.14

已知長線電荷(密度爲 $\lambda = 0.1$ nC/m)距線電荷 r 米處的電場爲 $\vec{\mathbf{E}}=\dfrac{\lambda}{2\pi\varepsilon_0 r}\hat{\mathbf{r}}$，設線電荷正好在 z 軸上，且 $A=(5, 0°, 0)$、$B=(5, 90°, 9)$、$C=(3, -90°, -8)$。試求下列情況的電位差値。(a)自 A 點移到 B 點；(b)自 A 點移到 C 點；(c)自 B 點移到 C 點；(d)自 R 移到 $2R$ 處。

解 依定義

$$\text{(a) } \Delta V=V_B-V_A=-\int \vec{\mathbf{E}}\cdot d\vec{\mathbf{r}}=-\int_A^B\frac{\lambda}{2\pi\varepsilon_0 r}\hat{\mathbf{r}}\cdot d\vec{\mathbf{r}}$$

$$=\int_A^B\frac{\lambda}{2\pi\varepsilon_0 r}dr=\frac{\lambda}{2\pi\varepsilon_0}\ln(r)_B^A$$

$$=\frac{\lambda}{2\pi\varepsilon_0}(\ln 5-\ln 5)=0$$

本問題是定義在圓柱座標系統上，且因 $\hat{\mathbf{r}}\cdot d\vec{\mathbf{r}}$ 爲內積關係，$d\vec{\mathbf{r}}$ 移動量必須在電場 $\vec{\mathbf{E}}$ 上的分量才會導致電位差。另外，電場 $\vec{\mathbf{E}}$ 爲徑向 $\hat{\mathbf{r}}$，由 A 點移到 B 點過程中，角度的變化(ϕ：0° → −90°)及高度的差距(z：9 → −8)都非在徑向 $\hat{\mathbf{r}}$ 上變化，故對電位差沒有任何貢獻。所以只對半徑上的變化積分。同樣的道理解以下各題。

$$\text{(b) } \Delta V=V_C-V_A=-\int \vec{\mathbf{E}}\cdot d\vec{\mathbf{r}}=-\int_A^C\frac{\lambda}{2\pi\varepsilon_0 r}\hat{\mathbf{r}}\cdot d\vec{\mathbf{r}}$$

$$=\frac{\lambda}{2\pi\varepsilon_0}(\ln 5-\ln 3)=\frac{\lambda}{2\pi\varepsilon_0}\ln\left(\frac{3}{5}\right)\approx 0.919\text{V}$$

$$\text{(c)}\ \Delta V = V_B - V_c = -\int \vec{\mathbf{E}} \cdot d\vec{\mathbf{r}} = -\int_C^B \frac{\lambda}{2\pi\varepsilon_0 r}\hat{\mathbf{r}} \cdot d\vec{\mathbf{r}}$$

$$= \frac{\lambda}{2\pi\varepsilon_0}(\ln 3 - \ln 5) = \frac{\lambda}{2\pi\varepsilon_0}\ln\left(\frac{3}{5}\right) \approx -0.919\text{V}$$

$$\text{(d)}\ \Delta V = V_{2R} - V_R = \frac{\lambda}{2\pi\varepsilon_0}(\ln 2R - \ln R) = \frac{\lambda}{2\pi\varepsilon_0}\ln 2$$

$$\approx 1.248\text{V}$$

(注意：結果與R的大小無關，只與距離間倍數有關。)

類題1 承例題2.14，在直角座標系統若$A = (5, 1, 3)$與$B = (-2, 0, 9)$，求自A點移到B點的電位差值。

類題2 承類題1，設線電荷正好在y軸上，求A點到B點的電位差值。

例題 2.15

設有 5 個電荷(10nC)分別在 x 軸上的 2、3、4、5、6 米處，求 $x = 10$ 米處的電位值。

解　利用2-14式且所有的Q值都等於10nC，得下式

$$V = \frac{Q}{4\pi\varepsilon_0}\left(\frac{1}{8}+\frac{1}{7}+\frac{1}{6}+\frac{1}{5}+\frac{1}{4}\right)$$

$$= (9\times10^9)(10\times10^{-9})(0.8845)$$

$$\approx 79.607\text{V}$$

類題3 重做例題2.15，若5個電荷量分別爲10nC、– 20nC、30nC、– 40nC、50nC。

類題4 重做2.15與類題3，求10米處的電場大小與方向。

例題 2.16

設有 6 個電荷(10nC)等距離分置在一半徑爲 5 米的圓圈上，求圓心處的電位值。

解

$$V = \frac{Q}{4\pi\varepsilon_0}\left(\frac{1}{5}+\frac{1}{5}+\frac{1}{5}+\frac{1}{5}+\frac{1}{5}+\frac{1}{5}\right)$$

$$= (9\times10^9)(10\times10^{-9})(1.2) = 108\ \text{V}$$

類題5 重做例題2.16，若6個電荷量分別爲1nC、– 2nC、3nC、– 4nC、5nC、– 6nC。

例題 2.17

已知電場 $\vec{\mathbf{E}}=\dfrac{25}{r^2}\hat{\mathbf{r}}$ 與 $A=(5, 0°, 180°)$、$B=(2, 90°, 90°)$，求 A、B 間的電位差。

解　相對於A點的電位差

$$\Delta V=V_B-V_A=-\int\vec{\mathbf{E}}\cdot d\vec{\mathbf{r}}=-\int_A^B\frac{25}{r^2}\hat{\mathbf{r}}\cdot d\vec{\mathbf{r}}$$

$$=\left(\frac{25}{2}-\frac{25}{5}\right)$$

$$=7.5\ \text{V}$$

類題6 承例題2.17，將一Q(2C)電荷由A點移到B點，求其間的電位能差。

例題 2.18

試求距一直線電荷中心點 R 米處的電位。設線電荷的長度爲 L 米、密度均勻且爲 λ。已知 $\int\dfrac{dx}{\sqrt{x^2+a^2}}=\ell n(x+\sqrt{x^2+a^2})$。

解　依圖例2.18得 $r=\sqrt{z^2+R^2}$，對一小段dz線電荷含電荷量($\lambda\ dz$)在P點處的微小電位爲

$$dV=\frac{\lambda}{4\pi\varepsilon_0}\frac{dz}{\sqrt{z^2+R^2}}\ (\text{上、下相等且對稱})$$

積分得

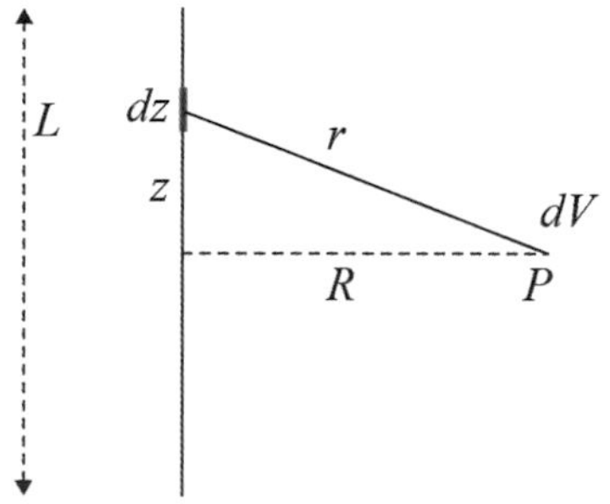

圖例 2.18　直線電荷的電位。

$$V=\frac{\lambda}{4\pi\varepsilon_0}\int_{-L/2}^{+L/2}\frac{dz}{\sqrt{z^2+R^2}}=\frac{\lambda}{2\pi\varepsilon_0}\int_{0}^{+L/2}\frac{dz}{\sqrt{z^2+R^2}}$$

查表知 $\int\frac{dx}{\sqrt{x^2+a^2}}=\ell n(x+\sqrt{x^2+a^2})$

$$V=\frac{\lambda}{2\pi\varepsilon_0}\left[\ell n\left(z+\sqrt{z^2+R^2}\right)\right]_0^{+L/2}=\frac{\lambda}{\pi\varepsilon_0}\ell n\left[\frac{(L/2)+\sqrt{(L/2)^2+R^2}}{R}\right]$$

例題 2.19

試利用例題 2.18 的結果求一正方形線電荷中心處的電位。

解　依題意，正方形線電荷中心處的電位爲上題結果的四倍，且$R=(L/2)$。

總電位是正方形四邊均勻貢獻的結果，故得

$$V=(4)\frac{\lambda}{2\pi\varepsilon_0}\ell n\left[\frac{(L/2)+\sqrt{(L/2)^2+(L/2)^2}}{(L/2)}\right]=\frac{2\lambda}{\pi\varepsilon_0}\ell n(1+\sqrt{2})$$

很意外地是，總電位與正方形的邊長無關。

庫倫力的來源爲電荷(有電性)，重力則爲質量(電中性)。爲增進學習效果，整理庫倫力與重力的比較對照表如下。

表 2.1　庫倫力與重力[單位牛頓(N)]

	庫倫力	重力
公式	$\vec{\mathbf{F}}_e=\frac{qQ}{4\pi\varepsilon_0 r^2}\hat{\mathbf{r}}=k\frac{qQ}{r^2}\hat{\mathbf{r}}$	$F_g=G\frac{mM}{r^2}=mg$
方向	$q\leftrightarrow Q$	$m\leftrightarrow M$
力源	電荷：q 與 Q	質量：m 與 M
常數	庫侖常數 $k=\frac{1}{4\pi\varepsilon_0}=9\times10^9\,\mathrm{N\cdot m^2/C^2}$	地球表面的自由落體加速度 $\vec{\mathbf{g}}=-9.8\hat{\mathbf{z}}\,\mathrm{m/s^2}$ (指向地心)
物理常數	真空介電係數(電容率) $\varepsilon_0=\frac{10^{-9}}{36\pi}\,\mathrm{F/m}$	重力常數 $G=6.67\times10^{-11}\mathrm{m^3/(kg\cdot s^2)}$
力向	同性電荷互斥 異性電荷吸引	吸引

表 2.2 庫倫力與電場與電位

	庫倫力	電場	電位
公式	$\vec{\mathbf{F}}_e = \dfrac{qQ}{4\pi\varepsilon_0 r^2}\hat{\mathbf{r}} = k\dfrac{qQ}{r^2}\hat{\mathbf{r}}$	$\vec{\mathbf{E}}_q = \dfrac{\vec{\mathbf{F}}_e}{Q} = k\dfrac{q}{r^2}\hat{\mathbf{r}}$ $\vec{\mathbf{E}}_Q = \dfrac{\vec{\mathbf{F}}_e}{q} = k\dfrac{Q}{r^2}\hat{\mathbf{r}}$	$V_q = k\dfrac{q}{r}$ $V_Q = k\dfrac{Q}{r}$
方向	同性電荷互斥 異性電荷吸引	正電荷向外 負電荷向內	正電荷為正 負電荷為負
單位	N(牛頓)	N/C = V/m	V

表 2.3 電場與重力加速度

	電場	重力加速度
公式	$\vec{\mathbf{E}}q = \dfrac{\vec{\mathbf{F}}_e}{Q} = k\dfrac{q}{r^2}\hat{\mathbf{r}}$ $\vec{\mathbf{E}}_Q = \dfrac{\vec{\mathbf{F}}_e}{q} = k\dfrac{Q}{r^2}\hat{\mathbf{r}}$	$\vec{\mathbf{g}}_M = G\dfrac{m}{r^2}\hat{\mathbf{r}}$ $\vec{\mathbf{g}}_m = G\dfrac{M}{r^2}\hat{\mathbf{r}}$
方向	正電荷向外 負電荷向內	重力加速度指向另一質量

表 2.4 電位能與重力位能

	電位能	重力位能
狀況	Q：固定 q：移動	M：固定(地球) m：移動
變化	距離差：$r_i \to r_f$ 電位差：$k\dfrac{Q}{r_i} \to k\dfrac{Q}{r_f}$	高度差：$h_i \to h_f$ 位能差：$mgh_i \to mgh_f$
位能差	電位能差：$\Delta U_g = kqQ\left(\dfrac{1}{r_f} - \dfrac{1}{r_i}\right)$	位能差：$\Delta U_g = mg(h_f - h_i)$
正負值	同性電荷移近位能增加 異性電荷移近負位能增加	高度增加位能增加
保守場	作用力所作的功與路徑無關	

2-4 電場強度、電通密度與高斯定律

連繫電荷與電場除了之前介紹的公式外，還有高斯定律(Gauss' Law)：

穿過一個已知封閉曲面的總電通量等於該封閉曲面所包圍的淨電荷量

其數學表示式爲

$$Q_c = \oint \vec{\mathbf{D}} \cdot d\vec{\mathbf{s}} \text{ (積分形式高斯定律)} \tag{2-15}$$

其中 $d\vec{\mathbf{s}}$ 爲封閉曲面上的微小面積其方向向外(徑向)、符號 Q_c 代表被封閉曲面所包圍的電荷量，這裡強調「被封閉曲面所包圍的電荷量」的講法，強調如果封閉曲面內無電荷時，則積分的結果爲零。符號 $\vec{\mathbf{D}}$ 爲電通密度，其與電場強度的關係定義爲

$$\vec{\mathbf{D}} = \varepsilon \vec{\mathbf{E}} = \varepsilon_r \varepsilon_0 \vec{\mathbf{E}} \tag{2-16}$$

ε_r 爲電場所在環境的介質常數。

由上式得知：(1) $\vec{\mathbf{D}}$ 與 $\vec{\mathbf{E}}$ 同方向；(2) $\vec{\mathbf{D}}$ 與 $\vec{\mathbf{E}}$ 之比率爲 $\varepsilon_r \varepsilon_0$，也就是介質的介電係數。另外，$\vec{\mathbf{D}}$ 與 $d\vec{\mathbf{s}}$ 間的內積代表電通密度 $\vec{\mathbf{D}}$ 必須穿過封閉曲面，也代表沿著曲面的電通密度 $\vec{\mathbf{D}}$ 並不會對積分的結果有所貢獻。記得空氣的 ε_r 值爲 1。

2-15 式的高斯定律爲積分形式，其微分形式必須透過散度定理如：

$$\int_v \nabla \cdot \vec{\mathbf{A}}\, dv = \int_s \vec{\mathbf{A}} \cdot d\vec{\mathbf{s}} \text{ (散度定理)} \tag{1-32}$$

將 1-32 式應用在 2-15 式得

$$\int_v \nabla \cdot \vec{\mathbf{D}}\, dv = \int_s \vec{\mathbf{D}} \cdot d\vec{\mathbf{s}} = Q_c \tag{2-17}$$

上式左邊是對體積積分，對體積分佈的電荷結構，該式的右邊可改寫爲

$$Q_c = \int_v \rho\, dv$$

其中 ρ 爲電荷的體積密度，單位爲 C/m^3。Q_c 與 ρ 都是 $\vec{E}$ 的來源。

整理 2-17 式的兩邊，得到

$$\nabla \cdot \vec{\mathbf{D}} = \rho \tag{2-18}$$

或

$$\nabla \cdot \vec{\mathbf{E}} = \frac{\rho}{\varepsilon_0} \tag{2-19}$$

上式有時稱高斯散度定理。在應用上，有時高斯定律比之前的電場公式簡易許多。請參考下列實例。

例題 2.20

已知距 Q 電荷 r 米處的電場爲 $\vec{\mathbf{E}} = \dfrac{Q}{4\pi\varepsilon_0 r^2}\hat{\mathbf{r}}$，試利用高斯定律求 $\vec{\mathbf{E}}$。

解　假想一球面半徑爲r且電荷Q置於球心，依定義 $\vec{\mathbf{D}}$ 與 $\vec{\mathbf{E}}$ 同方向且均爲徑向 $\hat{\mathbf{r}}$，所以也都與球面上微小面積 $d\vec{\mathbf{s}}$ 同向。因此由高斯定律得

$$Q = \oint \vec{\mathbf{D}} \cdot d\vec{\mathbf{s}} = \oint D\,ds = DS$$

其中S代表球面的表面積且等於 $4\pi r^2$，Q爲球面所包圍的電荷量，所以上式改寫爲

$$Q = D4\pi r^2$$

$$D = \frac{Q}{4\pi r^2}\ (\text{方向爲徑向 } \hat{\mathbf{r}})$$

$$\vec{\mathbf{E}} = \frac{\vec{\mathbf{D}}}{\varepsilon_0} = \frac{Q}{4\pi\varepsilon_0 r^2}\hat{\mathbf{r}}\ (\text{與公式一致})$$

例題 2.21

求距無限長線電荷(密度爲 λ) r 米處的電場。請分別利用電場公式與高斯定律求解並比較結果。

解一　利用電場公式

依題意，採用圓柱座標系統，並參考圖例2.21a

對每一微小線段dz (位於$+z$處)的線電荷上所帶的微小電量爲$dQ = \lambda\,dz$，依定義在P點處的微小電場爲

$$d\vec{\mathbf{E}}_+ = \frac{dQ}{4\pi\varepsilon_0 R_+^2}\widehat{\mathbf{R}}_+ = \frac{\lambda dz}{4\pi\varepsilon_0 R_+^2}\widehat{\mathbf{R}}_+$$

同樣地，在$-z$處也在P點產生一微小電場

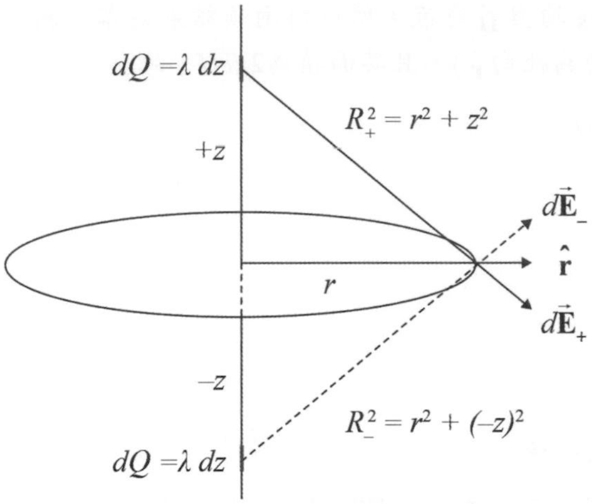

圖例 2.21(a) 無限長線電荷的電場。

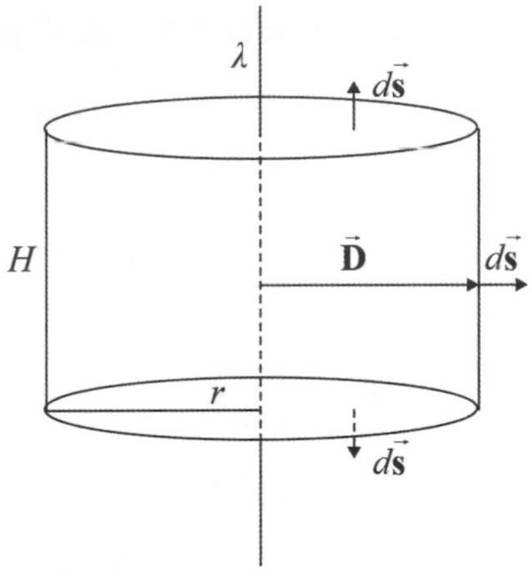

圖例 2.21(b) 無限長線電荷的電場。

$$d\vec{\mathbf{E}}_- = \frac{dQ}{4\pi\varepsilon_0 R_-^2}\widehat{\mathbf{R}}_- = \frac{\lambda dz}{4\pi\varepsilon_0 R_-^2}\widehat{\mathbf{R}}_-$$

其中 $\widehat{\mathbf{R}}_+ = \dfrac{r\hat{\mathbf{r}} + z\hat{\mathbf{z}}}{\sqrt{r^2+z^2}}$ 及 $\widehat{\mathbf{R}}_- = \dfrac{r\hat{\mathbf{r}} - z\hat{\mathbf{z}}}{\sqrt{r^2+z^2}}$。仔細觀察這兩微小電場發現下列事實，$d\vec{\mathbf{E}}_+$與$d\vec{\mathbf{E}}_-$的垂直分量互相抵消而水平分量(對長線電荷爲徑向$\hat{\mathbf{r}}$)則爲相加成兩倍。依圖示，在$P$點的電場爲

$$d\vec{\mathbf{E}} = d\vec{\mathbf{E}}_+ + d\vec{\mathbf{E}}_- = \frac{\lambda dz}{4\pi\varepsilon_0(r^2+z^2)}\frac{2r\hat{\mathbf{r}}}{\sqrt{r^2+z^2}} \text{(只考慮兩個水平分量的情況)}$$

因此，(查積分表$\int \dfrac{dx}{(x^2+a^2)^{3/2}} = \dfrac{x}{a^2\sqrt{x^2+a^2}} + C$)積分上半線電荷得

$$\frac{r\lambda}{2\pi\varepsilon_o}\hat{r}\left[\int_0^\infty \frac{dz}{(r^2+z^2)^{3/2}}\right] = \frac{r\lambda}{2\pi\varepsilon_0}\hat{r}\left[\frac{z}{r^2\sqrt{r^2+z^2}}\right]_0^\infty$$

$$\vec{\mathbf{E}} = \int d\vec{\mathbf{E}} = \frac{r\lambda}{2\pi\varepsilon_0}\int_{-\infty}^{\infty}\frac{dz\hat{\mathbf{r}}}{(r^2+z^2)^{3/2}} = \frac{r\lambda}{2\pi\varepsilon_0}\left[\frac{\hat{\mathbf{r}}}{r^2(r^2+z^2)^{3/2}}\right]_{-\infty}^{\infty}$$

最後，$\vec{\mathbf{E}} = \dfrac{\lambda}{2\pi\varepsilon_0 r}\hat{\mathbf{r}}$。

解二 利用高斯定律

依然採用圓柱座標系統，假想一圓柱筒面(半徑爲r高爲H)，如圖例2.21b所示。則該圓柱筒面所包含的電量爲$Q = \lambda H$，依高斯定律得

$$Q=\lambda H=\oint \vec{\mathbf{D}}\cdot d\vec{\mathbf{s}}=\int_{top}\vec{\mathbf{D}}\cdot d\vec{\mathbf{s}}+\int_{bot}\vec{\mathbf{D}}\cdot d\vec{\mathbf{s}}+\int_{side}\vec{\mathbf{D}}\cdot d\vec{\mathbf{s}}$$

其中上蓋(top)與下底(bot)的面積 $d\vec{\mathbf{s}}$ 均與 $\vec{\mathbf{D}}$ 垂直，所以前兩項結果爲零；圓柱筒側面(side)的面積 $d\vec{\mathbf{s}}$ 與 $\vec{\mathbf{D}}$ 同向(均爲徑向 $\hat{\mathbf{r}}$)，且其面積爲$2\pi rH$，故

$$Q=\lambda H=\int_{side}D\cdot ds=D\cdot 2\pi rH$$

整理得

$$\vec{\mathbf{D}}=\frac{\lambda H}{2\pi rH}\hat{\mathbf{r}}=\frac{\lambda}{2\pi r}\hat{\mathbf{r}}$$

且 $\vec{\mathbf{E}}=\dfrac{\lambda}{2\pi\varepsilon_0 r}\hat{\mathbf{r}}$ 。

最後，兩種不同的方法所得的結果一致。

注意　線電荷密度 λ 的單位在分母為米，分子為庫倫。因此，電場的單位也一致。

例題 2.22

求距無限寬廣面電荷(密度爲 σ) z 米處的電場。請分別利用電場公式與高斯定律求解並比較結果。

解一　利用電場公式，參考圖例2.22a得知對寬度爲dr的圓圈帶上任一微小面積ds在z軸上任一點所產生的微小電場是對稱的。當計算一完整圈帶所產生的電場時，水平分量(平行面電荷)的電場互相抵消。該微小面積ds所帶的電量

$dQ=\sigma\,ds$，電場的方向爲 $\hat{\mathbf{R}}=\dfrac{-r\hat{\mathbf{r}}+z\hat{\mathbf{z}}}{\sqrt{r^2+z^2}}$，對稱兩個$dQ$的 $d\vec{E}$ 如下：

$$d\vec{E}=\frac{\sigma ds}{4\pi\varepsilon_0(r^2+z^2)}\frac{2z\hat{z}}{\sqrt{r^2+z^2}}=\frac{\sigma zrdrd\phi}{2\pi\varepsilon_0(r^2+z^2)^{3/2}}\hat{z}$$ 積分(半圈 $0\le\phi\le\pi$)得

$$\vec{E}=\int d\vec{E}=\frac{\sigma z}{2\pi\varepsilon_0}\int_0^{\infty}\int_0^{\pi}\frac{rdrd\phi}{(r^2+z^2)^{3/2}}\hat{z}=\frac{\sigma z}{2\pi\varepsilon_0}\int_0^{\pi}d\phi\int_0^{\infty}\frac{rdr}{(r^2+z^2)^{3/2}}\hat{z}=\frac{\sigma z}{2\pi\varepsilon_0}(\pi)\left[\frac{-1}{\sqrt{r^2+z^2}}\right]_0^{\infty}\hat{z}$$

$$=\frac{\sigma}{2\varepsilon_0}\hat{z}$$

$$d\vec{\mathbf{E}}=\frac{dQ}{4\pi\varepsilon_0 R^2}\hat{\mathbf{R}}=\frac{\sigma ds}{4\pi\varepsilon_0(r^2+z^2)}\frac{z\hat{\mathbf{z}}}{\sqrt{r^2+z^2}}$$

$$=\frac{\sigma zrdrd\phi}{4\pi\varepsilon_0(r^2+z^2)^{3/2}}\hat{\mathbf{z}}$$

積分得

$$\vec{\mathbf{E}} = \int d\vec{\mathbf{E}} = \int_0^{\infty}\int_0^{2\pi} \frac{\sigma z r dr d\phi}{4\pi\varepsilon_0 (r^2+z^2)^{3/2}}\hat{\mathbf{z}}$$

$$= \frac{\sigma z}{4\pi\varepsilon_0}\int_0^{2\pi} d\phi \int_0^{\infty} r\frac{rdr}{(r^2+z^2)^{3/2}}\hat{\mathbf{z}}$$

$$= \frac{\sigma z}{4\pi\varepsilon_0}(2\pi) = \left(\frac{-1}{\sqrt{r^2+z^2}}\right)_0^{\infty}\hat{\mathbf{z}}$$

$$= \frac{\sigma}{2\varepsilon_0}\hat{\mathbf{z}}$$

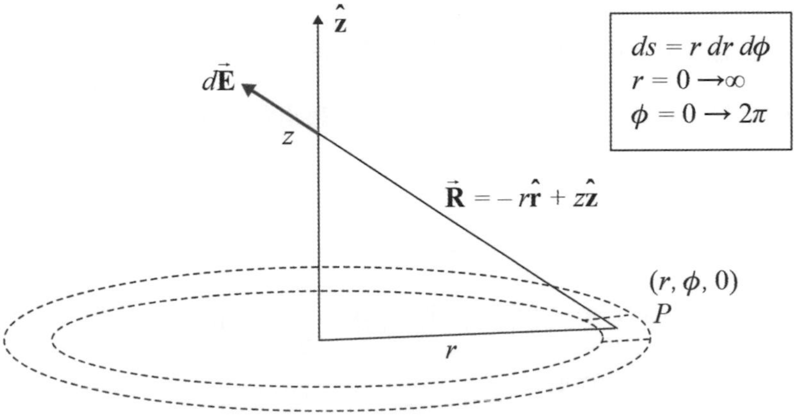

圖例 2.22(a) 無限寬廣面電荷的電場。

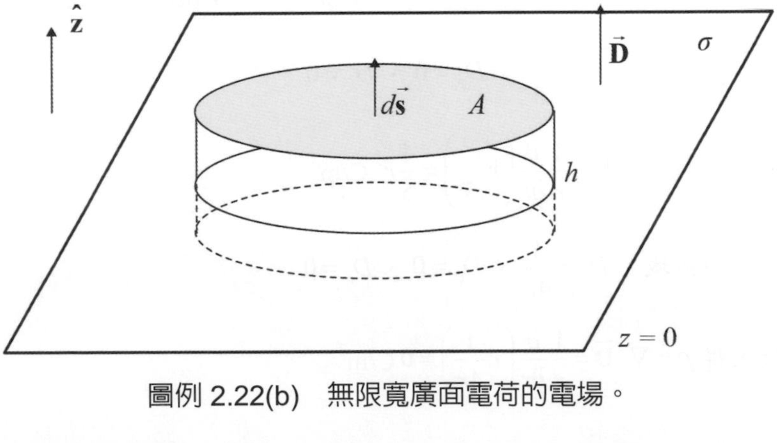

圖例 2.22(b) 無限寬廣面電荷的電場。

注意 結果與量測點的高度 z 無關。但與量測點所在的半空間有關，因為在上半空間 $\vec{\mathbf{E}}$ 的方向為 $+\hat{\mathbf{z}}$，在下半空間 $\vec{\mathbf{E}}$ 的方向為 $-\hat{\mathbf{z}}$。

解二 利用高斯定律

假想一超短圓柱筒面(面積爲A，高爲$h \to 0$)，如圖例2.22b所示。並假設面電荷所在的平面爲$z = 0$，則在$z > 0$的上半空間裡$\vec{\mathbf{D}}$與圓柱筒上蓋(top)，$d\vec{\mathbf{s}}$ 同向；在$z < 0$的下半空間裡$\vec{\mathbf{D}}$與圓柱筒下底(bot) $d\vec{\mathbf{s}}$ 同向；圓柱筒側面(side)的 $d\vec{\mathbf{s}}$ 與 $\vec{\mathbf{D}}$ 垂直。且圓柱筒所涵蓋的總電荷量爲$Q = \sigma A$，依高斯定律得

$$Q = \sigma A = \oint \vec{\mathbf{D}} \cdot d\vec{\mathbf{s}} = \int_{top} \vec{\mathbf{D}} \cdot d\vec{\mathbf{s}} + \int_{bot} \vec{\mathbf{D}} \cdot d\vec{\mathbf{s}} + \int_{side} \vec{\mathbf{D}} \cdot d\vec{\mathbf{s}}$$

$$= DA + DA + 0$$

整理得$\sigma A = 2DA$或 $D = \dfrac{\sigma}{2}$

即 $\vec{\mathbf{E}} = \dfrac{\sigma}{2\varepsilon_0}\hat{\mathbf{z}}$

結論 兩種方法的結果一致。應用高斯定律解題比電場公式簡易。

注意 面電荷密度 σ 的單位在分母為平方米，分子為庫倫。因此，電場的單位維持一致。

例題 2.23

已知空間中半徑 3 米的圓柱範圍內 $\vec{\mathbf{D}} = \dfrac{r^3}{5}\hat{\mathbf{r}}\ \mathrm{C/m^2}$，該範圍外的 $\vec{\mathbf{D}} = \dfrac{1}{4r}\hat{\mathbf{r}}$。試求在兩域的電荷密度。

解 借用圓柱座標系統解題，則 $\nabla \cdot \vec{\mathbf{D}} = \dfrac{1}{r}\dfrac{\partial}{\partial r}(rD_r) + \dfrac{1}{r}\dfrac{\partial}{\partial \phi}(D_\phi) + \dfrac{\partial}{\partial z}(D_z)$

在$r \le 3$區域：$D_r = \dfrac{r^3}{5}$、$D_\phi = 0$、$D_z = 0$

代入得 $\rho = \nabla \cdot \vec{\mathbf{D}} = \dfrac{1}{r}\dfrac{\partial}{\partial r}\left(r\dfrac{r^3}{5}\right) = \dfrac{4}{5}r^2\ \mathrm{C/m^3}$

在$r > 3$區域：$D_r = \dfrac{1}{4r}$、$D_\phi = 0$、$D_z = 0$

代入得 $\rho = \nabla \cdot \vec{\mathbf{D}} = \dfrac{1}{r}\dfrac{\partial}{\partial r}\left(r\dfrac{1}{4r}\right) = 0\ \mathrm{C/m^3}$

例題 2.24

已知空間存在球形對稱場，在半徑 1.2 米內的 $\vec{\mathbf{D}}=-\frac{2}{r}\hat{\mathbf{r}}$，在半徑 2 米外的 $\vec{\mathbf{D}}=\frac{5}{r^2}\hat{\mathbf{r}}$。試求在兩域的電荷密度。

解　借用球座標系統解題，則

$$\nabla\cdot\vec{\mathbf{D}}=\frac{1}{r^2}\frac{\partial}{\partial r}(r^2D_r)+\frac{1}{r\sin\theta}\frac{\partial}{\partial\theta}(\sin\theta D_\theta)+\frac{1}{r\sin\theta}\frac{\partial}{\partial\phi}(D_\phi)$$

在 $r\le 1.2$ 區域：$D_r=-\frac{2}{r}$、$D_\theta=0$、$D_\phi=0$

代入得 $\rho=\nabla\cdot\vec{\mathbf{D}}=\frac{1}{r^2}\frac{\partial}{\partial r}\left(-r^2\frac{2}{r}\right)=-\frac{2}{r^2}\ \text{C/m}^3$

在 $r>1.2$ 區域：$D_r=\frac{5}{r^2}$、$D_\theta=0$、$D_\phi=0$

代入得 $\rho=\nabla\cdot\vec{\mathbf{D}}=\frac{1}{r^2}\frac{\partial}{\partial r}\left(r^2\frac{5}{r^2}\right)=0\ \text{C/m}^3$

例題 2.25

應用高斯定律判斷以下各情況，並使用 2-15 式求結果。Q 為淨電荷量、封閉曲面 S 只以封閉曲徑 C 表示。

解　本題應用高斯定律判斷2-15式的結果時，只需要研判封閉曲面S有無包含電荷Q，不計曲面的複雜性。

(a) Q(因曲面包含電荷Q)；　(b) 0(因電荷Q在曲面外)；

(c) 0(因電荷Q在曲面外)；　(d) Q(因曲面包含電荷Q)。

以圖d及正電荷Q的電通密度説明(參考圖例2.25A)：延伸其中一場線並貫穿封閉路徑C 5次，圈出的兩處各含有一進及一出，若不計其強度、遠近、角度，則整體上可視爲互相抵消。因此2-15式的積分結果爲Q。

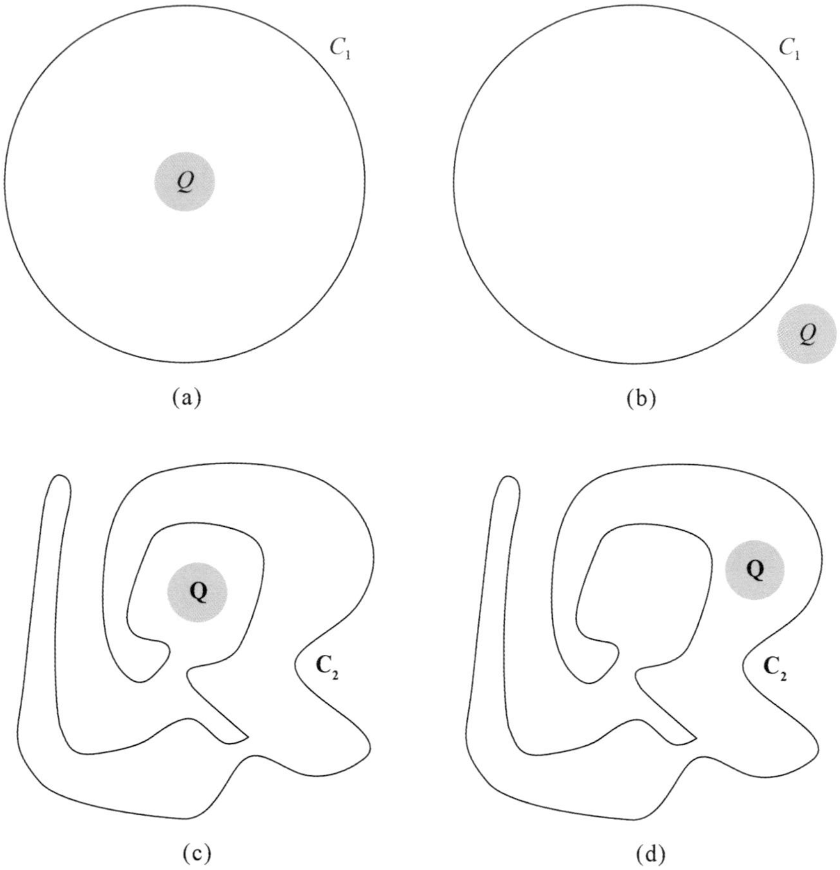

圖例 2.25 高斯定律。

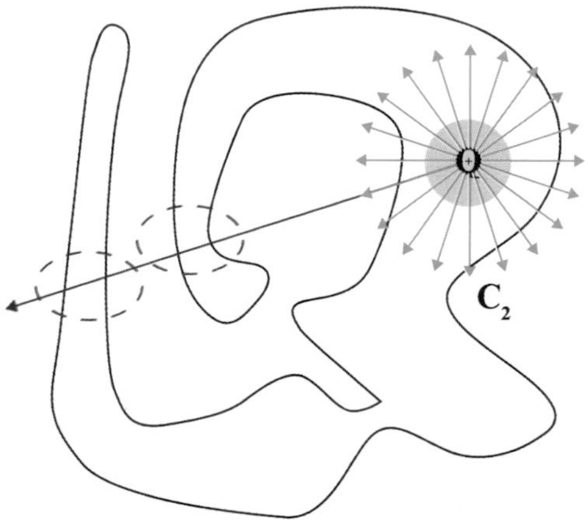

圖例 2.25A

2-5 介電質、極化與電容性

一般介電質在無外加電場時呈中性，一旦在外加電場$\vec{\mathbf{E}}$影響下，介電質內部帶正電的質子與帶負電的電子會被拉開，或是因此重新排列。這種因電場作用使介質內正負質點被拉開、重新排列的現象稱爲極化。極化狀態導致電通密度(電位移)$\vec{\mathbf{D}}$的變化；一般而言，在同一外加電場影響下，介質內的$\vec{\mathbf{D}}$值比空氣中的$\vec{\mathbf{D}}$值來得大。另外，定義電偶極矩 p 爲被拉開的正負電量 Q 乘其間的距離 d 如

$$\vec{\mathbf{p}} = Q\vec{\mathbf{d}} \tag{2-20}$$

其中$\vec{\mathbf{d}}$除了代表距離外，也是由正電指向負電，這個方向恰與外加電場的方向相反。2-20 式適用於單一對偶極矩，若考慮整體介質內的極化現象，定義單位體積極化$\vec{\mathbf{P}}$。極化$\vec{\mathbf{P}}$、電通密度$\vec{\mathbf{D}}$與外加電場$\vec{\mathbf{E}}$的關係爲

$$\vec{\mathbf{D}} = \varepsilon_0\vec{\mathbf{E}} + \vec{\mathbf{P}} \tag{2-21}$$

注意 有些晶體的極化$\vec{\mathbf{P}}$與外加電場是反向的，因此得到的電通密度$\vec{\mathbf{D}}$值比外加電場的$\varepsilon_0\vec{\mathbf{E}}$值小。

若介質具均方性與線性，則極化$\vec{\mathbf{P}}$與外加電場$\vec{\mathbf{E}}$的關係爲

$$\vec{\mathbf{P}} = \chi_e\varepsilon_0\vec{\mathbf{E}} \tag{2-22}$$

其中係數χ_e爲物質的電極化率。將之代入 2-21 式得

$$\vec{\mathbf{D}} = \varepsilon_0\vec{\mathbf{E}} + \chi_e\varepsilon_0\vec{\mathbf{E}} = \varepsilon_0(1+\chi_e)\vec{\mathbf{E}} = \varepsilon_0\varepsilon_r\vec{\mathbf{E}} \tag{2-23}$$

符號ε_r稱爲相對介電係數(或介質常數)且$\varepsilon_r = 1+\chi_e$。若定義$\varepsilon = \varepsilon_0\varepsilon_r$，則 2-23 式記爲$\vec{\mathbf{D}} = \varepsilon\vec{\mathbf{E}}$。

注意 空氣的$\chi_e = 0$，即$\varepsilon_r = 1$且$\vec{\mathbf{D}} = \varepsilon_0\vec{\mathbf{E}}$。

若外加電壓至兩隔開的電導體上，則導體上會分別聚集正電荷與負電荷，且兩導體間形成電場，該結構因而形成電容器。電容(C)的定義爲每伏特電壓(V)所聚集的電荷量(Q)，記爲

$$C = \frac{Q}{V} \text{ 單位爲法拉(F：farad)} \tag{2-24}$$

例題 2.26

已知兩平行電板面積為 A 相距 d 米，分別帶正電 Q 及負電 Q，兩板間填充介質(ε_r)，試問其電容值。

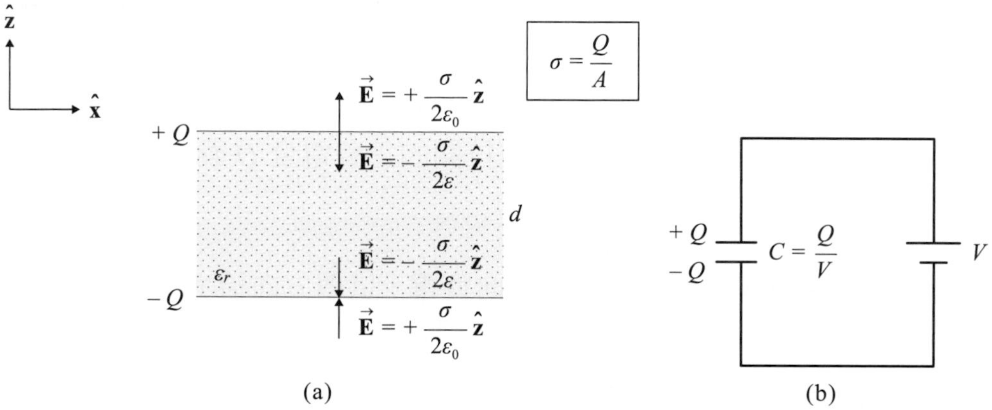

圖例 2.26 (a)兩平行電板間電容；(b)電路中的電容器。

解　前已求得單一板外的電通密度 $\vec{\mathbf{D}}=\dfrac{\sigma}{2}\hat{\mathbf{z}}$，參考圖例2.26a，得知兩板間任意點的電通密度 $\vec{\mathbf{D}}=-\sigma\hat{\mathbf{z}}$，其中$\sigma$為表面電荷密度為$Q/A$。

若忽略電板邊緣效應(即兩電板間的電場為定數且平行)，並加入介質的極化效應，則得兩板間的電場為

$$\vec{\mathbf{E}}=-\frac{\sigma}{\varepsilon}\hat{\mathbf{z}}=-\frac{Q}{\varepsilon_r\varepsilon_0 A}\hat{\mathbf{z}}$$

$+Q$電板相對於$-Q$電板的電壓為

$$V=\int_0^d\frac{Q}{\varepsilon_r\varepsilon_0 A}dz=\frac{Qd}{\varepsilon_r\varepsilon_0 A}$$

依定義得

$$C=\frac{Q}{V}=\frac{\varepsilon_r\varepsilon_0 A}{d}$$

結論　兩板間電容值與兩板的面積成正比、與兩板間介質常數 ε_r 成正比、與兩板間距離成反比。另一較不顯明的特性為兩板間的電容值與兩板的形狀無關。電路中所用的電容器符號如圖例 2.26b 所示。

例題 2.27

承例題 2.26，假設兩板間的介質在 x 方向等分兩半(如圖例 2.27a)，且介質常數分別爲 ε_{r1} 與 ε_{r2}，試問其電容值。

解　參考圖例2.27b，在結構上與電路上稱爲兩電容器的並聯，且將兩電容分別記爲 C_1 與 C_2、板上分別帶有電量 Q_1 與 Q_2。若視兩電容的等效值爲 C_p，則對同一電源 V 在 C_p 板上所產生的電量爲 Q。

由電荷守恆得

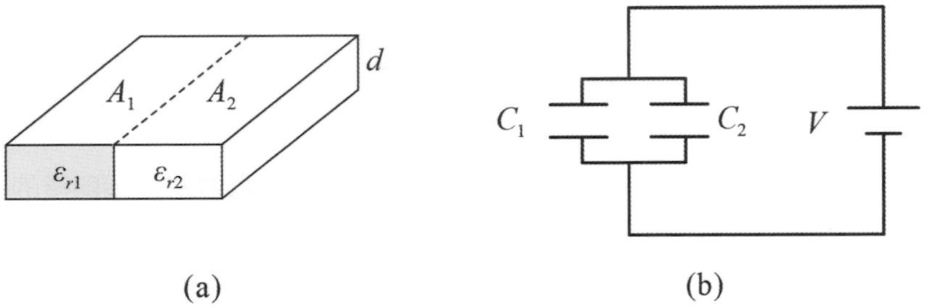

圖例 2.27　兩電容器的並聯。

$$Q = Q_1 + Q_2 \text{ 且 } C_p = \frac{Q}{V} = \frac{Q_1 + Q_2}{V} = \frac{Q_1}{V} + \frac{Q_2}{V}$$

對個別電容有如下結果 $C_1 = \dfrac{Q_1}{V} = \dfrac{\varepsilon_{r1}\varepsilon_0 A_1}{d}$ 與 $C_2 = \dfrac{Q_2}{V} = \dfrac{\varepsilon_{r2}\varepsilon_0 A_2}{d}$

最後得 $C_p = C_1 + C_2 = \dfrac{\varepsilon_0}{d}(\varepsilon_{r1}A_1 + \varepsilon_{r2}A_2)$

結論　兩電容器並聯的電容值為兩電容值直接相加。推廣之，若有 N 個電容並聯則總電容值為所有個別電容值的相加，即

$$C_p = \sum_{i=1}^{N} C_i$$

類題7　承例題2.27，假設兩板間的介質在z方向等分兩半(如下圖)，且介質常數分別爲 ε_{r1} 與 ε_{r2}，試問其電容值。

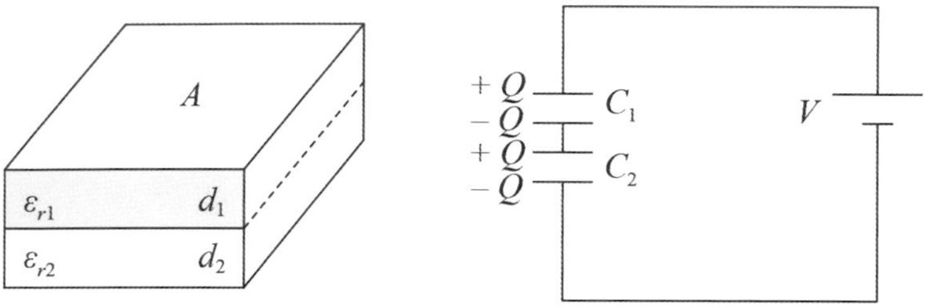

兩電容器的串聯。

結論 兩電容器串聯的電容值的倒數為兩個別電容值的倒數相加。推廣之，若有 N 個電容串聯則總電容值的倒數為所有個別電容值的倒數相加，即

$$\frac{1}{C_s}=\sum_{i=1}^{N}\frac{1}{C_i}$$

注意 類題 7 圖中的兩介質間的淨電荷量為零。另外，電容器並聯或串聯後的電容值的公式與電阻器剛好相互對換，即

結構 / 結果	電容器	電阻器
並聯	$C_p=\sum_{i=1}^{N}C_i$	$\frac{1}{R_s}=\sum_{i=1}^{N}\frac{1}{R_i}$
串聯	$\frac{1}{C_s}=\sum_{i=1}^{N}\frac{1}{C_i}$	$R_p=\sum_{i=1}^{N}R_i$

應用實例

名稱：陀螺儀感測器

技術：電容式陀螺儀測量的是角速度

原理：陀螺儀的設計原理是角動量守恆，使用的目的在感測並維持方向

說明：電容式陀螺儀測量的是角速度，其結構示意圖如右所示。
陀螺儀應用於導航、定位系統、工業機器人、車輛(輪椅)方向控制、Wii控制器、手勢控制的智慧設備、虛擬旋鈕、無線感測手勢指令等等。

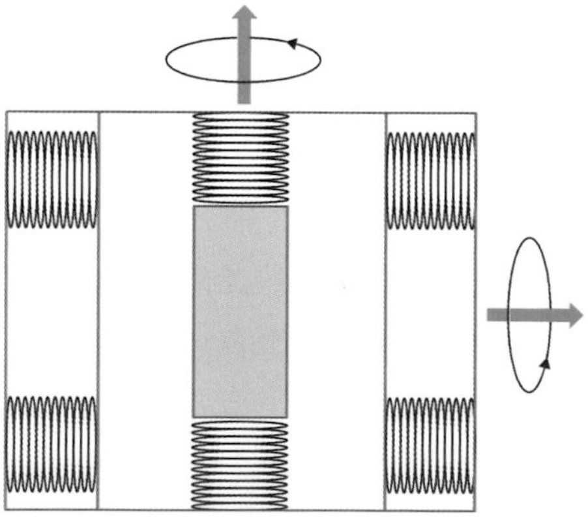

電容式陀螺儀的結構示意圖

例題 2.28

假設兩平行電板(面積爲 0.25 m^2)間夾有三層介質，介質常數分別爲 2.5、4.0、3.5，厚度分別爲 0.15、0.25、0.30 mm，試求其電容値。

解　依公式

$$C_1 = \frac{\varepsilon_{r1}\varepsilon_0 A_1}{d_1} = \left(\frac{1}{36\pi\times10^9}\right)\frac{2.5\times0.25}{0.15\times10^{-3}} \approx 36.841\text{nF}$$

$$C_2 = \left(\frac{1}{36\pi\times10^9}\right)\frac{4.0\times0.25}{0.25\times10^{-3}} \approx 35.368\text{nF}$$

$$C_3 = \left(\frac{1}{36\pi\times10^9}\right)\frac{3.5\times0.25}{0.30\times10^{-3}} \approx 25.789\text{nF}$$

$$C = \frac{1}{\dfrac{1}{C_1}+\dfrac{1}{C_2}+\dfrac{1}{C_3}} = \frac{1}{\dfrac{1}{36.841\times10^{-9}}+\dfrac{1}{35.368\times10^{-9}}+\dfrac{1}{25.789\times10^{-9}}} = 10.616\text{nF}$$

例題 2.29

兩平行電板面積爲 A、間距爲 d，兩板間原爲空氣，外接電池 V。若將兩板間填充介質常數爲 3 的物質，試比較其前後電荷量、面電荷密度、電容値。

解　依公式 $C_0 = \dfrac{\varepsilon_0 A}{d}$ (空氣的 $\varepsilon_r = 1$)

$$C_x = \frac{3\varepsilon_0 A}{d} = 3C_0$$

$$Q_0 = C_0 V$$

$$Q_x = C_x V = (3C_0)(Q_0 / C_0) = 3Q_0$$

$$\sigma_0 = Q_0 / A$$

$$\sigma_x = Q_x / A = 3Q_0 / A = 3\sigma_0$$

電荷量、面電荷密度及電容値均與介質常數的比値成正比。這多出來的電荷量則由外接電池所提供。

類題8　承例題2.29，若先將外接電池V拆除，再填充物質。重新作答。

例題 2.30

兩平行電板面積為 A、間距為 d，兩板間為空氣，外接電池 V。試問將兩板間距離減半，其電容值的變化。

解 原電容值為 $C_0=\dfrac{\varepsilon_0 A}{d}$

從例題2.26知 $\sigma'=\sigma_0$ 或 $D'=D_0$(電通密度與距離無關)

亦即 $Q'=Q_0$，故得 $C'=C$。

類題9 承例題2.30，若先將外接電池V拆除，再將兩板間距離減半($d'=0.5d_0$)，試問其電容值的變化。

例題 2.31

同軸電纜型電容器，如圖例 2.31 所示。內導線半徑與外導線內半徑分別為 R_i 與 R_0，之間填滿介質 ε_r，電容器長度為 L。試問其電容值。

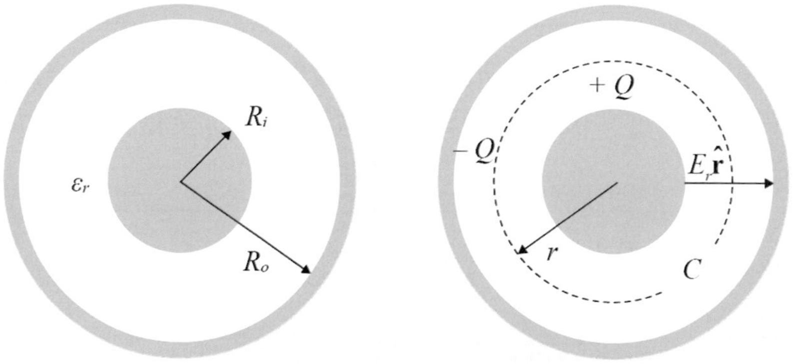

圖例 2.31 同軸電纜型電容器。

解 假設外加電壓V，使得內導線表面與外導線內表面分別均勻充滿電荷量$+Q$與$-Q$，則表面電荷密度分別為

$$\sigma_i=\frac{+Q}{2\pi LR_i}\text{(內導線表面電荷密度)}$$

$$\sigma_0=\frac{-Q}{2\pi LR_0}\text{(外導線內表面電荷密度)}$$

因爲 $R_0 > R_i$，所以(1)面電荷密度 $\sigma_i > \sigma_0$；(2)內導線與外導線間形成一徑向電場(如圖例2.31所標示)。

假想兩導線間一圓柱面半徑爲r如圖中路徑C，應用高斯定理得

$$\oint_s \vec{\mathbf{D}} \cdot d\vec{\mathbf{s}} = Q_c$$

因 $\vec{\mathbf{E}}$ 與 $d\vec{\mathbf{s}}$ 同向，故有 $\varepsilon_0 \varepsilon_r E_r (2\pi r L) = Q$ 及

$$E_r = \frac{Q}{\varepsilon_0 \varepsilon_r 2\pi r L} \text{ 或 } \vec{\mathbf{E}}_r = \frac{Q}{\varepsilon_0 \varepsilon_r 2\pi r L} \hat{\mathbf{r}}$$

兩導線間的電壓V(內導線高、外導線低)可由下列積分求得

$$V = -\int_{R_0}^{R_i} \vec{\mathbf{E}}_r \cdot d\vec{\mathbf{r}} = \frac{Q}{\varepsilon_0 \varepsilon_r 2\pi L} \ell n(r)_{R_i}^{R_0} = \frac{Q}{\varepsilon_0 \varepsilon_r 2\pi r} \ell n\left(\frac{R_0}{R_i}\right)$$

最後，依電容的定義

$$C = \frac{Q}{V} = \frac{\varepsilon_0 \varepsilon_r 2\pi L}{\ell n(R_0 / R_i)} = \frac{\varepsilon 2\pi L}{\ell n(R_0 / R_i)}$$

該類電纜型電容器的單位電容值爲

$$c = \frac{C}{L} = \frac{\varepsilon 2\pi}{\ell n(R_0 / R_i)}$$

例題 2.32

同心球型電容器，其剖面如圖例 2.31 所示。內球半徑與外球內半徑分別爲 R_i 與 R_0，之間填滿介質 ε_r。試問其電容値。

解　同樣地，假設外加電壓V，使得內導線表面與外導線內表面分別均勻充滿電荷量$+Q$與$-Q$，則表面電荷密度分別爲

$$\sigma_i = \frac{+Q}{4\pi R_i^2} \text{(內球表面電荷密度)}$$

$$\sigma_0 = \frac{-Q}{4\pi R_0^2} \text{(外球內表面電荷密度)}$$

內球與外球間形成一徑向電場，假想兩球間存在一球面半徑爲r (球面面積爲$4\pi r^2$)，應用高斯定理 $\oint_s \vec{\mathbf{D}} \cdot d\vec{\mathbf{s}} = Q_c$ 得

$$E_r = \frac{Q}{\varepsilon_0 \varepsilon_r 4\pi r^2} \text{ 或 } \vec{\mathbf{E}}_r = \frac{Q}{\varepsilon_0 \varepsilon_r 4\pi r^2} \hat{\mathbf{r}}$$

兩球間的電壓V為

$$V=-\int_{R_0}^{R_i}\vec{\mathbf{E}}_r\cdot d\vec{\mathbf{r}}=\left(\frac{Q}{\varepsilon_0\varepsilon_r 4\pi r}\right)_{R_0}^{R_i}=\frac{Q}{\varepsilon_0\varepsilon_r 4\pi L}\left(\frac{1}{R_i}-\frac{1}{R_0}\right)$$

同心球型電容器的電容值為

$$C=\frac{Q}{V}=\frac{\varepsilon_0\varepsilon_r 4\pi}{\left(\frac{1}{R_i}-\frac{1}{R_0}\right)}$$

2-6 兩介電質間的邊界條件、導體

前面章節介紹過電場$\vec{\mathbf{E}}$在介質內因物質極化現象，而導致電通密度$\vec{\mathbf{D}}$與電場$\vec{\mathbf{E}}$具有如下的關係

$$\vec{\mathbf{D}}=\varepsilon\vec{\mathbf{E}}=\varepsilon_0\varepsilon_r\vec{\mathbf{E}} \quad (2\text{-}23)$$

在兩相異介質(如空氣與玻璃)間界面的兩邊電通密度$\vec{\mathbf{D}}$與電場$\vec{\mathbf{E}}$之間的關係如何？界面上的電通密度$\vec{\mathbf{D}}$與電場$\vec{\mathbf{E}}$行為是如何規範的？根據物理，兩相異介質間界面兩邊的電通密度$\vec{\mathbf{D}}$與電場$\vec{\mathbf{E}}$是應該連續的、不應有非連續點的存在。這當中是否有違背物理或自相矛盾之處？

以下就先介紹兩相異介質間界面上的電場$\vec{\mathbf{E}}$與電通密度$\vec{\mathbf{D}}$的行為所應遵守的邊界條件。然後一一推導公式，再以例題加強觀念。

兩相異介質間界面上的電場$\vec{\mathbf{E}}$與電通密度$\vec{\mathbf{D}}$的行為必須遵守以下的邊界條件：

$E_{1t}=E_{2t}$(電場強度在平行界面的分量連續) (2-25)

$D_{1n}=D_{2n}$(電通密度在垂直界面的分量連續) (2-26)

2-25 式的證明可以如下得到。參考圖 2.8，圖中的$\overline{AB}=\overline{CD}=L$、$\overline{BC}\to 0$、$\overline{AD}\to 0$。若在界面的兩側進行一個對電場$\vec{\mathbf{E}}$的封閉路徑積分，其結果為零。因為電場$\vec{\mathbf{E}}$對路徑積分的結果為電位差，若路徑為封閉則電位差為零。因此

$$\oint_C\vec{\mathbf{E}}\cdot d\vec{\ell}=\int_A^B\vec{\mathbf{E}}\cdot d\vec{\ell}+\int_B^C\vec{\mathbf{E}}\cdot d\vec{\ell}+\int_C^D\vec{\mathbf{E}}\cdot d\vec{\ell}+\int_D^A\vec{\mathbf{E}}\cdot d\vec{\ell}=0$$

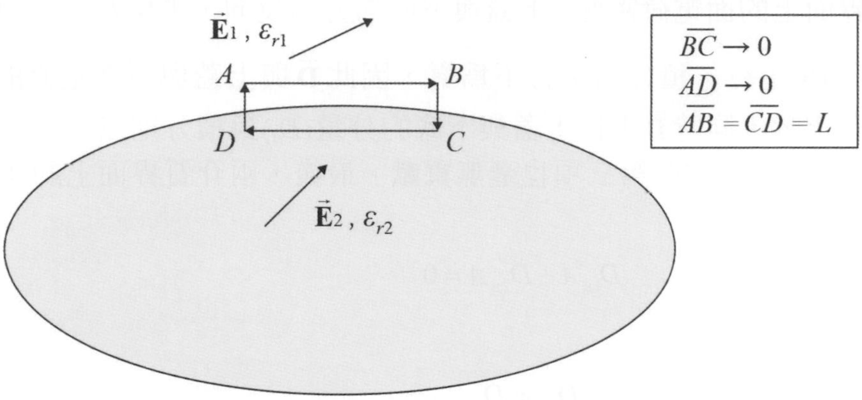

圖 2.8 電場在平行界面上的分量連續。

上式的$\vec{\mathbf{E}}\cdot d\vec{\ell}$代表$\vec{\mathbf{E}}$必須與$\vec{\ell}$平行，積分的結果方不為零。因此，第二、四項積分為零，因為封閉路徑的厚度趨近於零，垂直界面的$\vec{\mathbf{E}}$分量(E_n)對積分並無貢獻。與界面平行的$\vec{\mathbf{E}}$分量(E_t)對積分才有貢獻，同時，路徑 $A \to B$ 與路徑 $D \to A$ 反向且長度相等，所以

$$\oint_C \vec{\mathbf{E}}\cdot d\vec{\ell} = E_{1t}L - E_{2t}L = 0$$

最後得 2-25 式

$$E_{1t} = E_{2t}$$

2-26 式的證明則必須藉由高斯定理。參考圖 2.9，同樣地在界面的兩側建立一超短圓筒柱面：上蓋與下底的面積均為 A、柱高 h 趨近於零。應用高斯定理得

$$\oint_S \vec{\mathbf{D}}\cdot d\vec{\mathbf{s}} = \int_{top} \vec{\mathbf{D}}\cdot d\vec{\mathbf{s}}_1 + \int_{bot} \vec{\mathbf{D}}\cdot d\vec{\mathbf{s}}_2 + \int_{side} \vec{\mathbf{D}}\cdot d\vec{\mathbf{s}} = \sigma A$$

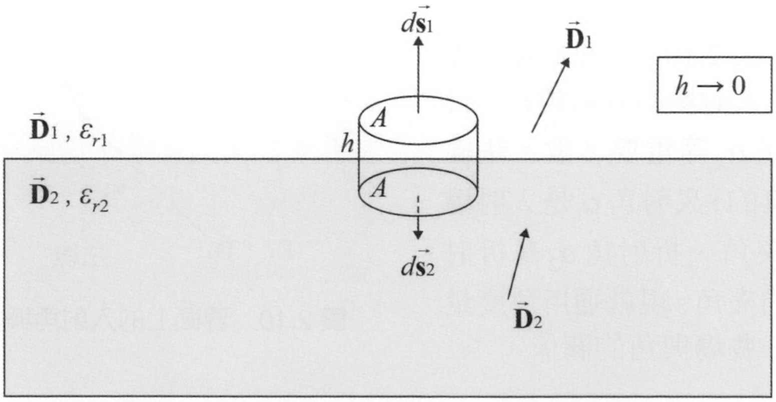

圖 2.9 電通密度在垂直界面上的分量連續。

其中 σ 為界面上的面電荷密度、上蓋與下底的方向反向、柱高 $h \to 0$。$\oint_S \vec{\mathbf{D}} \cdot d\vec{\mathbf{s}}$ 代表 $\vec{\mathbf{D}}$ 必須與 $d\vec{\mathbf{s}}$ 平行，積分結果方不為零，因此 $\vec{\mathbf{D}}$ 與上蓋與下底垂直的分量(D_n)對積分才有貢獻，同時 $\vec{\mathbf{D}}$ 平行上蓋與下底的分量(D_t)對積分則無貢獻。因為柱高 h 趨近於零，所以上式的第三項也毫無貢獻。最後，兩介質界面上的面電荷密度 σ 為零，因此得

$$D_{1n}A - D_{2n}A = 0$$

或

$$D_{1n} = D_{2n}$$

注意 在圖 2.8 與圖 2.9 中的介質 2 若為完全導體，則導體內的電場 $\vec{\mathbf{E}}$ 與電通密度 $\vec{\mathbf{D}}$ 均為零。故 2-25 式與 2-26 式改寫為

$$E_t = 0(\text{電場強度在完全導體面上的分量為零}) \tag{2-27}$$

$$D_n = 0(\text{電通密度在完全導體內為零}) \tag{2-28}$$

這裡所謂的導體是指靜電場中電荷平衡的狀態下，電荷不會在導體內自由流動。此時導體內部的電場為零、電位是均勻的。導體表面上電場是沒法存在的，或受外界電場輻射時，表面上的淨電場還是為零，也就是反射電場會與入射電場完全互相抵消。因此，界面兩邊的電通密度 $\vec{\mathbf{D}}$ 與電場 $\vec{\mathbf{E}}$ 是有可能不連續的。

綜合上述，電場是無法於完全導體內存在的。因此，導體內部是無法有淨電荷的，經由電場的散度在導體內部為零的事實，導體內部的電荷密度是為零的。若是整個導體的淨電荷不為零時，所有的淨電荷必只存在於導體表面。

本節最後探討電場的入射角 α_1、折射角 α_2 與相對介電係數 ε_r 間的關係。參考圖 2.10，圖裡定義了界面上的法線，入射場的入射角 α_1，折射場的折射角 α_2 等重要參數。法線是與界面垂直的、入射角 α_1 是入射場與法線間的夾角、折射角 α_2 是折射場與法線間的夾角。現就通用角度量測習慣推導一些場與角的關係。

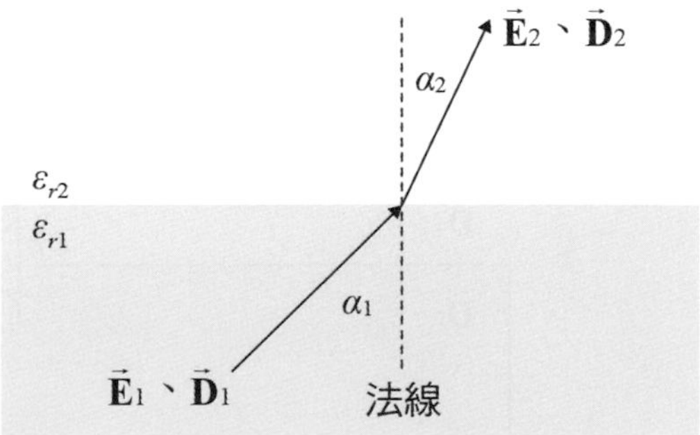

圖 2.10 界面上的入射角與折射角。

依邊界條件有如下關係：

$$E_{1t} = E_{2t}$$

$$D_{1n} = D_{2n} \text{ 或 } \varepsilon_{r1}E_{1n} = \varepsilon_{r2}E_{2n}$$

參考圖中採用三角幾何關係得

$$E_{1t} = E_1\sin(\alpha_1)\ ；\ E_{2t} = E_2\sin(\alpha_2)\cdots\cdots(1)$$

$$E_{1n} = E_1\cos(\alpha_1)\ ；\ E_{2n} = E_2\cos(\alpha_2)$$

$$\tan(\alpha_1) = \frac{E_{1t}}{E_{1n}} \text{ 與 } \tan(\alpha_2) = \frac{E_{2t}}{E_{2n}}$$

整理得

$$\alpha_1 = \tan^{-1}\left(\frac{E_{1t}}{E_{1n}}\right)，\ \alpha_2 = \tan^{-1}\left(\frac{E_{2t}}{E_{2n}}\right) \text{(夾角與電場間的關係)} \qquad (2\text{-}29)$$

再由公式 2-26 得

$$D_{2n} = D_{1n} \quad \text{即} \quad \varepsilon_{r2}E_{2n} = \varepsilon_{r1}E_{1n}$$

$$\varepsilon_{r1}E_1\cos(\alpha_1) = \varepsilon_{r2}E_2\cos(\alpha_2)\cdots\cdots(2)$$

將(1)式代入(2)式得

$$\varepsilon_{r1}\frac{E_{1t}}{\sin(\alpha_1)}\cos(\alpha_1) = \varepsilon_{r2}\frac{E_{2t}}{\sin(\alpha_2)}\cos(\alpha_2)$$

利用公式 2-25，整理上式得

$$\frac{\varepsilon_{r1}}{\tan(\alpha_1)} = \frac{\varepsilon_{r2}}{\tan(\alpha_2)}$$

最後得

$$\frac{\tan(\alpha_1)}{\tan(\alpha_2)} = \frac{\varepsilon_{r1}}{\varepsilon_{r2}} \text{(夾角與相對介電係數間的關係)} \qquad (2\text{-}30)$$

界面兩側電通密度 D 間有下列關係：

介質 2 內的電通密度 D 大小爲 $D_2 = \sqrt{D_{2n}^2 + D_{2t}^2}$

利用 $D_{2n} = D_{1n} = D_1\cos(\alpha_1)$

及 $D_{2t}=\varepsilon_0\varepsilon_{r2}E_{2t}=\varepsilon_0\varepsilon_{r2}E_{1t}=\varepsilon_{r2}\dfrac{D_{1t}}{\varepsilon_{r1}}=\dfrac{\varepsilon_{r2}}{\varepsilon_{r1}}D_1\sin(\alpha_1)$

代入得

$$D_2=\sqrt{D_1^2\cos^2(\alpha_1)+D_1^2\left(\frac{\varepsilon_{r2}}{\varepsilon_{r1}}\right)^2\sin^2(\alpha_1)}=D_1\sqrt{\cos^2(\alpha_1)+\left(\frac{\varepsilon_{r2}}{\varepsilon_{r1}}\right)^2\sin^2(\alpha_1)}$$

$$D_2=D_1\sqrt{\cos^2(\alpha_1)+\left(\frac{\varepsilon_{r2}}{\varepsilon_{r1}}\right)^2\sin^2(\alpha_1)}\ \text{(界面兩側電通密度比)} \tag{2-31}$$

另外，界面兩側電場強度 E 間有下列關係：

介質 2 內的電場強度 E 大小爲 $E_2=\sqrt{E_{2n}^2+E_{2t}^2}$

利用 $E_{2t}=E_{1t}=E_1\sin(\alpha_1)$

及 $E_{2n}=\dfrac{D_{2n}}{\varepsilon_0\varepsilon_{r2}}=\dfrac{D_{1n}}{\varepsilon_0\varepsilon_{r2}}=\dfrac{\varepsilon_{r1}}{\varepsilon_{r2}}E_{1n}=\dfrac{\varepsilon_{r1}}{\varepsilon_{r2}}E_1\cos(\alpha_1)$

代入得

$$E_2=\sqrt{E_1^2\sin^2(\alpha_1)+E_1^2\left(\frac{\varepsilon_{r1}}{\varepsilon_{r2}}\right)^2\cos^2(\alpha_1)}$$

$$=E_1\sqrt{\sin^2(\alpha_1)+\left(\frac{\varepsilon_{r1}}{\varepsilon_{r2}}\right)^2\cos^2(\alpha_1)}$$

$$E_2=E_1\sqrt{\sin^2(\alpha_1)+\left(\frac{\varepsilon_{r1}}{\varepsilon_{r2}}\right)^2\cos^2(\alpha_1)}\ \text{(界面兩側電場強度比)} \tag{2-32}$$

例題 2.33

已知空間中存在一電場爲 $\vec{\mathbf{E}}=3\hat{\mathbf{x}}$ 垂直射入玻璃($\varepsilon_r=4$)內，試求玻璃內的 $\vec{\mathbf{E}}$ 與 $\vec{\mathbf{D}}$。

解　依題意，$\vec{\mathbf{D}}$ 與 $\vec{\mathbf{E}}$ 均垂直界面，因此

應用邊界條件得

(玻璃外) $\vec{\mathbf{D}}_1 = \varepsilon\vec{\mathbf{E}}_1 = \varepsilon_0\varepsilon_r\vec{\mathbf{E}}_1 = 3\varepsilon_0\hat{\mathbf{x}}$

(玻璃內) $\vec{\mathbf{D}}_2 = \vec{\mathbf{D}}_1 = 3\varepsilon_0\hat{\mathbf{x}}$

$$\vec{\mathbf{E}}_2 = \frac{\vec{\mathbf{D}}_2}{\varepsilon_0\varepsilon_r} = \frac{3\varepsilon_0\hat{\mathbf{x}}}{\varepsilon_0(4)} = \frac{3}{4}\hat{\mathbf{x}}$$

例題 2.34

承例題 2.33，將玻璃平放在桌面上，重新求玻璃內的 $\vec{\mathbf{E}}$ 與 $\vec{\mathbf{D}}$。

解　依題意，玻璃界面爲 $x-y$ 平面，因此空間中電場 $\vec{\mathbf{E}}$ 與桌面平行。故應用邊界條件得 $E_{t1} = E_{t2}$

(玻璃內) $\vec{\mathbf{E}}_2 = \vec{\mathbf{E}}_1 = 3\hat{\mathbf{x}}$

$$\vec{\mathbf{D}}_2 = \varepsilon_0\varepsilon_r\vec{\mathbf{E}}_2 = (4\varepsilon_0)(3\hat{\mathbf{x}}) = 12\varepsilon_0\hat{\mathbf{x}}$$

例題 2.35

承例題 2.34，若空間中的電場爲 $\vec{\mathbf{E}} = 3\hat{\mathbf{x}} - 5\hat{\mathbf{z}}$，求桌上玻璃內的 $\vec{\mathbf{E}}$ 與 $\vec{\mathbf{D}}$。

解　依桌上的玻璃面($x-y$ 平面)

空間中的電場 $\vec{\mathbf{E}} = 3\hat{\mathbf{x}} - 5\hat{\mathbf{z}}$ 可分解爲平行及垂直分量如

$$\vec{\mathbf{E}}_{1t} = 3\hat{\mathbf{x}}$$

$$\vec{\mathbf{E}}_{1n} = -5\hat{\mathbf{z}} \to \vec{\mathbf{D}}_{1n} = -5\varepsilon_0\hat{\mathbf{z}}$$

透過邊界條件得

$$\vec{\mathbf{E}}_{2t} = \vec{\mathbf{E}}_{1t} = 3\hat{\mathbf{x}} \to \vec{\mathbf{D}}_{2t} = \varepsilon_0\varepsilon_r 3\hat{\mathbf{x}} = 12\varepsilon_0\hat{\mathbf{x}}$$

$$\vec{\mathbf{D}}_{2n} = \vec{\mathbf{D}}_{1n} = -5\varepsilon_0\hat{\mathbf{z}} \to \vec{\mathbf{E}}_{2n} = \frac{-5\varepsilon_0}{4\varepsilon_0}\hat{\mathbf{z}} = -\frac{5}{4}\hat{\mathbf{z}}$$

$$\vec{\mathbf{D}}_2 = \vec{\mathbf{D}}_{2t} + \vec{\mathbf{D}}_{2n} = +12\varepsilon_0\hat{\mathbf{x}} - 5\varepsilon_0\hat{\mathbf{z}} = 4\varepsilon_0\left(3\hat{\mathbf{x}} - \frac{5}{4}\hat{\mathbf{z}}\right)$$

$$\vec{\mathbf{E}}_2 = \vec{\mathbf{E}}_{2t} + \vec{\mathbf{E}}_{2n} = 3\hat{\mathbf{x}} - \frac{5}{4}\hat{\mathbf{z}}$$

例題 2.36

若教室內的電場爲 $\vec{\mathbf{E}} = 3\hat{\mathbf{x}} + 4\hat{\mathbf{y}} - 5\hat{\mathbf{z}}$，且玻璃貼放在黑板面上，求玻璃內的 $\vec{\mathbf{E}}$ 與 $\vec{\mathbf{D}}$。

解　依題意，黑板面爲 $x - z$ 平面，空間中的電場 $\vec{\mathbf{E}} = 3\hat{\mathbf{x}} - 5\hat{\mathbf{z}}$ 可分爲平行及垂直分量如下：

$$\vec{\mathbf{E}}_{1t} = 3\hat{\mathbf{x}} - 5\hat{\mathbf{z}}$$

$$\vec{\mathbf{E}}_{1n} = +4\hat{\mathbf{y}} \rightarrow \vec{\mathbf{D}}_{1n} = 4\varepsilon_0\hat{\mathbf{y}}$$

玻璃面內的

$$\vec{\mathbf{E}}_{2t} = \vec{\mathbf{E}}_{1t} = 3\hat{\mathbf{x}} - 5\hat{\mathbf{z}} \rightarrow \vec{\mathbf{D}}_{2t} = (4\varepsilon_0)(3\hat{\mathbf{x}} - 5\hat{\mathbf{z}}) = 12\varepsilon_0\hat{\mathbf{x}} - 20\varepsilon_0\hat{\mathbf{z}}$$

$$\vec{\mathbf{D}}_{2n} = \vec{\mathbf{D}}_{1n} = 4\varepsilon_0\hat{\mathbf{y}} \rightarrow \vec{\mathbf{E}}_{2n} = \frac{4\varepsilon_0}{4\varepsilon_0}\hat{\mathbf{y}} = \hat{\mathbf{y}}$$

$$\vec{\mathbf{E}}_2 = \vec{\mathbf{E}}_{2t} + \vec{\mathbf{E}}_{2n} = 3\hat{\mathbf{x}} + \hat{\mathbf{y}} - 5\hat{\mathbf{z}}$$

$$\vec{\mathbf{D}}_2 = \vec{\mathbf{D}}_{2t} + \vec{\mathbf{D}}_{2n} = 12\varepsilon_0\hat{\mathbf{x}} + 4\varepsilon_0\hat{\mathbf{y}} - 20\varepsilon_0\hat{\mathbf{z}} = 4\varepsilon_0(3\hat{\mathbf{x}} + \hat{\mathbf{y}} - 5\hat{\mathbf{z}})$$

例題 2.37

玻璃($\varepsilon_r = 4$)平放在桌面上，若空間中的電場爲 $\vec{\mathbf{E}} = 3\hat{\mathbf{x}} - 5\hat{\mathbf{z}}$、入射角爲 60°，求折射角與桌面玻璃內電場強度大小。

解

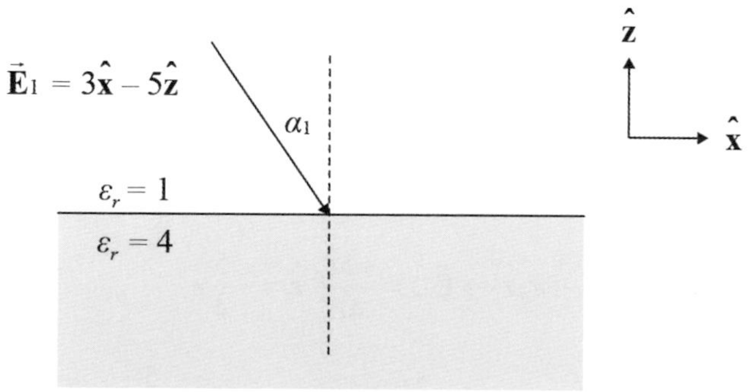

圖例 2.37

參考圖例2.37，玻璃面上的電場強度大小爲

$$E_1 = \sqrt{3^2 + (-5)^2} = \sqrt{34} \approx 5.831$$

入射角 $\alpha_1 = \tan^{-1}\left(\dfrac{E_{1t}}{E_{1n}}\right) = \tan^{-1}\left(\dfrac{3}{5}\right) \approx 30.964°$

由公式2-30得

$$\alpha_2 = \tan^{-1}\left[\frac{\varepsilon_{r2}}{\varepsilon_{r1}}\tan(\alpha_1)\right] \approx 67.381°$$

再由公式2-32得

$$E_2 = E_1\sqrt{\sin^2(\alpha_1) + \left(\frac{\varepsilon_{r2}}{\varepsilon_{r1}}\right)^2\cos^2(\alpha_1)}$$

$$= \sqrt{34}\sqrt{\sin^2(30.964) + \left(\frac{1}{4}\right)^2\cos^2(30.964)} \approx 3.25$$

另解　本題也可借用例題2.35結果

$\vec{\mathbf{E}}_{2t} = 3\hat{\mathbf{x}}$

$\vec{\mathbf{E}}_{2n} = -\dfrac{5}{4}\hat{\mathbf{z}}$

由2-29式得

$$\alpha_2 = \tan^{-1}\left(\frac{E_{2t}}{E_{2n}}\right) = \tan^{-1}\left(\frac{3}{5/4}\right) \approx 67.381°$$

$$E_2 = \sqrt{3^2 + (-1.25)^2} = 3.25$$

結果一致。

類題10 承例題2.36的結果，證明2-30～2-32各式。

2-7 靜電場中的能量

之前所提及的庫倫力是因為電荷間的作用力，系統中有力的存在代表系統中有能量的儲存；或說電荷間的能量來自於電荷與其他電荷所建立的電位的作用結果。假設系統中已存在一靜止不動的電荷 q，另一電荷 Q 自無窮遠處(作用力為零)被帶進系統中，並被置於與電荷 q 相距 r 米的地方，則整個過程所需的能量為 W_{qQ} 並表為

$$W_{qQ} = Q \cdot V_q = Q\frac{q}{4\pi\varepsilon_0 r}$$

其中$V_q = \dfrac{q}{4\pi\varepsilon_0 r}$爲電荷 Q 所在位置(距離 q 電荷 r 米)處的電位。

若將程序反轉，即電荷 Q 靜止於系統中，電荷 q 從無窮遠處被帶進系統並與電荷 Q 相距 r 米處，則所需能量爲

$$W_{Qq} = q \cdot V_Q = q\frac{Q}{4\pi\varepsilon_0 r}$$

其中$V_Q = \dfrac{Q}{4\pi\varepsilon_0 r}$爲電荷 q 所在位置(距離 Q 電荷 r 米)處的電位。

因爲能量 W_{qQ} 與 W_{Qq} 均爲純量且相等，所以另以符號 W_E 代表該兩電荷間的電能量

$$W_E = W_{Qq} = W_{qQ}$$

以上兩次因移動電荷至系統中而作功的總能量爲兩次能量的相加，即

$$W_{Qq} + W_{qQ} = 2\times W_E = Q\cdot V_q + q\cdot V_Q$$

整個系統儲存的能量即

$$W_E = \frac{1}{2}(Q\cdot V_q + q\cdot V_Q)\text{(兩電荷系統的靜電能)} \qquad (2\text{-}33)$$

推廣兩電荷系統至三電荷(Q_A、Q_B、Q_C)系統，若電荷間距離分別爲 $r_{AB} = r_{BA}$、$r_{AC} = r_{CA}$、$r_{BC} = r_{CB}$，則在電荷 Q_A 處所量測到的電位能爲

$$Q_A\cdot V_{CB} = Q_A\left(\frac{Q_C}{4\pi\varepsilon_0 r_{AC}} + \frac{Q_B}{4\pi\varepsilon_0 r_{AB}}\right) = Q_A\frac{Q_C}{4\pi\varepsilon_0 r_{AC}} + Q_A\frac{Q_B}{4\pi\varepsilon_0 r_{AB}} \cdots\cdots(1)$$

在電荷 Q_B 處所量測到的電位能爲

$$Q_B\cdot V_{AC} = Q_B\left(\frac{Q_A}{4\pi\varepsilon_0 r_{BA}} + \frac{Q_C}{4\pi\varepsilon_0 r_{BC}}\right) = Q_B\frac{Q_A}{4\pi\varepsilon_0 r_{BA}} + Q_B\frac{Q_C}{4\pi\varepsilon_0 r_{BC}} \cdots\cdots(2)$$

在電荷 Q_C 處所量測到的電位能爲

$$Q_C\cdot V_{AB} = Q_C\left(\frac{Q_A}{4\pi\varepsilon_0 r_{CA}} + \frac{Q_B}{4\pi\varepsilon_0 r_{CB}}\right) = Q_C\frac{Q_A}{4\pi\varepsilon_0 r_{CA}} + Q_C\frac{Q_B}{4\pi\varepsilon_0 r_{CB}} \cdots\cdots(3)$$

所以總電位能為

$$W_E = Q_A \frac{Q_B}{4\pi\varepsilon_0 r_{AB}} + Q_B \frac{Q_C}{4\pi\varepsilon_0 r_{BC}} + Q_C \frac{Q_A}{4\pi\varepsilon_0 r_{AC}} \text{(三電荷系統的靜電能)} \qquad (2\text{-}34)$$

且可以表為(1) + (2) + (3)的一半，如

$$W_E = \frac{1}{2}(Q_A \cdot V_{CB} + Q_B \cdot V_{AC} + Q_C \cdot V_{AB}) \text{(三電荷系統的靜電能)} \qquad (2\text{-}35)$$

二分之一的因數是因為在計算(1)、(2)、(3)式時，每項都算兩次的原故。

2-35 式可以被再推廣至 N 個電荷(Q_i，$i = 1$、2 ⋯ N)系統，其靜電能公式為

$$W_E = \frac{1}{2}\left(\sum_{i=1}^{N} Q_i V_i\right) \text{(}N\text{ 電荷系統的靜電能)} \qquad (2\text{-}36)$$

靜電能的形式還有以下各式。

應用實例

名稱：靜電除塵

技術：高壓放電、電場吸集

原理：利用高壓放電使粉塵及煙霧等粒子帶電，再以(靜)電場吸集除塵

說明：利用靜電場除塵是吸附懸浮氣體中帶電的塵粒、分離、去除。高壓放電使粉塵及煙霧等粒子帶正電，再以電場吸附集塵，氣體因而被淨化。除塵效率可達95%～99%；捕集微粒範圍達10奈米。

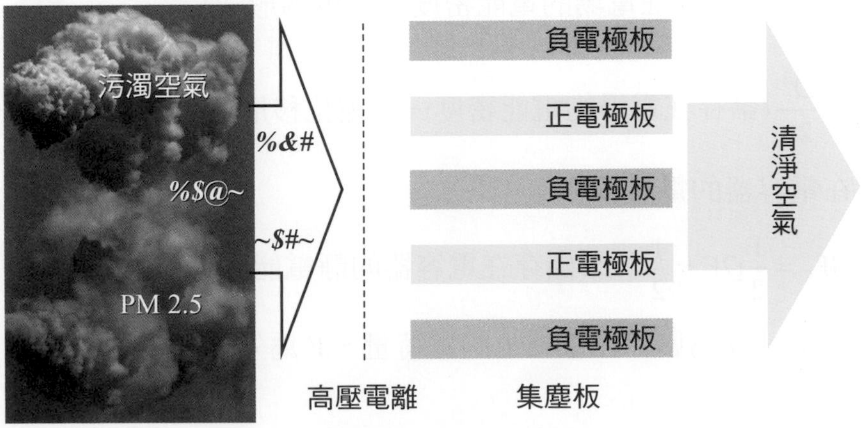

對存在有體積(τ)電荷密度(ρ)處於電位(V)的情況下，靜電能的積分形式為

$$W_E = \frac{1}{2}\int_{\tau} \rho V \, d\tau \text{(電荷密度系統的靜電能)(2-37)} \tag{2-37}$$

利用 $\nabla \cdot \vec{\mathbf{D}} = \rho$ 與 $-\nabla V = \vec{\mathbf{E}}$，儲存在電場內電能為

$$W_E = \frac{1}{2}\int (\vec{\mathbf{D}} \cdot \vec{\mathbf{E}}) \, d\tau \text{(儲存在電場的靜電能)} \tag{2-38}$$

或

$$W_E = \frac{1}{2}\int \varepsilon E^2 \, d\tau \text{(儲存在電場的靜電能——電場形式)} \tag{2-39}$$

或

$$W_E = \frac{1}{2}\int \frac{D^2}{\varepsilon} d\tau \text{(儲存在電場的靜電能——電位移形式)} \tag{2-40}$$

其中 ε 為電場與電位移所在空間的材料介電係數。還有，另一有用的電能量測方式就是電能密度，定義電能密度如下：

$$u_E = \frac{dW_E}{d\tau} \text{(電能密度)}$$

相對於 2-38、2-39、2-40 各式的電能密度

$$u_E = \frac{\vec{\mathbf{D}} \cdot \vec{\mathbf{E}}}{2} \text{(儲存在電場的電能密度)} \tag{2-41}$$

$$u_E = \frac{\varepsilon E^2}{2} \text{(儲存在電場的電能密度——電場形式)} \tag{2-42}$$

$$u_E = \frac{D^2}{2\varepsilon} \text{(儲存在電場的電能密度——電位移形式)} \tag{2-43}$$

最後，儲存在電容器的電能為

$$W_E = \frac{1}{2}QV = \frac{1}{2}CV^2 \text{(儲存在電容器的靜電能)} \tag{2-44}$$

其中 C 為電容值、Q 為儲存在電板上的電荷量、V 為外加電壓。

應用實例

名稱：靜電複印與靜電製版

技術：影像曝光、電荷轉移

原理：利用光電導紙版影像曝光、存留靜電潛影

說明：利用光電導敏感材料藉由影像曝光將電荷轉移、存留靜電潛影，再經顯影、影像轉印和定影而複印。靜電製版是利用靜電複印原理，使光電導紙版成為靜電照相版。相較於傳統的照相製版，靜電製版速度快、工序少、成本低、操作簡便、節約白銀；光電導氧化鋅紙版的成本低、製作易、毒性小。

例題 2.38

已知兩平行電板間的電容值為 $C=\dfrac{\varepsilon A}{d}$，其中 A 為電板面積、d 為電板間距、ε 為電板間材料的介電係數。若外加電壓為 V，求儲存的電能。

解　電板間的電場強度為

$$E=\frac{V}{d}$$

由公式2-39得

$$W_E=\frac{1}{2}\int\varepsilon E^2dv=\frac{1}{2}\varepsilon\left(\frac{V}{d}\right)^2\int dv=\frac{1}{2}\varepsilon\left(\frac{V}{d}\right)^2A\cdot d$$

$$=\frac{1}{2}\frac{\varepsilon A}{d}V^2=\frac{1}{2}CV^2$$

結果與公式2-44一致。

例題 2.39

已知空間存在一電位 $V = 2x+3y+5z$，試求空間中的電能密度。

解 由公式得 $\vec{\mathbf{E}} = -\nabla V = -2\hat{\mathbf{x}} - 3\hat{\mathbf{y}} - 5\hat{\mathbf{z}}$

由公式2-42得

$$u_E = \frac{\varepsilon E^2}{2} = \frac{\varepsilon_0}{2}\vec{\mathbf{E}}\cdot\vec{\mathbf{E}}$$

$$= \frac{\varepsilon_0}{2}(2^2+3^2+5^2) = 19\varepsilon_0$$

例題 2.40

已知一金屬球半徑為 R_0 外接電壓為 V_0，金屬球內部電壓為均勻 V_0、外部電壓為 V_0R_0/r。求其所建立的電位能。

解 金屬球內外的電場分別為

$$\vec{\mathbf{E}}(r<R_0) = -\nabla V_0 = 0$$

$$\vec{\mathbf{E}}(r>R_0) = -\nabla\frac{V_0R_0}{r} = \frac{V_0R_0}{r^2}\hat{\mathbf{r}}$$

已知球面座標系統的微小體積 $dv = r^2\sin(\theta)drd\theta d\phi$，則

$$W_E = \frac{1}{2}\int \varepsilon E^2 dv = \frac{\varepsilon_0}{2}\int_0^{2\pi} d\phi\int_0^{\pi}\sin\theta d\theta\int_{R_0}^{\infty}\left(\frac{V_0R_0}{r^2}\right)^2 r^2 dr$$

$$= \frac{\varepsilon_0}{2}(2\pi)(2)V_0^2R_0^2\left[\frac{1}{3r^3}\right]_{R_0}^{\infty} = 2\pi\varepsilon_0V_0^2R_0^2\left[\frac{-1}{r}\right]_{R_0}^{\infty}$$

$$= 2\pi\varepsilon_0V_0^2R_0^2$$

類題11 承例題2.40，求金屬球上總電荷量 Q_0 並證明其電位能符合2-44式。

重要公式

1. 庫倫定律：$\vec{\mathbf{F}} = \frac{1}{4\pi\varepsilon_0}\frac{Q_1Q_2}{r^2}\hat{\mathbf{r}}$

2. 電荷的電場強度：$\vec{\mathbf{E}} = \frac{Q}{4\pi\varepsilon_0 r^2}\hat{\mathbf{r}}$

3. 兩電荷間的電位能：$U = \frac{Q_1Q_2}{4\pi\varepsilon_0 r}$

4. 電荷的電場強度：$V = \frac{Q}{4\pi\varepsilon_0 r}$

5. 電位與電場的關係：$\vec{\mathbf{E}} = -\nabla V$

6. 法拉第定律的積分形式：$\oint_C \vec{\mathbf{E}} \cdot d\vec{\mathbf{r}} = 0$

7. 法拉第定律的微分形式：$\nabla \times \vec{\mathbf{E}} = 0$

8. 高斯定律的積分形式：$Q_c = \oint \vec{\mathbf{D}} \cdot d\vec{\mathbf{s}}$

9. 電通密度與電場強度的關係：$\vec{\mathbf{D}} = \varepsilon\vec{\mathbf{E}} = \varepsilon_r\varepsilon_0\vec{\mathbf{E}}$

10. 高斯散度定理：$\nabla \times \vec{\mathbf{D}} = \rho$

11. 極化、電通密度與電場的關係：$\vec{\mathbf{D}} = \varepsilon_0\vec{\mathbf{E}} + \vec{\mathbf{P}}$

12. 極化與電場的關係：$\vec{\mathbf{P}} = \chi_e\varepsilon_0\vec{\mathbf{E}}$

13. 電容的定義：$C = \frac{Q}{V}$

14. 電容器並聯：$C_P = C_1 + C_2 + \cdots$

15. 電容器串聯：$\frac{1}{C_S} = \frac{1}{C_1} + \frac{1}{C_2} + \cdots$

16. 電場強度的邊界條件：$E_{1t} = E_{2t}$

17. 電通密度的邊界條件：$D_{1n} = D_{2n}$

18. 入射角與電場強度的關係：$\alpha_1 = \tan^{-1}\left(\dfrac{E_{1t}}{E_{1n}}\right)$

19. 折射角與電場強度的關係：$\alpha_2 = \tan^{-1}\left(\dfrac{E_{2t}}{E_{2n}}\right)$

20. 入射角、折射角與相對介電係數間的關係：$\dfrac{\tan(\alpha_1)}{\tan(\alpha_2)} = \dfrac{\varepsilon_{r1}}{\varepsilon_{r2}}$

21. 界面兩側的電通密度：$D_2 = D_1\sqrt{\cos^2(\alpha_1) + \left(\dfrac{\varepsilon_{r1}}{\varepsilon_{r2}}\right)^2 \sin^2(\alpha_1)}$

22. 界面兩側的電場強度：$E_2 = E_1\sqrt{\sin^2(\alpha_1) + \left(\dfrac{\varepsilon_{r1}}{\varepsilon_{r2}}\right)^2 \cos^2(\alpha_1)}$

23. 兩電荷系統的靜電能：$W_E = \dfrac{1}{2}(Q \cdot V_q + q \cdot V_Q)$

24. 儲存在電容器的靜電能：$W_E = \dfrac{1}{2}QV = \dfrac{1}{2}CV^2$

習題

★表示難題。

2.1 假設一 $x-y$ 界面分隔兩均勻介質 $\varepsilon_{r1}=3$、$\varepsilon_{r2}=2$，若 $\vec{\mathbf{E}}_1=2\hat{\mathbf{x}}-3\hat{\mathbf{y}}-\hat{\mathbf{z}}$，試求出 $\vec{\mathbf{E}}_2$、$\vec{\mathbf{D}}_2$、入射角與折射角。

2.2 假設一 $y-z$ 界面分隔兩均勻介質 $\varepsilon_{r1}=3$、$\varepsilon_{r2}=2$，若 $\vec{\mathbf{E}}_1=\hat{\mathbf{x}}-5\hat{\mathbf{y}}-4\hat{\mathbf{z}}$，試求出 $\vec{\mathbf{E}}_2$、$\vec{\mathbf{D}}_2$、入射角與折射角。

2.3 設有兩電荷 $q=30\mu C$ 位於(1, 1, 0)處，$Q=200\mu C$ 位於(–1, 0, 2)處；求 Q 對 q 的作用力(距離的單位爲米)。

2.4 設 x 軸上有兩電荷 30μC 位於 1 米處，20μC 位於 4 米處，求電場強度爲零的地方。

2.5 承上題，若將+ 30μC 改爲 – 30μC，求電場強度爲零的地方。

2.6 承 2.4 題，若將+ 20μC 改爲 – 20μC，求電場強度爲零的地方。

2.7 承 2.4～2.6 題，求電場強度爲零處的電位。

2.8 設電位 $V=2xy+5yz$，求電場強度。

2.9 承上題，求該電場的旋度。

2.10 已知三電荷排列如圖 P2.10 所示，求電荷 Q 處的受力、電場強度與電位。

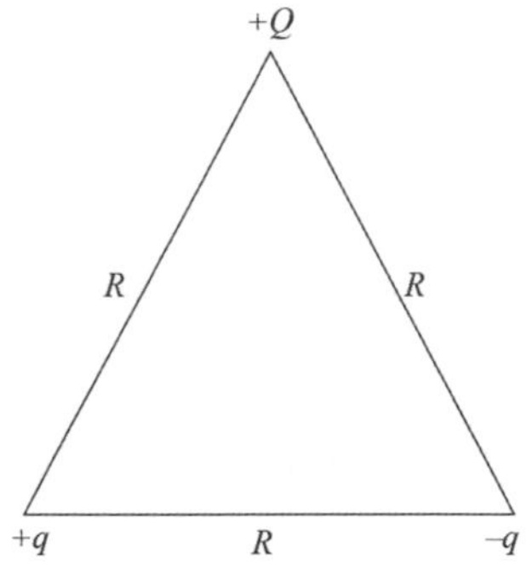

圖 P2.10

2.11 已知電場 $\vec{\mathbf{E}}=3y\hat{\mathbf{x}}+2x\hat{\mathbf{y}}$ (V/m)，求將 $Q=10\mu C$ 的電荷自(2, 0)移至(0, 2)所需的功。

(a) 路徑爲(2, 0) → (0, 0) → (0, 2)；

(b) 路徑爲(2, 0) → (0, 2)。

[提示：(b)利用參數方程式：$x=2-2t$、$y=2t$。]

2.12 已知電場 $\vec{\mathbf{E}}=y\hat{\mathbf{x}}-x\hat{\mathbf{y}}$，試求將 $Q=10\mu C$ 的電荷沿著路徑 $y=2x^2$ 自點(1, –2)移至點(–2, 8)所需的功。

[提示：$dy=4x\,dx$。]

2.13 已知電場 $\vec{\mathbf{E}}=3e^{-r}\hat{\mathbf{r}}+\dfrac{5}{r\sin\theta}\hat{\boldsymbol{\phi}}$，試求將 $Q=10\mu C$ 的電荷自原點移至點 $(3,\frac{1}{3}\pi,\pi)$ 所需的功。

[提示：$d\vec{\ell}=dr\hat{\mathbf{r}}+rd\theta\hat{\boldsymbol{\theta}}+r\sin\theta d\phi\hat{\boldsymbol{\phi}}$。]

2.14 已知電位$V=\dfrac{k\cos\theta}{r^2}$ (V)，求電場$\vec{\mathbf{E}}$。

2.15 已知電場
$\vec{\mathbf{E}}=\hat{\mathbf{x}}(xyz)+\hat{\mathbf{y}}(x^2yz)+\hat{\mathbf{z}}(xy^2z)$
(V/m)，求$\vec{\mathbf{E}}$在點(2, 2, 3)的散度。

2.16 長均勻線電荷分佈λ，求線外的電場$\vec{\mathbf{E}}$。

2.17 承上題，證明其電場$\vec{\mathbf{E}}$的散度為零。

2.18 設均勻材質($\varepsilon_r=4.8$)內的電位移為$\vec{\mathbf{D}}=30\hat{\mathbf{x}}$ μC/m²，試求其電極化$\vec{\mathbf{P}}$。

★ 2.19 設均勻材質內的電極化為$\vec{\mathbf{P}}=30\hat{\mathbf{x}}$ μC/m² 且其電極化率$\chi_e=2.5$，試求電場$\vec{\mathbf{E}}$。

★ 2.20 設兩均勻介質的界面為$2x+y+2z=10$。又含原點側的介質常數$\varepsilon_{r1}=5.0$、電場$\vec{\mathbf{E}}_1=3\hat{\mathbf{x}}+4\hat{\mathbf{y}}$；另一側為空氣，求$\vec{\mathbf{E}}_2$與$\vec{\mathbf{D}}_2$。
[提示：$\hat{\mathbf{n}}=\dfrac{2\hat{\mathbf{x}}+\hat{\mathbf{y}}+2\hat{\mathbf{z}}}{3}$
背向原點、$\vec{\mathbf{E}}_{1n}=(\vec{\mathbf{E}}_1\cdot\hat{\mathbf{n}})\hat{\mathbf{n}}$、
$\vec{\mathbf{E}}_{1t}=\vec{\mathbf{E}}_1-\vec{\mathbf{E}}_{1n}$。]

★ 2.21 試證明均勻玻璃兩側的電場強度一致，如圖 P2.21 所示。

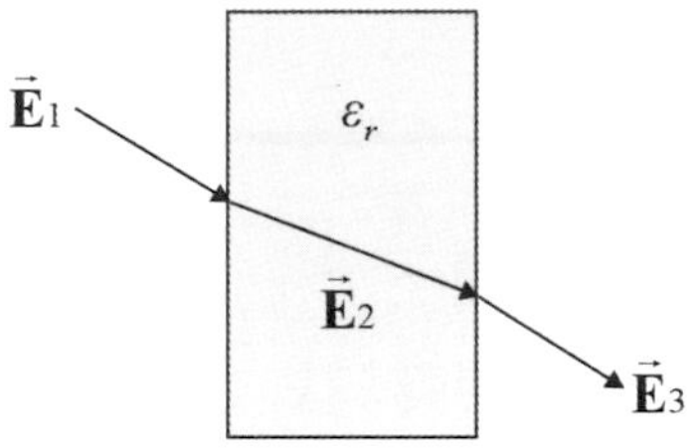

圖 P2.21

★ 2.22 設電容器如圖 P2.22 所示，若外加電壓為 200 V，試求跨過各介質的電壓。
[提示：兩電容為串聯。]

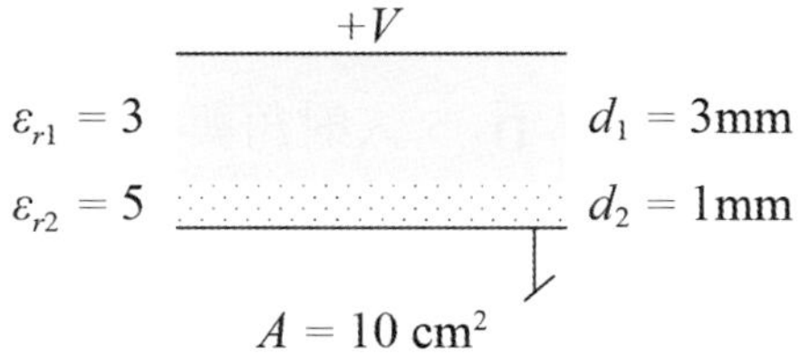

圖 P2.22

2.23 已知$\vec{\mathbf{E}}=\dfrac{16}{r^2}\hat{\mathbf{r}}$，若$A$點與$B$點的座標分別為(1 m, π/2, – 2)及(8 m, π, 2.3)，求A、B兩點間的電位差。

★ 2.24 已知平行板電容器($\varepsilon=\varepsilon_0$空氣、間隔 1 cm)的介電強度為 30000 V(維持不放電)。若厚度為 2 mm、$\varepsilon_r=6.5$、介電強度為 290 kV 的玻璃取代電容器最底層的 2 mm (電容器厚度仍然 1 cm)，且外加電壓為 290 kV。試問該組合電容器是否還能維持不放電。

★ 2.25 已知同心圓殼電容器 (R_i、R_0、ε_r)高爲 H，如圖 P2.25 所示。試求電容值。

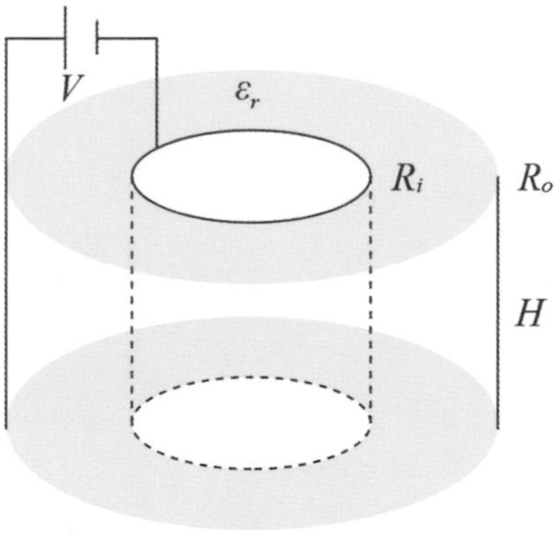

圖 P2.25

★ 2.26 已知扇形電容器(R_i、R_0、θ、ε_r)高爲 H，如圖 P2.26 所示。試求電容值。[提示：借用上題結果，本題的電容值恰似在切披薩——$\theta：2\pi$。]

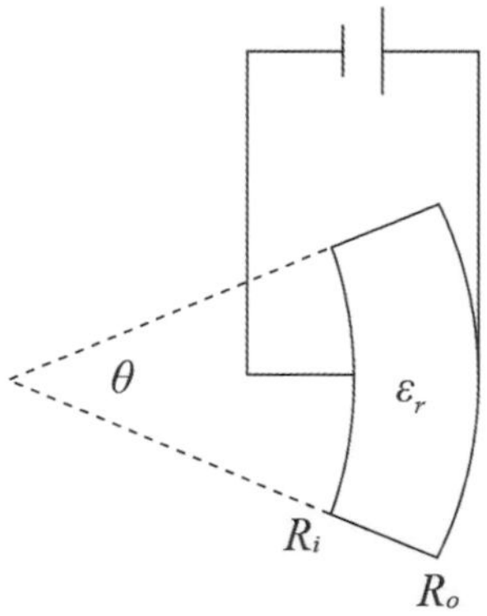

圖 P2.26

★ 2.27 承上題，兩電板及外加電壓如圖 P2.27 所示。試求電容值。

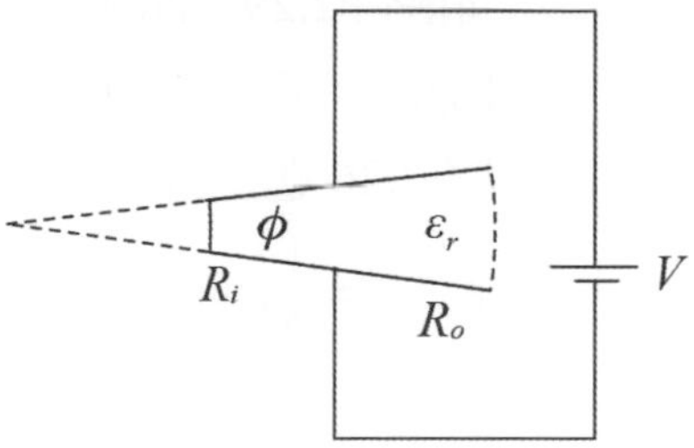

圖 P 2.27

★ 2.28 已知雙層扇形電容器(R_i、R_1、R_2、θ、ε_{r1}、ε_{r2})高爲 H，如圖 P2.28 所示。試求電容值並求跨過各別電容的電壓。

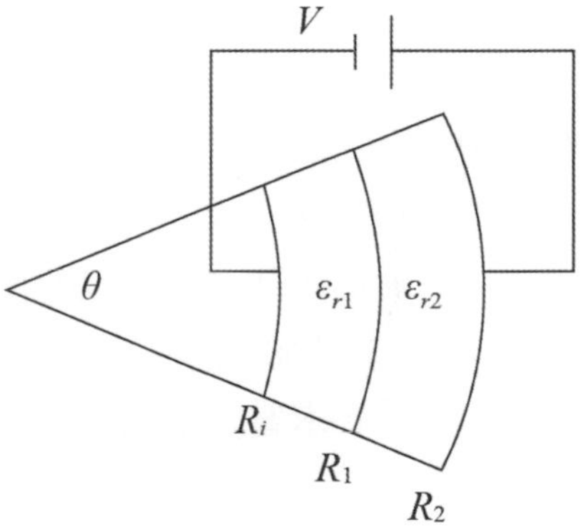

圖 P2.28

★ 2.29 已知同軸圓殼電容器 (R_i、R_0、ε_{r1}、ε_{r2})高為 H，如圖 P2.29。試求電容值。[提示：$C = C_1 + C_2$(並聯)；與 2.26 題比較，$\varepsilon_{r(eff)} = \frac{1}{2}(\varepsilon_{r1} + \varepsilon_{r2})$。]

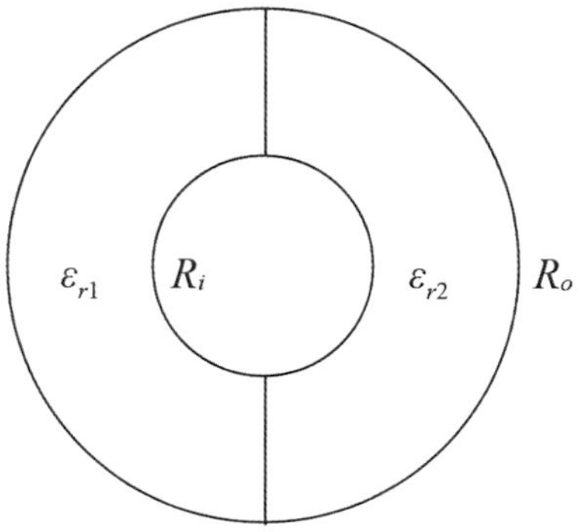

圖 P2.29

★ 2.30 已知長空心同軸圓筒導體 (R_i、R_0、ε_0)，其間電位差為 V。在 R_0 與 V 為固定時，R_i 為何值可使電場強度為最小，求當下的 R_i 及電場強度。

chapter 3

靜磁場

在介紹靜磁場之前，請參考表 3.1。鑑於讀者已有靜電場的基礎，本表的目的在於將學習磁場的過程簡易化，藉由比較靜電場與靜磁場間的異同處以建立系統化的概念。若讀者能接受這樣的呈現方式，則可收事半功倍之效且不負編者的用心；若無法接受，則讀者依然可以按照編排方式依序進入主題。因爲磁場的介紹牽涉比較多的向量運算，所以本章將採避重就輕策略的方式帶進主題，旨在建立穩固的觀念。以下所提及的電流都被假設爲穩定電流或一般所謂的直流電。

表 3.1　電場與磁場的比較

項目		電場($\vec{\mathbf{E}}$ 、$\vec{\mathbf{D}}$)	磁場($\vec{\mathbf{H}}$ 、$\vec{\mathbf{B}}$)
一	場源	電荷(Q)	電流(I)
二	介質係數	$\varepsilon=\varepsilon_0\varepsilon_r$ (空氣 $\varepsilon_r=1$)	$\mu=\mu_0\mu_r$ (非磁材料 $\mu_r=1$)
三	場與通量密度	$\vec{\mathbf{D}}=\varepsilon\vec{\mathbf{E}}$	$\vec{\mathbf{B}}=\mu\vec{\mathbf{H}}$
四	場	$\vec{\mathbf{E}}=\dfrac{Q}{4\pi\varepsilon_0 r^2}\hat{\mathbf{r}}$	$\vec{\mathbf{H}}=\oint\dfrac{Id\vec{\ell}\times\hat{\mathbf{r}}}{4\pi r^2}$ ($d\vec{\ell}$ ：導線)
五	場與源	高斯定律 $\oint\vec{\mathbf{E}}\cdot d\vec{\mathbf{s}}=\dfrac{Q_c}{\varepsilon_0}$ ($\oint d\vec{\mathbf{s}}$ ：封閉表面)	安培定律 $\oint\vec{\mathbf{H}}\cdot d\vec{\ell}=I_C$ ($\oint d\vec{\ell}$ ：封閉路徑)

項目		電場($\vec{\mathbf{E}}$、$\vec{\mathbf{D}}$)	磁場($\vec{\mathbf{H}}$、$\vec{\mathbf{B}}$)
六	作用力 (空氣中)	電荷在電場中 $\vec{\mathbf{F}}=q\vec{\mathbf{E}}=\dfrac{qQ}{4\pi\varepsilon_0 r^2}\hat{\mathbf{r}}$	電流在磁場中 $\vec{\mathbf{F}}=\oint I'd\vec{\ell}'\times\vec{\mathbf{B}}$ $=\oint I'd\vec{\ell}'\times\left(\dfrac{\mu_0}{4\pi}\oint\dfrac{Id\vec{\ell}\times\hat{\mathbf{r}}}{r^2}\right)$
七	場與位	$\vec{\mathbf{E}}=-\nabla V$	$\vec{\mathbf{B}}=\nabla\times\vec{\mathbf{A}}$
八	通量密度的散度	$\nabla\cdot\vec{\mathbf{D}}=\rho_v$	$\nabla\cdot\vec{\mathbf{B}}=0$
九	場的旋度	$\nabla\times\vec{\mathbf{E}}=0$	$\nabla\times\vec{\mathbf{H}}=\vec{\mathbf{J}}$

比較與討論：

(1) 表中的第一項是場源，電場的源是電荷。移動的電荷則形成電流，定速移動的電荷造成穩定電流(或直流電)，這個電流就是磁場的源。據此，電場與磁場間存在一些關聯，釐清這些關係將有助於磁場的學習，及連貫電場與磁場。所以，若是讀者仍無法將電場把握得很好的話，希望讀者能在進入磁場章節之前，複習一次靜電場。再者，靜磁場應用相當多的向量運算，尤其是外積與旋度，希望讀者也一併複習。

(2) 第二項說明媒介的介電係數與導磁係數分別在電場與磁場扮演重要角色，也具有相類似的形式。

(3) 第三項說明場與通量密度的關係，於此「電場與磁場」眞的很相似。

(4) 第四項則除了告示說「電場與磁場還是很像」外，也提醒讀者：向量的外積。

(5) 第五項裡兩者更有異曲同工之妙，電場的源是電荷，磁場的源是電流。

(6) 第六項則套句俗話說「一個巴掌拍不響」，兩個電荷就產生力，兩電流間也產生力。當然也有多電荷及多電流問題，解決之道一樣：利用疊加原理。另外，上述的四、五、六項的磁場均是以微量積分形式呈現。因爲電流只存在導線內，所以整條導線上的每一段電流都對磁場有貢獻。

(7) 第七項說明場與位的關係，電位梯度的反方向即是電場強度；磁位的旋度即是磁通密度。電位 V 爲純量；磁位 $\vec{\mathbf{A}}$ 爲向量，常稱 $\vec{\mathbf{A}}$ 爲向量磁位。

(8) 第八項與第五項類似，說明電通密度的源是電荷密度，但磁通密度不像電通密度，來源不是(單極)磁荷。

(9) 第九項的電場是不旋轉場，所以其旋度爲零；磁場的旋度結果爲電流密度，磁場環繞電流。

第八項與第九項則爲散度與旋度的不同應用。

最後，若電場與磁場是同時存在的情況下，則帶電質點(電荷 q)以速度 $\vec{\mathbf{v}}$ 在電場 $\vec{\mathbf{E}}$ 與磁場 $\vec{\mathbf{B}}$ 中移動時，所受的力表為

$$\vec{\mathbf{F}} = q(\vec{\mathbf{E}} + \vec{\mathbf{v}} \times \vec{\mathbf{B}})$$

稱為勞倫茲力方程式，其中 $q\vec{\mathbf{v}}$ 項具有電流(C/s)與長度(m)的單位，正如 $I\ell$ 所具有的單位。只是 $q\vec{\mathbf{v}}$ 強調速度與方向，$I\ell$ 或 $\vec{I}\ell$ 則強調電流(移動中的電荷)的大小與方向。

3-1 比歐-沙瓦特定律

前面已說明靜磁場的源就是導線上穩定電流，與靜電場類似的是磁場的方向與電流的流向(正電荷移動的方向)有關，如圖 3.1a 所示。為了便利解決直導線的問題，採用了圓柱座標系統。一個穩定電流 I 在導線內由下向上流，距電流 r 米處 P 點的磁場強度可藉由法拉第所提出的磁力線實驗結果輔助求得：電流周圍的磁針朝一固定方向偏轉並形成一個封閉曲線，如圖 3.1b 所示。

比歐-沙瓦特定律(Biot-Savart law)對導線(內有穩定電流 I)周圍(距離 r 米)的磁場強度 $\vec{\mathbf{H}}$ 有完整的描述：對任一微小線段導線 $d\ell$ 上的微小電流量記為 $Id\vec{\ell}$，距此微小電流量 r 米處的微小磁場強度 $d\vec{\mathbf{H}}$ 表為

$$d\vec{\mathbf{H}} = \frac{Id\vec{\ell} \times \hat{\mathbf{r}}}{4\pi r^2} \text{(比歐-沙瓦特定律)} \qquad (3\text{-}1)$$

回顧向量外積運算法則：兩不共線向量外積結果的方向為垂直該兩向量所在平面。參照圖 3.1b，$Id\vec{\ell}$ 的方向為 $\hat{\mathbf{z}}$、$\hat{\mathbf{r}}$ 在 x 軸上，所以在 P 點 $Id\vec{\ell} \times \hat{\mathbf{r}}$ 的結果指向正 y 軸的方向。對任一線段電流而言只要 $\hat{\mathbf{r}}$ 的大小一樣，$|Id\vec{\ell} \times \hat{\mathbf{r}}|$ 的值也固定，也就是說 $|d\vec{\mathbf{H}}|$ 的大小不變。在圓柱座標系統中，$Id\vec{\ell}$ 的方向為 $\hat{\mathbf{z}}$、$\hat{\mathbf{r}}$ 為徑向，則 $Id\vec{\ell} \times \hat{\mathbf{r}}$ 的方向為 $\hat{\boldsymbol{\phi}}$(方位角)；$\hat{\boldsymbol{\phi}}$ 對圓周上任意點為切線方向(逆時針方向)。

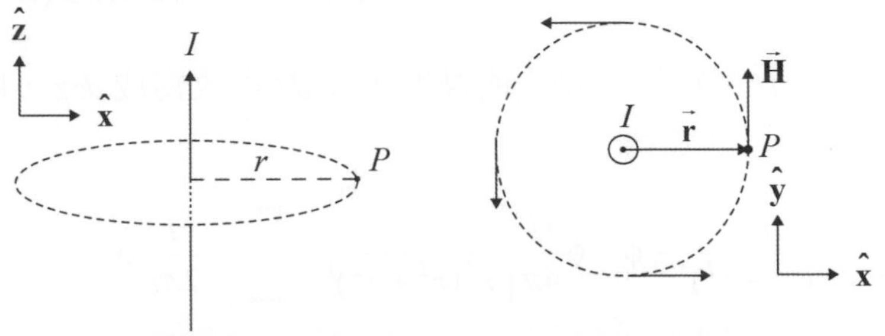

(a) P 點距導線 r 米 (b) 導線周圍的磁力線

圖 3.1 載流導線周圍的磁場。

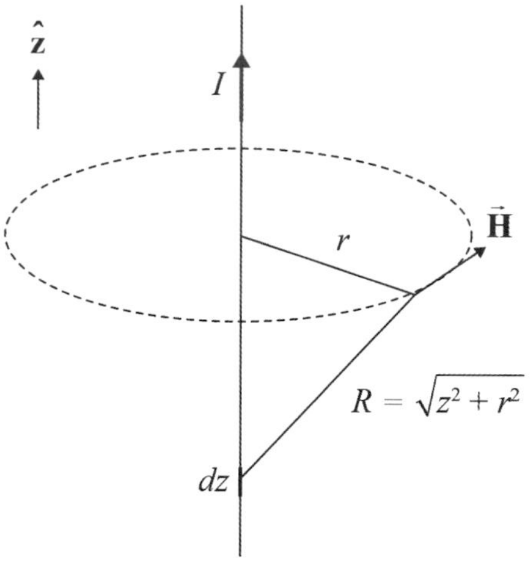

圖 3.2 直導線外的磁場強度。

直導線電流的磁場強度方向遵守右手定則：右手握筆，拇指與筆同向(電流的方向 $\hat{\mathbf{z}}$)，四指環繞的方向就是磁場強度的方向 $\hat{\boldsymbol{\phi}}$。

另外，不像電場有起點(正電荷)有終點(負電荷)，磁場卻無起點也無終點，也就是說無磁荷(嚴格說：無單極磁荷)存在之故，參考圖 3.1b。觀察至此得到的結論：與電流垂直的平面上且與電流等距的所有點上的磁場強度相等，且其方向為切線方向，因此，等磁力線的軌跡為圓。

若將 3-1 式與一微小線段電荷外的電場強度 $d\vec{\mathbf{E}} = \dfrac{\lambda d\ell}{4\pi\varepsilon_0 r^2}\hat{\mathbf{r}}$ 比較時，電場方向(徑向)與電荷正負的關係正如磁場方向(切線方向)與電流方向的關係，相似處則是場的大小與距離的平方成反比。

若載有電流 I 的導線長度為無限，則在線外 P 點處的磁場可以透過積分得到(參考圖 3.2)，圖中的圓心在 z 軸的參考零點($z = 0$)上。如之前靜電場的經驗，即

$$\vec{\mathbf{H}} = \int_{-\infty}^{\infty} \frac{Id\vec{\ell} \times \widehat{\mathbf{R}}}{4\pi R^2} \text{(比歐-沙瓦特定律)} \tag{3-2}$$

其中 $\vec{\mathbf{R}} = r\hat{\mathbf{r}} + z\hat{\mathbf{z}}$、$\widehat{\mathbf{R}} = \dfrac{r\hat{\mathbf{r}} + z\hat{\mathbf{z}}}{\sqrt{r^2 + z^2}}$、$r$ 為測試點與導線的(垂直)距離(由導線微小線段指向測試點)、z 為 $d\vec{\ell}$ 所在的 z 軸上的高度，又 $d\vec{\ell}$ 可改寫成 $dz\hat{\mathbf{z}}$，所以 $dz\hat{\mathbf{z}} \times \widehat{\mathbf{R}}$ 的結果為 $rdz\hat{\boldsymbol{\phi}}$。因此，3-2 式為

$$\vec{\mathbf{H}} = \int_{-\infty}^{\infty} \frac{Ir\,dz}{4\pi(r^2 + z^2)^{3/2}}\hat{\boldsymbol{\phi}} = \hat{\boldsymbol{\phi}}\frac{rI}{4\pi}\left[\frac{z}{r^2(r^2 + z^2)^{1/2}}\right]_{-\infty}^{\infty} = \frac{I}{2\pi r}\hat{\boldsymbol{\phi}}$$

應用實例

名稱：靜電噴塗

技術：高壓放電、靜電吸附

原理：利用接地金屬體上的靜電吸附聚合物塗料微粒

說明：利用靜電吸附聚合物塗料微粒於接地金屬體上，再烘烤形成均勻塗層。電暈放電使5～30 μm塗料粒子帶電、被吸附在塗物上；2～3秒後，即可得40～50 μm塗層。漆液利用率達80～90%，主要用於汽車、機械、家用電器等行業。

其他高技術的靜電應用包括靜電火箭發動機、靜電軸承、靜電陀螺儀、靜電透鏡等。

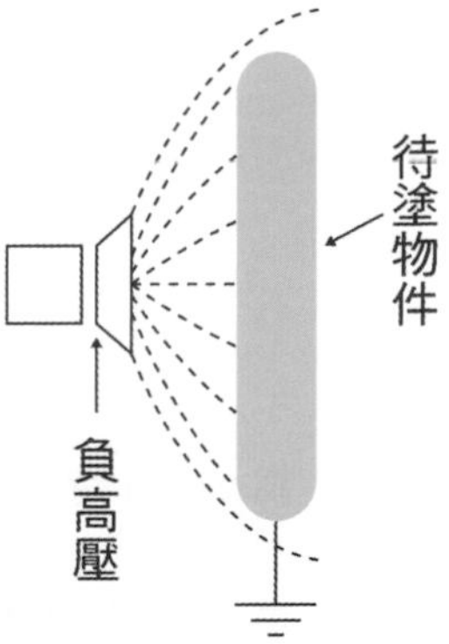

例題 3.1

假設有一半徑為 a 的圓形導線，迴圈內存在一穩定電流 I，試求迴圈中心軸上任意點上的磁場強度。

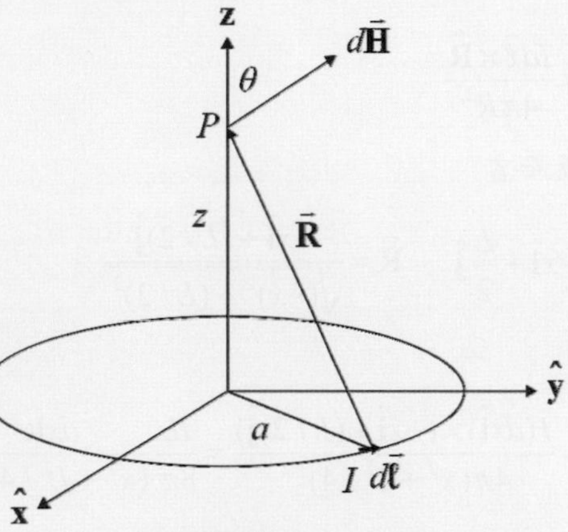

圖例 3.1

解　參考圖例3.1，迴圈面在$x-y$平面上、迴圈的中心為原點，則迴圈上任意微小線段電流$Id\vec{\ell}$在中心軸上z米處P點所產生的場強度$d\vec{\mathbf{H}}$為

$$d\vec{\mathbf{H}}=\frac{Id\vec{\ell}\times\widehat{\mathbf{R}}}{4\pi R^2}$$

每一個$d\vec{\mathbf{H}}$可以分解為z分量與r(徑向)分量，即dH_z與dH_r。其中dH_r分量因為迴圈對稱關係，所以當積分整迴圈時，該分量互相抵消而為零；迴圈上任意相等線段都對dH_z分量有相同的貢獻。dH_z分量為$d\vec{\mathbf{H}}$在z軸上的投影量，即

$$d\vec{\mathbf{H}}_z = d\vec{\mathbf{H}}\cos\theta = \frac{Id\vec{\ell}\cos\theta}{4\pi R^2}\hat{\mathbf{z}}$$

或

$$\vec{\mathbf{H}} = \oint \frac{Id\ell\cos\theta}{4\pi R^2}\hat{\mathbf{z}} = \frac{I2\pi a\cos\theta}{4\pi R^2}\hat{\mathbf{z}} = \frac{Ia}{2R^2}\cos\theta\,\hat{\mathbf{z}}$$

其中$\oint d\ell$的結果爲導線圓周長$2\pi a$。藉由三角函數上式又可寫爲

$$\vec{\mathbf{H}} = \frac{Ia^2}{2(a^2+z^2)^{3/2}}\hat{\mathbf{z}}$$

討論 當 $z \to 0$ 時，即是迴圈中心點，$\vec{\mathbf{H}} = \dfrac{I}{2a}\hat{\mathbf{z}}$，磁場強度有最大值。

當 $z \gg a$ 時，$\vec{\mathbf{H}} = \dfrac{Ia^2}{2z^3}\hat{\mathbf{z}}$，磁場強度隨 z^3 銳減。

例題 3.2

求載有電流正方形導線中心點的磁場強度。邊長爲 L，電流爲 I。

解 參照圖例3.2，對任一線段 $Id\vec{\ell}$ 在中心點的磁場強度 $d\vec{\mathbf{H}}$ 爲

$$d\vec{\mathbf{H}} = \frac{Id\vec{\ell}\times\hat{\mathbf{R}}}{4\pi R^2}$$

就 $d\vec{\ell} = dx\hat{\mathbf{i}}$ 段而言

$$\vec{\mathbf{R}} = -x\hat{\mathbf{i}} + \frac{L}{2}\hat{\mathbf{j}} \text{ 、 } \hat{\mathbf{R}} = \frac{-x\hat{\mathbf{i}} + (L/2)\hat{\mathbf{j}}}{\sqrt{(-x)^2 + (L/2)^2}}$$

代入得

$$d\vec{\mathbf{H}} = \frac{I(dx\hat{\mathbf{i}})\times(-x\hat{\mathbf{i}} + (L/2)\hat{\mathbf{j}})}{4\pi(x^2 + L^2/4)^{3/2}} = \frac{IL}{8\pi}\frac{dx\hat{\mathbf{k}}}{(x^2 + L^2/4)^{3/2}}$$

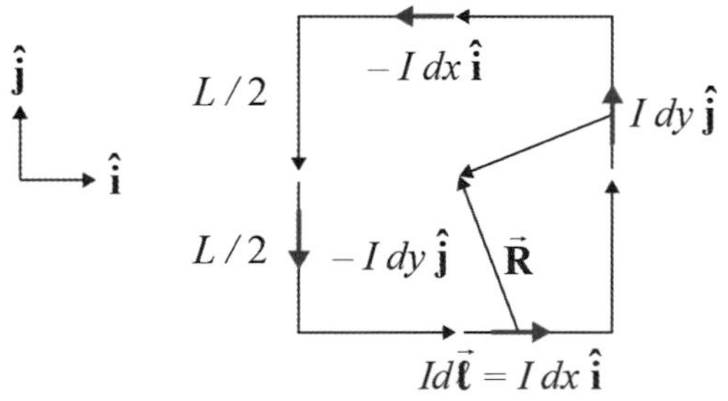

圖例 3.2 方形導線中心點的磁場強度。

就 $d\vec{\ell}=dy\hat{\mathbf{j}}$ 段而言

$$\vec{\mathbf{R}}=-\frac{L}{2}\hat{\mathbf{i}}-y\hat{\mathbf{j}} \text{、} \hat{\mathbf{R}}=\frac{-(L/2)\hat{\mathbf{i}}-y\hat{\mathbf{j}}}{\sqrt{(-y)^2+(-L/2)^2}}$$

代入得

$$d\vec{\mathbf{H}}=\frac{I(dy\hat{\mathbf{j}})\times[-(L/2)\hat{\mathbf{i}}-y\hat{\mathbf{j}}]}{4\pi(y^2+L^2/4)^{3/2}}=\frac{IL}{8\pi}\frac{dy\hat{\mathbf{k}}}{(y^2+L^2/4)^{3/2}}$$

就 $d\vec{\ell}=-dx\hat{\mathbf{i}}$ 段而言

$$\vec{\mathbf{R}}=-x\hat{\mathbf{i}}-\frac{L}{2}\hat{\mathbf{j}} \text{、} \hat{\mathbf{R}}=\frac{-x\hat{\mathbf{i}}-(L/2)\hat{\mathbf{j}}}{\sqrt{(-x)^2+(-L/2)^2}}$$

代入得

$$d\vec{\mathbf{H}}=\frac{I(-dx\hat{\mathbf{i}})\times(-x\hat{\mathbf{i}}-(L/2)\hat{\mathbf{j}})}{4\pi(x^2+L^2/4)^{3/2}}=\frac{IL}{8\pi}\frac{dx\hat{\mathbf{k}}}{(x^2+L^2/4)^{3/2}}$$

就 $d\vec{\ell}=-dy\hat{\mathbf{j}}$ 段而言

$$\vec{\mathbf{R}}=\frac{L}{2}\hat{\mathbf{i}}-y\hat{\mathbf{j}} \text{、} \hat{\mathbf{R}}=\frac{(L/2)\hat{\mathbf{i}}-y\hat{\mathbf{j}}}{\sqrt{(-y)^2+(L/2)^2}}$$

代入得

$$d\vec{\mathbf{H}}=\frac{I(-dy\hat{\mathbf{j}})\times[(L/2)\hat{\mathbf{i}}-y\hat{\mathbf{j}}]}{4\pi(y^2+L^2/4)^{3/2}}=\frac{IL}{8\pi}\frac{dy\hat{\mathbf{k}}}{(y^2+L^2/4)^{3/2}}$$

綜觀之，方形導線四邊電流對中心點的磁場強度都有同樣的貢獻。因此在中心點的磁場總強度爲每段積分後的四倍

$$\vec{\mathbf{H}}=4\int_{-L/2}^{+L/2}d\vec{\mathbf{H}}=4\frac{IL}{8\pi}\int_{-L/2}^{+L/2}\frac{dx}{(x^2+L^2/4)^{3/2}}\hat{\mathbf{k}}$$

查積分表得 $\int\frac{dx}{(x^2+a^2)^{3/2}}=\frac{x}{a^2\sqrt{x^2+a^2}}+C$

$$\vec{\mathbf{H}}=4\int_{-L/2}^{+L/2}d\vec{\mathbf{H}}=4\frac{IL}{8\pi}\frac{4}{L^2}\left[\frac{(L/2)}{\sqrt{(L/2)^2+L^2/4}}-\frac{(-L/2)}{\sqrt{(-L/2)^2+L^2/4}}\right]\hat{\mathbf{k}}$$

$$=4\frac{IL}{8\pi}\frac{4}{L^2}\left(\frac{2}{\sqrt{2}}\right)\hat{\mathbf{k}}=\frac{2\sqrt{2}}{\pi}\frac{I}{L}\hat{\mathbf{k}}$$

例題 3.3

承例題 3.2，將正方形導線改爲半徑 L 的圓形導線，重新作答。

解 參照圖例3.1，對任一線段 $Id\vec{\ell}$ 在中心點的磁場強度 $d\vec{\mathbf{H}}$ 爲

$$d\vec{\mathbf{H}}=\frac{Id\vec{\ell}\times\widehat{\mathbf{R}}}{4\pi R^2}$$

其中 $d\vec{\ell}=Ld\phi\hat{\boldsymbol{\phi}}$ 、 $\vec{\mathbf{R}}=-L\hat{\mathbf{r}}$ 、 $\widehat{\mathbf{R}}=-\hat{\mathbf{r}}$

代入得

$$d\vec{\mathbf{H}}=\frac{I(Ld\phi\hat{\boldsymbol{\phi}})\times(-\hat{\mathbf{r}})}{4\pi L^2}=\frac{I}{4\pi L}d\phi\hat{\mathbf{z}}$$

$$\vec{\mathbf{H}}=\frac{I}{4\pi L}\int_{2\pi}d\phi\hat{\mathbf{z}}=\frac{I}{2L}\hat{\mathbf{z}}$$

結果與例題3.1一致。

例題 3.4

設一長直導線上有一半徑爲 R 的半圓，如圖例 3.4 所示。求圓心處的磁場強度。

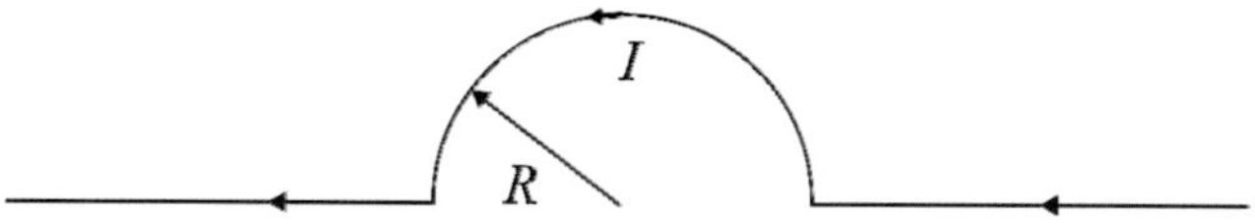

圖例 3.4 長直導線上的半圓。

解 參照圖例3.4，直線部分在圓心處的磁場強度並無貢獻。因爲圓心點正好處於直導線路徑上，直導線上任何線段 $d\vec{\ell}$ 至圓心點的向量 $\vec{\mathbf{r}}$ 與I同向。所以根據比歐-沙瓦特定律 $Id\vec{\ell}\times\vec{\mathbf{r}}=0$ 。在圓心處的磁場強度則全部來自半圓形導線。由例題3.3知，對任一線段 $Id\vec{\ell}$ 在中心點的磁場強度的貢獻是一樣的，故得本題結果爲例題3.3的一半，即

$$\vec{\mathbf{H}}=\frac{I}{4\pi R}\int_0^{\pi}d\phi\hat{\mathbf{z}}=\frac{I}{4R}\hat{\mathbf{z}}$$

類題1 承例題3.4，將半徑爲R的半圓改成邊長爲$2R$的半個正方形，如下圖所示。求正方形中心處的磁場強度。

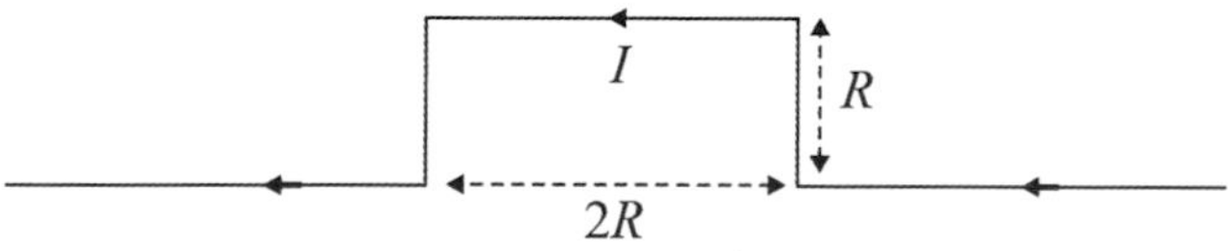

長直導線上的半個正方形。

例題 3.5

直導線載有電流 I、置放於 y 軸上且 $-L \le y \le +L$，如圖例 3.5 所示。求 P 點處的磁場強度。

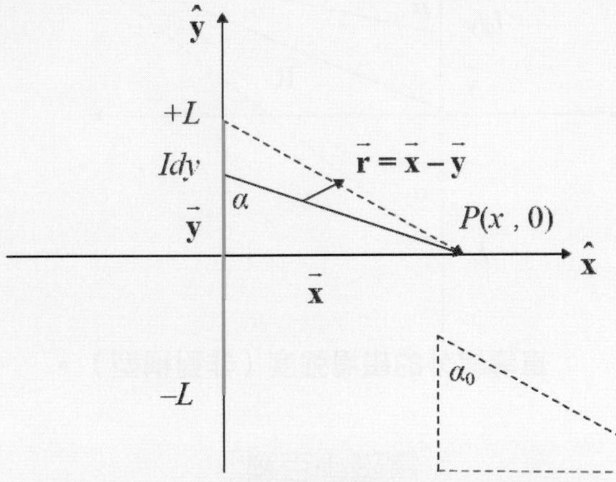

圖例 3.5　直導線外的磁場強度(對稱型)。

解　參照圖例3.5，微小線段電流源 $Idy\hat{\mathbf{y}}$ 在P點的磁場強度 $d\vec{\mathbf{H}}$ 指進紙面($-\hat{\mathbf{z}}$)且為

$$d\vec{\mathbf{H}} = \frac{Idy\hat{\mathbf{y}}\times\hat{\mathbf{r}}}{4\pi r^2}$$

$$= (-\hat{\mathbf{z}})\frac{I\sin(\alpha)}{4\pi(x^2+y^2)}dy$$

$$= \left(-\hat{\mathbf{z}}\frac{I}{4\pi}\right)\frac{x}{(x^2+y^2)^{3/2}}dy$$

最後，積分得

$$\vec{\mathbf{H}} = \left(-\hat{\mathbf{z}}\frac{Ix}{4\pi}\right)\int_{-L}^{L}\frac{dy}{(x^2+y^2)^{3/2}}$$

$$= \left(-\hat{\mathbf{z}}\frac{Ix}{4\pi}\right)\left(\frac{y}{x^2\sqrt{x^2+y^2}}\right)_{-L}^{L}$$

$$= (-\hat{\mathbf{z}})\frac{IL}{2\pi x\sqrt{x^2+L^2}}$$

$$= (-\hat{\mathbf{z}})\frac{I}{2\pi x}\cos(\alpha_0)$$

討論　當導線很長時，即 $L \gg x$ 且 $\sqrt{x^2+L^2} \approx L$，則結果為 $\vec{\mathbf{H}} = (-\hat{\mathbf{z}})\dfrac{I}{2\pi x}$ 與之前的長直導線的磁場強度一樣。

類題2 承例題3.5，若將P點移至x軸的上方時，如下圖所示，重新作答。

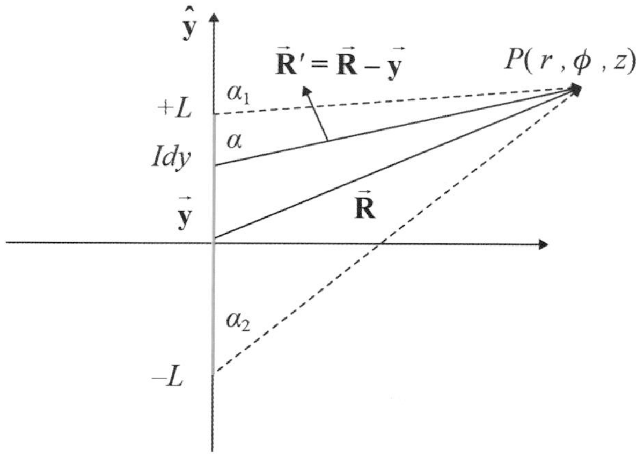

直導線外的磁場強度（非對稱型）。

電磁小百科

比歐-沙瓦特定律(Biot-Savart law)

在 1800 年代初期，法國物理學家、天文學家和數學家 Jean-Baptiste Biot 與法國物理學家和醫生 Félix Savart 共同提出的定律，確立磁場與電流的大小、方向、距離間的關係。早期所謂的「科學家」大都集數學、物理、天文、化學、醫學、神學於一身；二十世紀的「科學」就是分科以學之，所謂的「科學家」都各有專精；近二十年來的尖端科技研究都要求跨領域專家參與，講究科技整合及科際整合的模式。這樣分分合合的現象是不是很有趣！你 / 妳想當哪一類的專家？

3-2 安培定律

前節的重點在於闡述以下事實：一長直導線上的電流在其周圍所產生的磁場強度與磁場方向，可由比歐-沙瓦特定律得到完全的描述。本節所要介紹的是安培定律(Ampère's Law)，如下：沿著一封閉曲線對磁場強度作線積分的結果是該封閉曲線所包圍的電流量。比歐-沙瓦特定律與安培定律都是以電流及磁場強度為對象。由定義看來，靜磁場的安培定律與靜電場的高斯定律有相互呼應之勢。若比較高斯定律與安培定律，則兩者不同之處有：高斯定律是對通過封閉曲面的電通密度 $\vec{\mathbf{D}}$(電位移)作面積分，得到的結果是被包圍的淨電荷量 Q；安培定律是沿著封閉路徑的磁場強度 $\vec{\mathbf{H}}$ 作線積分，得到的結果是被包圍的淨電流量 I。

安培定律的數學式如下：

$$\oint_C \vec{\mathbf{H}} \cdot d\vec{\ell} = I_C \text{ (安培定律)} \tag{3-3}$$

電流方向與磁場方向間的關係可以安培右手定則判斷：右手握筆(如圖 3.3)，筆代表直導線、筆套及拇指代表電流方向、其餘四指環繞筆的方向即為磁場的方向。在圓柱座標系統中，若電流方向為+ z，則磁場方向為 $+\phi$。

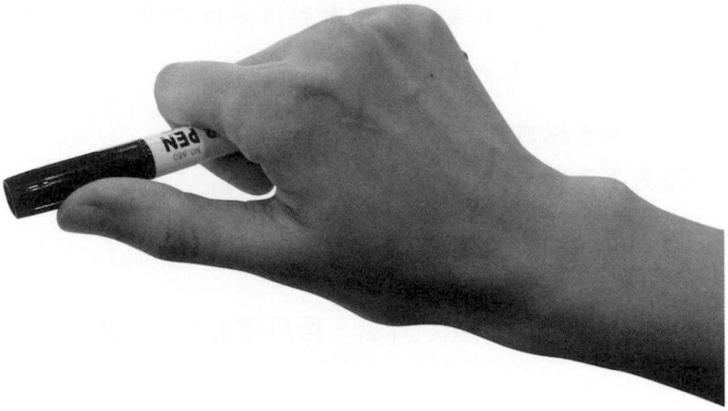

圖 3.3 安培右手定則示意圖。

如例題 3.1，以及在例題 3.11 中判斷直螺線管中心點的磁場強度方向，也是可以套用安培右手定則，唯四指環繞的方向為電流的方向，拇指則代表直螺線管中磁場的方向。

例題 3.6

利用安培定律求長直導線周圍的磁場強度，假設電流為 I、距離 r 米。

解 距直導線r米所有點的軌跡為一圓圈，再由比歐-沙瓦特定律得知：電流I所產生的磁場強度 $\vec{\mathbf{H}}$ 與該圓圈上各點的切線同向且大小一樣；

半徑為r的路徑上的任一小段 $d\ell$ 為 $rd\phi$

利用安培定律

$$\oint_C \vec{\mathbf{H}} \cdot rd\phi\hat{\boldsymbol{\phi}} = I_C = I$$

因 $\vec{\mathbf{H}}$ 與 $\hat{\boldsymbol{\phi}}$ 同向，所以上式改寫為 $\mathbf{H}r\int_{2\pi} d\phi = I$

$$H(2\pi r) = I$$

$$\vec{\mathbf{H}} = \frac{I}{2\pi r}\hat{\boldsymbol{\phi}} \text{ (注意：} 2\pi r = \text{ 半徑為}r\text{的圓周長)}$$

結果與比歐-沙瓦特定律所得到的結果一致。

例題 3.7

求長直圓筒面導線周圍的磁場強度，假設電流爲 I、半徑爲 R 米。

解 由比歐-沙瓦特定律得知：磁場強度 $\overrightarrow{\mathbf{H}}$ 的方向爲切線方向且只與距離有關。這裡安培定律所用的封閉路徑的中心可與直圓筒面圓心重疊。因此，建立一圓圈半徑爲$r < R$(直圓筒面導線內部)，再利用安培定律得

$$\oint_C \overrightarrow{\mathbf{H}} \cdot rd\phi\hat{\boldsymbol{\phi}} = I_C = 0 \text{ 故得 } \overrightarrow{\mathbf{H}} = 0 \text{ 。}$$

因爲直圓筒面導線內部並無電流存在。

建立一圓圈半徑爲$r > R$(直圓筒面導線外部)

$$\oint_C \overrightarrow{\mathbf{H}} \cdot rd\phi\hat{\boldsymbol{\phi}} = I_C = I \text{ 得 } \overrightarrow{\mathbf{H}} = \frac{I}{2\pi r}\hat{\boldsymbol{\phi}}\,(r > R) \text{ 。}$$

類題3 承例題3.7，若導線爲實心，重新作答。假設電流均勻分佈。

例題 3.8

假設一面電流平擺在桌面上，面電流大小爲 K、方向由左至右。求磁場的強度與方向。

解 解本題時，引用直角座標系統的習慣法：x軸是由左至右、y軸是由後向前、z軸是由下而上。因此，桌面是屬於x-y平面、電流爲+ x方向。接著假想面電流是由一堆直導線並排而成的，並假想一電流正流向你時，則每一直導線所產生的磁場方向爲逆時鐘方向，請參考圖例3.8左圖。

採用直角座標系統如圖例3.8中所示，當直導線並排如右側圖示時，則發現並排導線上方的磁場方向爲 $-\hat{\mathbf{y}}$ 、並排導線下方的磁場方向爲 $+\hat{\mathbf{y}}$ 。當然以上推論忽略邊際效應。

最後，利用安培定律之前，假想一封閉細長矩形路徑C，其中路徑的長度爲L，寬度趨近於零，路徑的方向與磁場同向。垂直面電流的兩線段雖與磁場同向，然長度趨近於零，所以對線積分沒有貢獻。利用安培定律並對路徑C積分得

$$\oint_C \overrightarrow{\mathbf{H}} \cdot d\vec{\ell} = H(L) + 0 + H(L) + 0 = K(L)$$

整理得磁場強度爲 $H = K/2$ 。

依題意，面電流上方$z > 0$的磁場爲 $\overrightarrow{\mathbf{H}} = -\frac{K}{2}\hat{\mathbf{y}}$ 、面電流下方$z < 0$的磁場爲 $\overrightarrow{\mathbf{H}} = +\frac{K}{2}\hat{\mathbf{y}}$ 。

綜合上述，若考慮面電流的流向 $\vec{\mathbf{K}}$ 與面向 $\hat{\mathbf{n}}$ (法線)，則磁場的方向與兩者間的關係爲 $\vec{\mathbf{H}}=\dfrac{\vec{\mathbf{K}}}{2}\times\hat{\mathbf{n}}$。

就以本題爲例，面電流上方($\hat{\mathbf{n}}=\hat{\mathbf{z}}$)的磁場爲 $\vec{\mathbf{H}}=\dfrac{K}{2}\hat{\mathbf{x}}\times\hat{\mathbf{z}}=-\dfrac{K}{2}\hat{\mathbf{y}}$、面電流下方($\hat{\mathbf{n}}=-\hat{\mathbf{z}}$)的磁場爲 $\vec{\mathbf{H}}=\dfrac{K}{2}\hat{\mathbf{x}}\times(-\hat{\mathbf{z}})=+\dfrac{K}{2}\hat{\mathbf{y}}$。

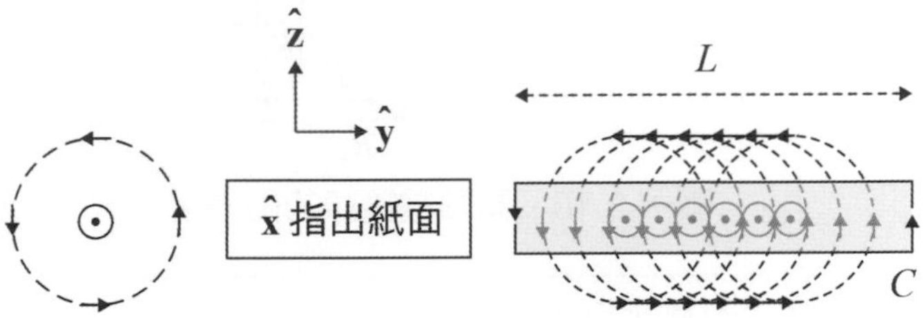

圖例 3.8　面電流的磁場與方向。

例題 3.9

假設兩大平行面電流分左右直豎在桌面上，面電流大小均爲 K、流向均向上。求兩板間與兩板外的磁場強度與方向。

解　由上題知，磁場(方向) $\vec{\mathbf{H}}$、電流(流向) $\vec{\mathbf{K}}$、電板(面向) $\hat{\mathbf{n}}$ 間的關係爲 $\vec{\mathbf{H}}=\dfrac{\vec{\mathbf{K}}}{2}\times\hat{\mathbf{n}}$

兩板外的左側電流 $\vec{\mathbf{K}}=K\hat{\mathbf{z}}$、電板面向 $\hat{\mathbf{n}}=-\hat{\mathbf{x}}$，所以 $\vec{\mathbf{H}}=2\left(\dfrac{\vec{\mathbf{K}}}{2}\times\hat{\mathbf{n}}\right)=-K\hat{\mathbf{y}}$

兩板外的右側，電板面向 $\hat{\mathbf{n}}=+\hat{\mathbf{x}}$，所以 $\vec{\mathbf{H}}=2\left(\dfrac{\vec{\mathbf{K}}}{2}\times\hat{\mathbf{n}}\right)=+K\hat{\mathbf{y}}$

兩板間，一電板面向右 $+\hat{\mathbf{x}}$、一向左 $-\hat{\mathbf{x}}$，所以 $\vec{\mathbf{H}}=\dfrac{K}{2}\hat{\mathbf{z}}\times\hat{\mathbf{x}}-\dfrac{K}{2}\hat{\mathbf{z}}\times\hat{\mathbf{x}}=0$

類題4 承例題3.9，若左邊電板電流流向上、右邊流向下，重新作答。

例題 3.10

設有一直長同軸電纜線在 z 軸上，如圖例 3.10 所示。若內導線電流 I 流向上，而外導線電流 I 流向下。假設導線內電流爲均勻分佈，試利用安培定律求各處的磁場強度 $\vec{\mathbf{H}}$。

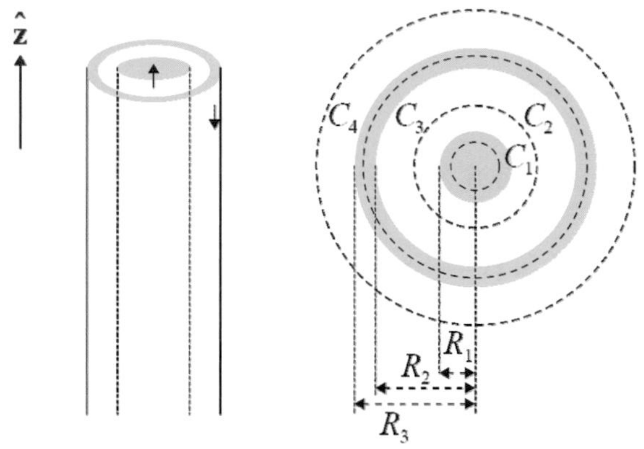

圖例 3.10 同軸電纜線的磁場。

解 考慮導線爲實心如圖所示。

內導線的電流密度爲$\vec{\mathbf{J}}_{in} = \dfrac{I}{\pi R_1^2}\hat{\mathbf{z}}$、外導線的電流密度爲$\vec{\mathbf{J}}_{out} = \dfrac{-I}{\pi(R_3^2 - R_2^2)}\hat{\mathbf{z}}$

此時，也假想有4個封閉路徑對應4個相異區域(如右圖的C_1、C_2、C_3、C_4)。這裡將應用安培定律在每一個封閉路徑上以求磁場強度$\vec{\mathbf{H}}$。

(1)C_1：內導線的內部。觀察半徑$r < R_1$，則範圍內的總電流爲

$$I_{C1} = J_{in}(\pi r^2) = \frac{I}{\pi R_1^2}(\pi r^2) = \frac{I}{R_1^2}r^2(+\hat{\mathbf{z}})$$

$$\vec{\mathbf{H}}_{C1} = \frac{I_{C1}}{2\pi r}\hat{\boldsymbol{\phi}} = \frac{Ir}{2\pi R_1^2}\hat{\boldsymbol{\phi}}\,(r < R_1)$$

(2)C_2：兩導線之間。觀察半徑$R_1 < r < R_2$，則範圍內的總電流爲

$$I_{C2} = I(+\hat{\mathbf{z}})$$

$$\vec{\mathbf{H}}_{C2} = \frac{I_{C2}}{2\pi r}\hat{\boldsymbol{\phi}} = \frac{I}{2\pi r}\hat{\boldsymbol{\phi}}\,(R_1 < r < R_2)$$

(3)C_3：外導線的內部。觀察半徑$R_2 < r < R_3$，則範圍內的總電流爲

$$I_{C3} = I_{+\hat{\mathbf{z}}} + J_{out}[\pi(r^2 - R_2^2)]_{-\hat{\mathbf{z}}} = I - \frac{I\pi(r^2 - R_2^2)}{\pi(R_3^2 - R_2^2)} = I\left[1 - \frac{(r^2 - R_2^2)}{(R_3^2 - R_2^2)}\right]$$

$$\vec{\mathbf{H}}_{C3} = \frac{I_{C3}}{2\pi r}\hat{\boldsymbol{\phi}} = \frac{I}{2\pi r}\left[1 - \frac{(r^2 - R_2^2)}{(R_3^2 - R_2^2)}\right]\hat{\boldsymbol{\phi}}\,(R_2 < r < R_3)$$

(4)C_4：電纜線外部。觀察半徑$r > R_3$，則範圍內的總電流爲

$$I_{C4} = I_{+\hat{\mathbf{z}}} + I_{-\hat{\mathbf{z}}} = 0$$

$$\vec{\mathbf{H}}_{C4} = \frac{I_{C4}}{2\pi r}\hat{\boldsymbol{\phi}} = 0\,(r > R_3)$$

例題 3.11

有一直螺線管(將導線密集且均勻地環繞在直圓形水管上，參考圖例 3.11)，假設直螺線管的半徑為 a、長度為 L；導線的匝數為 N、電流為 I。試利用安培定律求螺線管中心點及端點處的磁場強度 $\vec{\mathbf{H}}$。

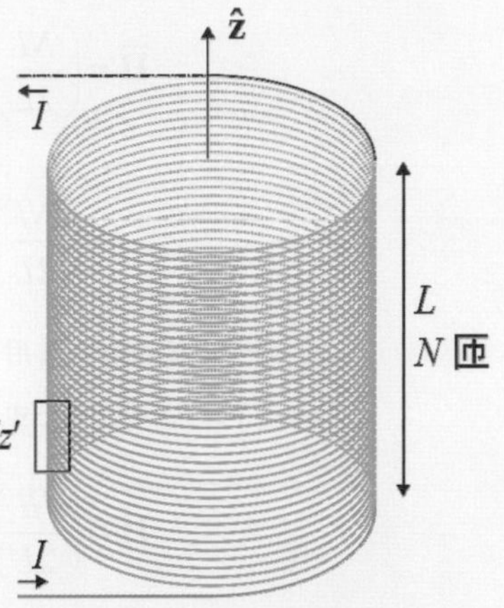

圖例 3.11 直螺線管的磁場。

解 首先，假設螺線管的中心點正好是座標系統的原點，依題意，密集且均勻的導線結構有如面電流一般。解本題需借用例題3.1的結果，但是本題中的觀測點及電流源都是變數，若採用符號z代表觀測點，而z'代表電流源，則兩點間距為$(z - z')$。電流方向為$\hat{\boldsymbol{\phi}}$，電流至觀測點為$-\hat{\mathbf{r}}$，所以在z軸上的磁場方向為$\hat{\mathbf{z}}$。

當只有單一線圈時，距線圈軸心上任意點處的磁場強度$\vec{\mathbf{H}}$為

$$\vec{\mathbf{H}} = \frac{Ia^2}{2[a^2 + (z - z')^2]^{3/2}}\hat{\mathbf{z}}$$

再者，面電流密度為$\vec{\mathbf{K}} = \dfrac{NI}{L}\hat{\boldsymbol{\phi}}$。因此，對任意一段螺線管$(dz')$所載電流量為 $\vec{\mathbf{K}}\,dz' = \dfrac{NI}{L}dz'\hat{\boldsymbol{\phi}}$ 代入單線圈的磁場強度$\vec{\mathbf{H}}$得

$$d\vec{\mathbf{H}} = \left(\frac{NI}{2L}\right)\frac{a^2 dz'}{[a^2 + (z - z')^2]^{3/2}}\hat{\mathbf{z}}$$

若要求得磁場強度$\vec{\mathbf{H}}$則只要對上式積分，即

$$\vec{\mathbf{H}} = \left(\frac{NI}{2L}\right)\int_{-L/2}^{+L/2}\frac{a^2 dz'}{[a^2 + (z - z')^2]^{3/2}}\hat{\mathbf{z}}$$

查表得 $\displaystyle\int\frac{dx}{(a^2 \pm x^2)^{3/2}} = \frac{x}{a^2\sqrt{a^2 \pm x^2}} + C$

經過變數代換

$x = z - z'$、$dx = -dz'$

$x = z + (L/2)$ 當 $z' = -(L/2)$

$x = z - (L/2)$ 當 $z' = +(L/2)$

最後得

$$\vec{\mathbf{H}}=\left(\frac{NI}{2L}\right)\left(\frac{-x}{\sqrt{a^2+x^2}}\right)_{z+\frac{L}{2}}^{z-\frac{L}{2}}\hat{\mathbf{z}}$$

$$=\left(\frac{NI}{2L}\right)\left\{\frac{z+(L/2)}{\sqrt{a^2+[z+(L/2)]^2}}-\frac{z-(L/2)}{\sqrt{a^2+[z-(L/2)]^2}}\right\}\hat{\mathbf{z}}$$

上列結果為通用式，z為中心軸上任意點。因此

(1)螺線管中心點，即是$z=0$處的磁場強度為

$$\vec{\mathbf{H}}=\left(\frac{NI}{2L}\right)\left[\frac{(L/2)}{\sqrt{a^2+(L/2)^2}}-\frac{-(L/2)}{\sqrt{a^2+(L/2)^2}}\right]\hat{\mathbf{z}}$$

$$\vec{\mathbf{H}}=\frac{NI}{2\sqrt{a^2+(L/2)^2}}\hat{\mathbf{z}}\text{（螺線管中心點）}$$

(2)螺線管端點，即是$z=\pm(L/2)$處的磁場強度為

$$\vec{\mathbf{H}}=\left(\frac{NI}{2L}\right)\left(\frac{L}{\sqrt{a^2+L^2}}\right)\hat{\mathbf{z}}$$

$$\vec{\mathbf{H}}=\frac{NI}{2\sqrt{a^2+L^2}}\hat{\mathbf{z}}\text{（螺線管的兩端點）}$$

(3)當螺線管很長時，即$L\gg a$，則

$$\vec{\mathbf{H}}\approx\frac{NI}{L}\hat{\mathbf{z}}\text{（超長螺線管中心點）}$$

這個結果與將面電流$\vec{\mathbf{H}}=\frac{NI}{L}\hat{\boldsymbol{\phi}}$捲成長螺線管的結果一樣。

$$\vec{\mathbf{H}}\approx\frac{NI}{2L}\hat{\mathbf{z}}\text{（超長螺線管的兩端點）}$$

這個結果就好似一張面電流。

討論 靜電場中的兩平行帶正、負電板將電場局限在兩電板間，或稱電容效應；同樣地，靜磁場中的螺線管則將磁場集中在管內。

類題5 承例題3.11，將一直螺線管彎成一圓形螺線環。假設螺線環軸的半徑為R_0(環的圓心至螺線管的中心軸)，螺線管半徑仍為a，且R_0遠大於a。試求螺線環軸心處的磁場強度$\vec{\mathbf{H}}$。

討論 若將例 3.11 題中長度為 L 的直螺線管彎成本題中的螺線環，則

$$\frac{NI}{2\pi R_0}=\frac{NI}{L}\ (L=2\pi R_0)$$

或

$$\vec{\mathbf{H}}=\frac{NI}{L}\hat{\phi}$$

這個結果與長直螺線管中心點處的磁場強度 $\vec{\mathbf{H}}$ 一樣。

相異之處：螺線管為直線場($\hat{\mathbf{z}}$)、螺線環為環繞場($\hat{\phi}$)；螺線管有兩個開口、螺線環則無開口，故螺線環的磁場完全被限制住。

電磁小百科

安培定律(Ampère's law)

又稱安培環路定律；法國物理學家、數學家 André-Marie Ampère 在 1820 年受丹麥物理學家、化學家 Ørsted 發現電流磁效應的啓發，集中精力研究並於 1826 年提出安培右手螺旋定則。安培定律載明導線電流與環繞導線磁場間的關係，右手螺旋定則表明導線電流方向與環繞導線磁場的方向。有一次在街上，安培想到一個電學問題的解法，隨即在一塊黑板上演算；該黑板竟是馬車的車廂。馬車動了，安培跟著走，邊走邊寫，越走越快，最後安培追不上馬車，才停下「運算」。當靈感湧現的時候，你 / 妳是否「馬上」寫下？或是以 3C 產品錄音？

3-3 磁場強度、電流密度與磁通密度

回顧史托克斯定理

$$\oint_C \vec{\mathbf{A}}\cdot d\vec{\ell}=\int_S(\nabla\times\vec{\mathbf{A}})\cdot d\vec{\mathbf{s}} \tag{1-34}$$

等號左側與安培定律的形式一樣。如果將磁場強度 $\vec{\mathbf{H}}$ 代入史托克斯定理得

$$\oint_C \vec{\mathbf{H}}\cdot d\vec{\ell}=\int_S(\nabla\times\vec{\mathbf{H}})\cdot d\vec{\mathbf{s}}=I_C$$

觀察 $\int_S(\nabla\times\vec{\mathbf{H}})\cdot d\vec{\mathbf{s}}=I_C$ 得到 $\nabla\times\vec{\mathbf{H}}$ 的單位爲電流 / 面積(A/m^2)的結論。這關係在靜場裡扮演很重要的角色

$$\nabla\times\vec{\mathbf{H}}=\vec{\mathbf{J}}\ (\text{安培定律的微分形式}) \tag{3-4}$$

$\vec{\mathbf{J}}$為電流密度，且為向量，因為電流的流向決定磁場的方向；反之，由磁場方向可以推知電流的流向。另外回顧例題 3.7 之類題的實心導線，截面積為 πR^2 、電流為 I，其電流密度為 $I/(\pi R^2)$ ，與 J 具有相同的單位。

例題 3.12

已知長直實心導線總電流為 I、半徑為 R 米，內部一點距圓心 r 米處的磁場強度為 $\vec{\mathbf{H}}=\dfrac{Ir}{2\pi R^2}\hat{\boldsymbol{\phi}}$，外部點距圓心 r 米處的磁場強度為 $\vec{\mathbf{H}}=\dfrac{I}{2\pi r}\hat{\boldsymbol{\phi}}$，求該兩點處的電流密度 $\vec{\mathbf{J}}$。假設電流均勻分佈。

解　在圓柱座標系統中磁場的旋度 $\nabla\times\vec{\mathbf{H}}$ 為

$$\nabla\times\vec{\mathbf{H}}=\left(\frac{1}{r}\frac{\partial H_z}{\partial\phi}-\frac{\partial H_\phi}{\partial z}\right)\hat{\mathbf{r}}+\left(\frac{\partial H_r}{\partial z}-\frac{\partial H_z}{\partial r}\right)\hat{\boldsymbol{\phi}}+\left(\frac{1}{r}\frac{\partial(rH_\phi)}{\partial r}-\frac{1}{r}\frac{\partial H_r}{\partial\phi}\right)\hat{\mathbf{z}}$$

其中 $H_z=H_r=0$

利用3-4式

導線內部： $H_\phi=\dfrac{Ir}{2\pi R^2}$

$$\vec{\mathbf{J}}=\nabla\times\vec{\mathbf{H}}=\frac{1}{r}\frac{\partial(rH_\phi)}{\partial r}\hat{\mathbf{z}}=\frac{1}{r}\frac{\partial}{\partial r}\left(\frac{Ir^2}{2\pi R^2}\right)\hat{\mathbf{z}}=\frac{I}{\pi R^2}\hat{\mathbf{z}}$$

導線外部： $H_\phi=\dfrac{I}{2\pi r}$

$$\vec{\mathbf{J}}=\nabla\times\vec{\mathbf{H}}=\frac{1}{r}\frac{\partial}{\partial r}\left(r\frac{I}{2\pi r}\right)\hat{\mathbf{z}}=0$$

一如電通密度 $\vec{\mathbf{D}}$ 與電場強度 $\vec{\mathbf{E}}$ 的關係般，磁通密度 $\vec{\mathbf{B}}$ 與磁場強度 $\vec{\mathbf{H}}$ 間也有相似的關係

$$\vec{\mathbf{B}}=\mu\vec{\mathbf{H}}=\mu_r\mu_0\vec{\mathbf{H}} \tag{3-5}$$

其中 μ 為介質的導磁係數、μ_0 為眞空的導磁係數、μ_r 為介質的相對導磁係數，除非是磁性材料，否則一般介質的相對導磁係數 μ_r 均為 1。磁通密度 $\vec{\mathbf{B}}$ 的單位為特斯拉(Tesla)，其他通用的單位如下：

$$\text{Tesla (T)}=\frac{\text{N}}{\text{A}\cdot\text{m}}=\frac{\text{Wb}}{\text{m}^2}\ (\text{Wb = Weber})$$

$$1\text{ Gauss}=10^{-4}\text{ Tesla}$$

注意 磁通密度$\vec{\mathbf{B}}$與電通密度$\vec{\mathbf{D}}$的單位分別為$\frac{\text{Wb}}{\text{m}^2}$及$\frac{\text{C}}{\text{m}^2}$，分母都是面積單位。

所以，另外定義磁通量及其符號如下：

$$\Phi = \int_S \vec{\mathbf{B}} \cdot d\vec{\mathbf{s}}\ (\text{磁通量}) \tag{3-6}$$

依據上式磁通量 Φ 的單位為韋伯(Weber)。公式中的內積在強調磁通密度$\vec{\mathbf{B}}$必須有垂直表面分量才會對磁通量 Φ 有所貢獻。再次與高斯定律比較

$$Q_c = \oint_S \vec{\mathbf{D}} \cdot d\vec{\mathbf{s}}\ (\text{高斯定律}) \tag{2-15}$$

形式雖一樣，但是高斯定律的積分為某一體積的封閉表面；而磁通量 Φ 定義為一開放的表面，例如線圈的截面或桌面。記得，載有電流的圓線圈所產生的磁場$\vec{\mathbf{H}}$是穿過線圈面的。因此，磁通量 Φ 等於$\vec{\mathbf{B}} = \mu\vec{\mathbf{H}}$與線圈面積的乘積，如 3-6 式所定義。與電通密度$\vec{\mathbf{D}}$不同的是磁通密度$\vec{\mathbf{B}}$不具磁荷，亦即$\vec{\mathbf{B}}$的散度為零，

$$\nabla \cdot \vec{\mathbf{B}} = 0\ (\text{零磁荷}) \tag{3-7}$$

而$\vec{\mathbf{D}}$的散度為 Q(面積分所包圍的電荷，也就是$\vec{\mathbf{D}}$的來源)。

例題 3.13

已知影印紙長 30 cm、寬 20 cm，若一長直導線內電流為 15 安培，導線與影印紙的相對位置如圖例 3.13 所示，求出各情況的磁通量，假設導線與紙相距 5 mm。

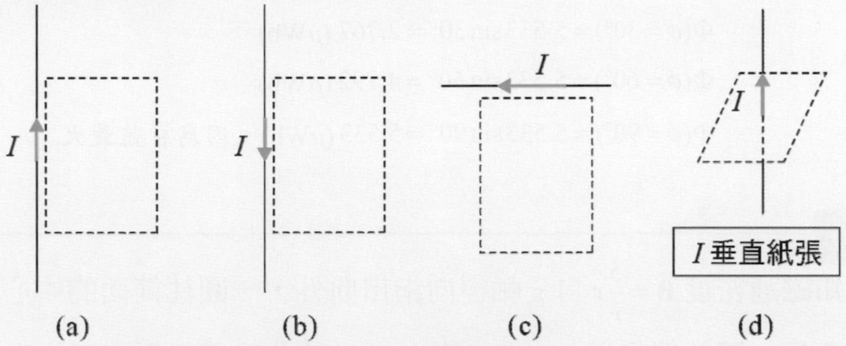

圖例 3.13 磁通量的計算。

解 長直導線的磁場強度為$\vec{\mathbf{H}} = \frac{I}{2\pi r}\hat{\phi}$、影印紙上的微小面積為$dr\,dz$。

(a) 因問題定義在自由空間，所以$\mu = \mu_0$、$\vec{\mathbf{B}} = \mu_0\vec{\mathbf{H}}$，且$\vec{\mathbf{B}}$垂直紙面；

因此

$$\Phi = \oint_S \vec{\mathbf{B}} \cdot d\vec{\mathbf{s}} = \int_0^{0.3}\int_{0.005}^{0.2} \frac{\mu_0 I}{2\pi r} drdz = \frac{\mu_0 I}{2\pi} \ell\text{n}(r)_{0.005}^{0.2}(z)_0^{0.3}$$

$$\Phi \approx 3.320\times10^{-6}\,\text{Wb} = 3.320\,\mu\text{Wb}$$

(b) 與(a)的答案一樣，只是本題中的 $\vec{\mathbf{B}}$ 是指出紙面，上題中則進入紙面。因爲磁通量不具方向所以不影響答案。

(c) $$\Phi = \oint_S \vec{\mathbf{B}} \cdot d\vec{\mathbf{s}} = \int_0^{0.2}\int_{0.005}^{0.3} \frac{\mu_0 I}{2\pi r} drdz = \frac{\mu_0 I}{2\pi} \ell\text{n}(r)_{0.005}^{0.3}(z)_0^{0.2}$$

$$\Phi \approx 2.457\times10^{-6}\,\text{Wb} = 2.457\,\mu\text{Wb}$$

雖與題(a)極相似，但是紙張的相對位置不一樣。另外注意，磁通密度 $\vec{\mathbf{B}}$ 與距離成反比。

(d) 因紙面與磁通密度 $\vec{\mathbf{B}}$ 平行，所以沒有磁線通過紙面，因此 $\Phi = 0$。

例題 3.14

參照圖例 3.13(a)，已知磁通密度 $\vec{\mathbf{B}} = \frac{5}{r}\sin\phi\hat{\boldsymbol{\phi}}$，試求紙面在下列各方位角的磁通量 Φ：$\phi = 0°$、$30°$、$60°$、$90°$。

解　與上題一樣的是紙面總是與磁通密度垂直

但 $\vec{\mathbf{B}}$ 的大小與其所在的方位角度有關，所以

$$\Phi = \oint_S \vec{\mathbf{B}} \cdot d\vec{\mathbf{s}} = \int_0^{0.3}\int_{0.005}^{0.2} \frac{5}{r}\sin\phi\, drdz = 5.533\sin\phi\ (\mu\text{Wb})$$

$\Phi(\phi = 0°) = 5.533\sin 0° = 0\ (\mu\text{Wb})$；因爲 $\vec{\mathbf{B}}$ 值最小

$\Phi(\phi = 30°) = 5.533\sin 30° = 2.767\ (\mu\text{Wb})$

$\Phi(\phi = 60°) = 5.533\sin 60° = 4.792\ (\mu\text{Wb})$

$\Phi(\phi = 90°) = 5.533\sin 90° = 5.533\ (\mu\text{Wb})$；因爲 $\vec{\mathbf{B}}$ 值最大

例題 3.15

已知磁通密度 $\vec{\mathbf{B}} = \frac{5}{r}\hat{\mathbf{r}}$ 自 z 軸徑向指出向外，一圓柱筒面的中心軸恰與 z 軸重疊，圓柱筒半徑 0.6 米、高 2 米。試求通過下列筒面的磁通量 Φ。
(a) $0° \le \phi \le 30°$；(b) $30° \le \phi \le 120°$；(c) $45° \le \phi \le 225°$；
(d) $-180° \le \phi \le 180°$。

解　因$\vec{\mathbf{B}}$爲徑向，所以與圓柱面處處垂直，柱面上的微小面積爲$rd\phi dz$。$\vec{\mathbf{B}}$雖與距離成反比，但柱面處處與$\vec{\mathbf{B}}$等距離且同向。所以

$$\Phi=\oint_S \vec{\mathbf{B}}\cdot d\vec{\mathbf{s}}=\int_2 dz\int_{\phi 1}^{\phi 2}\frac{5}{r}rd\phi=10(\phi_2-\phi_1)\text{ (Wb)}$$

(a) $\Phi(0°\le\phi\le 30°)=10\left(\frac{\pi}{6}-0\right)=\frac{5}{3}\pi\text{ (Wb)}$

(b) $\Phi(30°\le\phi\le 120°)=10\left(\frac{2\pi}{3}-\frac{\pi}{6}\right)=5\pi\text{ (Wb)}$

(c) $\Phi(45°\le\phi\le 225°)=10\left(\frac{5\pi}{4}-\frac{\pi}{4}\right)=10\pi\text{ (Wb)}$

(d) $\Phi(-180°\le\phi\le 180°)=10[\pi-(-\pi)]=20\pi\text{ (Wb)}$

結論　結果與圓柱筒半徑無關但與圓柱面大小成正比。

類題6　承例題3.15，若磁通密度$\vec{\mathbf{B}}=\frac{5}{r}\cos\phi\hat{\mathbf{r}}$，重新作答。

例題 3.16

如圖例 3.16，長直導線旁有一矩形線圈長 L 米、寬 W 米、導線電流 I、導線與線圈距 R 米。求通過線圈區域的磁通量 Φ。

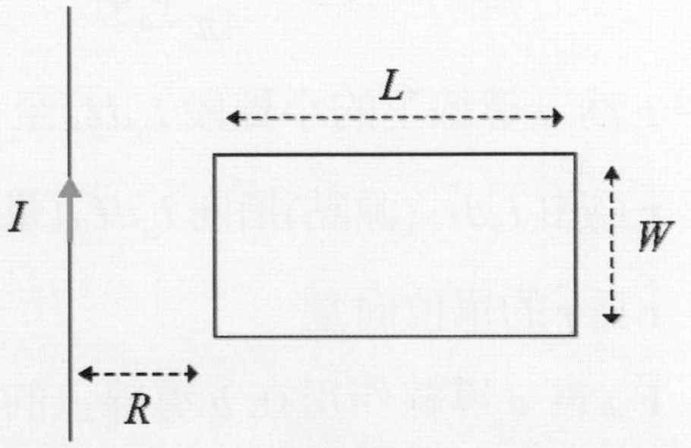

圖例 3.16　長直導線旁的矩形線圈。

解　長直導線的磁場強度爲$\vec{\mathbf{B}}=\frac{\mu_0 I}{2\pi r}\hat{\boldsymbol{\phi}}$

$$\Phi=\oint_S \vec{\mathbf{B}}\cdot d\vec{\mathbf{s}}=\frac{\mu_0 I}{2\pi}\int_{z=0}^{W}\int_{r=R}^{R+L}\frac{1}{r}\hat{\boldsymbol{\phi}}\cdot(drdz\hat{\boldsymbol{\phi}})=\left(\frac{\mu_0 I}{2\pi}\right)(z)_0^W(\ell\text{n}\, r)_R^{R+L}$$

$$=\frac{\mu_0 I}{2\pi}W\ell\text{n}\left(\frac{R+L}{R}\right)$$

3-4 磁力與在磁場中作功

3-4-1 磁力

回顧靜電場中的兩電荷間存在庫倫力：電荷 Q_b 作用在電荷 Q_a 的電力，或是電荷 Q_a 在電荷 Q_b 的電場 $\vec{\mathbf{E}}_b$ 中所承受的力

$$\vec{\mathbf{F}}_{ab}=\frac{Q_aQ_b}{4\pi\varepsilon_0 r^2}\hat{\mathbf{r}} \tag{2-1}$$

或

$$\vec{\mathbf{F}}_{ab}=Q_a\left(\frac{1}{4\pi\varepsilon_0}\frac{Q_b}{r^2}\hat{\mathbf{r}}\right)=Q_a\vec{\mathbf{E}}_b$$

其中 $\hat{\mathbf{r}}$ 爲 $\vec{\mathbf{r}}$ 的單位向量由 Q_b(源點)指向 Q_a(測試點)。$\vec{\mathbf{F}}_{ab}$ 的方向與電荷 Q_b 及電荷 Q_a 的電性有關。

在靜磁場中兩載有電流導線間也存在磁力，定義爲

$$\vec{\mathbf{F}}_{ab}=\frac{\mu_0}{4\pi}\oint_a\oint_b\frac{I_a d\vec{\ell}_a\times(I_b d\vec{\ell}_b\times\hat{\mathbf{r}})}{r^2} \tag{3-8}$$

其中 r 爲 a 導線上的小線段 $I_a d\vec{\ell}_a$ 至 b 導線上的小線段 $I_b d\vec{\ell}_b$ 間距離

$\vec{\mathbf{r}}$ 爲由 $I_b d\vec{\ell}_b$(源點)指向 $I_a d\vec{\ell}_a$(量測點)的向量

$\hat{\mathbf{r}}$ 爲 $\vec{\mathbf{r}}$ 的單位向量

$\vec{\mathbf{F}}_{ab}$ 爲 a 導線作用在 b 導線上的磁力

既然稱爲磁力，其單位與庫倫力一樣：牛頓(newtons)。同樣地，其反作用力方向相反、大小相等，即 $\vec{\mathbf{F}}_{ab}=-\vec{\mathbf{F}}_{ba}$。$\vec{\mathbf{F}}_{ab}$ 的方向與 a 導線上電流及 b 導線上電流的流向有關。與庫倫力一樣，b 導線作用在 a 導線的磁力，或是 a 導線在 b 導線磁場中所承受的力爲

$$\vec{\mathbf{F}}_{ab}=\oint_a I_a d\vec{\ell}_a\times\left[\frac{\mu_0}{4\pi}\oint_b\frac{(I_b d\vec{\ell}_b\times\hat{\mathbf{r}})}{r^2}\right]=\oint_a I_a d\vec{\ell}_a\times\vec{\mathbf{B}}_b$$

其中

$$\vec{\mathbf{B}}_b=\frac{\mu_0}{4\pi}\oint_b\frac{(I_b d\vec{\ell}_b\times\hat{\mathbf{r}})}{r^2}\text{(比歐-沙瓦特定律)} \tag{3-9}$$

推廣比歐-沙瓦特定律於一般情況，假設一已知磁場$\vec{\mathbf{B}}$，則處於該磁場中的微小線段$Id\vec{\ell}$所承受的微小磁力記爲$d\vec{\mathbf{F}}$，並定義爲

$$d\vec{\mathbf{F}} = Id\vec{\ell}\times\vec{\mathbf{B}} \tag{3-10}$$

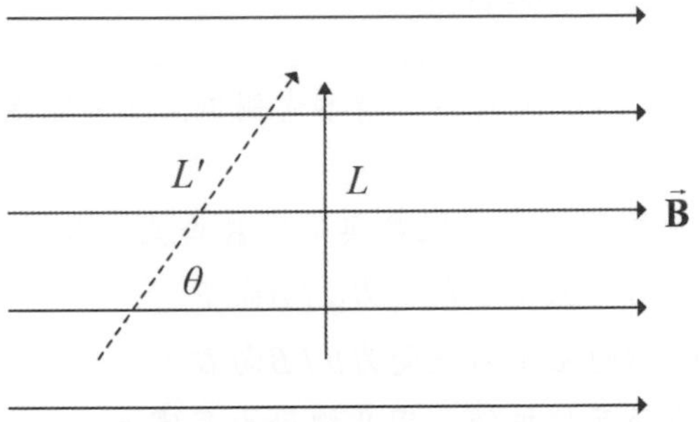

圖 3.4 磁場中的電流。

值得注意的是：以上所列各式對不規則形狀的線圈在執行積分時顯然是複雜的。所幸的是，公式中的外積明白顯示只有垂直於磁場$\vec{\mathbf{B}}$的線段$Id\vec{\ell}$分量才對磁力積分有貢獻。反之，平行於磁場$\vec{\mathbf{B}}$的線段$Id\vec{\ell}$分量對磁力積分是毫無貢獻的。所以透過數學程序，可將問題做某種程度的簡化及符號的使用(如圖 3.4)，例如載有電流I直導線長L'米置於磁場$\vec{\mathbf{B}}$中所受的磁力爲

$$\vec{\mathbf{F}} = I\vec{\mathbf{L}}'\times\vec{\mathbf{B}} = ILB \tag{3-11}$$

在本例子中，符號L除了表示有效長度($L < L'$)外，其方向則爲電流垂直磁場方向的電流分量；符號I代表電流的大小與方向。外積的結果$I\vec{\mathbf{L}}'\times\vec{\mathbf{B}} = IL'B\sin\theta$包括直導線$L'$與磁場$\vec{\mathbf{B}}$間的夾角$\theta$，即$L'\sin\theta = L$的事實呈現。所以，$\vec{\mathbf{F}}$同時垂直於$I\vec{\mathbf{L}}'$與$\vec{\mathbf{B}}$。

例題 3.17

已知一直導線長 75 cm 電流爲 4 安培由下向上流、處於一均勻磁場中，求該直導線所受的磁力。假設$B = 3T$自左指向右。

解 依題意，$\vec{\mathbf{I}} = 4\hat{\mathbf{z}}$、$L = 0.75$、$\vec{\mathbf{B}} = 3\hat{\mathbf{x}}$，其間夾角爲$90°$

由$\vec{\mathbf{F}} = (\vec{\mathbf{I}}L)\times\vec{\mathbf{B}}$得

$$\vec{\mathbf{F}} = (4)(0.75)(3)(\hat{\mathbf{z}}\times\hat{\mathbf{x}}) = 9\hat{\mathbf{y}}\ \text{N}$$

類題7 承例題3.17，將導線順時鐘轉45度角，重新作答。

例題 3.18

已知一矩形線圈($a \times b$)、電流為 I、處於一均勻磁場 $\vec{\mathbf{B}}$ 中，求該線圈所受的磁力。假設線圈面與 $\vec{\mathbf{B}}$ 垂直。

解 本題可以分為下列情況討論，請參考圖例3.18，線圈分為上、下、左、右逐段討論其受力。

(a) 圖例3.18a中線圈的每一段都與磁場 $\vec{\mathbf{B}}$ 垂直，各段受力如下：

上段受力 aIB 向上；下段受力 aIB 向下；

左段受力 bIB 向左；右段受力 bIB 向右；

分析得知兩兩互相抵消，因此總受力為零。

(b) 圖例3.18b中的線圈面與磁場 $\vec{\mathbf{B}}$ 平行，各段受力如下：

上、下兩段因與磁場 $\vec{\mathbf{B}}$ 平行，所以受力為零；

左段受力 bIB 指出紙面；右段受力 bIB 進入紙面。

因此相對於紙面左、右兩段形成一上一下所謂的轉矩，若在上、下兩段的中心裝上支點，如圖例3.18b所示，則該線圈將繞著支點旋轉。這就是有名的電動機操作原理。

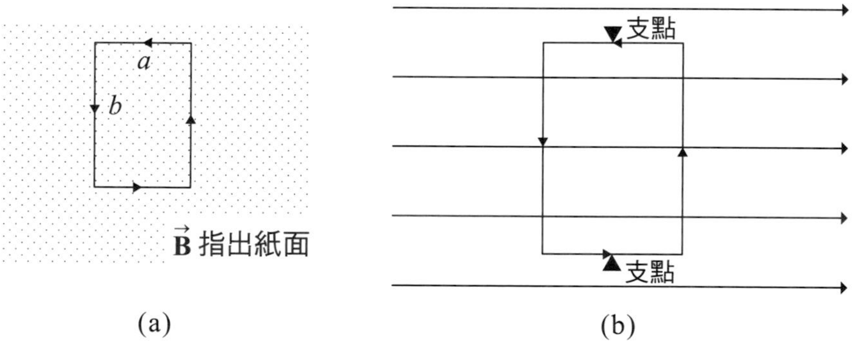

圖例 3.18 均勻磁場 $\vec{\mathbf{B}}$ 中的矩形線圈。

例題 3.19

相距 r 米的兩平行無限長直導線，各有電流 I_a 與 I_b 且同向，求單位長度導線所受的磁力。

解 設直導線 I_b 處於直導線 I_a 所產生的磁場 $\vec{\mathbf{B}}$ 中，知道磁場 $\vec{\mathbf{B}}$ 與 I_b 處處垂直，對任意微小線段 $I_b d\vec{\ell}$ 所受的磁力為

$$d\vec{\mathbf{F}} = I_b d\vec{\ell} \times \vec{\mathbf{B}}$$

如圖例3.19所示，該磁力的方向指向直導線a (相吸引)。

因爲直導線爲無限長，所以磁力就以單位長度受力來量測，亦即

$$\frac{dF}{d\ell}=I_bB=\frac{\mu_0}{4\pi}\frac{I_bI_a}{r}\text{ (引力)}$$

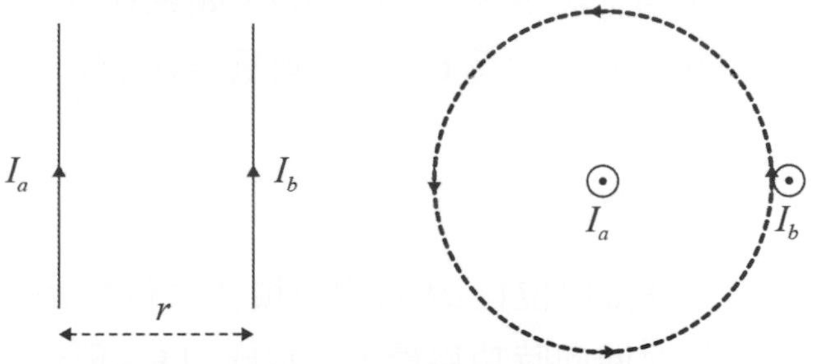

圖例 3.19　兩平行長直導線間的磁力。

例題 3.20

承例題 3.19，將電流 I_a 反向，再求單位長度導線所受的磁力。

解　由於電流I_a的反向導致磁場$\vec{\mathbf{B}}$也與原來的反向。故作用在導線I_b的磁力爲斥力，其單位長度受力爲

$$\frac{dF}{d\ell}=I_bB=\frac{\mu_0}{4\pi}\frac{I_bI_a}{r}\text{ (斥力)}$$

結論　兩平行電流間的磁力與兩電荷間的庫倫力相異處為：兩同向電流相吸引，兩反向電流相排斥；兩同電性電荷相排斥，兩異電性電荷相吸引。導線間的磁力在電流間連線上，電荷間的庫倫力在電荷間連線上。

例題 3.21

有一半圓形(半徑爲 R)線圈(電流爲 I)置於均勻磁場 $\vec{\mathbf{B}}$ 中，如圖例3.21。求導線所受的磁力。

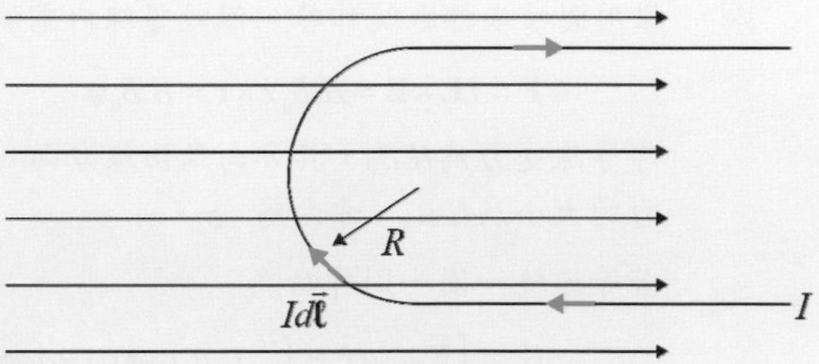

圖例 3.21　磁場$\vec{\mathbf{B}}$中半圓形線圈。

解　利用圖3.4得有效長度爲$L=2R$

$$\vec{\mathbf{F}}=I\vec{\mathbf{L}}\times\vec{\mathbf{B}}=2IRB\text{ (指入紙面)。}$$

3-4-2 在磁場中作功

前面章節提及電流在磁場中受力，就好像電荷在電場中受力一般。爲了維持平衡狀態，必須抵抗磁力或電力；也就是說必須施以外力在導線上或電荷上，而這個外力的大小與磁力或電力相等，但方向相反。如果在受力情況下移動了導線或電荷，則謂對系統作功。若施力爲$\vec{\mathbf{F}}_{ext}$、移動量爲$d\vec{\ell}$(有方向的位移量)，則外力作的功定義爲

$$W = \int \vec{\mathbf{F}}_{ext} \cdot d\vec{\ell} \tag{3-12}$$

再次強調的是：施力$\vec{\mathbf{F}}_{ext}$與位移$d\vec{\ell}$間的內積代表位移$d\vec{\ell}$必須與力平行才有作功。當施力$\vec{\mathbf{F}}_{ext}$與位移$d\vec{\ell}$同向時功爲最大；當施力$\vec{\mathbf{F}}_{ext}$與位移$d\vec{\ell}$垂直時，內積爲零，此時雖有位移但沒有作功。

例題 3.22

設磁場爲$\vec{\mathbf{B}} = B_0\hat{\mathbf{r}}$及一直導線，如圖例 3.22。若導線長 L 米、載有電流 I 且距磁場中心 R 米，求直導線所受的磁力及等速繞一圈所作的功。

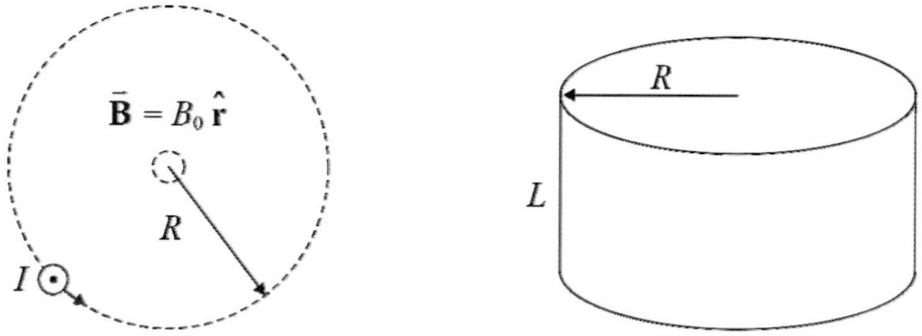

圖例 3.22 在磁場中移動導線。

解 採用圓柱座標系統作答，假設導線內電流I流出紙面$\hat{\mathbf{z}}$，利用公式得

$$\vec{\mathbf{F}} = I\vec{\mathbf{L}} \times \vec{\mathbf{B}} = ILB_0\hat{\mathbf{z}} \times \hat{\mathbf{r}} = ILB_0\hat{\boldsymbol{\phi}}$$

即導線受力爲ILB_0，其方向爲切線方向。爲維持平衡狀態必須施力在導線上，力的大小爲ILB_0、方向爲$-\hat{\boldsymbol{\phi}}$。

若等速繞一圈，則作功爲

$$W = \int \vec{\mathbf{F}}_{ext} \cdot d\vec{\ell} = \int_0^{2\pi} ILB_0(-\hat{\boldsymbol{\phi}}) \cdot (Rd\phi\hat{\boldsymbol{\phi}})$$
$$= -(ILB_0)(R)(2\pi) = -(2\pi LR)(IB_0)$$

注意一 上述結果中 $2\pi LR$ 項為圓柱的側面面積，故 $2\pi LRB_0$ 就是磁通量。

注意二 上述結果中的負號代表這個功是「被需求的」，系統不具備，須由外力提供。

類題8 承例題3.22，若磁場 $\vec{\mathbf{B}} = B_0\hat{\mathbf{x}}$ 爲均勻由左指向右，如圖例3.22。重新作答。

3-5 向量磁位

一如靜電場中的電位 V 與電場 $\vec{\mathbf{E}}$ 間的關係

$$\vec{\mathbf{E}} = -\nabla V \text{ (微分形式)} \tag{2-10}$$

或是 2-10 式的積分形式

$$V = -\int \vec{\mathbf{E}} \times d\vec{\mathbf{r}}$$

在靜磁場中也有相對應的關係：向量磁位 $\vec{\mathbf{A}}$ 與磁通密度 $\vec{\mathbf{B}}$ 的關係

$$\vec{\mathbf{B}} = \nabla \times \vec{\mathbf{A}} \tag{3-13}$$

相較之下，兩者相異之處：電位 V 是純量，磁位 $\vec{\mathbf{A}}$ 是向量；電位 V 梯度的反向是電場 $\vec{\mathbf{E}}$，向量磁位 $\vec{\mathbf{A}}$ 的旋度是磁通密度 $\vec{\mathbf{B}}$。

將磁通量定義 3-6 式及史托克斯定理 1-32 式應用在 3-13 式得

$$\Phi = \oint_S \vec{\mathbf{B}} \cdot d\vec{\mathbf{s}} = \oint_S (\nabla \times \vec{\mathbf{A}}) \cdot d\vec{\mathbf{s}} = \oint_C \vec{\mathbf{A}} \cdot d\vec{\ell}$$

透過 3-13 式數學處理，對任一長直導線(電流爲 I)而言，在距離導線 R 米處的向量磁位 $\vec{\mathbf{A}}$ 爲

$$\vec{\mathbf{A}} = \frac{\mu_0 I}{4\pi} \oint \frac{d\vec{\ell}}{R} \tag{3-14}$$

任意一小段導線 $Id\vec{\ell}$ 對向量磁位 $\vec{\mathbf{A}}$ 的貢獻爲

$$d\vec{\mathbf{A}} = \frac{\mu_0 I}{4\pi} \frac{d\vec{\ell}}{R} \tag{3-15}$$

注意 向量磁位 $\vec{\mathbf{A}}$ 與電流 I 的方向一致。

另外，靜電場的源爲電荷，而靜磁場的源爲電流。現就電荷與電流的結構上不同，列出以下定義以爲對照(表 3.2)，藉以增進學習效果。

表 3.2 電流結構與電荷結構的比較

靜磁場		靜電場	
電流結構	磁位 $\vec{\mathbf{A}}$	電荷結構	電位 V
線電流* $\vec{\mathbf{I}}$	$\vec{\mathbf{A}}=\dfrac{\mu_0}{4\pi}\int\dfrac{\vec{\mathbf{I}}\,d\ell}{r}$	線電荷密度 λ_ℓ	$V=\dfrac{1}{4\pi\varepsilon_0}\int\dfrac{\lambda_\ell d\ell}{r}$
面電流 $\vec{\mathbf{K}}$	$\vec{\mathbf{A}}=\dfrac{\mu_0}{4\pi}\int\dfrac{\vec{\mathbf{K}}\,ds}{r}$	面電荷密度 σ_s	$V=\dfrac{1}{4\pi\varepsilon_0}\int\dfrac{\sigma_s ds}{r}$
體積電流 $\vec{\mathbf{J}}$	$\vec{\mathbf{A}}=\dfrac{\mu_0}{4\pi}\int\dfrac{\vec{\mathbf{J}}\,dv}{r}$	體積電荷密度 ρ_v	$V=\dfrac{1}{4\pi\varepsilon_0}\int\dfrac{\rho_v dv}{r}$

▌註* 這裡有意將前面慣用的 $Id\vec{\ell}$ 寫法改為 $\vec{\mathbf{I}}\,d\ell$，為的是顯明對照之故。

▌註 1 上列各式中所用的 r 是電荷或電流至觀測點間的距離，且磁位 $\vec{\mathbf{A}}$ 和電位 V 均與距離 r 成反比。

▌註 2 仔細觀察，磁位 $\vec{\mathbf{A}}$ 的源為 $\vec{\mathbf{I}}\,d\ell$，其單位為安培米，恰好與電位 V 源的電荷單位相差速度的單位。這個觀察與「電流為移動中的電荷」的講法一致。當然，速度是具有方向的量。

▌註 3 靜電場的介電係數 ε_0 出現在分母；靜磁場的導磁係數 μ_0 出現在分子。

第 2 章談過計算電場的散度可以求得場源——電荷密度，即

$$\nabla\cdot\vec{\mathbf{D}}=\rho_v \tag{2-18}$$

同樣地，計算磁場的散度可以求得場源–磁荷或磁荷密度。但是，磁場的來源為電流，是環繞在電流外圍。不像電場是發於正電荷、止於負電荷。若沿著磁場走，發現磁場沒有所謂的起點與終點，也就是說不會發現磁荷的。換言之

$$\nabla\cdot\vec{\mathbf{B}}=0 \tag{3-16}$$

3-16 式的證明可以引用 1-44 式的敘述：向量場的旋度不具散度，即

$$\nabla\cdot\vec{\mathbf{B}}=\nabla\cdot(\nabla\times\vec{\mathbf{A}})=0$$

在靜磁場中，推導得磁位 $\vec{\mathbf{A}}$ 的散度也為零，即

$$\nabla\cdot\vec{\mathbf{A}}=0 \tag{3-17}$$

例題 3.23

由例題 3.11 知一超長直螺線管中心軸(z 軸)的磁場強度為 $\vec{\mathbf{H}} \approx \frac{NI}{L}\hat{\mathbf{z}}$。求螺線管內部的磁通密度 $\vec{\mathbf{B}}$ 與磁位 $\vec{\mathbf{A}}$。

解　假設螺線管置於空氣中，所以

$$\vec{\mathbf{B}} = \mu_0\mu_r\vec{\mathbf{H}} = \mu_0\vec{\mathbf{H}} = \mu_0 I\frac{N}{L}\hat{\mathbf{z}}$$

從3-13式知 $\vec{\mathbf{B}} = \nabla\times\vec{\mathbf{A}}$

依旋度的定義(圓柱座標系統)得

$$\nabla\times\vec{\mathbf{A}} = \frac{1}{r}\begin{vmatrix} \hat{r} & r\hat{\boldsymbol{\phi}} & \hat{\mathbf{z}} \\ \frac{\partial}{\partial r} & \frac{\partial}{\partial \phi} & \frac{\partial}{\partial z} \\ A_r & rA_\phi & A_z \end{vmatrix}$$

(1) $\frac{1}{r}\left[\frac{\partial}{\partial r}(rA_\phi) - \frac{\partial}{\partial \phi}(A_r)\right]\hat{\mathbf{z}} = \mu_0 I\frac{N}{L}\hat{\mathbf{z}}$

即磁位 $\vec{\mathbf{A}}$ 只有兩分量，或表為 $\vec{\mathbf{A}} = A_r\hat{\mathbf{r}} + A_\phi\hat{\boldsymbol{\phi}}$

借用3-17式 $\nabla\cdot\vec{\mathbf{A}} = 0$ 得

(2) $\frac{1}{r}\frac{\partial}{\partial r}(rA_r) + \frac{1}{r}\frac{\partial}{\partial \phi}(A_\phi) = 0$

因螺線管的對稱性，所以場在固定半徑上的切線方向應為定值，也就是與變數(ϕ)無關。故(1)式中 $\frac{\partial}{\partial \phi}(A_r) = 0$ 及(2)式中 $\frac{1}{r}\frac{\partial}{\partial \phi}(A_\phi) = 0$。

所以(1)式及(2)式分別改寫為 $\frac{\partial}{\partial r}(rA_\phi) = \mu_0 I\frac{N}{L}r$ 及 $\frac{\partial}{\partial \phi}(rA_r) = 0$

分別積分得 $rA_\phi = \mu_0 I\frac{N}{L}\frac{r^2}{2} + C$ 及 $rA_r = K$ (C與K為積分常數)

或 $A_\phi = \mu_0 I\frac{N}{L}\frac{r}{2} + \frac{C}{r}$ 及 $A_r = \frac{K}{r}$

將$r \to 0$極限代入，C與K必須為零，否則場將為無解。

最後解得

$$A_\phi = \frac{\mu_0 I}{2}\frac{N}{L}r \text{ 及 } A_r = 0$$

或

$$\vec{\mathbf{A}} = A_\phi \hat{\boldsymbol{\phi}} = \frac{\mu_0 I}{2} \frac{N}{L} r \hat{\boldsymbol{\phi}}$$

注意　有時將 $\frac{N}{L}$ 項表為線圈的單位長度密度，並以符號 n 代表，故有 $\vec{\mathbf{A}} = \frac{\mu_0 n I}{2} r \hat{\boldsymbol{\phi}}$ 的表示寫法。

例題 3.24

若空間中存在一均勻磁場 $\vec{\mathbf{B}} = b\hat{\mathbf{z}}$。求磁位 $\vec{\mathbf{A}}$。

解　引用 $\vec{\mathbf{B}} = \nabla \times \vec{\mathbf{A}}$

旋度定義 $\nabla \times \vec{\mathbf{A}} = \frac{1}{r} \begin{vmatrix} \hat{\mathbf{r}} & r\hat{\boldsymbol{\phi}} & \hat{\mathbf{z}} \\ \frac{\partial}{\partial r} & \frac{\partial}{\partial \phi} & \frac{\partial}{\partial z} \\ A_r & rA_\phi & A_z \end{vmatrix}$

得

$$\frac{1}{r}\left[\frac{\partial}{\partial r}(rA_\phi) - \frac{\partial}{\partial \phi}(A_r)\right]\hat{\mathbf{z}} = b\hat{\mathbf{z}}$$

因爲磁場 $\vec{\mathbf{B}} = b\hat{\mathbf{z}}$ 爲均勻場，所以並無所謂的徑向分量，即

$$A_r = 0$$

整理得

$$\frac{\partial}{\partial r}(rA_\phi) = br$$

積分得

$$A_\phi = \frac{b}{2}r + \frac{C}{r}$$

對於任意位置 r 包括 $r = 0$，場應用有所定義(不爲無窮大)，所以積分常數 C 必須爲零。最後

$$\vec{\mathbf{A}} = \frac{b}{2} r \hat{\boldsymbol{\phi}}$$

這個結果看似矛盾：怎麼定義 r？

假設有一大口徑的螺線管，則在軸心附近區域可近似爲均勻場。這個 $\vec{B}$ 場既不是徑向的($\hat{\mathbf{r}}$)、也不是環繞的($\hat{\boldsymbol{\phi}}$)，只是純粹的軸向($\hat{\mathbf{z}}$)。還有，$\vec{A}$ 與 $\vec{I}$ 同方向。

3-6 磁性材料、磁化與磁場邊界條件

本節將以與靜電場中的相對應觀念及關係間進行比較的方式介紹，以利讀者學習新課題的效率。首先就靜電場中的介電、極化特性與靜磁場中的導磁(磁化)特性一一對照，並列於表 3.3。

表 3.3 介電、極化特性與導磁、磁化特性的比較

	電場($\vec{\mathbf{E}}$、$\vec{\mathbf{D}}$)	磁場($\vec{\mathbf{H}}$、$\vec{\mathbf{B}}$)
偶極矩	$\vec{\mathbf{p}} = Q\vec{\mathbf{d}}$	$\vec{\mathbf{m}}$
極化、磁化	$\vec{\mathbf{D}} = \varepsilon_0\vec{\mathbf{E}} + \vec{\mathbf{P}}$	$\vec{\mathbf{B}} = \mu_0(\vec{\mathbf{H}} + \vec{\mathbf{M}})$
極化率、磁化率	$\vec{\mathbf{P}} = \chi_e\varepsilon_0\vec{\mathbf{E}}$	$\vec{\mathbf{M}} = \chi_m\vec{\mathbf{H}}$
相對係數	$\vec{\mathbf{D}} = \varepsilon_0\varepsilon_r\vec{\mathbf{E}} = \varepsilon\vec{\mathbf{E}}$ $\varepsilon_r = (1+\chi_e)$	$\vec{\mathbf{B}} = \mu_0\mu_r\vec{\mathbf{H}} = \mu\vec{\mathbf{H}}$ $\mu_r = (1+\chi_m)$

微觀下的極化、磁化現象為單原子所形成的電偶極矩、磁偶極矩(如第一項所列)；物質或材料在電場或磁場影響下也呈現極化、磁化現象(如第二項所列)。電位移 $\vec{\mathbf{D}}$ 與電場 $\vec{\mathbf{E}}$ 同向、(電)極化 $\vec{\mathbf{P}}$ 的單位與電位移 $\vec{\mathbf{D}}$ 相同(C/m^2)；磁化 $\vec{\mathbf{M}}$ 的方向、單位(A/m)與磁場強度 $\vec{\mathbf{H}}$ 相同，如第三項所示。極化率 χ_e 與磁化率 χ_m 都是沒有單位的。第四項的相對介電係數與相對磁化係數具有一樣的表示式。

依據相對磁化係數 μ_r 與磁化率 χ_m 值的大小，一般將材料分為下列三種：

(1) 抗磁性：μ_r 值略小於 1 或 χ_m 值為很小的負數，如金、銀、銅($\chi_m \approx -3\times10^{-5}$)

(2) 順磁性：μ_r 值略大於 1 或 χ_m 值為很小的正數，如鋁、鎂($\chi_m \approx +2\times10^{-5}$)

(3) 鐵磁性：μ_r 與 χ_m 值均遠大於 1，如鐵($\chi_m \approx +4000$)、鈷($\chi_m \approx +600$)

綜觀發現：電場與磁場間存在很類似的關係，甚至連介質間的邊界(界面)條件也有很類似的形式。

回顧靜電場中的邊界條件：

$$E_{t1} = E_{t2} \text{(電場強度在平行界面的分量連續)} \quad (2\text{-}25)$$

$$D_{n1} = D_{n2} \text{(電通密度在垂直界面的分量連續)} \quad (2\text{-}26)$$

靜磁場中的邊界條件為

$$H_{t1} = H_{t2} \text{(磁場強度在平行界面的分量連續)} \quad (3\text{-}18)$$

$$B_{n1} = B_{n2} \text{(磁通密度在垂直界面的分量連續)} \quad (3\text{-}19)$$

3-18 式與 3-19 式的推導過程請參考圖 3.5，若在界面的兩側應用安培定律，即執行一個對磁場強度 $\vec{\mathbf{H}}$ 的封閉路徑積分，所得到的結果為零。因為磁場強度 $\vec{\mathbf{H}}$ 對封閉路徑積分的結果為電流源，而界面上並不存在任何電流。因此

$$\oint_C \vec{\mathbf{H}}\cdot d\vec{\ell} = \int_A^B \vec{\mathbf{H}}\cdot d\vec{\ell} + \int_B^C \vec{\mathbf{H}}\cdot d\vec{\ell} + \int_C^D \vec{\mathbf{H}}\cdot d\vec{\ell} + \int_D^A \vec{\mathbf{H}}\cdot d\vec{\ell} = 0$$

上式的第二、四項積分為零，因為 $\overline{BC} \to 0$ 、 $\overline{AD} \to 0$；又 $\vec{\mathbf{H}}\cdot d\vec{\ell}$ 代表 $\vec{\mathbf{H}}$ 必須與 $d\vec{\ell}$ 平積分結果方不為零，因此 $\vec{\mathbf{H}}$ 與界面平行的分量(H_t)對積分才有貢獻，同時 $\vec{\mathbf{H}}$ 垂直界面的分量(H_n)對積分並無貢獻。另外，路徑 $A \to B$ 與路徑 $D \to A$ 反向且長度相等，所以

$$\oint_C \vec{\mathbf{H}}\cdot d\vec{\ell} = H_{t1}L - H_{t2}L = 0$$

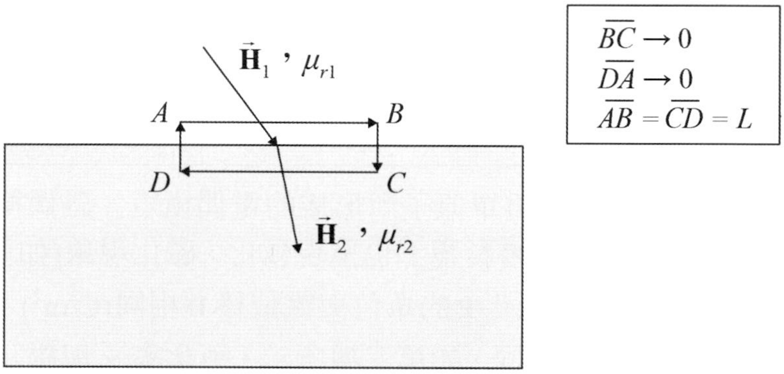

圖 3.5 平行界面的磁場強度分量連續。

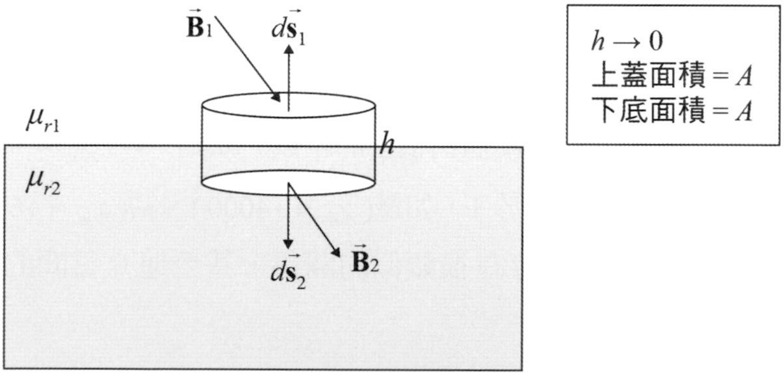

圖 3-6 垂直界面的磁通密度分量連續。

最後得 3-18 式

$$H_{t1} = H_{t2}$$

參考圖 3.6，同樣地在界面的兩側建立一超短圓筒柱面：上蓋與下底的面積均為 A、柱高 h 趨近於零。求總磁通量得

$$\oint_S \vec{\mathbf{B}} \cdot d\vec{\mathbf{s}} = \int_{蓋} \vec{\mathbf{B}} \cdot d\vec{\mathbf{s}}_1 + \int_{底} \vec{\mathbf{B}} \cdot d\vec{\mathbf{s}}_2 + \int_{側} \vec{\mathbf{B}} \cdot d\vec{\mathbf{s}} = 0$$

其中上蓋與下底的方向反向、柱高 $h \to 0$；$\vec{\mathbf{B}} \cdot d\vec{\mathbf{s}}$ 代表 $\vec{\mathbf{B}}$ 必須與 $d\vec{\mathbf{s}}$ 平行積分結果方不爲零，因此 $\vec{\mathbf{B}}$ 與上蓋與下底垂直的分量(B_n)對積分才有貢獻，同時 $\vec{\mathbf{B}}$ 平行上蓋與下底的分量(B_t)對積分則無貢獻；因爲柱高 h 趨近於零，所以上式的第三項也毫無貢獻。因此得 3-19 式

$$B_{n1}A - B_{n2}A = 0$$

整理得

$$B_{n1} = B_{n2}$$

▌注意　在圖 3.5 與圖 3.6 中的介質 2 若為完全導體，則導體內的磁場強度 $\vec{\mathbf{H}}$ 與磁通密度 $\vec{\mathbf{B}}$ 均為零。故 3-18 式與 3-19 式改寫為

$$H_t \neq 0 \text{(磁場強度在完全導體面上的分量不爲零)} \tag{3-20}$$

$$B_n = 0 \text{(磁通密度在完全導體內爲零)} \tag{3-21}$$

進一步將電場與磁場的邊界條件結合應用，就是未來要處理電磁波的邊界條件問題，同時處理電場與磁場的邊界條件。這部分以後章節再討論。

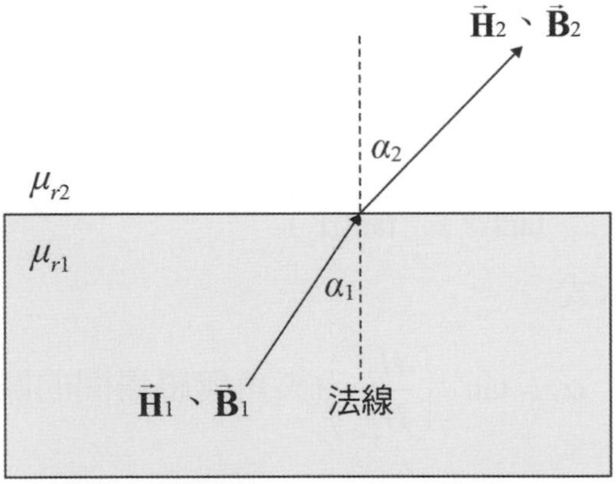

圖 3.7　界面上的入射角與折射角。

邊界問題處理之後，入射角 α_1、折射角 α_2 與相對磁化係數 μ_r 間的關係也是一重要課題。參考圖 3.7，圖裡定義了界面上的法線、入射場的入射角 α_1、折射場的折射角 α_2 等重要參數。法線是與界面垂直的、入射角 α_1 是入射場與法線間的夾角、折射角 α_2 是折射場與法線間的夾角。

依邊界條件

$$H_{1t}=H_{2t}$$

$$B_{1n}=B_{2n}$$

或

$$\mu_{r1}H_{1n}=\mu_{r2}H_{2n} \cdots\cdots (1)$$

將邊界條件代入三角幾何關係分別得

$$H_{1t}=H_1\sin(\alpha_1)\text{；}H_{2t}=H_2\sin(\alpha_2) \cdots\cdots (2)$$

$$H_{1n}=H_1\cos(\alpha_1)\text{；}H_{2n}=H_2\cos(\alpha_2) \cdots\cdots (3)$$

合併(2)、(3)兩式得

$$\tan(\alpha_1)=\frac{H_{1t}}{H_{1n}}\text{ 與 }\tan(\alpha_2)=\frac{H_{2t}}{H_{2n}}$$

由(1)式得

$$\mu_{r1}H_{1n}=\mu_{r1}H_1\cos(\alpha_1)\text{；}\mu_{r2}H_{2n}=\mu_{r2}H_2\cos(\alpha_2) \cdots\cdots (4)$$

將(2)式的 H_1、H_2 代入(4)式得

$$\mu_{r1}\frac{H_{1t}}{\sin(\alpha_1)}\cos(\alpha_1)=\mu_{r2}\frac{H_{2t}}{\sin(\alpha_2)}\cos(\alpha_2)$$

利用 $H_{1t}=H_{2t}$ 的事實得

$$\frac{\mu_{r1}}{\tan(\alpha_1)}=\frac{\mu_{r2}}{\tan(\alpha_2)}$$

綜合上述，得下列表示式

$$\alpha_1=\tan^{-1}\left(\frac{H_{1t}}{H_{1n}}\right)\text{、}\alpha_2=\tan^{-1}\left(\frac{H_{2t}}{H_{2n}}\right)\text{(夾角與磁場間的關係)} \qquad (3\text{-}22)$$

及

$$\frac{\tan(\alpha_1)}{\tan(\alpha_2)}=\frac{\mu_{r1}}{\mu_{r2}}\text{(夾角與相對磁化係數間的關係)} \qquad (3\text{-}23)$$

界面兩側磁通密度 B 間有下列關係：

介質 2 內的磁通密度 B 大小為 $B_2=\sqrt{B_{2n}^2+B_{2t}^2}$

利用 $B_{2n}=B_{1n}=B_1\cos(\alpha_1)$

及 $B_{2t}=\mu_0\mu_{r2}H_{2t}=\mu_0\mu_{r2}H_{1t}=\mu_{r2}\dfrac{B_{1t}}{\mu_{r1}}=\dfrac{\mu_{r2}}{\mu_{r1}}B_1\sin(\alpha_1)$

代入得 $B_2=\sqrt{B_1^2\cos^2(\alpha_1)+B_1^2\left(\dfrac{\mu_{r2}}{\mu_{r1}}\right)^2\sin^2(\alpha_1)}$

$$=B_1\sqrt{\cos^2(\alpha_1)+\left(\frac{\mu_{r2}}{\mu_{r1}}\right)^2\sin^2(\alpha_1)}$$

$$B_2=B_1\sqrt{\cos^2(\alpha_1)+\left(\frac{\mu_{r2}}{\mu_{r1}}\right)^2\sin^2(\alpha_1)}\ \text{(界面兩側磁通密度比)} \qquad (3\text{-}24)$$

另外，界面兩側磁場強度 H 間有下列關係：

介質 2 內的磁場強度 H 大小爲 $H_2=\sqrt{H_{2n}^2+H_{2t}^2}$

利用 $H_{2t}=H_{1t}=H_1\sin(\alpha_1)$

及 $H_{2n}=\dfrac{B_{2n}}{\mu_0\mu_{r2}}=\dfrac{B_{1n}}{\mu_0\mu_{r2}}=\dfrac{\mu_{r1}}{\mu_{r2}}H_{1n}=\dfrac{\mu_{r1}}{\mu_{r2}}H_1\cos(\alpha_1)$

代入得 $H_2=\sqrt{H_1^2\sin^2(\alpha_1)+H_1^2\left(\dfrac{\mu_{r1}}{\mu_{r2}}\right)^2\cos^2(\alpha_1)}$

$$=H_1\sqrt{\sin^2(\alpha_1)+\left(\frac{\mu_{r1}}{\mu_{r2}}\right)^2\cos^2(\alpha_1)}$$

$$H_2=H_1\sqrt{\sin^2(\alpha_1)+\left(\frac{\mu_{r1}}{\mu_{r2}}\right)^2\cos^2(\alpha_1)}\ \text{(界面兩側磁場強度比)} \qquad (3\text{-}25)$$

例題 3.25

假設桌面爲界面，桌板的相對磁化係數 μ_r 爲 12。已知桌面上的磁通密度 $\vec{\mathbf{B}}=3\hat{\mathbf{x}}+2\hat{\mathbf{y}}+\hat{\mathbf{z}}$，求桌面內的 $\vec{\mathbf{H}}$ 與 $\vec{\mathbf{B}}$。

解 桌面上爲空氣($\mu_r=1$)，採取通用座標系統，桌面上爲 $+\hat{\mathbf{z}}$、桌面下爲 $-\hat{\mathbf{z}}$ 桌面是在$x-y$平面。所以桌面上的磁通密度依桌面可分解爲平行分量與垂直分量，即

$$\vec{\mathbf{B}}_1=\vec{\mathbf{B}}_{1t}+\vec{\mathbf{B}}_{1n}=(3\hat{\mathbf{x}}+2\hat{\mathbf{y}})+(\hat{\mathbf{z}})$$

$$\vec{\mathbf{H}}_1=\frac{\vec{\mathbf{B}}_{1t}}{\mu_0}+\frac{\vec{\mathbf{B}}_{1n}}{\mu_0}=\vec{\mathbf{H}}_{1t}+\vec{\mathbf{H}}_{1n}=\frac{3\hat{\mathbf{x}}+2\hat{\mathbf{y}}}{\mu_0}+\frac{\hat{\mathbf{z}}}{\mu_0}$$

利用邊界條件得

$$\vec{\mathbf{H}}_{2t}=\vec{\mathbf{H}}_{1t}=\frac{3\hat{\mathbf{x}}+2\hat{\mathbf{y}}}{\mu_0}$$

$$\vec{\mathbf{B}}_{2n}=\vec{\mathbf{B}}_{1n}=\hat{\mathbf{z}}$$

合併分量求 $\vec{\mathbf{B}}$ 得

$$\vec{\mathbf{B}}_{2}=\vec{\mathbf{B}}_{2t}+\vec{\mathbf{B}}_{2n}=\mu_0\mu_{r2}\vec{\mathbf{H}}_{2t}+\vec{\mathbf{B}}_{2n}$$

$$=12(3\hat{\mathbf{x}}+2\hat{\mathbf{y}})+\hat{\mathbf{z}}$$

另外，$\vec{\mathbf{H}}_{2}=\dfrac{\vec{\mathbf{B}}_{2}}{\mu_0\mu_{r2}}=\dfrac{3\hat{\mathbf{x}}+2\hat{\mathbf{y}}}{\mu_0}+\dfrac{\hat{\mathbf{z}}}{12\mu_0}\ (\mu_{r2}=12)$

類題9 承例題3.25的結果，驗證3-23～3-25各式。

例題 3.26

承例題3.25，假設界面爲黑板 $(\mu_r=12)$ 面，已知的磁通密度 $\vec{\mathbf{B}}=3\hat{\mathbf{x}}+2\hat{\mathbf{y}}+\hat{\mathbf{z}}$ 是在黑板外側，試求黑板內的 $\vec{\mathbf{H}}$ 與 $\vec{\mathbf{B}}$。

解 黑板外爲空氣$(\mu_r=1)$，黑板面爲$x-z$平面，依黑板面分解磁通密度爲

$$\vec{\mathbf{B}}_{1}=\vec{\mathbf{B}}_{1t}+\vec{\mathbf{B}}_{1n}=(3\hat{\mathbf{x}}+\hat{\mathbf{z}})+(2\hat{\mathbf{y}})$$

$$\vec{\mathbf{H}}_{1}=\frac{\vec{\mathbf{B}}_{1t}}{\mu_0}=\frac{\vec{\mathbf{B}}_{1n}}{\mu_0}=\vec{\mathbf{H}}_{1t}+\vec{\mathbf{H}}_{1n}=\frac{3\hat{\mathbf{x}}+\hat{\mathbf{z}}}{\mu_0}+\frac{2\hat{\mathbf{y}}}{\mu_0}$$

利用邊界條件得

$$\vec{\mathbf{H}}_{2t}=\vec{\mathbf{H}}_{1t}=\frac{3\hat{\mathbf{x}}+\hat{\mathbf{z}}}{\mu_0}$$

$$\vec{\mathbf{B}}_{2n}=\vec{\mathbf{B}}_{1n}=2\hat{\mathbf{y}}$$

合併分量求 $\vec{\mathbf{B}}$ 得

$$\vec{\mathbf{B}}_{2}=\vec{\mathbf{B}}_{2t}+\vec{\mathbf{B}}_{2n}=\mu_0\mu_{r2}\vec{\mathbf{H}}_{2t}+\vec{\mathbf{B}}_{2n}=12(3\hat{\mathbf{x}}+\hat{\mathbf{z}})+(2\hat{\mathbf{y}})$$

$$\vec{\mathbf{H}}_{2}=\vec{\mathbf{H}}_{2t}+\vec{\mathbf{H}}_{2n}=\vec{\mathbf{H}}_{2t}+\frac{\vec{\mathbf{B}}_{2n}}{\mu_0\mu_{r2}}$$

$$=\frac{3\hat{\mathbf{x}}+\hat{\mathbf{z}}}{\mu_0}+\frac{\hat{\mathbf{y}}}{6\mu_0}\ (\mu_{r2}=12)=\frac{1}{\mu_0}\left(3\hat{\mathbf{x}}+\hat{\mathbf{z}}+\frac{\hat{\mathbf{y}}}{6}\right)=\frac{1}{6\mu_0}(2\hat{\mathbf{x}}+6\hat{\mathbf{z}}+\hat{\mathbf{y}})$$

例題 3.27

假設空間以 $x=0$ 為界分為兩半，左半的 μ_r 值為 3、右半的 μ_r 值為 5。已知左半空間的磁場強度 $\vec{\mathbf{H}}=4\hat{\mathbf{x}}+3\hat{\mathbf{y}}-6\hat{\mathbf{z}}$，求右半空間的 $\vec{\mathbf{H}}$ 與 $\vec{\mathbf{B}}$。

解　界面為 $y-z$ 平面，依 $x=0$ 為界面分解磁場強度為

$$\vec{\mathbf{H}}_{t1}=3\hat{\mathbf{y}}-6\hat{\mathbf{z}}\Rightarrow\vec{\mathbf{B}}_{t1}=\mu_0\mu_{r1}\vec{\mathbf{H}}_{t1}=\mu_0(9\hat{\mathbf{y}}-18\hat{\mathbf{z}})$$

$$\vec{\mathbf{H}}_{t1}=4\hat{\mathbf{x}}\Rightarrow\vec{\mathbf{B}}_{n1}=\mu_0\mu_{r1}\vec{\mathbf{H}}_{n1}=12\mu_0\hat{\mathbf{x}}$$

利用邊界條件得

$$\vec{\mathbf{H}}_{t2}=\vec{\mathbf{H}}_{t1}=3\hat{\mathbf{y}}-6\hat{\mathbf{z}}$$

$$\vec{\mathbf{B}}_{n2}=\vec{\mathbf{B}}_{n1}=12\mu_0\hat{\mathbf{z}}$$

合併分量求 $\vec{\mathbf{B}}$ 得

$$\vec{\mathbf{B}}_2=\vec{\mathbf{B}}_{t2}+\vec{\mathbf{B}}_{n2}=\mu_0\mu_{r2}\vec{\mathbf{H}}_{t2}+\vec{\mathbf{B}}_{n2}$$

$$=5\mu_0(3\hat{\mathbf{y}}-6\hat{\mathbf{z}})+12\mu_0\hat{\mathbf{x}}=\mu_0(12\hat{\mathbf{x}}+15\hat{\mathbf{y}}-30\hat{\mathbf{z}})$$

$$\vec{\mathbf{H}}_2=\frac{\vec{\mathbf{B}}_2}{\mu_0\mu_{r2}}=\frac{12}{5}\hat{\mathbf{x}}+3\hat{\mathbf{y}}-6\hat{\mathbf{z}}$$

例題 3.28

假設 $B_1=3$、入射角 $\alpha_1=45°$、$\mu_{r1}=1$、$\mu_{r2}=5$，求折射角 α_2、B_2、H_2。

解　利用公式3-23

$$\frac{\tan(\alpha_2)}{\tan(45°)}=\frac{5}{1}\text{，}\alpha_2=\tan^{-1}[5\cdot\tan(45°)]\approx 78.7°$$

利用公式3-24

$$B_2=3\sqrt{\cos^2(45)+\left(\frac{5}{1}\right)^2\sin^2(45)}\approx 15.3$$

$$H_2=\frac{B_1}{\mu_0\mu_{r1}}\sqrt{\sin^2(\alpha_1)+\left(\frac{\mu_{r1}}{\mu_{r2}}\right)^2\cos^2(\alpha_1)}$$

$$=\frac{3}{\mu_0}\sqrt{\sin^2(45)+\left(\frac{1}{5}\right)^2\cos^2(45)}\approx\frac{3.06}{\mu_0}$$

或是 $H_2=\dfrac{B_2}{\mu_0\mu_{r2}}=\dfrac{15.3}{5\mu_0}=\dfrac{3.06}{\mu_0}$

3-7 磁場中的帶電質點運動

在 3-4 節中曾經比較靜電場的電荷間的電力，與靜磁場中的電流間的磁力：

$$\vec{\mathbf{F}}_{ab} = \frac{1}{4\pi\varepsilon_0}\frac{Q_aQ_b}{r^2}\hat{\mathbf{r}} \tag{2-1}$$

$$\vec{\mathbf{F}}_{ab} = \frac{\mu_0}{4\pi}\oint_a\oint_b\frac{I_a d\vec{\ell}_a \times (I_b d\vec{\ell}_b \times \hat{\mathbf{r}})}{r^2} \tag{3-8}$$

也曾經強調過，電荷(帶電質點)的等速運動產生定電流。因此，電荷在磁場中的等速運動情況可視爲電流在磁場中情況一般，只要電流在垂直磁場方向有分量時，就有磁力存在。這個磁力可由下列公式得到完整描述：假設電荷 Q 在磁場 $\vec{\mathbf{B}}$ 中以等速度 $\vec{\mathbf{u}}$ 移動，則電荷 Q 承受一磁力 $\vec{\mathbf{F}}_m$ 定義爲

$$\vec{\mathbf{F}}_m = Q(\vec{\mathbf{u}} \times \vec{\mathbf{B}}) \tag{3-26}$$

其中符號 $\vec{\mathbf{F}}_m$ 是爲了強調這是個磁力，單位也是牛頓(N)；速度 $\vec{\mathbf{u}}$ 與磁場 $\vec{\mathbf{B}}$ 間的外積則強調兩者間的角度，若是平行則無磁力、若是垂直則所受磁力最大；而磁力 $\vec{\mathbf{F}}_m$ 的方向則垂直於速度 $\vec{\mathbf{u}}$ 與磁場 $\vec{\mathbf{B}}$ 所在的平面。

若是在上述的情況中外加一穩定電場 $\vec{\mathbf{E}}$，則電荷 Q 在電場 $\vec{\mathbf{E}}$ 中也承受庫倫力。當電荷 Q 在同時有電場 $\vec{\mathbf{E}}$ 與磁場 $\vec{\mathbf{B}}$ 存在的空間中作等速度 $\vec{\mathbf{u}}$ 運動時，該電荷 Q 同時承受來自於電場 $\vec{\mathbf{E}}$ 的庫倫力與來自於磁場 $\vec{\mathbf{B}}$ 的磁力；其總受力則爲兩力的總和(重疊原理)，即

$$\vec{\mathbf{F}} = \vec{\mathbf{F}}_e + \vec{\mathbf{F}}_m = Q\vec{\mathbf{E}} + Q(\vec{\mathbf{u}} \times \vec{\mathbf{B}}) = Q(\vec{\mathbf{E}} + \vec{\mathbf{u}} \times \vec{\mathbf{B}}) \tag{3-27}$$

3-27 式就是所謂的勞倫茲(Lorentz)力。

例題 3.29

一正電荷 Q 以等速度 $\vec{\mathbf{u}}$ 在一均勻磁場 $\vec{\mathbf{B}}$ 內行進。假設 $\vec{\mathbf{B}} = B_0\hat{\mathbf{z}}$、$\vec{\mathbf{u}} = u_0\hat{\mathbf{y}}$，試求正電荷 Q 所受的磁力。

解　利用公式3-26得

$$\vec{\mathbf{F}}_m = Q(\vec{\mathbf{u}} \times \vec{\mathbf{B}}) = Qu_0B_0(\hat{\mathbf{y}} \times \hat{\mathbf{z}}) = Qu_0B_0\hat{\mathbf{x}}$$

也就是說，該電荷承受向右的力。當電荷被推向右而偏轉的同時，也改變了行進方向。行進方向一改變，受力的方向也隨即改變，如圖例3.29所示。最後，如果速度 $\vec{\mathbf{u}}$ 與磁場 $\vec{\mathbf{B}}$ 都維持不變的話，電荷Q的運動軌跡將會是圓。

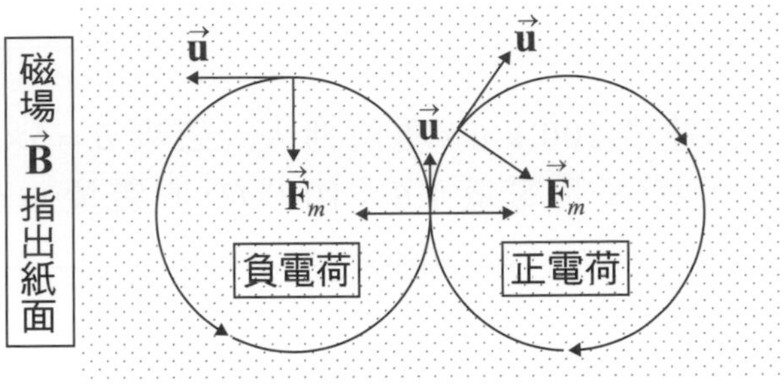

圖例 3.29　電荷在均勻磁場中運動。

類題10 承例題3.29，假設有一電場 $\vec{\mathbf{E}} = E_0\hat{\mathbf{z}}$ (與磁場 $\vec{\mathbf{B}}$ 同向)，討論正電荷Q的運動軌跡。假設電荷Q的質量為m。

例題 3.30

承例題 3.29，將電荷 Q 的電性改為負。重新求負電荷 Q 所受的磁力。

解　因為電性的改變，使得移動中的負電荷呈現反向電流現象，因此受的磁力為原來的反向。利用公式3-26得

$$\vec{\mathbf{F}}_m = -|Q|(\vec{\mathbf{u}}\times\vec{\mathbf{B}}) = -|Q|u_0B_0(\hat{\mathbf{y}}\times\hat{\mathbf{z}}) = -|Q|u_0B_0\hat{\mathbf{x}}$$

例題 3.31

衆所周知的質譜儀即是利用公式 3-26 的應用。若電荷 Q 的質量為 m，請利用例題 3.29 的結果，試求圓軌跡的半徑，並討論電荷質量 m 與速度 $\vec{\mathbf{u}}$ 對圓半徑的影響。

解　在圓周運動中如果切線速度為u、半徑為r、質量為m，則向心力為

$$F = m\frac{u^2}{R}$$

質譜儀內，在磁場 $\vec{\mathbf{B}}$ 中以速度 $\vec{\mathbf{u}}$ 運動的電荷Q所受的磁力，剛好提供這圓周運動所需的向心力，因此

$$F_m = QuB = m\frac{u^2}{R}$$

整理得 $R = \dfrac{mu}{QB}$

其中電荷Q的電性可為正、可為負，如圖例3.29顯示。正電荷的運動軌跡為右圖的圓；負電荷的運動軌跡為左圖的圓。

圓半徑與質量m及速度u成正比，但與電荷量Q及磁場B成反比。

例題 3.32

假設一質子以初速度 100 km/s 垂直進入一磁場 $B = 5\times10^{-3}$T，試求質子的圓運動半徑。若質子帶電量 1.6×10^{-19} C，其質量 $m = 1.67\times10^{-27}$ kg。

解　利用例題3.31的結果

$$R = \frac{mu}{QB} = \frac{(1.67\times10^{-27})(100\times10^{3})}{(1.6\times10^{-19})(5\times10^{-3})} = 0.2088 \text{ m} = 20.88 \text{ cm}$$

應用實例

名稱：磁浮列車

技術：將電能轉變成推進能；將馬達定子攤開排成直線，轉子的旋轉力轉變成推進力

原理：利用磁鐵的吸力與斥力將電能轉變成推進能

說明：磁浮列車藉由磁的吸力和斥力推動的列車(如圖所示)。因列車懸浮於軌道之上，無輪軌磨擦阻力，只有空氣的阻力，因此，最高測試時速可達570公里以上。磁浮技術的研究源於1922年德國，1984年英國伯明罕首創商業用磁浮列車(速度不快)，已於2003年拆除。目前繼續磁浮研究的只有德國、日本、中國，運營中的三條商業磁浮列車線路分別在中國上海、日本愛知縣及韓國仁川。

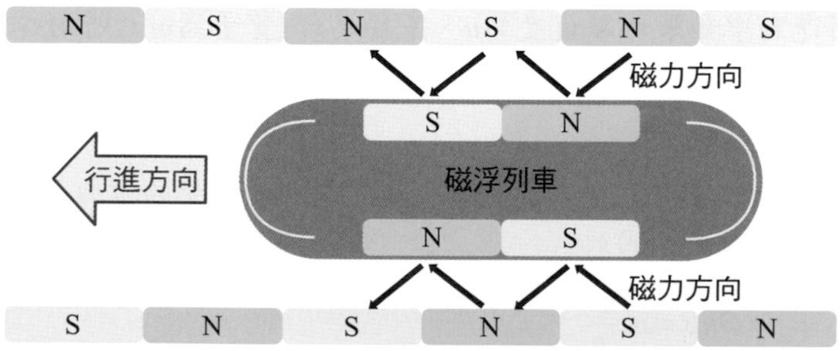

推動磁浮列車原理

3-8 感應電動勢、電感與磁路

3-8-1 感應電動勢

之前所提過的法拉第定律，有時也稱爲「電磁感應」定律。爲何被稱爲電磁感應定律？記得在第 0 章曾談及「電生磁、磁生電」的概念；在這裡電磁感應定律將電場與磁場結合而形成定律的微分形式如下

$$\nabla\times\vec{\mathbf{E}}=-\frac{\partial\vec{\mathbf{B}}}{\partial t} \qquad (3\text{-}28)$$

就是說：電場的旋度恰好等於磁通密度在時間上變化率的負號。再次強調，負號代表的是反方向，而且 3-28 式等號的兩側都是向量場。其積分形式則爲

$$\oint_C\vec{\mathbf{E}}\cdot d\vec{\ell}=-\oint_S\frac{\partial\vec{\mathbf{B}}}{\partial t}\cdot d\vec{\mathbf{s}} \qquad (3\text{-}29)$$

在靜電場與靜磁場中，3-29 式兩側的值都爲零。電場爲保守場，磁場不隨時間變化。進一步推導，對於固定的封閉路徑其區域面積也爲定數，所以改寫 3-29 式的右側爲

$$-\int_S\frac{d\vec{\mathbf{B}}}{dt}\cdot d\vec{\mathbf{s}}=-\frac{d}{dt}\int_S\vec{\mathbf{B}}\cdot d\vec{\mathbf{s}}=\frac{d\Phi}{dt} \qquad (3\text{-}30)$$

其中 $\Phi=\int_S\vec{\mathbf{B}}\cdot d\vec{\mathbf{s}}$ 即爲磁通量。

3-30 式表示：對磁場作封閉路徑積分的結果，剛好等於該區域面積磁通量在時間上變化率的負號。

現在將不再只探討靜電場或靜磁場，否則 3-29 式就沒有存在的餘地。因此，反向去思考其所代表的物理意義。區域面積上的磁通量在什麼情況下會是時間的函數，也就是磁通量的時間變化率不等於零？答案之一是：當供給線圈電源的剎那間或是切斷電源的瞬間；另一答案是：將線圈置放於時變磁場中。兩者都使得 3-30 式不爲零，此時 3-29 式的左側也就不再等於零。3-29 式的左側代表的是電壓(電位差)，也就是「磁通量的時間變化率」的單位。這樣解釋「電磁感應」名稱的由來，磁的變化感應電的壓差；定義這個量爲感應電動勢

$$V_{emf}=\oint_C\vec{\mathbf{E}}\cdot d\vec{\ell}=-\oint_S\frac{\partial\vec{\mathbf{B}}}{\partial t}\cdot d\vec{\mathbf{s}}=-\frac{d\Phi}{dt}\text{(感應電動勢)} \qquad (3\text{-}31)$$

英文縮寫 emf 就是電動勢(electromotive force)的意思。電壓上有差距就會引發電荷移動，也就是電流的流動。

3-8-2 電感

假設線圈的匝數爲 N、電流爲 I，則感應電動勢也爲單匝時的 N 倍，因爲磁通密度 B 爲原來的 N 倍。於此分別定義磁通鏈(Λ)與電感(L)如下：

$$\Lambda = N\Phi(\text{磁通鏈}) \tag{3-32}$$

$$L = \frac{\Lambda}{I} = \frac{N\Phi}{I}(\text{電感}) \tag{3-33}$$

注意事項：這裡須提醒讀者的是線圈內的電流爲 I(直流電)。既然是定電流，磁通密度 B 就不會隨時間變化，也就不會有感應電動勢。這是事實，但要記得討論的前提是「當線圈的電源關或開的瞬間」或「將線圈置放於時變磁場中」。前者線圈內電流在這瞬間自無而有或由高而爲零發生驟變，於此同時磁通密度 B 就會隨時間變化。但也僅存在於瞬間，電流穩定後或完全爲零時，磁通密度 B 就不再隨時間變化，所以感應電動勢也只存在於該瞬間而已。

爲了維持感應電動勢的存在，進一步假設在 N 匝線圈內是時變電流 $i = i(t)$，如交流電，則改寫 3-33 式爲

$$L = \frac{\Lambda}{i} = \frac{N\Phi}{i}(\text{自感}) \tag{3-34}$$

上式爲電感的第一種：自感，其磁通密度 B 由線圈本身內電流所產生的，如公式 3-34；電感的第二種：互感，來自其他線圈磁場變化的影響。

根據 3-34 式，N 匝線圈的總感應電動勢爲

$$V_N = N \cdot V_{emf} = N\frac{d\Phi}{dt} = \frac{d\Lambda}{dt} = L\frac{di}{dt}(\text{總感應電動勢}) \tag{3-35}$$

互感既然是受其他線圈磁場變化而產生的，符號上也必須有所區分。假設線圈 a 有 N_a 匝其電流爲 i_a、線圈 b 有 N_b 匝其電流爲 i_b，則符號 L_{ab} 代表線圈 a 受線圈 b 而形成的電感值；符號 L_{aa} 與 L_{bb} 分別爲線圈 a 與線圈 b 的自感。通過線圈 a 的總磁通量，相當於自有的磁通量 Φ_{aa} 加上來自於線圈 b 磁通量 Φ_{ab}；通過線圈 b 的總磁通量，相當於自有的磁通量 Φ_{bb} 加上來自於線圈 a 磁通量 Φ_{ba}。因此，定義下列各式

$$L_{aa} = \frac{N_a\Phi_{aa}}{i_a} \text{、} L_{bb} = \frac{N_b\Phi_{bb}}{i_b}(\text{自感}) \tag{3-36}$$

$$L_{ab} = \frac{N_b\Phi_{ab}}{i_a} \text{、} L_{ba} = \frac{N_a\Phi_{ba}}{i_b}(\text{互感}) \tag{3-37}$$

$$L_{ab} = L_{ba}(\text{對等互感}) \tag{3-38}$$

結合 3-30 與 3-37 兩式得

$$L_{ab}=\frac{N_b\Phi_{ab}}{i_a}=\frac{N_b}{i_a}\int_{S_b}\vec{\mathbf{B}}_a\cdot d\vec{\mathbf{s}}_b$$

利用下列關係

$$\int_{S_b}\vec{\mathbf{B}}_a\cdot d\vec{\mathbf{s}}_b=\int_{S_b}(\nabla\times\vec{\mathbf{A}}_a)\cdot d\vec{\mathbf{s}}_b=\int_{C_b}\vec{\mathbf{A}}_a\cdot d\vec{\ell}_b$$

及

$$\vec{\mathbf{A}}_a=\frac{\mu_0}{4\pi}N_a i_a\oint_{C_a}\frac{d\vec{\ell}_a}{r}$$

最後有

$$L_{ab}=\frac{\mu_0}{4\pi}N_aN_b\oint_{C_a}\oint_{C_b}\frac{d\vec{\ell}_a\cdot d\vec{\ell}_b}{r}$$

$$=\frac{\mu_0}{4\pi}N_bN_a\oint_{C_b}\oint_{C_a}\frac{d\vec{\ell}_b\cdot d\vec{\ell}_a}{r}=L_{ba}$$

故 3-38 式得到驗證。

3-8-3 磁路

靜電場與靜磁場互相形成對應；電路和磁路也互相形成對應。電路裡的電壓源(電池 V)、電流(I)、電阻(R)分別與磁路裡的磁動勢(NI)、磁通量(Φ)、磁阻($\Re$)相對應。如圖 3.8 所顯示，左圖是簡單的電路，含電池、電阻及電流；右圖是磁路，含磁動勢、磁阻及磁通量。其中磁阻的觀念是來自於磁路的基本特性：長、寬、截面積、材料，是必須經由細心計算得來的，不像電路中的電阻是元件、是負載，電阻值是固定的而且是主要的「阻力」來源。相對應元素如下面所列：

$$V=\oint\vec{\mathbf{E}}\cdot d\vec{\ell}\leftrightarrow NI=\oint\vec{\mathbf{H}}\cdot d\vec{\ell}$$

$$I=\int_S\vec{\mathbf{J}}\cdot d\vec{\mathbf{s}}\leftrightarrow\Phi=\int_S\vec{\mathbf{B}}\cdot d\vec{\mathbf{s}}$$

$$\text{電阻 }R=\frac{\ell}{\sigma A}\leftrightarrow\text{磁阻 }\Re=\frac{\ell}{\mu A}$$

其中

$\sigma=$ 導線導電率 $\leftrightarrow$ $\mu=$ 線圈材料導磁係數

$\ell=$ 導線長度 $\leftrightarrow$ $\ell=$ 線圈長度

$A=$ 導線截面積 $\leftrightarrow$ $A=$ 線圈截面積

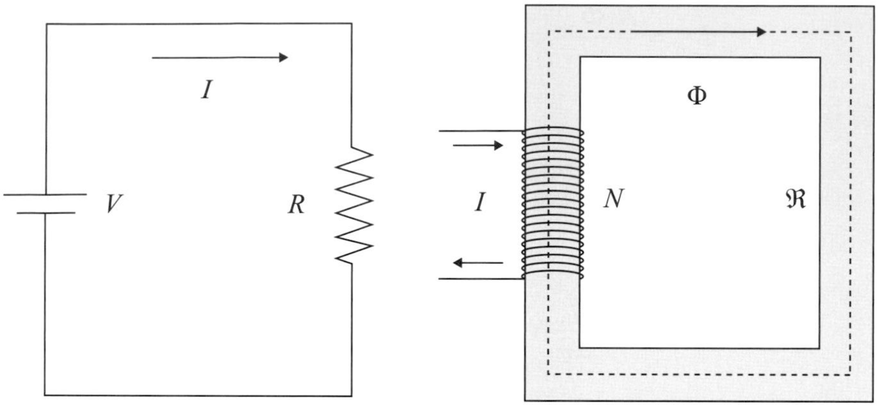

圖 3.8 電路和磁路。

另外，電路和磁路的方程式分別爲

$$V = IR \leftrightarrow NI = \Phi\Re$$

例題 3.33

一環狀螺線管內徑爲 R_i、外徑爲 R_0、線圈匝數爲 N、管內材料爲 μ、截面高爲 h。假設這是一個理想電感器，試求其電感值。

解 假設管內電流爲 i 並假想管內一封閉路徑 C 其半徑 r 正好介於內徑 R_i 與外徑 R_0 間，利用安培定律公式得

$$\oint_C \vec{\mathbf{H}} \cdot d\vec{\ell} = 2\pi r H_\phi = Ni$$

$$\vec{\mathbf{H}} = \frac{Ni}{2\pi r}\hat{\phi}$$

$$\vec{\mathbf{B}} = \mu\vec{\mathbf{H}} = \frac{\mu Ni}{2\pi r}\hat{\phi}$$

總磁通量

$$\Phi = \oint_S \vec{\mathbf{B}} \cdot ds\hat{\phi} = \int_{R_i}^{R_0} \frac{\mu Ni}{2\pi r}(h\,dr) = \mu\frac{Ni}{2\pi}h\ell\text{n}\left(\frac{R_0}{R_i}\right)$$

磁通鏈

$$\Lambda = N\Phi = \mu\frac{N^2 i}{2\pi}h\ell\text{n}\left(\frac{R_0}{R_i}\right)$$

電感值

$$L = \frac{\Lambda}{i} = \frac{N\Phi}{i} = \mu\frac{N^2}{2\pi}h\ell\text{n}\left(\frac{R_0}{R_i}\right)$$

例題 3.34

兩同軸直螺線管一長一短、一細一粗，長細管 a 的線圈匝數、長度、半徑分別為 N_a、ℓ_a、R_a；短粗管 b 則為 N_b、ℓ_b、R_b，且 $\ell_a > \ell_b$、$R_b > R_a$。短粗管被置於長細管的中心，試求理想狀態下的互感。

解　假設電流為i，由經驗得知直螺線管內的磁通密度為

$B = \mu_0 \dfrac{\text{匝數}\cdot\text{電流}}{\text{重疊長度}}$，其中重疊部分為短管的長度$\ell_b$

所以

$$B_b = \mu_0 \frac{N_b \cdot i}{\ell_b}\ ;\quad \Phi_{ba} = (\pi R_a^2)B_b = \mu_0 \frac{N_b i(\pi R_a^2)}{\ell_b}\ ;$$

$$\Lambda_{ba} = N_a \Phi_{ba} = \mu_0 \frac{N_a N_b i(\pi R_a^2)}{\ell_b}\ ;\quad L_{ba} = \frac{\Lambda_{ba}}{i} = \mu_0 \frac{N_a N_b (\pi R_a^2)}{\ell_b}$$

同理，$L_{ab} = \dfrac{\Lambda_{ab}}{i} = \mu_0 \dfrac{N_a N_b (\pi R_a^2)}{\ell_b}$

故得，$L_{ab} = L_{ba} = \mu_0 \dfrac{N_a N_b (\pi R_a^2)}{\ell_b}$

類題11 承例題3.34，若細管a的線圈匝數、半徑、長度分別為1000、1 cm、0.5 m，粗管b為2000、2 cm、0.5 m，試求互感值。

例題 3.35

兩同軸大小單線圈半徑分別為 R 與 r、相距 h 米(如圖例 3.35)。試求互感值。

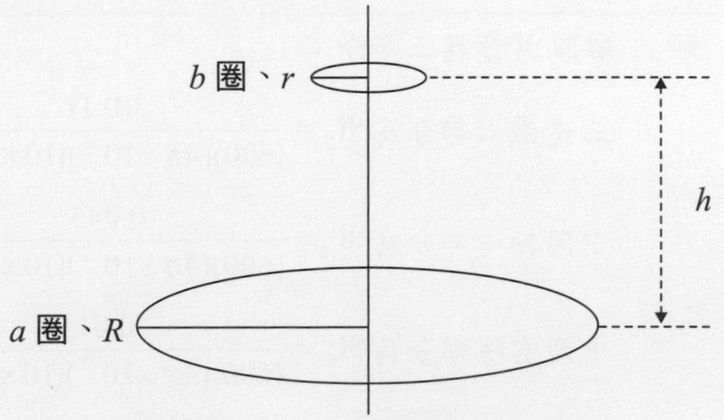

圖例 3.35　兩單線圈的互感。

解　假設兩管電流均為i且 $h \gg R \gg r$

由a線圈在軸向產生的磁通密度為

$$B_a = \mu_0 \frac{i \cdot R^2}{2(R^2+h^2)^{3/2}} \approx \mu_0 \frac{iR^2}{2h^3} \,(h \gg R)$$

因爲b線圈的半徑很小，可以合理假設通過b線圈的磁通密度B_a是均勻的。因此磁通量爲

$$\Phi_{ab} = \oint_{S_b} \vec{\mathbf{B}}_a \cdot d\vec{\mathbf{s}}_b \approx B_a \oint_{s_b} ds_b = \mu_0 \frac{iR^2}{2h^3}(\pi r^2)$$

$$L_{ab} = \frac{\Phi_{ab}}{i} = \mu_0 \frac{\pi r^2 R^2}{2h^3}$$

例題 3.36

如果圖 3.8 之右側爲鐵心線圈，截面積爲 5 cm^2、長 20 cm、寬 15 cm，鐵的相對導磁係數爲 1000、線圈匝數爲 120、電流爲 2.5 安培，求總磁通量。

解　利用磁路方程式之前，必須先求得磁阻$\Re$

$$\Re = \frac{\ell}{\mu A} = \frac{2(0.2+0.15)}{(1000)(4\pi\times10^{-7})(5\times10^{-4})} = 1.114\times10^6$$

$$\Phi = \frac{NI}{\Re} = \frac{120\cdot 2.5}{1.114\times10^6} \approx 0.269\times10^{-3}\ \text{Wb}$$

例題 3.37

如圖例 3.37 所示，兩正方形鐵心線圈共用中間軸段，其中鐵的相對導磁係數(μ_r)爲 600、空隙(G)爲 1 cm、鐵心截面積(A)爲 10 cm^2、邊長(S)爲 10 cm、線圈匝數(N)爲 250、電流(I)爲 25 安培，求空隙的磁場強度。

解　磁阻$\Re$分爲三部分：

三邊鐵心部分爲 $\Re_S = \dfrac{3(0.1)}{(600)(4\pi\times10^{-7})(10\times10^{-4})} = 3.799\times10^5$ (兩個並聯)

中間軸心部分爲 $\Re_A = \dfrac{0.045}{(600)(4\pi\times10^{-7})(10\times10^{-4})} = 5.968\times10^4$ (兩個串聯)

中間空隙部分爲 $\Re_G = \dfrac{0.01}{(600)(4\pi\times10^{-7})(10\times10^{-4})} = 1.326\times10^4$

總磁阻 $\Re = \Re_G + 2\Re_A + 0.5\Re_S = 3.316\times10^5$

$$\Phi_G = \frac{NI}{\Re} = \frac{(250)(25)}{3.316\times10^5} \approx 18.85\text{mWb}$$

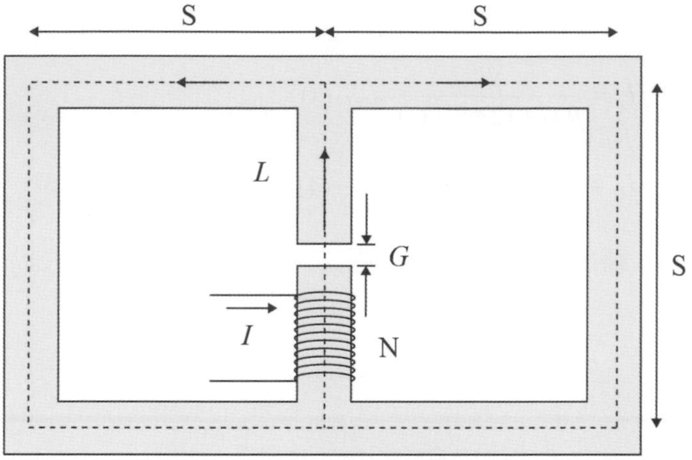

圖例 3.37　兩鐵心線圈並聯。

$$B_G = \frac{\Phi_G}{A} = \frac{18.85\times10^{-3}}{10\times10^{-4}} = 18.85\text{T}$$

$$H_G = \frac{B_G}{\mu_0} = \frac{18.85}{4\pi\times10^{-7}} = 15\text{MA/m}$$

例題 3.38

假設有一環狀螺線管半徑爲 R 存在一空隙爲 G，軸心爲鐵其相對導磁係數爲 μ_r、截面半徑爲 a、線圈匝數爲 N、電流爲 I。在理想狀態下求管內及空隙中的磁場強度 H_T 與 H_G。

解　經驗得知管內的磁場方向是環繞的 $\hat{\phi}$，利用安培定律得

$$\oint_C \vec{\mathbf{H}}\cdot d\vec{\ell} = H_G\cdot G + H_T(2\pi R - G) = NI \quad\cdots\cdots(1)$$

另外，螺線管截面面積 $A=\pi a^2$，則磁通密度與磁通量分別爲

$$B_G = \mu_0 H_G \text{，} \Phi_G = B_G A = \mu_0 H_G A$$

$$B_T = \mu_0\mu_r H_T \text{，} \Phi_T = B_T A = \mu_0\mu_r H_T A$$

與電路一樣，一迴路一電流；磁路也是一樣，一迴路一磁通量

即 $\Phi_G = \Phi_T$，或是 $B_G = B_T$、$H_G = \mu_r H_T$ ……(2)

將(2)式代入(1)式得

$$\mu_r H_T G + H_T(2\pi R - G) = NI$$

最後

$$H_T = \frac{NI}{\mu_r G + (2\pi R - G)} \cdots\cdots(3)$$

$$H_G = \frac{\mu_r NI}{\mu_r G + (2\pi R - G)} \cdots\cdots(4)$$

類題12 承例題3.38，藉由結果證明磁路方程式 $NI = \Phi(\Re_G + \Re_T)$ 。

重要公式

1. 比歐-沙瓦特定律：$\vec{\mathbf{H}} = \int_{-\infty}^{\infty} \frac{Id\vec{\ell} \times \hat{\mathbf{R}}}{4\pi R^2}$

2. 安培定律的積分形式：$\oint_C \vec{\mathbf{H}} \cdot d\vec{\ell} = I_C$

3. 安培定律的微分形式：$\nabla \times \vec{\mathbf{H}} = \vec{\mathbf{J}}$

4. 磁通密度與磁場強度的關係：$\vec{\mathbf{B}} = \mu \vec{\mathbf{H}} = \mu_r \mu_0 \vec{\mathbf{H}}$

5. 磁通量：$\Phi = \int_S \vec{\mathbf{B}} \cdot d\vec{\mathbf{s}}$

6. 高斯磁定律：$\nabla \cdot \vec{\mathbf{B}} = 0$

7. 導線間的磁力：$\vec{\mathbf{F}}_{ab} = \frac{\mu_0}{4\pi} \oint_a \oint_b \frac{I_a d\vec{\ell}_a \times (I_b d\vec{\ell}_b \times \hat{\mathbf{r}})}{r^2}$

8. 磁場中直導線長所受的磁力：$\vec{\mathbf{F}} = I\vec{\mathbf{L}} \times \vec{\mathbf{B}}$

9. 向量磁位與磁通密度的關係：$\vec{\mathbf{B}} = \nabla \times \vec{\mathbf{A}}$

10. 向量磁位：$\vec{\mathbf{A}} = \frac{\mu_0 I}{4\pi} \oint \frac{d\vec{\ell}}{R}$

11. 向量磁位的散度：$\nabla \cdot \vec{\mathbf{A}} = 0$

12. 磁場強度的邊界條件：$H_{t1} = H_{t2}$

13. 磁通密度的邊界條件：$B_{n1} = B_{n2}$

14. 入射角與磁場強度的關係：$\alpha_1 = \tan^{-1}\left(\frac{H_{1t}}{H_{1n}}\right)$

15. 折射角與磁場強度的關係：$\alpha_2 = \tan^{-1}\left(\dfrac{H_{2t}}{H_{2n}}\right)$

16. 入射角、折射角與相對介電係數間的關係：$\dfrac{\tan(\alpha_1)}{\tan(\alpha_2)} = \dfrac{\mu_{r1}}{\mu_{r2}}$

17. 界面兩側的磁通密度：$B_2 = B_1\sqrt{\cos^2(\alpha_1) + \left(\dfrac{\mu_{r2}}{\mu_{r1}}\right)^2 \sin^2(\alpha_1)}$

18. 界面兩側的磁場強度：$H_2 = H_1\sqrt{\sin^2(\alpha_1) + \left(\dfrac{\mu_{r1}}{\mu_{r2}}\right)^2 \cos^2(\alpha_1)}$

19. 磁場中運動電荷所受的磁力：$\vec{\mathbf{F}}_m = Q(\vec{\mathbf{u}} \times \vec{\mathbf{B}})$

20. 勞倫茲力：$\vec{\mathbf{F}} = \vec{\mathbf{F}}_e + \vec{\mathbf{F}}_m = Q\vec{\mathbf{E}} + Q(\vec{\mathbf{u}} \times \vec{\mathbf{B}}) = Q(\vec{\mathbf{E}} + \vec{\mathbf{u}} \times \vec{\mathbf{B}})$

21. 電磁感應定律的微分形式：$\nabla \times \vec{\mathbf{E}} = -\dfrac{\partial \vec{\mathbf{B}}}{\partial t}$

22. 電磁感應定律的積分形式：$\oint_C \vec{\mathbf{E}} \cdot d\vec{\ell} = -\oint_S \dfrac{\partial \vec{\mathbf{B}}}{\partial t} \cdot d\vec{\mathbf{s}}$

23. 感應電動勢：$V_{emf} = \oint_C \vec{\mathbf{E}} \cdot d\vec{\ell} = -\oint_S \dfrac{\partial \vec{\mathbf{B}}}{\partial t} \cdot d\vec{\mathbf{s}} = -\dfrac{d\Phi}{dt}$

24. 磁通鏈：$\Lambda = N\Phi$

25. 電感：$L = \dfrac{\Lambda}{I} = \dfrac{N\Phi}{I}$

26. 總感應電動勢：$V_N = N \cdot V_{emf} = N\dfrac{d\Phi}{dt} = \dfrac{d\Lambda}{dt} = L\dfrac{di}{dt}$

27. 自感：$L_{aa} = \dfrac{N_a \Phi_{aa}}{i_a}$、$L_{bb} = \dfrac{N_b \Phi_{bb}}{i_b}$

28. 互感：$L_{ab} = \dfrac{N_b \Phi_{ab}}{i_a}$、$L_{ba} = \dfrac{N_a \Phi_{ba}}{i_b}$

29. 對等互感：$L_{ab} = L_{ba}$

習題

★表示難題。

3.1 假設一磁場$\vec{\mathbf{B}} = \hat{\phi} a/r$，試求通過$R_i \le r \le R_0$、$Z_i \le z \le Z_0$平面的磁通量。

3.2 假設一長直導線帶有電流$I_{\hat{z}}$，試求其磁通密度$\vec{\mathbf{B}}$。

3.3 利用比歐-沙瓦特定律求圖 P3.3 中心點的磁場強度。

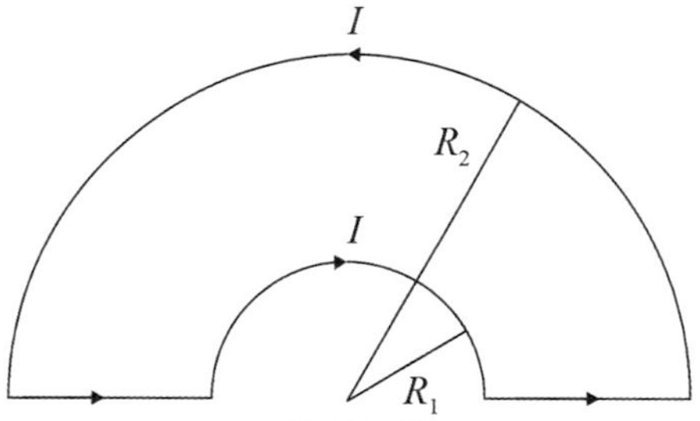

圖 P3.3

3.4 無限長的同心中空圓柱導體(R_a，R_b，R_c)，外導體具厚度($R_c - R_b$)，通有電流 I(內導體流出紙面、外導體流進紙面)，如圖 P3.4，求各區域的磁場強度。

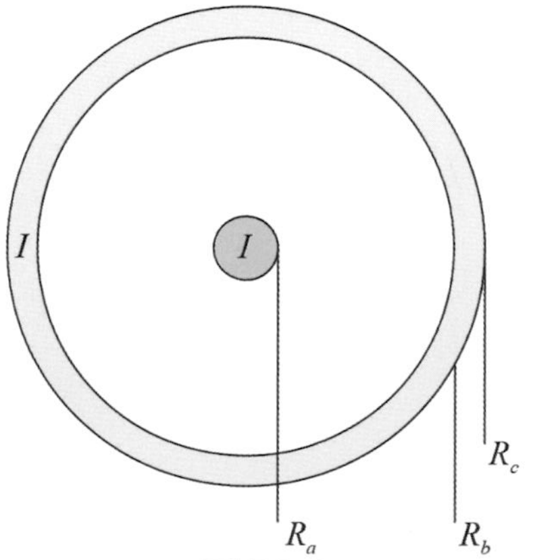

圖 P3.4

3.5 長度爲 L 的同心中空圓柱導體(R_i，R_0)，外導體厚度薄可忽略，通有電流 I，如圖 P3.5，求內部磁通量。

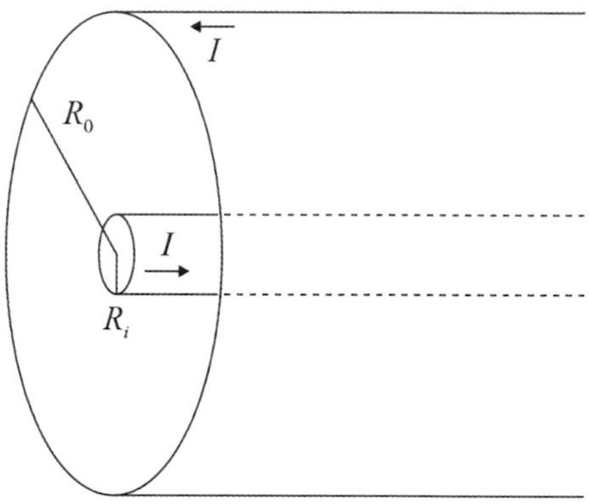

圖 P3.5

3.6 直導線長 10 米置於 x 軸上$-5 \le x \le 5$ 處。試求在 y 軸 4 米處的磁場強度。

3.7 直導線長2米置於x軸上$3 \le x \le 5$處。試求在 y 軸 4 米處的磁場強度。

★ 3.8 L 形導線如圖 P3.8 所示。試求在(3, 4)處的磁場強度。

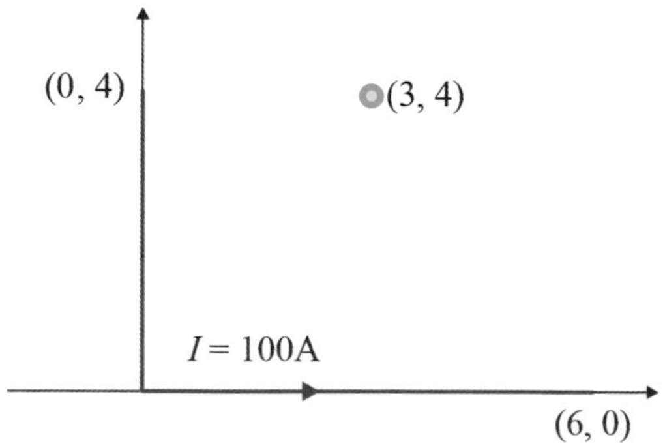

圖 P3.8

★ 3.9 求矩形單匝導線內任意點 P 處(共平面)的磁場強度，如圖 P3.9 所示。

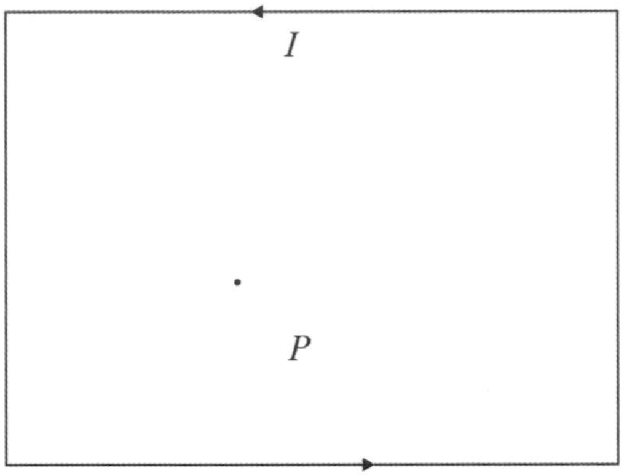

圖 P3.9

★ 3.10 直圓導線如圖 P3.10 所示，電流為 I、半徑為 R，求中心 P 點的磁場強度。

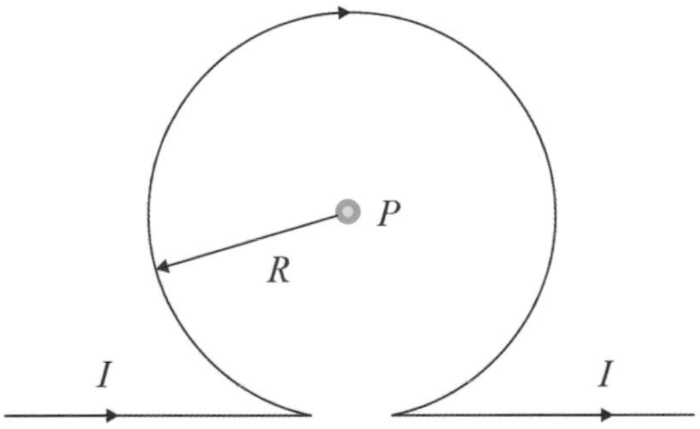

圖 P3.10

3.11 假設桌面為一均勻材質(μ_{r1} = 13)，且內有一磁場 $\vec{\mathbf{B}}_1 = 12\hat{\mathbf{x}} + 7\hat{\mathbf{y}} + 5\hat{\mathbf{z}}$。試求桌面上方空氣中的 $\vec{\mathbf{H}}$ 與 $\vec{\mathbf{B}}$。

3.12 承題 3.11，試求入射角與折射角。

3.13 承 3.11 題，若將界面豎起如電腦螢幕一般。試求螢幕外的 $\vec{\mathbf{H}}$ 與 $\vec{\mathbf{B}}$。

3.14 承 3.13 題，試求入射角與折射角。

3.15 若以 $x = 0$ 為界面，$x < 0$ 側的材質為 $\mu_{r1} = 4$，$x > 0$ 側的材質為 $\mu_{r2} = 5$，且已知 $\vec{\mathbf{H}}_1 = 2\hat{\mathbf{x}} + 6\hat{\mathbf{y}} - 3\hat{\mathbf{z}}$。試求 $\vec{\mathbf{H}}_2$ 與 $\vec{\mathbf{B}}_2$。

3.16 承 3.15 題，試求入射角與折射角。

3.17 利用 3.9 題的結果，推算邊長為 $2L$ 正方形中心點的磁場強度。

3.18 求圓形導體中心軸上任意點的磁場強度，如圖 P3.18 所示。

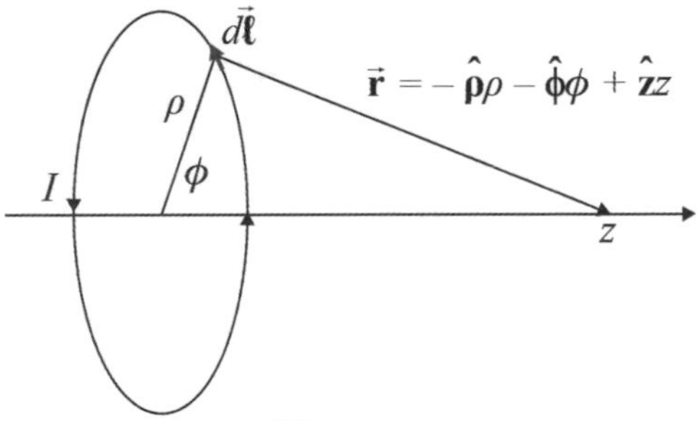

圖 P3.18

chapter

4 馬克士威方程式

本章的內容主要介紹馬克士威方程組的微分形式與積分形式;本章的功能是連接靜電磁學與時變電磁場;本章之前以靜電場及靜磁場的靜態電磁現象介紹爲主，本章之後則主要介紹時變電磁場及電磁波傳播的動態電磁現象。

4-1 馬克士威方程組

19 世紀 60 年代英國物理學家馬克士威(James C. Maxwell, 1831 -1879)所提出的馬克士威方程組，是集電磁學領域大成之作。雖有時也稱爲馬克士威方程式，卻常以四個方程式組合的形式呈現。馬克士威方程組是描述電磁現象的基本規則；是描述電場($\vec{\mathbf{E}}$，$\vec{\mathbf{D}}$)、磁場($\vec{\mathbf{H}}$，$\vec{\mathbf{B}}$)、電荷密度 ρ、(時變)電流密度$\vec{\mathbf{J}}$、時變電場$\frac{\partial \vec{\mathbf{D}}}{\partial t}$和時變磁場$\frac{\partial \vec{\mathbf{B}}}{\partial t}$間的交織關係，如表 4.1 所示。表中(在無源的自由空間中)微分形式的馬克士威方程組在第 0 章已略作介紹；其間不同之處在於空間中有無電荷密度 ρ 和電流密度$\vec{\mathbf{J}}$的存在。因爲時變磁場$\frac{\partial \vec{\mathbf{B}}}{\partial t}$的存在，電場的旋度($\nabla\times\vec{\mathbf{E}}$)不爲零，即表示電場已不是保守場，也就不能只單純以電位的梯度($-\nabla V$)表示。因爲有時變電場(電位移)$\frac{\partial \vec{\mathbf{D}}}{\partial t}$的存在，磁場的旋度($\nabla\times\vec{\mathbf{H}}$)有時也源自於電流密度$\vec{\mathbf{J}}$。

馬克士威方程組好像是「電生磁、磁生電」的數學見證，如表 4.1。

表 4.1 馬克士威方程組

名稱	微分形式	積分形式
安培定律	$\nabla\times\vec{\mathbf{H}}=\vec{\mathbf{J}}+\dfrac{\partial\vec{\mathbf{D}}}{\partial t}$	$\oint_C\vec{\mathbf{H}}\cdot d\vec{\ell}=I+\dfrac{\partial}{\partial t}\oint_S\vec{\mathbf{D}}\cdot d\vec{\mathbf{s}}$
法拉第定律	$\nabla\times\vec{\mathbf{E}}=-\dfrac{\partial\vec{\mathbf{B}}}{\partial t}$	$\oint_C\vec{\mathbf{E}}\cdot d\vec{\ell}=-\dfrac{\partial}{\partial t}\oint_S\vec{\mathbf{B}}\cdot d\vec{\mathbf{s}}$
高斯定律	$\nabla\cdot\vec{\mathbf{D}}=\rho$	$\oint_S\vec{\mathbf{D}}\cdot d\vec{\mathbf{s}}=Q$
高斯磁定律	$\nabla\cdot\vec{\mathbf{B}}=0$	$\oint_S\vec{\mathbf{B}}\cdot d\vec{\mathbf{s}}=0$

觀察表 4.1 可以得到：

1. 安培定律(又稱含馬克士威修正項的安培定律)描述磁場的產生來自於傳導電流密度 $\vec{\mathbf{J}}$ 和時變的位移電流密度 $\dfrac{\partial\vec{\mathbf{D}}}{\partial t}$；對磁場沿著封閉迴路的線積分結果爲迴路所包圍的淨電流(3-2 節有介紹)，也滿足電荷守恆定律(5-7 節有介紹)。

2. 法拉第定律(又稱馬克士威-法拉第方程式，或稱法拉第感應定律)描述感應電場源自於時變磁場；隨時間變化的磁通量 $\dfrac{\partial}{\partial t}\oint_S\vec{\mathbf{B}}\cdot d\vec{\mathbf{s}}$ 在迴路上感應電動勢(產生電壓差)，即 $\oint_C\vec{\mathbf{E}}\cdot d\vec{\ell}$，在第 5 章介紹。其中 $d\vec{\ell}$ 是路徑上微小線段的切線(平行)方向，$d\vec{\mathbf{s}}$ 是微小面積的法線(垂直)方向。

3. 高斯定律描述靜電場($\vec{\mathbf{E}}$，$\vec{\mathbf{D}}$)源自於電荷分佈 ρ；電位移的封閉曲面積分的結果 $\oint_S\vec{\mathbf{D}}\cdot d\vec{\mathbf{s}}$ 爲曲面所包圍的淨電荷 Q；這部分在 2-4 節與 2-5 節已有詳細的介紹。

4. 3-3 節介紹對磁場的散度 $\nabla\cdot\vec{\mathbf{B}}$ 的體積積分爲零之事實代表單極磁荷的不存在；對(空間體積)磁場的封閉曲面的面積分結果爲零(單極磁荷)，稱高斯磁定律。

5. 微分形式與積分形式間的推導則是藉由 1-9 節介紹的史托克斯史托克斯或旋度定理：連結面積分與線積分，如安培定律與法拉第定律的 $\oint_S(\nabla\times\vec{\mathbf{H}})\cdot d\vec{\mathbf{s}}=\oint_C\vec{\mathbf{H}}\cdot d\vec{\ell}$ 及 $\oint_S(\nabla\times\vec{\mathbf{E}})\cdot d\vec{\mathbf{s}}=\oint_C\vec{\mathbf{E}}\cdot d\vec{\ell}$；還有散度定理：連結體積積分與面積積分，如高斯定律的 $\oint_v\nabla\cdot\vec{\mathbf{D}}dv=\oint_S\vec{\mathbf{D}}\cdot d\vec{\mathbf{s}}$。

6. 以電流密度 $\vec{\mathbf{J}}$ 為電磁場的發散源最廣泛例子即是天線;天線輻射的電場與磁場是同時發生的。線性天線內的時變 $\vec{\mathbf{J}}$ 引發一環形且時變的磁場 $\overrightarrow{\mathbf{H}}$，該時變磁場 $\overrightarrow{\mathbf{H}}$ 透過法拉第定律引起一環形且時變的電場 $\vec{\mathbf{E}}$；該時變電場 $\vec{\mathbf{E}}$ 透過安培定律產生一環形且時變的磁場 $\overrightarrow{\mathbf{H}}$。如此，交叉耦合(聯結)及持續感應，電場與磁場朝遠離電流源方向(向外)輻射(傳播)。

7. 「電生磁、磁生電」的說法中，電場與磁場的產生似乎有先後之分，其實與「天線輻射電場與磁場是同時發生的」之說法是一致的。在學習馬克士威方程組之後，應改為比較恰當的「電感生磁、磁感生電、輻射傳播」的說法。

8. 當單獨探討電磁場(波)時，都是在遠離電流源處，所在的空間也稱為自由(無源)空間。所謂的電磁場在自由空間中傳播是指空間中除了空氣($\varepsilon_r = \mu_r = 1$)外，不具有其他電荷分佈 ρ、電流密度 $\vec{\mathbf{J}}$ 和介質($\varepsilon_r \neq 1$，$\mu_r \neq 1$)。因此，馬克士威方程式等號右側均可以設定為零(如第 0 章所列表的馬克士威方程式 0-1 式至 0-4 式等號的右側都為零)。

9. 上述情況稱為遠場近似，遠場的電磁波都是被視為均勻的平面波；所謂的均勻是指垂直傳播方向的任一平面上的電場的值完全相同且磁場的值完全相同，電場與磁場的強度只隨傳播的方向變化。

10. 另外，前所提及馬克士威方程式的微分形式與積分形式，在數學上透過散度定理及史托克斯定理是相等的。積分形式在處理具對稱性的電荷與電流的問題是非常便利有用的；反之，非對稱性的問題則微分形式較為便利有用。

11. 所謂的「電磁場自源發散出來」的說法意味著電磁場穿過表面的面積分，並分別定義為電通量(flux) $\oint_S \vec{\mathbf{D}} \cdot d\vec{\mathbf{s}}$ 與磁通量 $\oint_S \vec{\mathbf{B}} \cdot d\vec{\mathbf{s}}$；依據相同的表面所圍成的體積，分別定義其「散度」$\int_v \nabla \cdot \vec{\mathbf{D}} dv$ 與 $\int_v \nabla \cdot \vec{\mathbf{B}} dv$ 的體積積分。這裡的「通量」指的是單位面積的場強度；所以，面積積分的通量定義與體積積分的散度定義是相通的。

12. 所謂的「電磁場的流通(循環)」的說法意味著電磁場環繞封閉路徑的線積分，如 $\oint_C \vec{\mathbf{E}} \cdot d\vec{\ell}$ 與 $\oint_c \overrightarrow{\mathbf{H}} \cdot d\vec{\ell}$；同一封閉路徑所圍成的面積，分別定義其「旋度」$\oint_S (\nabla \times \vec{\mathbf{E}}) \cdot d\vec{\mathbf{s}}$ 與 $\oint_S (\nabla \times \overrightarrow{\mathbf{H}}) \cdot d\vec{\mathbf{s}}$ 的面積積分。封閉路徑的線積分與面積積分的連結是藉由史托克斯定理，這一點與古典流體動力學很相似，只是對象是電磁場與速度場之差異。

13. 所謂的「時變電磁場」的說法意味著隨時間演變的動態電磁現象，可以從電磁場對時間的偏微分定義得知，如 $\frac{\partial \vec{\mathbf{D}}}{\partial t}$ 與 $\frac{\partial \vec{\mathbf{B}}}{\partial t}$。在時間上，電磁場有變化意味著電磁場的傳播動態現象。

14. 上述與表 4.1 中的 $\frac{\partial}{\partial t}\oint_S \vec{\mathbf{D}} \cdot d\vec{\mathbf{s}}$ 和 $\frac{\partial}{\partial t}\oint_S \vec{\mathbf{B}} \cdot d\vec{\mathbf{s}}$ 寫法並不違背。前者純粹是電磁場在介質中傳播；後者則探討有迴路線圈出現在電磁場中，而且至少有一個因素是時間的變量(電磁場或／及線圈面積)。

15. 注意：表 4.1 的積分形式，高斯定律與高斯磁定律分別出現在安培定律與法拉第定律的等號右側，足證各方程式間的關聯性及互補性。

電磁小百科

馬克士威方程式(Maxwell's equations)

共有四個方程式，也稱馬克士威方程組，一組偏微分方程式，分別在 1861、1865 及 1873 年由蘇格蘭物理學家、數學家 James Clerk Maxwell 所提出。描述電荷與電場的關係、時變磁場與電場的關係、電流及時變電場與磁場的關係，以及單極磁荷不存在的事實；分別對應高斯定律、法拉第感應定律、馬克士威-安培定律，以及高斯磁定律。馬克士威的科學成就不只於電磁理論，他的貢獻還包括氣體分子運動論和統計物理，以及三原色理論；曾謙虛地說：「和法拉第相比，自己只是個論文作者、是一枝好筆而已。」

例題 4.1

馬克士威方程組的微分形式與積分形式在使用上有何差異？

解　相同點：不論是微分形式或積分形式都是完整的方程組，互相關聯、互補、缺一不可。透過高斯定律與史托克斯定理互爲等效。

相異點：

(1) 積分形式著重區域性電磁場的整體性質描述，不適用於直接針對個別點的電磁場量的探討。

(2) 需要探討特別定點電磁場量的大小與變化情況時，需要一組偏微分方程式。

例題 4.2

時變電場所感生的磁場如 $\nabla\times\vec{\mathbf{H}}=\vec{\mathbf{J}}+\frac{\partial\vec{\mathbf{D}}}{\partial \mathbf{t}}$ 是否也是時變的？

解　雖說時變電場如 $\frac{\partial\vec{\mathbf{D}}}{\partial t}$ 所感生的磁場也是時變的，然例外的是，當 $\frac{\partial\vec{\mathbf{D}}}{\partial t}$ 的結果爲固定值時，也就是說電場是隨時間均勻(等速)變化，感生的磁場就不是時變的。同理，時變磁場 $\nabla\times\vec{\mathbf{E}}=-\frac{\partial\vec{\mathbf{B}}}{\partial t}$ 所感生的電場是時變與否也取決於磁場是否隨時間均勻變化。

例題 4.3

靜電場中的點電荷具庫倫電場，如果點電荷作等速直線運動時，探討其周圍的場。

解　(1)靜止的點電荷爲庫倫電場的源，遵守庫倫定律。運動中點電荷的電場不再具球形對稱的特性，因此庫倫定律不適用。

(2)直線等速運動中的點電荷其電場雖也是因時間而變，然電場對時間的變化率卻爲定值，因此沒有進一步感生磁場。

(3)移動中的點電荷就形成電流，電流流動就感生磁場；因爲是等速，也就沒有進一步感生電場。

(4)綜合上述，因電場與磁場沒有進一步感生磁場及電場，所以電磁場不具輻射現象。

(5)電磁場之所以能向外輻射傳播，是因爲電荷被加速運動的結果。所謂的加速就是電場與磁場對時間的二次微分不爲零，如 $\frac{\partial}{\partial t}\frac{\partial\vec{\mathbf{D}}}{\partial t}=\frac{\partial^2\vec{\mathbf{D}}}{\partial t^2}\neq 0$ 及 $\frac{\partial^2\vec{\mathbf{B}}}{\partial t^2}\neq 0$。

(6)電荷作加速運動，例如在兩極間來回振盪運動及橢圓軌道運動，即可輻射電磁波。

例題 4.4

試分辨比較安培定律 $\nabla\times\vec{\mathbf{H}}=\vec{\mathbf{J}}+\dfrac{\partial\vec{\mathbf{D}}}{\partial t}$ 中的傳導電流(密度)與位移電流。

解 (1) 傳導電流 $I_C=\int_S\vec{\mathbf{J}}\cdot d\vec{\mathbf{s}}$ 是電荷集體移動(電場作用)的結果；顧名思義需要導體才能導通；遵守歐姆定律(電壓、電阻、電流)與焦耳(熱)定律。

(2) 位移電流 $I_D=\int_S\dfrac{\partial\vec{\mathbf{D}}}{\partial t}\cdot d\vec{\mathbf{s}}$ 與自由電荷無關，取決於有無時變電場的存在；不需導體即能導通；不遵守歐姆定律與焦耳定律。唯在高頻時變電場中，介質也會有顯著的熱效應，但不是焦耳(電阻式)熱。

(3) 傳導電流 I_C 與位移電流 I_D 的單位都是安培、都會感生磁場，且都遵守安培定律。

4-2 馬克士威方程組的頻率域表示式

討論時變電磁場時，若時間的參數採用隨能量源函數的時間變化的話，則有一重要的範例，就是能量源函數爲時間諧波，單一頻率的弦波變化。假設頻率爲 ω 的波函數(時間諧波函數)，則由歐拉公式(Euler’s formula)得

$$e^{j\omega t}=\cos(\omega t)+j\sin(\omega t) \tag{4-1}$$

及

$$\cos(\omega t)=\Re e\{e^{j\omega t}\} \tag{4-2}$$

靜電學提及點電荷的電場呈球面向外並與距離平方成反比快速地遞減。第 6 章將提到平面電磁波在自由空間傳播時，所用的傳播函數則與距離成反比。電場與磁場都是以餘弦函數表示，如此作法是因爲如 4-2 式所顯示的，是實數部分；所謂的實數就是可以看到、量測到的，如示波器上所呈現的。但 4-1 式還具有虛數部分，所謂的虛數就是看不到、量測不到的。如圖 4.1 所示爲兩個週期的無衰減時間諧波函數，兩曲線分別爲時間諧波函數的餘弦函數(實線)及正弦函數(虛線)；另外，橫直線爲時間諧波函數的強度，在本例爲固定值 1。複數的大小就是實數部的平方與虛數部的平方和的根號，依據 4-1 式就是 1。所以，討論電磁波傳播於無損失介質時，如圖 4.1 所示的強度爲定值，也就是沒有衰減的現象產生。

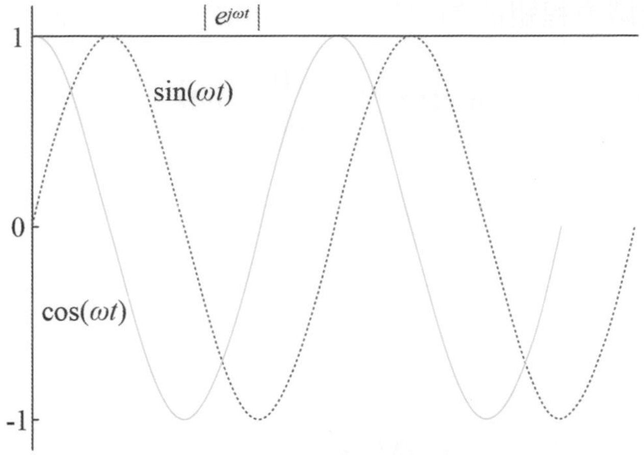

圖 4.1 無衰減的時間諧波函數。

當電磁波傳播於有損失的介質時，如圖 4.2 所示時間諧波函數的實數部、虛數部與強度都隨距離的增加而衰減，在十個週期後衰減至約原來的百分之二。圖 4.2 中所顯示的衰減因數是距離 x(傳播方向)的函數。

在單一頻率穩定狀態下(圖 4.1 與圖 4.2 都是單頻率的函數)，探討時變電磁場時常引進相量分析(phasor analysis)，也就是將時間與頻率因數從時變電場中獨立出來，如下

$$\vec{\mathbf{E}}(x,y,z,t)=\Re e\{\tilde{\mathbf{E}}(x,y,z)e^{j\omega t}\} \tag{4-3}$$

時變電場 $\vec{\mathbf{E}}(x,y,z,t)$ 的相量表示法為 $\tilde{\mathbf{E}}(x,y,z)$ 或簡寫為 $\tilde{\mathbf{E}}$，使用相量分析法具有簡化解題過程的優點。相同的標記法適用其他電磁場分量，如 $\tilde{\mathbf{H}}$ 、 $\tilde{\mathbf{D}}$ 、 $\tilde{\mathbf{B}}$ 、 $\tilde{\mathbf{J}}$ 等。

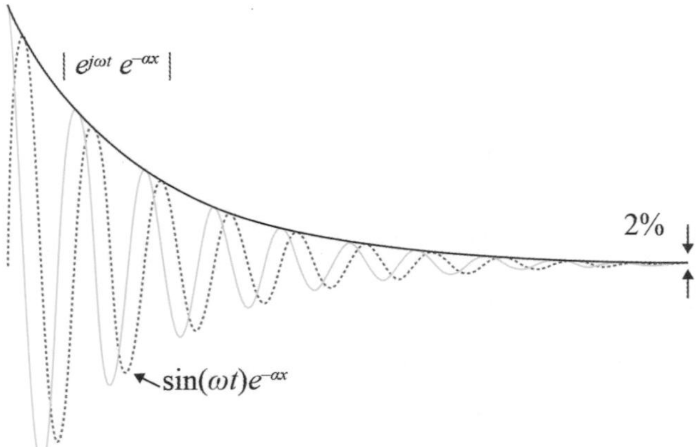

圖 4.2 衰減的時間諧波函數。

另外，馬克士威方程組的頻率域表示式可透過如下轉換

$$\vec{\mathbf{D}}(x,y,z,t)=\Re e\{\tilde{\mathbf{D}}\,e^{j\omega t}\}\Rightarrow\frac{\partial\vec{\mathbf{D}}}{\partial t}=j\omega\vec{\mathbf{D}} \tag{4-4}$$

$$\vec{\mathbf{B}}(x,y,z,t)=\Re e\{\tilde{\mathbf{B}}\,e^{j\omega t}\}\Rightarrow\frac{\partial\vec{\mathbf{B}}}{\partial t}=j\omega\vec{\mathbf{B}} \tag{4-5}$$

代入整理得到與頻率有關的馬克士威方程式，如表 4.2。

表 4.2 馬克士威方程組的頻率域表示式

名稱	微分形式	積分形式
安培定律	$\nabla\times\vec{\mathbf{H}}=(\sigma+j\omega\varepsilon)\vec{\mathbf{E}}$	$\oint_C\vec{\mathbf{H}}\cdot d\vec{\ell}=(\sigma+j\omega\varepsilon)\iint_S\vec{\mathbf{E}}\cdot d\vec{\mathbf{s}}$
法拉第定律	$\nabla\times\vec{\mathbf{E}}=-j\omega\mu\vec{\mathbf{H}}$	$\oint_C\vec{\mathbf{E}}\cdot d\vec{\ell}=-j\omega\mu\iint_S\vec{\mathbf{H}}\cdot d\vec{\mathbf{s}}$

上述利用電流密度 $\vec{\mathbf{J}}$ 等於導電率 σ 與電場 $\vec{\mathbf{E}}$ 的乘積，即 $\vec{\mathbf{J}}=\sigma\vec{\mathbf{E}}$ 爲歐姆定律(Ohm's law)以及 $\vec{\mathbf{D}}=\varepsilon\vec{\mathbf{E}}$ 、 $\vec{\mathbf{B}}=\mu\vec{\mathbf{H}}$ 等關係式。

4-3 電磁場的邊界條件

因爲引進電荷分佈 ρ 和電流密度 $\vec{\mathbf{J}}$，所以電磁場在邊界條件也必須相應地修正。在自由空間及無損線性介質的界面上，電磁場的邊界條件(已分別在 2-6 節與 3-6 節推導)爲：

$$E_{1t}=E_{2t} \tag{4-6}$$

$$H_{1t}=H_{2t} \tag{4-7}$$

$$D_{1n}=D_{2n} \tag{4-8}$$

$$B_{1n}=B_{2n} \tag{4-9}$$

在完全導體(介質 2)內則爲：

$$E_{2t}=0 \tag{4-10}$$

$$H_{2t}=0 \tag{4-11}$$

$$D_{2n}=0 \tag{4-12}$$

$$B_{2n}=0 \tag{4-13}$$

且完全導體表面上爲：

$$E_{1t}=0 \tag{4-14}$$

$$\hat{\mathbf{n}}\times\vec{\mathbf{H}}_{1t}=\vec{\mathbf{J}} \tag{4-15}$$

$$\hat{\mathbf{n}}\cdot\vec{\mathbf{D}}_{1n}=\rho \tag{4-16}$$

$$B_{1n}=0 \tag{4-17}$$

注意 因為界面上有電荷分佈 ρ 和電流密度 $\vec{\mathbf{J}}$ 的存在，完全導體的電磁邊界條件是相應地不連續的。

4-4 兩導電介質的邊界條件

兩導電介質分別以導電率(σ_1，σ_2)定義，其間界面兩側的電流密度分別爲($\vec{\mathbf{J}}_1$，$\vec{\mathbf{J}}_2$)並與界面法線之夾角分別爲(θ_1，θ_2)，如圖 4.3 所示。兩導電介質間的電流邊界條件爲電流垂直通過界面，兩側電流的垂直界面(法線)分量連續，即

$$\vec{\mathbf{J}}_{1n}=\vec{\mathbf{J}}_{2n} \tag{4-18}$$

參考圖 4.3 得到

$$\vec{\mathbf{J}}_1\cos\theta_1=\vec{\mathbf{J}}_2\cos\theta_2 \tag{4-19}$$

從 4-6 式的 $E_{1t}=E_{2t}$ 及歐姆定律 $\vec{\mathbf{J}}=\sigma\vec{\mathbf{E}}$ 得到

$$\frac{\vec{\mathbf{J}}_1\sin\theta_1}{\sigma_1}=\frac{\vec{\mathbf{J}}_2\sin\theta_2}{\sigma_2} \tag{4-20}$$

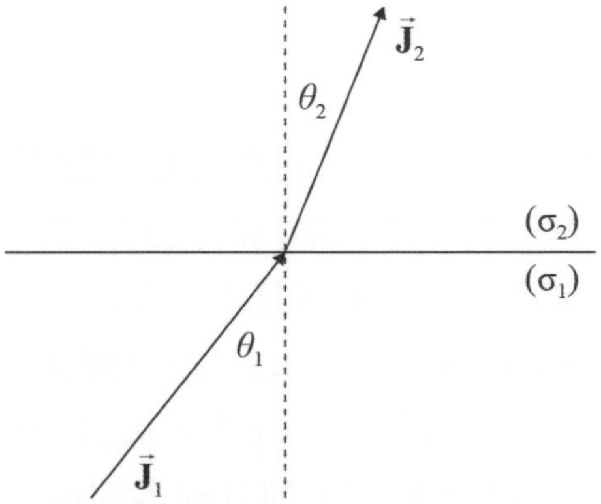

圖 4.3 兩導電介質的界面。

整理得

$$\frac{\tan\theta_1}{\sigma_1}=\frac{\tan\theta_2}{\sigma_2} \tag{4-21}$$

兩導電介質界面兩側的電流關係如 4-19 式，入射角 θ_1 與折射角 θ_2 的關係則可以藉由導電率(σ_1，σ_2)計算得到，如

$$\theta_2=\tan^{-1}\left(\frac{\sigma_2}{\sigma_1}\right)\tan\theta_1 \tag{4-22}$$

4-21 式與第 2 章的電場強度、相對介電常數、入射角、折射角間關係的 2-30 式

$$\frac{\tan\theta_1}{\varepsilon_{r1}}=\frac{\tan\theta_2}{\varepsilon_{r2}}$$

及第 3 章的磁場強度、相對導磁係數、入射角、折射角間的關係 3-23 式

$$\frac{\tan\theta_1}{\mu_{r1}}=\frac{\tan\theta_2}{\mu_{r2}}$$

都有相同形式。

4-5 時變電磁場章節的簡介

第 5 章介紹時變電磁場中的感應電動勢、理想變壓器、電動機與發電機等，都是基於法拉第定律的動態電磁課題。電磁感應包括：磁鐵通過線圈感應電流、線圈通 / 斷電感應另一線圈電流、線圈在磁場中改變面積(壓縮、伸展、旋轉)而感應電流、線圈與磁場的相對運動感應電流等實例。變壓器是藉由鐵芯上的兩線圈互相感應而輸出電動勢。電動機與發電機則是利用機械動能與電能量相互轉化、基本原理相反的裝置。

馬克士威方程組雖可以完全描述空間的時變電磁場及電磁波傳播的動態電磁現象，然每一場量都具有三個分量且都為時間的函數，因此，直接從電場($\vec{\mathbf{E}}$，$\vec{\mathbf{D}}$)及磁場($\vec{\mathbf{H}}$，$\vec{\mathbf{B}}$)相互交織的方程式求解是不恰當的。以表 4.1 的微分方程式為例，假設電磁波在無電流源($\vec{\mathbf{J}}=0$)的介質(ε_r，μ_r)中傳播。取第二式的旋度，再代進第一式即可得到電場 $\vec{\mathbf{E}}$ 與磁場 $\vec{\mathbf{H}}$ 的波方程式。假設單頻率 ω 的電磁波在自由空間中傳播，並應用 4-4 式與 4-5 式，則分別得到電場 $\vec{\mathbf{E}}$ 與磁場 $\vec{\mathbf{H}}$ 的赫姆霍茲(Helmholtz)方程式，如 6-1 節所介紹。

6-2 節介紹最簡易的電磁波是均勻的平面電磁波，傳播在無損的介質(μ，ε)中，傳播方向為固定，如正 z 方向。因此，電場與磁場的強度不是座標 x 與 y 的函數，只隨傳播的方向(z)變化。

平面電磁波的極化呈現在其電場強度向量隨時間變化，並以電場強度向量的端點軌跡描述其極化特徵。第 6 章也介紹平面電磁波的極化及功率密度。

應用實例

名稱：電蚊拍

技術：高電壓電擊

原理：將直流電轉換成高頻率、高電壓的交流電，再三倍壓整流

說明：電蚊拍是藉由電路設計將3V直流電轉換成高頻率、高電壓的交流電，當蚊蠅觸及高壓電網時，即被電擊。電路工作原理如下：3V直流電源經由三極管和變壓器(高頻振盪器)而為18 kHz、800 V的交流電，再經由二極體、電容器三倍壓整流至2500 V左右後，連接金屬網。

Silver Spoon@wikimedia commons (CC BY-SA 3.0)

重要公式

1. 安培定律：$\nabla \times \vec{\mathbf{H}} = \vec{\mathbf{J}} + \dfrac{\partial \vec{\mathbf{D}}}{\partial t}$

$$\oint_C \vec{\mathbf{H}} \cdot d\vec{\ell} = I + \frac{\partial}{\partial t} \oint_S \vec{\mathbf{D}} \cdot d\vec{\mathbf{s}}$$

2. 法拉第定律：$\nabla \times \vec{\mathbf{E}} = -\dfrac{\partial \vec{\mathbf{B}}}{\partial t}$

$$\oint_C \vec{\mathbf{E}} \cdot d\vec{\ell} = -\frac{\partial}{\partial t} \oint_S \vec{\mathbf{B}} \cdot d\vec{\mathbf{s}}$$

3. 高斯定律：$\nabla \cdot \vec{\mathbf{D}} = \rho$

$$\oint_S \vec{\mathbf{D}} \cdot d\vec{\mathbf{s}} = Q$$

4. 高斯磁定律：$\nabla \cdot \vec{\mathbf{B}} = 0$

$$\oint_S \vec{\mathbf{B}} \cdot d\vec{\mathbf{s}} = 0$$

習題

4.1 證明 $y=\cos(\omega t\pm\kappa x)$ 爲波方程式的解。

4.2 證明 $y=e^{j\beta(x-ct)}$ 爲波方程式的解。

4.3 試從安培定律 $\nabla\times\vec{\mathbf{H}}=\vec{\mathbf{J}}+\dfrac{\partial\vec{\mathbf{D}}}{\partial t}$ 推導電流與電荷密度的連續方程式。

4.4 依據簡圖填入正確的選項。

(A)
(B)
(C)
(D)
(E)
(F)

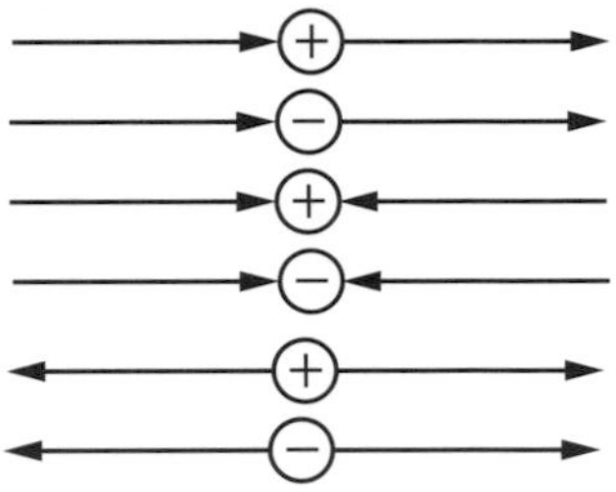

(a) 可能是電場($\vec{\mathbf{E}}$、$\vec{\mathbf{D}}$) ________

(b) 不可能是電場($\vec{\mathbf{E}}$、$\vec{\mathbf{D}}$) ________

(c) $\nabla\cdot\vec{\mathbf{D}}>0$ ________

(d) $\nabla\cdot\vec{\mathbf{D}}<0$ ________

(e) 可能是磁場($\vec{\mathbf{H}}$、$\vec{\mathbf{B}}$) ________

4.5 依據簡圖勾選正確的選項。

(a) 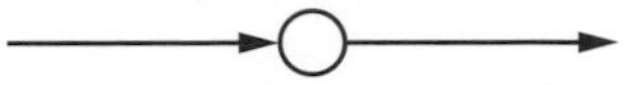

(1) 圈內(可能、不可能)是(正、負)電荷(q)

(2) 圈內(可能、不可能)是(正、負)磁荷(m)

(3) (○ / ×) $\nabla\cdot\vec{\mathbf{D}}=0$

(4) (○ / ×) $\nabla\cdot\vec{\mathbf{D}}\neq 0$

(5) (○ / ×) $\nabla\cdot\vec{\mathbf{B}}=0$

(6) (○ / ×) $\nabla\cdot\vec{\mathbf{B}}\neq 0$

(b) 

(1) 圈內(可能、不可能)是(正、負)電荷(q)

(2) 圈內(可能、不可能)是(正、負)磁荷(m)

(3) (○ / ×) $\nabla\cdot\vec{\mathbf{D}}=0$

(4) (○ / ×) $\nabla\cdot\vec{\mathbf{D}}\neq 0$

(c) 

(1) 圈內(可能、不可能)是(正、負)電荷(q)

(2) 圈內(可能、不可能)是(正、負)磁荷(m)

(3) (○ / ×) $\nabla\cdot\vec{\mathbf{D}}=0$

(4) (○ / ×) $\nabla\cdot\vec{\mathbf{D}}\neq 0$

4.6 依據簡圖勾選正確的選項。

(a)

(1) (○ / ×)可能是電場($\vec{\mathbf{E}}$、$\vec{\mathbf{D}}$)

(2) (○ / ×)可能是磁場($\vec{\mathbf{H}}$、$\vec{\mathbf{B}}$)

(3) (○ / ×) $\nabla\cdot\vec{\mathbf{D}}=0$

(4) (○ / ×) $\nabla\cdot\vec{\mathbf{D}}\neq 0$

(5) (○ / ×) $\nabla\cdot\vec{\mathbf{B}}=0$

(6) (○ / ×) $\nabla\cdot\vec{\mathbf{B}}\neq 0$

(b)

(1) (○ / ×)可能是電場

($\vec{\mathbf{E}}$ 、 $\vec{\mathbf{D}}$)

(2) (○ / ×)可能是磁場

($\vec{\mathbf{H}}$ 、 $\vec{\mathbf{B}}$)

(3) (○ / ×) $\nabla \cdot \vec{\mathbf{D}} = 0$

(4) (○ / ×) $\nabla \cdot \vec{\mathbf{D}} \neq 0$

(5) (○ / ×) $\nabla \cdot \vec{\mathbf{B}} = 0$

(6) (○ / ×) $\nabla \cdot \vec{\mathbf{B}} \neq 0$

(c)

(1) (○ / ×)可能是電場

($\vec{\mathbf{E}}$ 、 $\vec{\mathbf{D}}$)

(2) (○ / ×)可能是磁場

($\vec{\mathbf{H}}$ 、 $\vec{\mathbf{B}}$)

(3) (○ / ×) $\nabla \cdot \vec{\mathbf{D}} = 0$

(4) (○ / ×) $\nabla \cdot \vec{\mathbf{D}} \neq 0$

(5) (○ / ×) $\nabla \cdot \vec{\mathbf{B}} = 0$

(6) (○ / ×) $\nabla \cdot \vec{\mathbf{B}} \neq 0$

chapter

5 時變之電磁場

參考表 4.1 的馬克士威方程組的積分形式，透過高斯定律與史托克斯定理並整理得到以下各式：

$$\int_S (\nabla \times \vec{\mathbf{E}}) \cdot d\vec{\mathbf{s}} = \oint_C \vec{\mathbf{E}} \cdot d\vec{\ell} = -\frac{\partial}{\partial t}\int_S \vec{\mathbf{B}} \cdot d\vec{\mathbf{s}} \tag{5-1}$$

$$\int_S (\nabla \times \vec{\mathbf{H}}) \cdot d\vec{\mathbf{s}} = \oint_C \vec{\mathbf{H}} \cdot d\vec{\ell} = \int_S \left(\vec{\mathbf{J}} + \frac{\partial}{\partial t}\vec{\mathbf{D}}\right) \cdot d\vec{\mathbf{s}} \tag{5-2}$$

$$\oint_V (\nabla \cdot \vec{\mathbf{D}}) dv = \oint_S \vec{\mathbf{D}} \cdot d\vec{\mathbf{s}} = \int_V \rho_v dv = Q \tag{5-3}$$

$$\int_V (\nabla \cdot \vec{\mathbf{B}}) dv = \oint_S \vec{\mathbf{B}} \cdot d\vec{\mathbf{s}} = 0 \tag{5-4}$$

5-1 式為法拉第定律，時變磁場產生電場；5-2 式為安培定律，時變電場產生磁場；5-3 式是電學的高斯定律，意味著積分電通密度與封閉曲面的法向量的內積時，所得的結果是被該封閉曲面所包圍的電荷量；5-4 式是磁學的高斯定律。電學與磁學的高斯定律適用於靜態場與動態場。當空間中存在有電流源時，即使是靜態場($\frac{\partial \vec{\mathbf{D}}}{\partial t} = 0$)的情況下，5-2 式可被改寫為

$$\nabla \times \vec{\mathbf{H}} = \vec{\mathbf{J}} \tag{5-5}$$

上式表示磁場 $\vec{\mathbf{H}}$ 是源自於電流 $\vec{\mathbf{J}}$ 的存在。

5-1 法拉第定律

1819 年丹麥科學家奧斯特(Oersted)發現羅盤指針因電流的存在而產生偏轉，並發現電和磁的關聯，也從此展開了科學界的新紀元。對於時變場，將 5-1 式的電和磁分開，再利用史托克斯定理(Stokes' theorem)或旋度定理得

$$\oint_C \vec{\mathbf{E}} \cdot d\vec{\ell} = -\frac{\partial}{\partial t}\int_S \vec{\mathbf{B}} \cdot d\vec{\mathbf{s}} \tag{5-6}$$

上式等號左側的結果爲一電壓—在 c 迴路的感應電動勢(emf，electromotive force)與電壓的單位一樣；等號的右側爲磁通量 Φ 的變化率。磁通量 Φ(或 Ψ_m)的定義爲

$$\Phi = \int_S \vec{\mathbf{B}} \cdot d\vec{\mathbf{s}} \tag{5-7}$$

經過 s 面積的磁通量 Φ，單位爲韋伯(Weber 或 Volt · s)。所以，5-6 式表示磁通量在時間上的變化導致感應電動勢(電壓)的產生(如圖 5.1)。負號代表 c 迴路上的感應電流所產生磁場方向是爲阻止磁通量的變化。

若將 5-6 式的感應電動勢以 V_{emf} 表示、磁通量以 Φ 表示，則可改寫爲

$$V_{emf} = -\frac{\partial \Phi}{\partial t} \tag{5-8}$$

上式稱爲法拉第電磁感應定律。這定律的關鍵是，磁通鏈結於迴路面積在時間上有變化時，才有感應電動勢的產生，因此「磁電互生」的說法才能成立。據此，當線圈中通有穩定電流時，所產生的磁場是穩定的，經過迴路面積的磁場，就是磁通量 Φ 也是穩定的，導致 5-6 式的結果爲零—沒有感應電動勢，也就沒有感應電流產生。

注意　數學式中的時間偏微分是作用在磁場 $\vec{\mathbf{B}}$ 與迴路面積 $d\vec{\mathbf{s}}$ 的內積上。

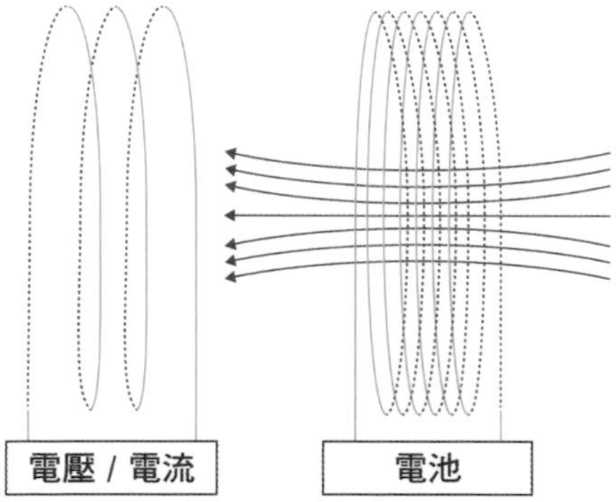

圖 5.1　感應電動勢的產生。

電磁小百科

法拉第定律(Faraday's law)

英國物理學家 Michael Faraday 於 1831 年發現並發表解釋封閉電路中的感應電動勢與通過電路的磁通量變化率的關係，故以其命名；雖在一年前美國科學家 Joseph Henry 早已發現該定律，但並未發表。在 1853 - 1856 年間歐洲爆發克里米亞戰爭，法拉第以道德原因拒絕參與、製造化學武器；法拉第出現在 1991 - 2001 年間的 20 英鎊紙幣上；法拉第為愛因斯坦書房牆上三幅畫像之一，另外兩畫像為牛頓與馬克士威。世人緬懷法拉第無與倫比貢獻的方式還有法拉第雕像，以法拉第命名的大學接待廳、實驗室、電量常數、氣候研究站等；法拉第是第一位被授予英國皇家研究院的終身職教授。隨時記錄靈感、創意，同時要記得提出專利申請。

如果圖 5.1 的迴路圈數為 N，則 5-8 式成為

$$V_{emf} = -N\frac{\partial\Phi}{\partial t} \tag{5-9}$$

參考圖 5.1，有四種簡單情況可以使 5-9 式成立：第一、當切斷電池時，線圈中的電流驟減至零，磁場也是驟減至零，因此，磁通量 Φ 在時間上是有變化(減少至零)的；第二、當電池再度被連接時，線圈中的電流驟增至穩定電流，磁場從零增至穩定值，因此，磁通量 Φ 在時間上是有變化(增加至穩定值)的；第三、在穩定磁場中旋轉迴路，藉由改變磁通鏈結的迴路面積，因而改變磁通量 Φ。當然，最後是同時改變線圈中的電流也旋轉迴路的情況。

前兩種情況為時變磁場，時變磁場所感應的電動勢稱為變壓電動勢(transformer emf)；而稱第三種情況的感應電動勢為運動電動勢(motional emf)；最後是兩類效應的合成：變壓電動勢與運動電動勢的總和。

5-2 感應電動勢的計算

計算磁通量 Φ 時，迴路面積 $d\vec{\mathbf{s}}$ 的方向以右手定則判斷之：四隻手指順著迴路的正極端繞向負極端(電流方向)，拇指的方向即為 $d\vec{\mathbf{s}}$ 的方向。變壓電動勢與感應電流的極性則依楞次定律(Lenz's law)判斷，感應電流的磁場方向是與磁通量變化反向，也就是反對感應電流的產生，如圖 5.2 所示。

如圖 5.2a 顯示，磁棒的 N 極正逼近迴路圈，迴路圈感應一變壓電動勢並產生電流，進而導致一磁場的產生，該磁場的 N 極正好阻擋磁棒 N 極的靠近。在圖 5.2b 中，磁棒的 N 極正要離開迴路圈，迴路圈感應的電動勢與電流的極性恰與圖 5.2a 相反，因而迴路圈磁場的 S 極正好阻擋磁棒 N 極的離開，或吸引磁棒的 N 極——不讓 N 極離開。圖 5.2c 與 5.2d 分別是磁棒 S 極的靠近與離開迴路圈的示意圖。注意：(1)以上的運動是相對性的。磁棒不動，迴路圈的靠近與離開也具同樣的效果；(2)該相對運動的速度愈快，則感應電動勢愈大；反之，則愈小；(3)以上兩點可以從 5-9 式看出。因爲當相對運動的速度小時，作用的時間相對長，5-9 式右側的分母大，計算的結果小。

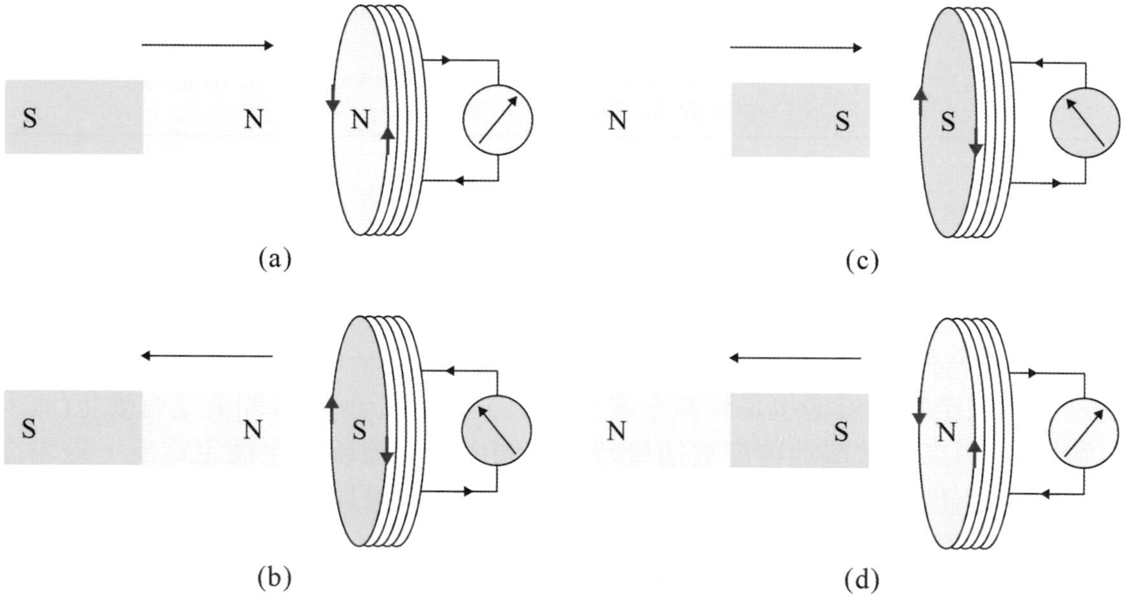

圖 5.2　變壓電動勢的極性與感應電流(磁場)的方向。

例題 5.1

時變磁場中的迴路圈(電感器)。一個半徑爲 r 的圓形電感器(N 匝)平放於 $y-z$ 平面上，空間中有一磁場爲 $\vec{\mathbf{B}} = B(4\hat{\mathbf{x}} - 3\hat{\mathbf{y}})\sin\omega t$，(a)求單匝的磁通鏈；(b)若 $N = 30$、$B = 0.5$ T、$r = 6$ cm，且 $\omega = 1200$ rad/s，求變壓電動勢；(c)求 $t = 0$ 時的電流方向；(d)若迴路圈串接一 1 kΩ 電阻時的電流。

解　(a) 已知$N = 1$、迴路圈的法向量與面積分別爲 $\hat{\mathbf{x}}$ 與 πr^2。利用5-7式得

$$\Phi = \int_S \vec{\mathbf{B}} \cdot d\vec{\mathbf{s}} = \int_S [B(4\hat{\mathbf{x}} - 3\hat{\mathbf{y}})\sin\omega t] \cdot \hat{\mathbf{x}}\, ds = 4B\pi r^2 \sin\omega t$$

其中 $\vec{\mathbf{B}} = B(4\hat{\mathbf{x}} - 3\hat{\mathbf{y}})\sin\omega t$ 的y分量對磁通鏈沒有貢獻。

(b)利用5-9式得

$$V_{emf}=-N\frac{\partial\Phi}{\partial t}=-N\frac{\partial}{\partial t}(4B\pi r^2\sin\omega t)=-4\pi\omega BNr^2\cos\omega t$$

$$=-4\pi(1200)(0.5)(30)(0.06)^2\cos(1200)t$$

$$=-259.2\pi\cos(1200)t$$

(c)承上，$V_{emf}(t=0)=-259.2\pi$ 與 $\left.\frac{\partial\Phi}{\partial t}\right|_{t=0}=4\pi\omega Br^2>0$ 磁通量是增加的，依楞次定律，感應電流的磁場方向是與磁通量變化反向，也就是負 $\hat{\mathbf{x}}$ 方向；所以，由右手定則當拇指是負 $\hat{\mathbf{x}}$ 方向時，四手指爲電流方向。

(d) $I=\frac{259.2\pi}{1000}=814.3\text{mA}$

例題 5.2

承例題 5.1，一磁場 $\vec{\mathbf{B}}=0.2\hat{\mathbf{z}}\text{T}$ 中有一 3 m^2 的迴路圈平放於 $x-y$ 平面上，若磁場在 0.2 秒內增強爲 3.2 T，求導線圈的感應電動勢與感應電流的方向。

解 $V_{emf}=-\frac{d\Phi}{dt}=-\frac{(3.2-0.2)}{0.2}(3)=-45\text{V}$

感應電流的磁場方向是負 $\hat{\mathbf{z}}$ 方向，依右手定則當拇指是負 $\hat{\mathbf{z}}$ 方向時，四手指爲電流方向。

5-3 理想變壓器

變壓器的功能在於藉由磁場作用將一交流電位轉換成另一交流電位。理想變壓器(ideal transformer)的主要假設有(1)磁性材料的相對導磁係數趨於無限大，即 $\mu_r\to\infty$；(2)零漏磁；(3)零磁芯損耗；(4)零繞組損耗。所謂的損耗就是電磁能量的損失。圖 5.3a 是變壓器的示意圖與 5.3b 是其代表符號。左側稱爲主線圈(primary coil)具匝數 N_p 與外接電壓 V_p，右側爲次線圈(secondary coil)具匝數 N_s 與感應電壓 V_s。磁芯中有顏色的箭頭表示磁通量的方向。主線圈與次線圈間轉換的量有電流、電壓及阻抗。

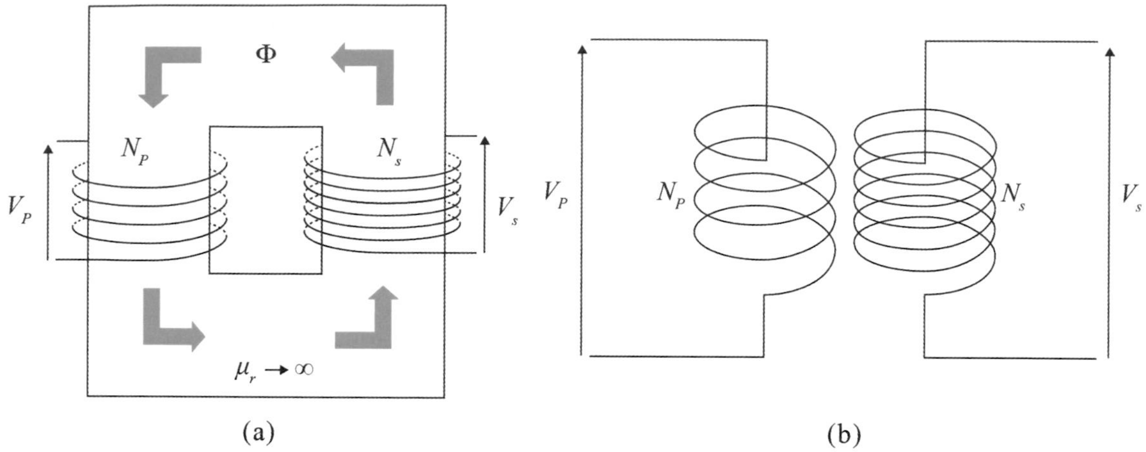

圖 5.3 理想變壓器。

若變壓器主線圈側的電壓源爲 V_p、電流爲 I_p、磁芯中的磁通量爲 Φ，則滿足下列關係式

$$V_p = -N_p \frac{d\Phi}{dt} \tag{5-10}$$

相同的關係式也適用於次線圈側

$$V_s = -N_s \frac{d\Phi}{dt} \tag{5-11}$$

應用實例

名稱：變壓器

技術：線圈組間透過電磁感應改變電壓的高低

原理：利用法拉第電磁感應定律升降電壓

說明：變壓器(transformer)應用法拉第電磁感應定律升高或降低電壓的裝置，至少包含兩組線圈，主要用途如交流電壓的升降、改變阻抗及分隔電路。變壓器尺寸範圍很廣泛，小的比壹圓硬幣還小，應用如電擊棒、電蚊拍；大的比轎車還大，應用如變電箱、配變電所。

因爲磁芯中的磁通量 Φ 是共有的，所以

$$\frac{V_p}{V_s} = \frac{N_p}{N_s} \tag{5-12}$$

在理想變壓器的零損耗假設下，變壓器兩側的功率相等

$$I_p V_p = I_s V_s \tag{5-13}$$

合併上兩式得電流與匝數的關係爲

$$\frac{I_p}{I_s}=\frac{N_s}{N_p} \tag{5-14}$$

另外，假設次線圈側外接負載 Z_L，以 5-14 式除 5-12 式得主線圈側輸入阻抗 Z_{in} 與次線圈側負載 Z_L 間的關係爲

$$Z_{in}=\frac{V_p}{I_p}=\frac{V_s}{I_s}\left(\frac{N_p}{N_s}\right)^2=\left(\frac{N_p}{N_s}\right)^2 Z_L \tag{5-15}$$

5-4 運動電動勢

平行於 y 軸的導線長度爲 ℓ(兩端點爲 a 與 b)，以速度 $\vec{\mathbf{u}}$ 穿越靜磁場 $\vec{\mathbf{B}}$ 時，行進中導線內的電荷 q 因磁場的存在感受一磁力 F_m

$$\vec{\mathbf{F}}_m=q(\vec{\mathbf{u}}\times\vec{\mathbf{B}}) \tag{5-16}$$

沿著導線 ℓ 的動生電場爲

$$\vec{\mathbf{E}}_m=\frac{\vec{\mathbf{F}}_m}{q}=\vec{\mathbf{u}}\times\vec{\mathbf{B}} \tag{5-17}$$

則導線兩端點間感應的運動(motion)電動勢 V_{emf}^m 爲

$$V_{emf}^m=\Delta V=\int_a^b \vec{\mathbf{E}}_m\cdot d\vec{\ell}=\int_a^b(\vec{\mathbf{u}}\times\vec{\mathbf{B}})\cdot d\vec{\ell} \tag{5-18}$$

若以封閉電路(路徑 c)取代導線，則

$$V_{emf}^m=\oint_C(\vec{\mathbf{u}}\times\vec{\mathbf{B}})\cdot d\vec{\ell} \tag{5-19}$$

▌注意　只有穿過磁場的電路線段才對運動電動勢有貢獻。

例題 5.3

移動的導線。一均勻磁場 $\vec{\mathbf{B}}=8\hat{\mathbf{z}}$T 中有一 3 m 長的導線，導線與 x 軸夾 30°角置放於 $x-y$ 平面上。當導線以速度 $\vec{\mathbf{v}}=5\hat{\mathbf{x}}$m/s 移動時，求兩端的極性與計算其電位差。

解　設 $\vec{\ell}=3(\cos 30^\circ\hat{\mathbf{x}}+\sin 30^\circ\hat{\mathbf{y}})$ 且 $\vec{\mathbf{v}}\times\vec{\mathbf{B}}=(5\hat{\mathbf{x}})\times(8\hat{\mathbf{z}})=-40\hat{\mathbf{y}}$ V/m

則 $\Delta V=(\vec{\mathbf{v}}\times\vec{\mathbf{B}})\cdot\vec{\ell}=(-40\hat{\mathbf{y}})\cdot 3(\cos 30^\circ\hat{\mathbf{x}}+\sin 30^\circ\hat{\mathbf{y}})=-120\sin 30^\circ=-60$V

所以，高電位(高 y 端)順著 ℓ 到低電位(低 y 端)。

例題 5.4

長直導線旁的矩形迴路。如圖例 5.4 所示，距通電流 I 的長直導線 R 米處有一矩形迴路($L \times W$)。求通過該矩形迴路的磁通量。

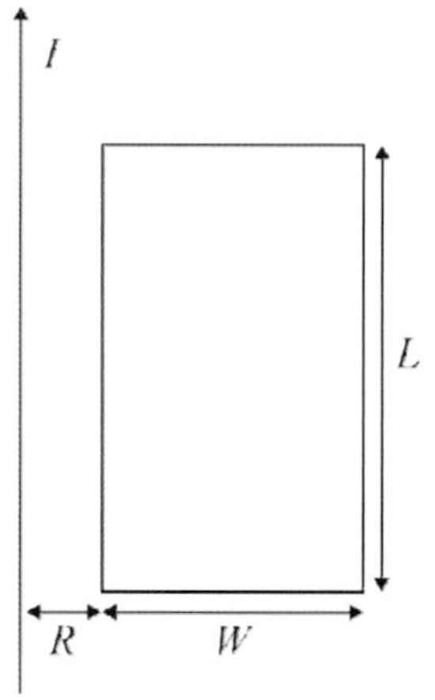

圖例 5.4 長直導線旁的矩形迴路。

解 距長直導線r米處的磁場爲$\vec{\mathbf{B}} = \dfrac{\mu_0 I}{2\pi r}\hat{\phi}$，且垂直於矩形迴路面，隨著短邊($W$)變化，順著長邊($L$)爲定數。矩形迴路的面積分爲 $dA = L \cdot dr$，代入5-7式得

$$\Phi = \int B \cdot dA = \int_R^{R+W} \left(\frac{\mu_0 I}{2\pi r}\right)(L \cdot dr) = \frac{\mu_0 I}{2\pi} L \int_R^{R+W} \frac{dr}{r} = \frac{\mu_0 IL}{2\pi} \ln\left(\frac{R+W}{R}\right)$$

例題 5.5

平行導體軌道上的導線。如圖例 5.5 所示，均勻磁場 $\vec{\mathbf{B}} = -B_0\hat{\mathbf{z}}$ 中有一相距 ℓ 平行導體軌道，其一端連接電阻 R，其上有一導體線段以速率 $\vec{\mathbf{u}} = u\hat{\mathbf{x}}$ 移動，求其感應電流。

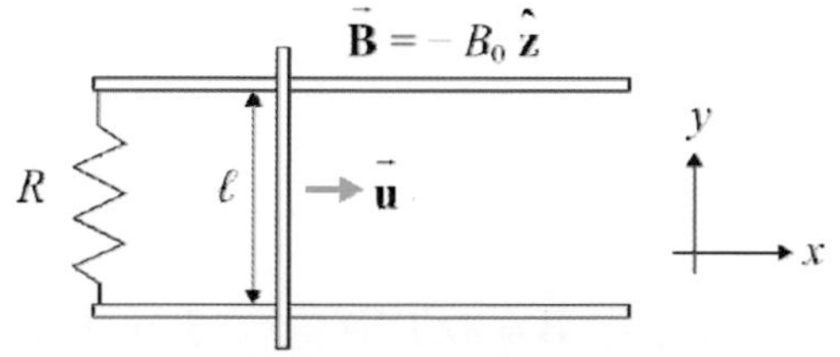

圖例 5.5 長直導線磁場中的矩形迴路。

解 矩形迴路的面積分爲 $dA = \ell \cdot dx$，

$\dfrac{dA}{dt} = \ell\dfrac{dx}{dt} = \ell u$ 代入5-9式得 $V_{emf} = \dfrac{d\Phi}{dt} = B_0 \ell u$

感應電流爲 $I = \dfrac{B_0 \ell u}{R}$，電流流向在導體線段上爲正$y$方向。

例題 5.6

移動的矩形迴路。如圖例 5.6 所示，磁場 $\vec{\mathbf{B}} = 0.3e^{-\frac{x}{5}}\hat{\mathbf{z}}$ T 中有一矩形迴路($x-y$ 平面，其一端連接電阻 R)以速度 $\vec{\mathbf{u}} = 6\hat{\mathbf{x}}$ m/s 移動，若 $R = 5\ \Omega$，且於 $t = 0$ 時，$a-b$ 與 $c-d$ 邊分別位於 $x = 1.5$ 與 2 m，求其瞬間感應電流。

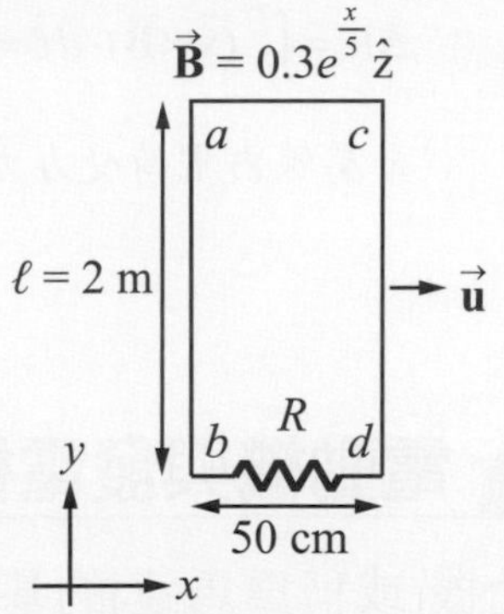

圖例 5.6 磁場中移動的矩形迴路。

解

$$\vec{\mathbf{B}}(x=1.5) = 0.3e^{-\frac{1.5}{5}}\hat{\mathbf{z}} = 0.3e^{-0.3}\hat{\mathbf{z}}\text{，}\vec{\mathbf{B}}(x=2) = 0.3e^{-\frac{2}{5}}\hat{\mathbf{z}} = 0.3e^{-0.4}\hat{\mathbf{z}}$$

$$V_{ab} = \int_b^a [\vec{\mathbf{u}}\times\vec{\mathbf{B}}(x=1.5)]\cdot d\vec{\ell} = \int_b^a (6\hat{\mathbf{x}}\times 0.3e^{-0.3}\hat{\mathbf{z}})\cdot\hat{\mathbf{y}}\,dy$$

$$= -3.6e^{-0.3} = -2.67\text{V}$$

電位：$b > a$

$$V_{cd} = \int_d^c [\vec{\mathbf{u}}\times\vec{\mathbf{B}}(x=2)]\cdot d\vec{\ell} = \int_d^c (6\hat{\mathbf{x}}\times 0.3e^{-0.4}\hat{\mathbf{z}})\cdot\hat{\mathbf{y}}\,dy$$

$$= -3.6e^{-0.4} = -2.41\text{V}$$

電位：$d > c$

感應電流為 $I = \dfrac{V_{cd} - V_{ab}}{R} = \dfrac{0.26}{5} = 52\text{mA}$，

電流流向為 $d \to c \to a \to b \to d$，

電阻上的電流為正 x 方向。

例題 5.7

長直導線旁移動的金屬線。如圖例 5.7 所示，距長直導線($I = 8$A)5 cm 處有一 20 cm 金屬線，垂直於長直導線，且以速率 6 m/s 朝電流的方向移動。求兩端點的電位差。

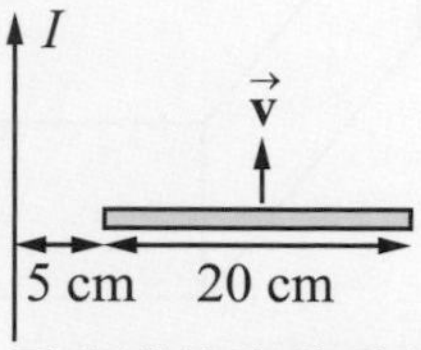

圖例 5.7 長直導線旁移動的金屬線。

解 距長直導線r米處的磁場爲$\vec{\mathbf{B}}=\frac{\mu_0 I}{2\pi r}\hat{\boldsymbol{\phi}}$且與金屬線運動方向垂直。

$$\Delta V=\int_5^{25}(\vec{\mathbf{v}}\times\vec{\mathbf{B}})\cdot d\vec{\ell}=\int_5^{25}\left[v\cdot\frac{\mu_0 I}{2\pi r}(-\hat{\mathbf{r}})\right]\cdot\hat{\mathbf{r}}\,dr=-6\cdot\frac{4\pi\times10^{-7}\cdot 8}{2\pi}\ln\left(\frac{25}{5}\right)=-15.41\mu\text{V}$$

金屬線內電荷受力方向朝長直導線，所以遠端爲低電位。

5-5 電動機與發電機

電動機(或稱爲馬達)的基本原理與發電機恰恰相反，如圖 5.4。電動機通電後，將電能轉爲機械能；發電機則將機械能轉爲電能。電動馬達的基本主要組成爲定子和轉子；定子靜止不動，提供磁場；轉子則藉軸承支撐轉動。電動馬達的工作原理爲在定子產生磁場，使其與轉子電流線圈之磁場產生扭力，而作旋轉運動。發電機則是利用外力驅使線圈在磁鐵兩極間轉動，因而產生感應電動勢與電流，也就是利用電磁感應原理將動力轉換成電能的裝置。

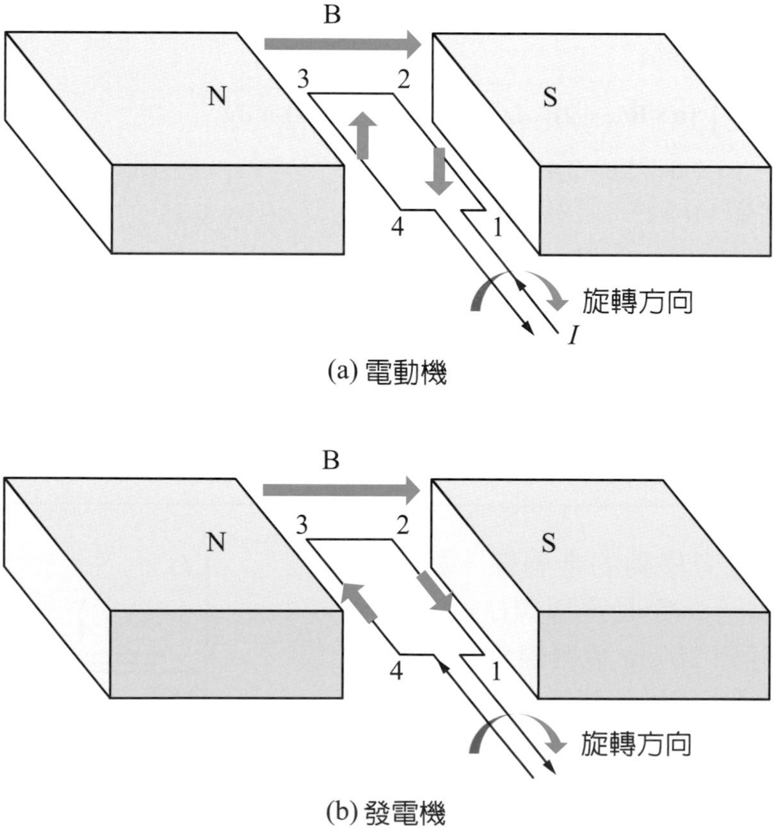

(a) 電動機

(b) 發電機

圖 5.4 電動機與發電機的示意圖。

電動機與發電機的轉子線圈，有長邊(如圖的$\overline{12}$與$\overline{34}$兩段線路)對感應電動勢有貢獻。電動機是提供電流(I)產生感電動勢使線圈受力(⇨)而轉動；發電機則是借用外力使線圈轉動而使線圈正電荷受力(⇨)而產生電流(➡爲流向)。

設線圈的面積爲 A、轉動頻率爲 ω、初相位爲 ϕ_0、定子的磁場爲 B_0，則磁通量 Φ 爲

$$\Phi = \int_S \vec{\mathbf{B}} \cdot d\vec{\mathbf{s}} = AB_0 \cos(\omega t + \phi_0) \tag{5-20}$$

感應電動勢爲

$$V_{emf} = -\frac{d\Phi}{dt} = A\omega B_0 \sin(\omega t + \phi_0) \tag{5-21}$$

當導體在時變磁場中運動時，感應電動勢則爲變壓電動勢與運動電動勢的合成

$$V_{emf} = \oint_C \vec{\mathbf{E}} \cdot d\vec{\ell} = -\int_S \frac{d\vec{\mathbf{B}}}{dt} \cdot d\vec{\mathbf{s}} + \oint_C (\vec{\mathbf{u}} \times \vec{\mathbf{B}}) \cdot d\vec{\ell} \tag{5-22}$$

或者透過法拉第定律

$$V_{emf} = -\frac{d\Phi}{dt} = -\frac{d}{dt}\int_S \vec{\mathbf{B}} \cdot d\vec{\mathbf{s}} \tag{5-23}$$

若是計算多圈數(N)線圈的感應電動勢時，只要將 N 併入計算即可。

應用實例

名稱：馬達(電動機)

技術：將電能轉變成機械能、旋轉能、動能(與發電機相反)

原理：利用外加電流產生磁效應，將電能轉變成推進能

說明：馬達將電能轉變成機械能、驅動裝置的電氣設備。馬達的運轉是利用定子線圈(磁鐵)與轉子線圈(磁鐵)的吸力與斥力將電能轉變成轉子的旋轉能(如圖示)。定子轉動磁場中的轉子導線產生電動勢，因磁力相互作用而旋轉。

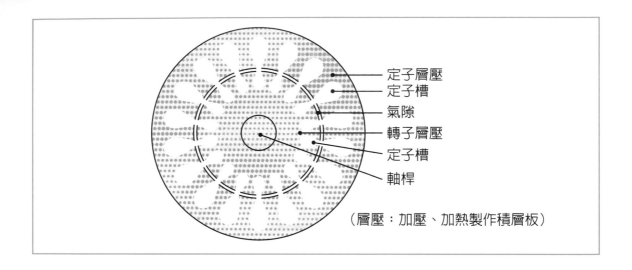

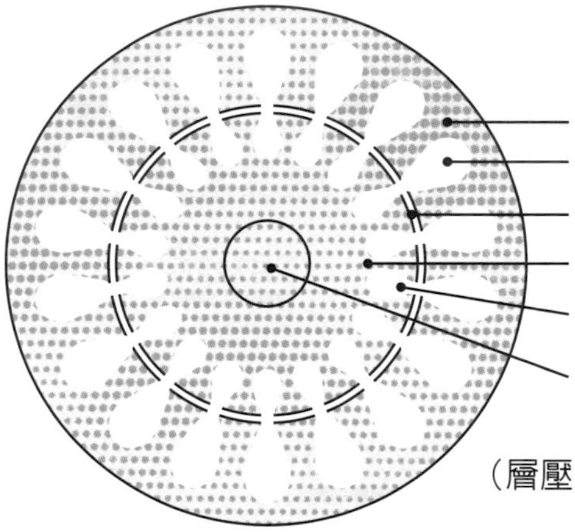

5-6 位移電流

回顧 5-2 式的安培定律

$$\oint_C \vec{\mathbf{H}}\cdot d\vec{\ell}=\int_S\left(\vec{\mathbf{J}}+\frac{\partial}{\partial t}\vec{\mathbf{D}}\right)\cdot d\vec{\mathbf{s}}$$

透過史托克斯定理與面積積分改寫上式爲

$$\oint_C \vec{\mathbf{H}}\cdot d\vec{\ell}=I_c+\int_S\left(\frac{\partial}{\partial t}\vec{\mathbf{D}}\right)\cdot d\vec{\mathbf{s}} \tag{5-24}$$

其中 I_c 爲傳導電流(conduction current)。另外，定義位移電流(displacement current)密度爲

$$\vec{\mathbf{J}}_d=\frac{\partial\vec{\mathbf{D}}}{\partial t} \tag{5-25}$$

面積積分的結果則爲位移電流 I_d。常見的位移電流發生在電容器中，因電容器內填充有介電質，故有電荷的累積。位移電流與傳導電流一樣具有電流的單位，雖是等效於電流，但不傳輸自由電荷。

在固定的電場下，若介質(medium)裡的傳導電流 I_c 遠大於位移電流 I_d，可稱此介質爲良導體(good conductor)；反之，若 $I_d \gg I_c$，可稱此介質爲良介電質(good dielectric)。若以相量(phasor)場來表示：傳導電流密度爲 $\vec{\mathbf{J}}_c=\sigma\vec{\mathbf{E}}$，位移電流密度爲 $\vec{\mathbf{J}}_d=j\omega\varepsilon\vec{\mathbf{E}}$。良導體之 $\sigma\gg\omega\varepsilon$；良介電質之 $\sigma\ll\omega\varepsilon$。

例題 5.8

試計算銅線內位移電流 I_d 相等於傳導電流 I_c 時的頻率。

解　利用 $\vec{\mathbf{J}}_c = \sigma\vec{\mathbf{E}}$ 與 $\vec{\mathbf{J}}_d = \dfrac{\partial\vec{\mathbf{D}}}{\partial t} = j\omega\varepsilon\vec{\mathbf{E}}$ 得到 $\sigma = \omega\varepsilon$

進一步整理、查表並代入得到

$$f = \frac{\omega}{2\pi} = \frac{\sigma}{2\pi\varepsilon_0} = \frac{5.8\times 10^7}{2\pi/(36\pi\times 10^9)} \approx 10^{18}\,\text{Hz}$$

在如此高頻的情況下，良導體如銅線者的行爲好像是電介質。

例題 5.9

設操作頻率爲 1 GHz，當銅線的傳導電流 $I_c = 2\sin(\omega t)\,\text{A}$，試計算電介質 $(\varepsilon_r = 2)$的位移電流。

解　設銅線的截面面積爲A並利用 $\vec{\mathbf{J}}_c = \sigma\vec{\mathbf{E}}$ 得

$$E\cdot A = \frac{I_c}{\sigma} = \frac{2\sin\omega t}{(5.8\times 10^7)} = 3.45\times 10^{-8}\sin\omega t$$

進一步整理、查表、代入得到

$$I_d = \omega\varepsilon_r\varepsilon_0 EA = \frac{(2\pi\times 10^9)(2)(3.45\times 10^{-7}\sin\omega t)}{(36\pi\times 10^9)} \approx 3.83\sin\omega t\,\text{nA}$$

電介質的位移電流只有3.83nA，是相當小的電流。相對於傳導電流可被略去不計。

應用實例

名稱：電(擊)槍

技術：利用直流高電壓低電流電擊以爲制止力

原理：以電流替代子彈的攻擊功能

說明：電擊槍(taser)以電流替代子彈的攻擊功能，目的在使被電擊者失去反擊能力。兩帶絕緣銅線的飛鏢(電極)由氣壓彈夾所提供的高壓氮氣，從槍膛發射。接觸被電擊時的電壓由50 kV驟降至1.2 kV，頻率爲19 Hz。具殺傷力的是電流而不是電壓；電流約0.3安培、功率約2焦耳。救命用的自動體外去顫器(AED)則分別爲2安培及200焦耳；家電吸塵器爲12安培及300焦耳。爲辨別起見，電擊棒(stun guns)是以疼痛制服被電擊者。

電槍

cea+@Flickr (CC BY 2.0)

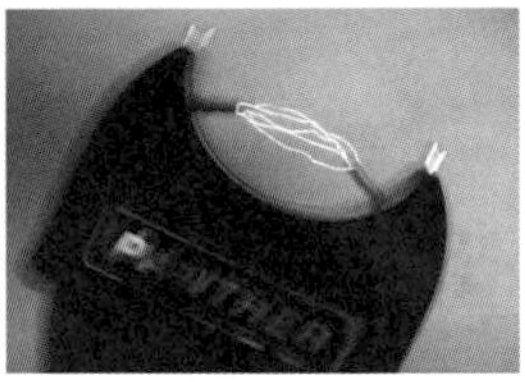

電擊棒

Yamashita Yohei@Flickr (CC BY 2.0)

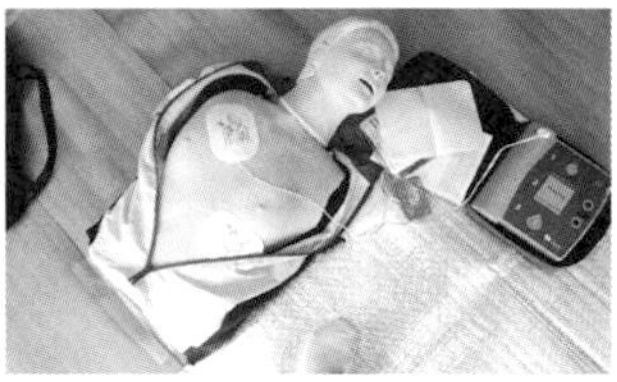

AED

Stealth3327@WikiMedia Commons

5-7 電荷-電流連續關係

在自由空間中，電荷密度 ρ_v 與表面電流密度 J 均爲零。當任一微小體積 dv 內的電荷變化率 dQ / dt 不爲零時，則導致電流 I 的產生

$$I = -\frac{\partial Q}{\partial t} = -\frac{\partial}{\partial t}\int_v \rho_v \, dv \tag{5-26}$$

其中

$$I = \oint_S \vec{\mathbf{J}} \cdot d\vec{\mathbf{s}} = \int_v (\nabla \cdot \vec{\mathbf{J}}) dv \tag{5-27}$$

比較兩式得到

$$\nabla \cdot \vec{\mathbf{J}} = -\frac{\partial}{\partial t}\rho_v \tag{5-28}$$

上式稱爲電荷-電流連續方程式(charge-current continuity equation)，說明 ρ_v 與 J 間的關係，即電荷密度變化率與電流來源的關係。

在 $\frac{d\rho_v}{dt} = 0$ 即 $\nabla \cdot \vec{\mathbf{J}} = 0$ 情況下，得到

$$\oint_S \vec{\mathbf{J}} \cdot d\vec{\mathbf{s}} = 0 \tag{5-29}$$

或

$$\sum_k I_k = 0 \tag{5-30}$$

這就是克希荷夫電流定律(Kirchhoff Circuit Law)：進入一個節點的電流總和等於流出這個節點的電流總和。

5-8 導體內自由電荷的耗散

當導體內部的淨電荷密度為零($\rho_v = 0$)時，稱該導體為電中性。又當導體內部存在有過量的電荷($\rho_v \neq 0$)時，這些過量的電荷則產生電場；該電場導致導體內部其他電荷的重整；該電場產生與電荷重整的程序反復進行；最後的結果，等量的電荷會被重置在導體表面。因為，導體內部的淨電場應該維持為零。

剩下來的問題則是該過程的速度為何？或所需時間有多長？假設電荷密度的初始值($t = 0$ 時)為 $\rho_v = \rho_{vo}$，並利用

$$\nabla \cdot \vec{\mathbf{J}} = \sigma \ \nabla \cdot \vec{\mathbf{E}} = -\frac{d\rho_v}{dt} \tag{5-31}$$

與

$$\nabla \cdot \vec{\mathbf{E}} = \frac{\rho_v}{\varepsilon} \tag{5-32}$$

合併上兩式得電荷密度 ρ_v 的微分方程式

$$\frac{d\rho_v}{dt} + \frac{\sigma}{\varepsilon}\rho_v = 0 \tag{5-33}$$

該微分方程式的解

$$\rho_v(t) = \rho_{vo} e^{-\frac{\sigma}{\varepsilon}t} = \rho_{vo} e^{-\frac{t}{\tau_r}} \tag{5-34}$$

其中定義弛豫時間(relaxation time)常數 τ_r 為

$$\tau_r = \frac{\varepsilon}{\sigma} \tag{5-35}$$

代表電荷密度的衰減速率是以弛豫時間為單位呈指數衰減。自初始值 ρ_{vo} 開始，每經過一個弛豫時間常數 τ_r，電荷密度即衰減成原來的 e^{-1} 或 1/2.718 倍或 36.8%。例如時間從 0 到 τ_r 剩下 36.8 %；2 個 τ_r 之後，剩下 13.5 %；3 個 τ_r 之後，剩下 5%；依此類推。接下來的問題是弛豫時間常數 τ_r 是多久的時間。

例題 5.10

已知銅的導電率 $\sigma = 5.8 \times 10^7$ S/m 與介電常數 $\varepsilon_r = 1$，試計算其弛豫時間常數 τ_r。

解　利用5-35式得 $\tau_r = \frac{\varepsilon}{\sigma} = \frac{(1)(36\pi \times 10^9)^{-1}}{5.8 \times 10^7} \approx 1.52 \times 10^{-19}\,\text{s}$

表示導體內部是幾乎不可能有過量電荷存在的；即使有，等量的電荷會在剎那間重新分佈在導體表面。

例題 5.11

試計算雲母的弛豫時間常數 τ_r。已知雲母的導電率 $\sigma = 5.8 \times 10^{-15}$ S/m 與介電常數 $\varepsilon_r = 6$。

解　利用5-35式得 $\tau_r = \frac{\varepsilon}{\sigma} = \frac{(1)(36\pi \times 10^9)^{-1}}{5.8 \times 10^{15}} \approx 53100\text{s}$ 幾乎是14小時。

雲母是良好的電絕緣體，即使有過量電荷存在，也需相對長的時間衰減。

應用實例

名稱：發電機

技術：將機械能、旋轉能、動能轉變成電能(與電動機相反)

原理：利用磁場變化感應電流，將機械能轉變成電能

說明：發電機在結構上與電動機相同：具有定子與轉子。發電機的運轉是利用轉子磁鐵的轉動在定子線圈產生電動勢，這就是輸出電壓，接上負載即可引出電流。

5-9 向量磁位

探討時變電場及時變磁場時，是藉由法拉第定律與安培定律的連結，說明電場與磁場間的耦合關係。現在檢視以下兩個觀點的意含：純量電位與電場的關係以及磁位與磁場的關係。如果磁位存在的話，磁位是純量？還是向量？

前有介紹靜態電場的法拉第定律 $\nabla \times \vec{\mathbf{E}} = 0$ 以及電位與電場的關係 $\vec{\mathbf{E}} = -\nabla V$，前者說明電場為保守場，後者則說明保守的向量電場可表示為某純量的梯度。同樣地，靜態磁場的高斯定律 $\nabla \cdot \vec{\mathbf{B}} = 0$，說明不會有單獨存在的正或負磁荷來產生

磁場。從數學的角度看，旋度是不具散度的，故可以將磁場 $\vec{\mathbf{B}}$ 表示爲向量 $\vec{\mathbf{A}}$ 的旋度，即

$$\vec{\mathbf{B}} = \nabla \times \vec{\mathbf{A}} \tag{5-36}$$

因此，以 5-36 式定義向量磁位(vector magnetic potential)，又稱爲磁向量勢。向量磁位的定義方式與安培電路定律一致，因爲電流 I 及電流密度 J 都是磁場的來源。將 5-36 式代入動態場的法拉第定律 $\nabla \times \vec{\mathbf{E}} = -\frac{\partial \vec{\mathbf{B}}}{\partial t}$ 得

$$\nabla \times \vec{\mathbf{E}} = -\frac{\partial}{\partial t}(\nabla \times \vec{\mathbf{A}}) \tag{5-37}$$

或整理得

$$\nabla \times \left(\vec{\mathbf{E}} + \frac{\partial \vec{\mathbf{A}}}{\partial t} \right) = 0 \tag{5-38}$$

再次使用 $\vec{\mathbf{E}} = -\nabla V$ 的關係於上式得

$$\vec{\mathbf{E}} + \frac{\partial \vec{\mathbf{A}}}{\partial t} = -\nabla V \tag{5-39}$$

或

$$\vec{\mathbf{E}} = -\nabla V - \frac{\partial \vec{\mathbf{A}}}{\partial t} \tag{5-40}$$

這是動態電場與純量電位及向量磁位的關係。

注意　電場除了靜態的電位差外，也包含向量磁位在時間上的變化率；向量磁位的來源是電流或電流密度。

在靜磁學裡，安培定律爲 $\nabla \times \vec{\mathbf{B}} = \mu_0 \vec{\mathbf{J}}$，這與向量磁位定義 $\nabla \times \vec{\mathbf{A}} = \vec{\mathbf{B}}$ 的樣式很相像。前者的「電流密度 $\vec{\mathbf{J}}$ 所生成的磁場 $\vec{\mathbf{B}}$ 場線($\vec{\mathbf{B}}$ 的旋度)」，就好似後者的「磁場 $\vec{\mathbf{B}}$ 所生成的磁向量勢 $\vec{\mathbf{A}}$ 的場線($\vec{\mathbf{A}}$ 的旋度)」。所以，在磁通量(圈)周圍的磁向量勢的場線，看起來就好似在一電流(圈)周圍的磁場線。除此之外，磁場的散度和磁向量勢的散度分別爲 $\nabla \cdot \vec{\mathbf{B}} = 0$ 與 $\nabla \cdot \vec{\mathbf{A}} = 0$，因此，「向量磁位來自於磁場」，就好像是「磁場來自於電流」。

重要公式

1. 理想變壓器的匝數與感應電壓：$\dfrac{V_p}{V_s}=\dfrac{N_p}{N_s}$

2. 理想變壓器的功率：$I_pV_p=I_sV_s$

3. 理想變壓器的電流與匝數：$\dfrac{I_p}{I_s}=\dfrac{N_s}{N_p}$

4. 理想變壓器的輸入與負載阻抗：$Z_{in}=\dfrac{V_p}{I_p}=\dfrac{V_s}{I_s}\left(\dfrac{N_p}{N_s}\right)^2=\left(\dfrac{N_p}{N_s}\right)^2 Z_L$

5. 運動電動勢：$V_{emf}^m=\Delta V=\int_a^b\vec{\mathbf{E}}_m\cdot d\vec{\ell}=\int_a^b(\vec{\mathbf{v}}\times\vec{\mathbf{B}})\cdot d\vec{\ell}$

6. 導體在時變磁場中運動的感應電動勢：$V_{emf}=\oint_C\vec{\mathbf{E}}\cdot d\vec{\ell}=-\int_S\dfrac{d\vec{\mathbf{B}}}{dt}\cdot d\vec{\mathbf{s}}+\oint_C(\vec{\mathbf{v}}\times\vec{\mathbf{B}})\cdot d\vec{\ell}$

7. 位移電流密度：$\vec{\mathbf{J}}_d=\dfrac{\partial\vec{\mathbf{D}}}{\partial t}$

8. 電荷連續方程式：$\nabla\cdot\vec{\mathbf{J}}=-\dfrac{d\rho_v}{dt}$

9. 電荷密度ρ_v的微分方程式：$\dfrac{d\rho_v}{dt}+\dfrac{\sigma}{\varepsilon}\rho_v=0$

10. 電荷密度ρ_v的微分方程式的解：$\rho_v(t)=\rho_{vo}e^{-\frac{\sigma}{\varepsilon}t}=\rho_{vo}e^{-\frac{t}{\tau r}}$

11. 弛豫時間常數τ_r：$\tau_r=\dfrac{\varepsilon}{\sigma}$

12. 電場、電位與向量磁位的關係：$\vec{\mathbf{E}}=-\nabla V-\dfrac{\partial\vec{\mathbf{A}}}{\partial t}$

習題

★表示難題。

5.1 兩迴路如圖 P5.1a，若下迴路通以電流如圖 P5.1b，請描述上迴路的情況。

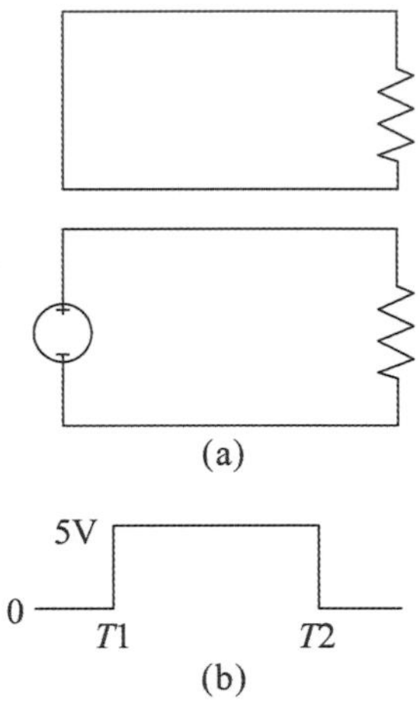

圖 P5.1

5.2 螺線管(半徑 $r = 3$ cm、長 $\ell = 75$ cm、圈數 $N = 1500$)外有一同軸圓形迴路半徑 $R > r$。若螺線管電流在 0.3 秒中從 7.2 A 線性下降到 2.4 A，試計算感應電動勢。

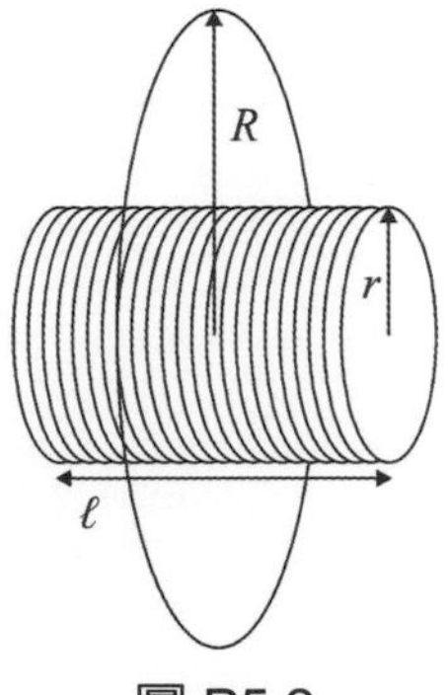

圖 P5.2

5.3 矩形線圈(長 ℓ、寬 w、圈數 N、電阻 R)以速度 u 進入一均勻磁場 B(指入紙面)。求線圈電流的方向(a)進入磁場；(b)在磁場中；(c)離開磁場。

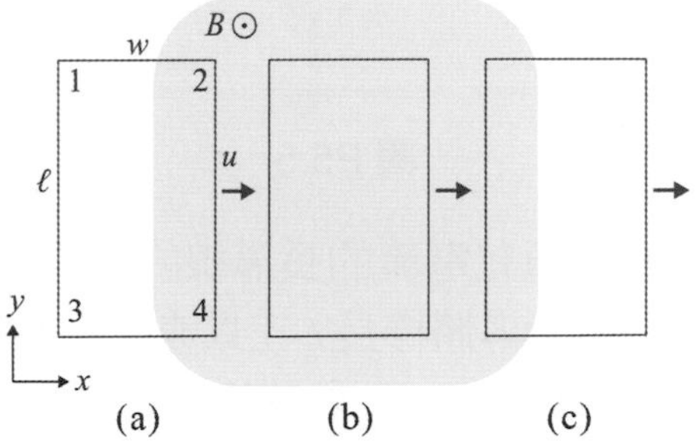

圖 P5.3

5.4 在均勻磁場 B(指出紙面)中，一邊長為 ℓ 的正方形線圈如圖 P5.4a。當瞬間(Δt)拉扯線圈如圖 P5.4b，計算感應電動勢。

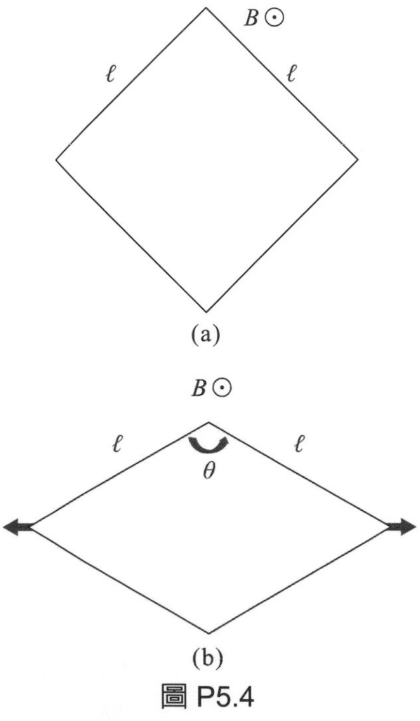

圖 P5.4

5.5 在均勻磁場 B(指入紙面)中，平行導線兩端各以一電阻連接，其上有一導體棒長 ℓ 正以速度 u 向左滑動，如圖 P5.5。求兩電阻的電流。

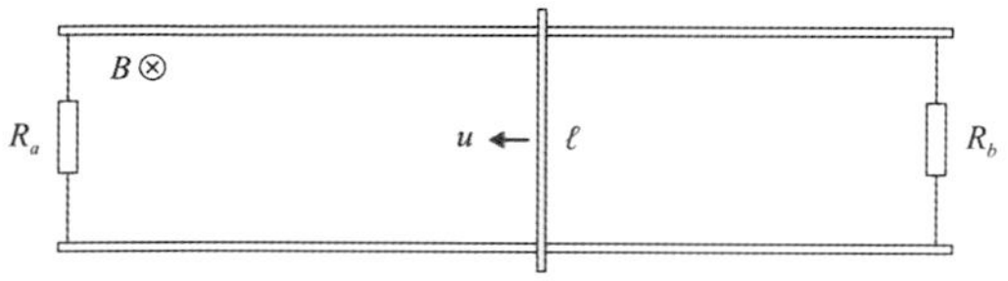

圖 P5.5

5.6 通有電流的長導線的上方有平行導體棒長 ℓ 正以速度 u 離開，如圖 P5.6。求導體棒上的感應電動勢。

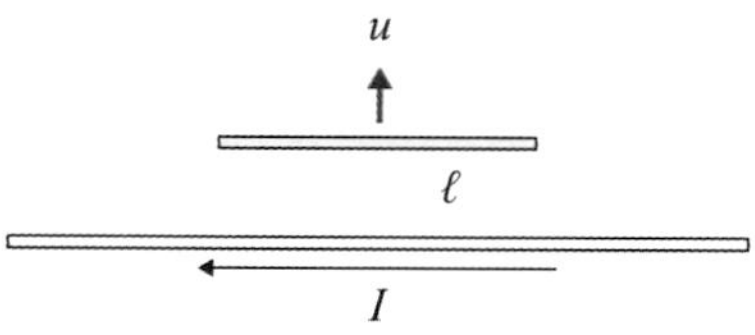

圖 P5.6

5.7 如圖 P5.7 所示，圓形迴路(半徑 r)置於一時變磁場(指出紙面)中，$B(t)=B_0+at$，B_0 與 a 均爲正常數。計算(a)在 $t=0$ 時的磁通量；(b)感應電動勢；(c)線圈的電流，若迴路具電阻 R。

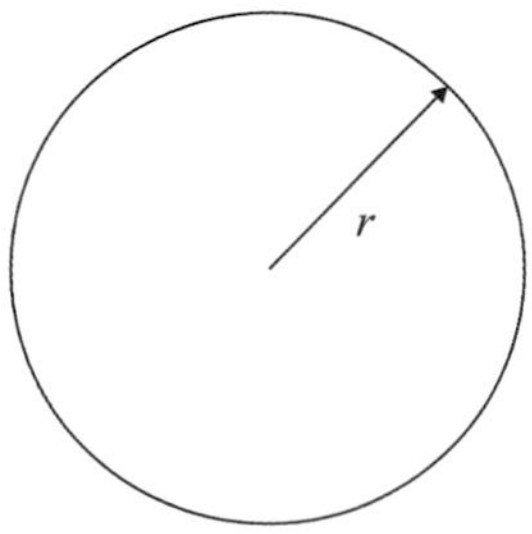

$B(t)=B_o+at$
指出紙面

圖 P5.7

★ 5.8 如圖 P5.8 所示，距通電流 I 的長直導線 a_0 米處有一矩形迴路 $(\ell\times w)$，正以速度 u 離開長直導線。求感應電動勢。

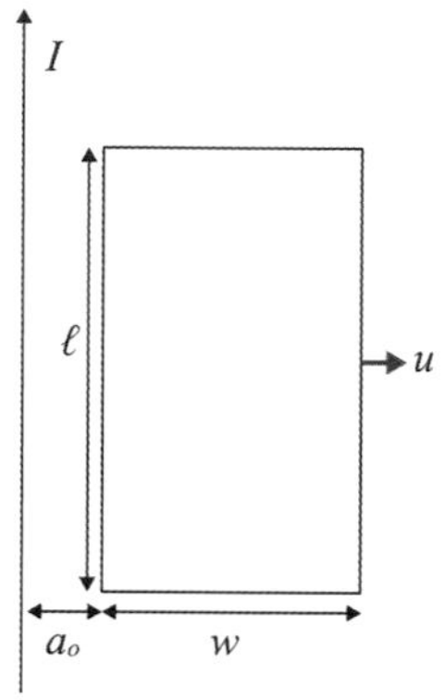

圖 P5.8

5.9 以相同導線(電阻爲 R / 米)所製成半徑爲 a 的線圈有單圈、雙圈及五圈。當一磁鐵棒的 N 極沿著中心軸穿過這三個線圈。討論三個線圈的感應電流大小。

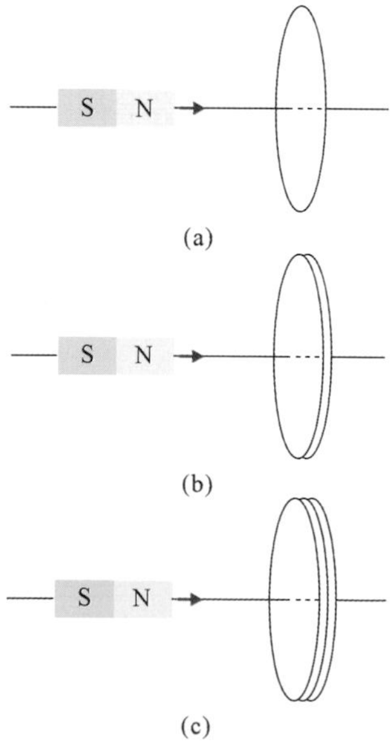

圖 P5.9

5.10 桌面上平放一圓形線圈，其上有一指向下的均勻磁場。假設線圈的半徑為 25 cm、具電阻 100 Ω，且磁場在 20 ms 內從 16 mT 增強至 66 mT，求(a)當 $t = 0$ 的磁通量；(b)在 20 ms 之後的磁通量；(c)線圈的感應電流；(d)電流方向。

5.11 空間中一線圈，其面積為 S、電阻為 R、電流為 $i(t) = M \cdot t^2$，M 是單位為 A/s^2 的常數，且當 $t = 0$ 時，電流與磁場均為零。求空間磁場的表示式。

5.12 空間均勻磁場(2T)垂直指出邊長為 25 cm 的方形線圈，線圈上串聯一個 5 V 燈泡(如圖 P5.12)。當磁場在 Δt 時間內驟減至零，求(a) Δt 值使得燈泡在磁場變化瞬間亮起；(b)電流的方向。

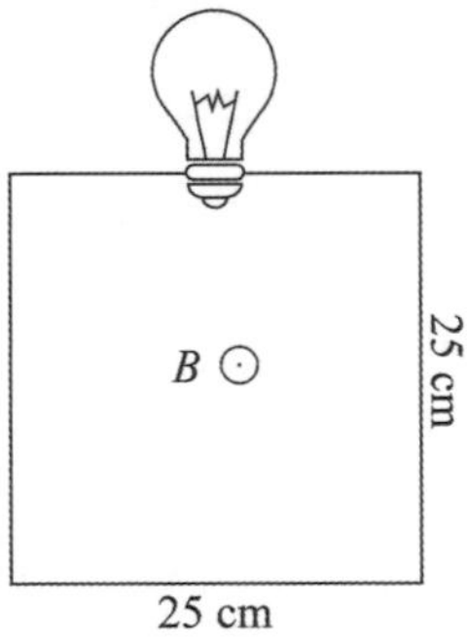

圖 P5.12

★ 5.13 方形導線線圈以等速度進入一均勻磁場。線圈邊長為 25 cm、電阻為 10 Ω、速度為 0.2 m/s，在 $t = 0$ 時(如圖 P5.13)，線圈的邊正進入大小為 1.2 T、範圍為 60 cm 的磁場中。求電流的變化情況。

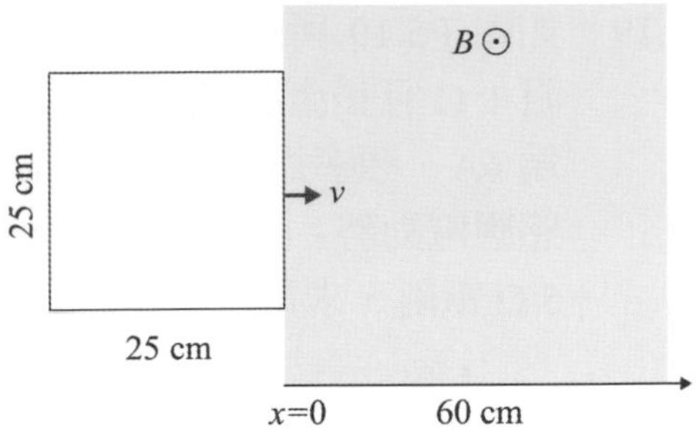

圖 P5.13

5.14 時變磁場 $\vec{\mathbf{B}} = \hat{\mathbf{z}} B_0 \sin \omega t$ 中有一線圈平放於 $x - y$ 平面上。若 $B_0 = 1.2$ T、$\omega = 20\ s^{-1}$、線圈面積 20 cm^2、電阻為 10 Ω。求 $t = 0$ 與 $t = 0.05$ s 時的電流。

5.15 假設發電機中均勻磁場為 0.1 T，當中的線圈具圈數 200、半徑 6 cm。若線圈的轉速為 1200 / 分鐘，求最大輸出電壓。

5.16 圓形線圈置放於均勻磁場(0.1 T)中，假設線圈的軸心與磁場同向，且圈數為 30、直徑為 10 cm。若線圈在 0.1 秒內翻轉 180°，求平均感應電動勢。

★ 5.17 有一磁場垂直於 500 圈的圓形線圈面，線圈的直徑為 0.8 m。若線圈在 4.6 毫秒內翻轉四分之一圈，得到平均感應電動勢 7500 V。求磁場。

★ 5.18 時變磁場的頻率為 100 MHz，當中有一 5 圈的圓形線圈面積為 0.01 m^2，已知線圈的最大感應電動勢為 0.1 V。求磁場。

★ 5.19 如圖 P5.19 所示，線圈具內電阻 1 Ω 且長直導線的電流大小為 6A、頻率為 50 kHz。(a)求感應電動勢；(b)若線圈串聯一 5 Ω 電阻，求電流與其方向。

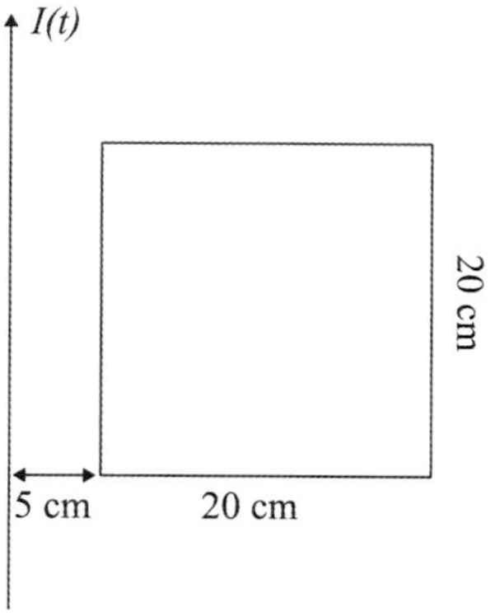

圖 P5.19

★ 5.20 參考圖 P5.19，空間存在一均勻磁場(0.1 T)垂直指出線圈，視長直導線為線圈的轉軸，線圈的轉速為 120 / 秒。(a)求感應電動勢；(b)若線圈具內電阻 1 Ω，求電流。

★ 5.21 一段導線(60 cm)在均勻磁場中以一端點為中心旋轉，如圖 P5.21。

假設磁場為 $\vec{\mathbf{B}} = 0.1\hat{\mathbf{z}}\,\mathrm{T}$ ，

導線每 10 秒繞 16 圈。求兩端點間的感應電動勢。

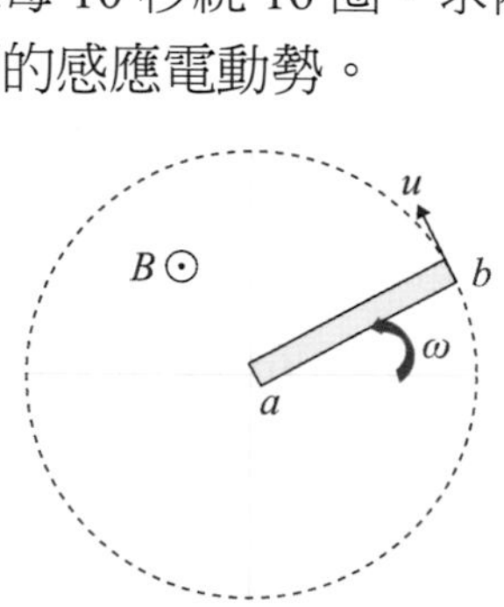

圖 P5.21

5.22 一環形螺線管結構如圖 P5.22 所示，導線均勻圍繞共有 N 匝並通有電流 I。求環內外的磁場。

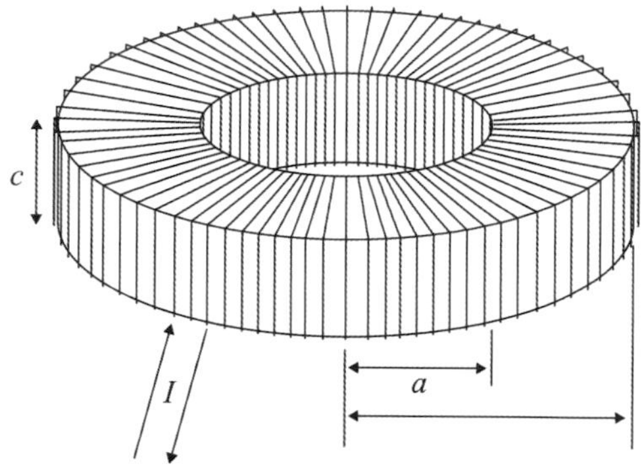

圖 P5.22

5.23 一 5000 匝導線圈(平均半徑 15 cm)在均勻磁場 0.5 G 中以每秒 50 周速度旋轉。求最大的感應電動勢及其旋轉方式。

★ 5.24 一材料內的電場為

$500\sin(10^{10}t)\,\mathrm{V/m}$ 、

導電率 $\sigma = 5$ S/m、$\varepsilon_r = 1$。

求(a)傳導電流；(b)位移電流；(c)當位移電流等於傳導電流時的頻率。

5.25 同軸電容器的長度為 60 cm、內外半徑分別為 6 mm 與 8 mm、內部填充 $\varepsilon_r = 6.8$ 的介質，當外加電壓為 。求傳導電流與位移電流，並做比較。

★ 5.26 某土壤樣品具 $\varepsilon_r = 2.5$、$\sigma = 1$ mS/m，若已知外在電場強度為 5 μV/m、頻率為 3 GHz。求傳導電流與位移電流。

5.27 空間均勻磁場 $\vec{\mathbf{B}} = 0.04\hat{\mathbf{x}}$ T 中有一 50 cm 長的直導線置放於 z 軸上，以 2.5 cm 的幅度及 1000 Hz 頻率在 y 軸上下振動，如圖 P5.27。求感應電動勢。

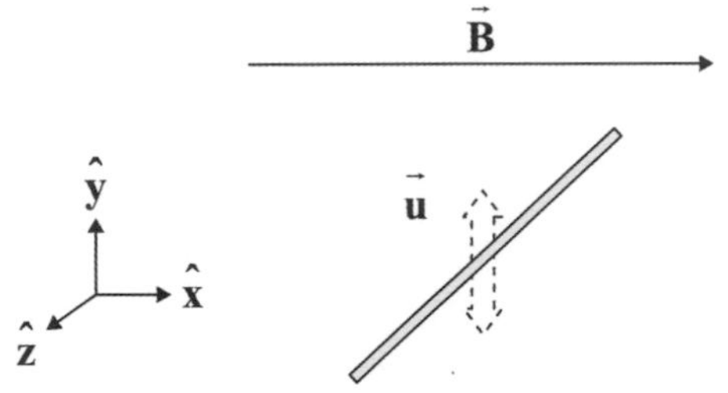

圖 P5.27

★ 5.28 空間均勻磁場 $\vec{\mathbf{B}} = 0.5\hat{\mathbf{r}}$ T ($x-y$ 平面)中有一段 2 cm 長的直導線(垂直 $x-y$ 平面)，以半徑 50 cm 及 30 Hz 頻率繞磁場的中心運動，如圖 P5.28。求感應電動勢。

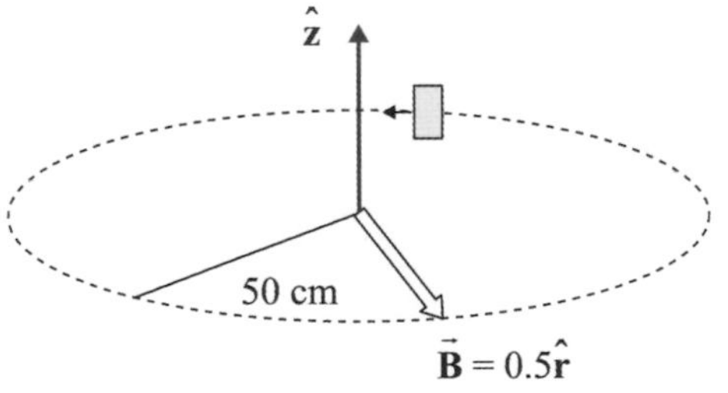

圖 P5.28

5.29 一直立矩形線圈(長 50 cm、寬 3 cm、內電阻 0.5 Ω)以內徑 5 cm、外徑 8 cm、每分鐘 600 轉在均勻徑向磁場 $\vec{\mathbf{B}} = 0.5\hat{\mathbf{r}}$ T 中繞磁場的中心運動，如圖 P5.29。求感應電流。

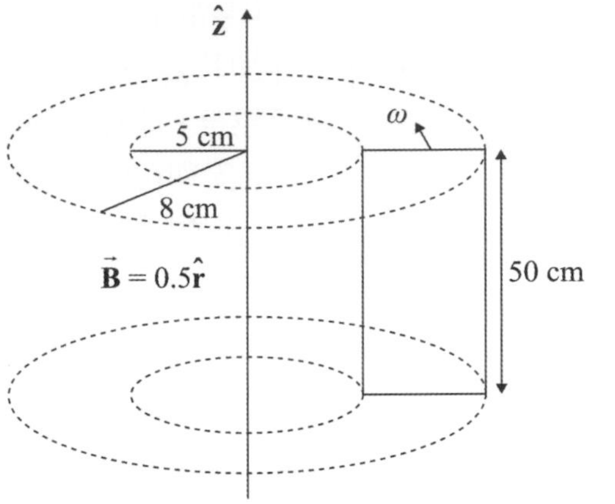

圖 P5.29

★ 5.30 平行板電容器(面積 5 cm^2、寬 3 mm、內充滿介質 $\varepsilon_r = 5$)，兩板間外加電壓具強度 25 V 及頻率 1 MHz。求位移電流。

5.31 同軸電容器(長度 L、內半徑 a、外半徑 b、其間充滿介質 ε_r，如圖 P5.31)，外加電壓(頻率 f、強度 V_0)。求位移電流。

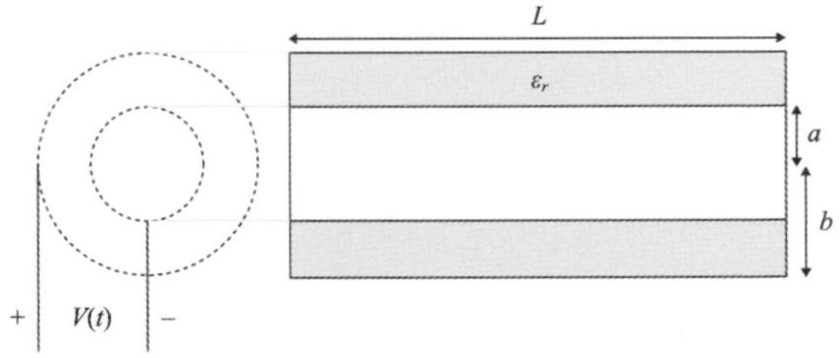

圖 P5.31

5.32 承上題，同軸電容器(長度 60 mm、內半徑 6 mm、外半徑 12 mm、其間充滿 $\varepsilon_r = 8.2$ 的介質)，外加一般家用電(頻率 60 Hz)電壓 50 V。求位移電流。

★ 5.33 圓形平行板電容器(面積 A、相距 d、其間充滿介質 ε_r 與導電率 σ)，外加時變電壓。求(a)傳導電流及(b)位移電流。

5.34 某土壤樣品具導電率 σ 及介質常數 ε_r，若外加時變電場的強度爲 E_0、頻率爲 f，求(a)傳導電流；(b)位移電流與(c)當位移電流等於傳導電流的頻率。

5.35 承上題，若導電率 $\sigma = 15$ mS/m 及介質常數 $\varepsilon_r = 25$，外加時變電場的強度爲 $E_0 = 50$ V/m。求頻率 f。

5.36 已知某金屬材料的介質常數 $\varepsilon_r = 15$，其內部加進定量的電荷密度後 20 微秒，電荷密度只剩下原來的 1%。求其弛豫時間常數 τ_r 與導電率 σ。

chapter 6

平面波傳播

在遠離波源處的電磁波均可以平面波簡化之；均勻平面波即電場強度 E 和磁場強度 H 在傳播方向上無分量，且其變化的方向、振幅和相位對任意垂直傳播方向平面上都保持一致，但沿著傳播方向變化。考慮在空間任意固定點的電場強度方位爲時間的函數時，則可看出平面波的極化現象。討論平面波的極化時，只要定睛於電場強度即足夠描述該現象，因磁場強度總是與之垂直。

6-1 波動現象

波動是週期性的重複現象。例如池塘水面因受擾動而起漣漪，波動只是水面上每一點隨波上下運動，但不隨波前進。如圖 6.1 所示，借用一系列的弦波(週期波)解釋波動現象。圖 6.1a 的每一虛線代表一週期波，一系列虛線代表行進中的週期波；橫軸爲波前進的方向，縱軸爲時間的方向。另外，觀察點 A(符號○)表示波的特定點(固定相位)隨著時間的增加向右移動；觀察點 B(鉛直線)表示波的參考點(固定位置)隨著波的前進而上下振動，如圖 6.1b。圖 6.1b 中的 × 符號對應圖 6.1a 的週期波與鉛直線的交點，爲時間的函數；細虛線代表觀察點 B 的振動軌跡，一如波動的形式(弦波)。

▌注意　圖 6.1a 的週期波是沒有損耗的，不像池塘的漣漪會衰減、會變形。

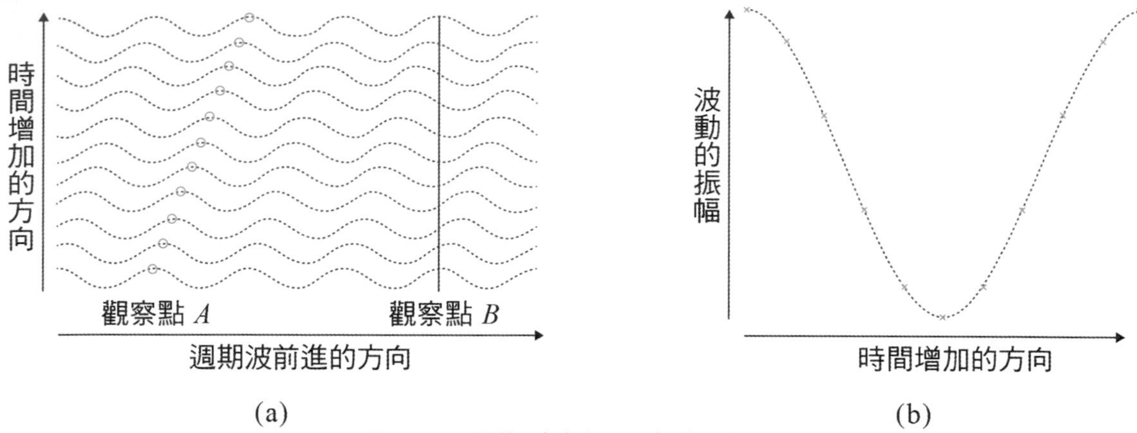

圖 6.1 週期波與解釋波動現象。

回顧行進波(travelling waves)的表示式

$$y(x,t)=A\cdot\cos\left(\frac{2\pi}{T}t-\frac{2\pi}{\lambda}x+\phi_0\right) \tag{6-1}$$

或

$$y(x,t)=A\cdot\cos(\omega t-\kappa x+\phi_0) \tag{6-2}$$

其中 A 爲波的振幅；T 爲週期(s)；λ 爲波長(m)；ϕ_0 爲初相位(通常設爲零)；ω 爲角頻率(rad/s)；κ 爲波數(rad/m)。另外，兩式中的相位函數爲

$$\phi(x,t)=\frac{2\pi}{T}t-\frac{2\pi}{\lambda}x+\phi_0=\omega t-\kappa x+\phi_0 \tag{6-3}$$

假設圖 6.1a 的橫軸爲 x 軸，則符號○代表波的固定相位點(騎在週期波上)，也就是 $\phi(x,t)$ 爲常數，如圖示符號○。隨著時間前進(t 增加，x 也增加)；而觀察點 B 代表位置固定，也就是 x 爲常數，相位項 $\phi(x,t)$ 隨著時間變化。因此 6-3 式代表波的行進方向爲正 x；同理，下式代表波的行進方向爲負 x

$$y(x,t)=A\cdot\cos(\omega t+\kappa x+\phi_0) \tag{6-4}$$

在相位項 $\phi(x,t)$ 中的時間是增加的，爲維持 $\phi(x,t)$ 爲常數 x 必須減少，也就是波朝負 x 的方向行進。

前所提到池塘水面的漣漪，若該波動是石頭所引起的，則波動呈圓形。空間中的點波源輻射出的電磁波(場)則爲球面波。以下式爲例

$$E(r)=\frac{e^{-ikr}}{r} \tag{6-5}$$

如圖 6.2，$E(r)$與距離成反比。設中心點爲波源且其強度爲 1，每向外一圈強度減少 10%，所以最外圈的強度爲 0.1。圖 6.3 則顯示圖 6.2 的細部變化與 6-5 式的數

學意義及其一維的圖形。圖 6.3a 爲 6-5 式的分子，圖 6.3b 爲 6-5 式，圖 6.3c 爲球面波對於接收天線的有效範圍，圖 6.3d 則標示其相對強度值。圖 6.3c 特別顯示相對於接收天線的大小球面波幾近呈平面狀，實際操作上也都是以平面波做爲分析工具。

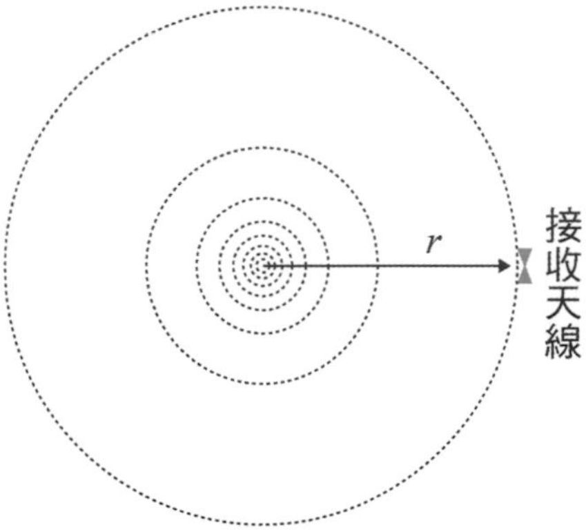

圖 6.2 球面波的二維示意圖。

平面波的近似非常有用，有助於瞭解現象。如在遠處接收天線所發出來的球面波時，可以使用平面波；電磁學一些複雜的問題，可以用平面電磁波的性質來分析。平面波具有下列特性：在均勻簡單介質中，平面電磁波是電磁波傳播的最簡單形式。電場與磁場在平面上總是互相垂直的，且垂直於傳播方向。均勻平面波(uniform plane waves)的電場與磁場在平面上是均勻的、等相位的、等振幅的，傳播方向總是垂直於該平面，所以電場方向、磁場方向與傳播方向總是兩兩垂直的。

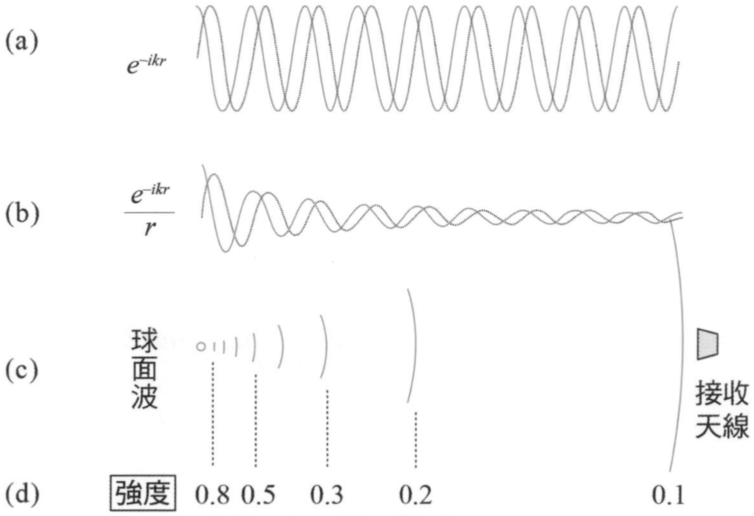

圖 6.3 球面波的細部圖示。

6-2 時間諧波場

馬克士威方程組裡的電場(E、D)、磁場(H、B)、電流(J)與電荷密度(ρ)都可以是時間(t)與空間(x, y, z)的函數。前面章節介紹相量(phasor)表示法，如

$$\vec{\mathbf{E}}(x,y,z;t)=\Re e\{\widetilde{\mathbf{E}}(x,y,z)e^{j\omega t}\} \tag{6-6}$$

其中時間因素已被提出獨立成項。當變數對時間微分時，變數就多一個乘數 $j\omega$，如

$$\frac{\partial}{\partial t}\vec{\mathbf{E}}(x,y,z;t)=\frac{\partial}{\partial t}\Re e\{\widetilde{\mathbf{E}}(x,y,z)\}e^{j\omega t}=j\omega\cdot\vec{\mathbf{E}}(x,y,z;t) \tag{6-7}$$

據此，在頻域的馬克士威方程組可以改寫成

$$\nabla\times\widetilde{\mathbf{E}}=-\frac{\partial}{\partial t}\mu\widetilde{\mathbf{H}}\rightarrow\nabla\times\widetilde{\mathbf{E}}=-j\omega\mu\widetilde{\mathbf{H}} \tag{6-8}$$

$$\nabla\times\widetilde{\mathbf{H}}=\tilde{\mathbf{J}}+\frac{\partial}{\partial t}\varepsilon\widetilde{\mathbf{E}}\rightarrow\nabla\times\widetilde{\mathbf{H}}=\tilde{\mathbf{J}}+j\omega\varepsilon\widetilde{\mathbf{E}} \tag{6-9}$$

$$\nabla\cdot\widetilde{\mathbf{E}}=\frac{\tilde{\boldsymbol{\rho}}_v}{\varepsilon} \tag{6-10}$$

$$\nabla\cdot\widetilde{\mathbf{H}}=0 \tag{6-11}$$

其中 $\widetilde{\mathbf{D}}=\varepsilon\widetilde{\mathbf{E}}$ 與 $\widetilde{\mathbf{B}}=\mu\widetilde{\mathbf{H}}$ 兩關係式已被代入使用於方程組中。

6-2-1 具導電率的介質

當電磁波傳播於具導電率(σ)的介質時，在電場的作用下介質內部產生電流密度

$$\tilde{\mathbf{J}}=\sigma\widetilde{\mathbf{E}} \tag{6-12}$$

合併上式與 6-9 式，進一步整理得

$$\nabla\times\widetilde{\mathbf{H}}=\tilde{\mathbf{J}}+j\omega\varepsilon\widetilde{\mathbf{E}}=\sigma\widetilde{\mathbf{E}}+j\omega\varepsilon\widetilde{\mathbf{E}}=j\omega(\varepsilon-j\frac{\sigma}{\omega})\widetilde{\mathbf{E}}=j\omega\tilde{\boldsymbol{\varepsilon}}\widetilde{\mathbf{E}} \tag{6-13}$$

其中 $\tilde{\boldsymbol{\varepsilon}}$ 爲複數介電係數或記爲 ε_c，$\tilde{\boldsymbol{\varepsilon}}=\varepsilon'-j\varepsilon''$；其中 $\varepsilon'=\varepsilon=\varepsilon_r\varepsilon_0$，$\varepsilon''=\sigma/\omega$。6-13 式的散度爲

$$\nabla\cdot\{\nabla\times\widetilde{\mathbf{H}}=j\omega\tilde{\boldsymbol{\varepsilon}}\widetilde{\mathbf{E}}\}\Rightarrow\nabla\cdot(\nabla\times\widetilde{\mathbf{H}})=j\omega\tilde{\boldsymbol{\varepsilon}}\nabla\cdot\widetilde{\mathbf{E}} \tag{6-14}$$

上式中，因旋度不具散度的特性，等號的左側等於零，故電場的散度爲零，由此推導得知 6-10 式的電荷體積密度(ρ_v)也爲零。

複數介電係數 ε_c 的實數部與虛數部分別爲 ε 與 σ / ω，當介質不具導電能力 $(\sigma = 0)$時，ε_c 就只是一般的介電係數 ε。

6-2-2 波方程式

本節將透過馬克士威方程組推導電場與磁場的波方程式，由波方程式可求得電場與磁場的解。計算 6-8 式的散度並分別列出

$$\nabla \times \nabla \times \widetilde{\mathbf{E}} = \nabla(\nabla \cdot \widetilde{\mathbf{E}}) - \nabla^2 \widetilde{\mathbf{E}} = -\nabla^2 \widetilde{\mathbf{E}} \tag{6-15}$$

$$-j\omega\mu\nabla \times \widetilde{\mathbf{H}} = -j\omega\mu(j\omega\tilde{\boldsymbol{\varepsilon}}\widetilde{\mathbf{E}}) = \omega^2 \mu\tilde{\boldsymbol{\varepsilon}}\widetilde{\mathbf{E}} \tag{6-16}$$

合併得

$$\nabla^2 \widetilde{\mathbf{E}} + \omega^2 \mu\tilde{\boldsymbol{\varepsilon}}\widetilde{\mathbf{E}} = 0 \Rightarrow (\nabla^2 + \kappa_c^2)\widetilde{\mathbf{E}} = 0 \tag{6-17}$$

其中拉普拉斯算子(Laplacian) ∇^2、傳播常數(propagation constant) γ 與波數(wave number) κ_c 定義如下：

$$\nabla^2 = \frac{\partial^2}{\partial x^2} + \frac{\partial^2}{\partial y^2} + \frac{\partial^2}{\partial z^2} \tag{6-18}$$

$$\gamma^2 = -\omega^2 \mu\tilde{\boldsymbol{\varepsilon}} = -\kappa_c^2 \tag{6-19}$$

$$\kappa_c^2 = \omega^2 \mu\tilde{\boldsymbol{\varepsilon}} \tag{6-20}$$

同理得

$$\nabla^2 \widetilde{\mathbf{H}} + \omega^2 \mu\tilde{\boldsymbol{\varepsilon}}\widetilde{\mathbf{H}} = 0 \Rightarrow (\nabla^2 + \kappa_c^2)\widetilde{\mathbf{H}} = 0 \tag{6-21}$$

6-17 式與 6-21 式分別爲 $\widetilde{\mathbf{E}}$ 與 $\widetilde{\mathbf{H}}$ 的均勻波波動方程式(wave equation)，或赫姆霍兹方程式(Helmholtz equation)。$\widetilde{\mathbf{E}}$ 與 $\widetilde{\mathbf{H}}$ 有相同的波方程式，所以它們的解也會有相同的形式—也就是均勻平面諧波的解。空間中，赫姆霍兹方程式的解可以藉由分離變數法求得。

6-3 無損耗介質中的平面電磁波

當電磁波於無損耗介質$(\sigma = 0)$傳播時，電磁波不會因 6-12 式而導致強度衰減，該介質即稱爲無損耗介質(lossless medium)。電磁波的特性如相速度(u_p)及波長(λ)均與角頻率(ω)及介質的三個本質參數$(\varepsilon$、μ、$\sigma)$有關，其中的介電係數(ε)爲純實數。

6-3-1 均勻平面波

在直角座標系中，電場及磁場的相量可以如下表示：

$$\tilde{\mathbf{E}}(x,y,z)=\tilde{\mathbf{E}}_x\hat{\mathbf{x}}+\tilde{\mathbf{E}}_y\hat{\mathbf{y}}+\tilde{\mathbf{E}}_z\hat{\mathbf{z}} \tag{6-22}$$

$$\tilde{\mathbf{H}}(x,y,z)=\tilde{\mathbf{H}}_x\hat{\mathbf{x}}+\tilde{\mathbf{H}}_y\hat{\mathbf{y}}+\tilde{\mathbf{H}}_z\hat{\mathbf{z}} \tag{6-23}$$

因此，每一分量都滿足赫姆霍茲方程式，也就是將 $\tilde{\mathbf{E}}_x$、$\tilde{\mathbf{E}}_y$、$\tilde{\mathbf{E}}_z$ 代入 6-17 式及將 $\tilde{\mathbf{H}}_x$、$\tilde{\mathbf{H}}_y$、$\tilde{\mathbf{H}}_z$ 代入 6-21 式都成立。假設介質爲線性(linear)、均向性(isotropic)、非色散、非導電性，以及電磁波的傳播方向爲 z，則 $\tilde{\mathbf{E}}$ 與 $\tilde{\mathbf{H}}$ 都只因空間位置 z 及時間變化，在垂直傳播方向的平面(x - y 平面)上是不變的(固定相位與固定強度)，因此，$\tilde{\mathbf{E}}_x$、$\tilde{\mathbf{E}}_y$、$\tilde{\mathbf{H}}_x$、$\tilde{\mathbf{H}}_y$ 對 x 與 y 的微分均等於零，即

$$\frac{\partial}{\partial x}(\tilde{\mathbf{E}}_x,\tilde{\mathbf{E}}_y,\tilde{\mathbf{H}}_x,\tilde{\mathbf{H}}_y)=0 \text{ 與 } \frac{\partial}{\partial y}(\tilde{\mathbf{E}}_x,\tilde{\mathbf{E}}_y,\tilde{\mathbf{H}}_x,\tilde{\mathbf{H}}_y)=0 \tag{6-24}$$

這導致 $\tilde{\mathbf{E}}_z$、$\tilde{\mathbf{H}}_z$ 也等於零

$$\tilde{\mathbf{E}}_z=0 \text{ 且 } \tilde{\mathbf{H}}_z=0 \tag{6-25}$$

所以，$\tilde{\mathbf{E}}$ 與 $\tilde{\mathbf{H}}$ 都是橫向(垂直於傳播方向)的，在傳播方向傳播的只有分量 $\tilde{\mathbf{E}}_x$、$\tilde{\mathbf{E}}_y$、$\tilde{\mathbf{H}}_x$、$\tilde{\mathbf{H}}_y$，且都是均勻的平面波。最後，波方程式成爲

$$\frac{\partial^2}{\partial z^2}(\tilde{\mathbf{E}}_x,\tilde{\mathbf{E}}_y,\tilde{\mathbf{H}}_x,\tilde{\mathbf{H}}_y)+\kappa^2(\tilde{\mathbf{E}}_x,\tilde{\mathbf{E}}_y,\tilde{\mathbf{H}}_x,\tilde{\mathbf{H}}_y)=0 \tag{6-26}$$

上式二階微分方程式的通解爲

$$\tilde{\mathbf{E}}_x(z)=\tilde{\mathbf{E}}_x^+(z)+\tilde{\mathbf{E}}_x^-(z)=\tilde{\mathbf{E}}_{x0}^+e^{-j\kappa z}+\tilde{\mathbf{E}}_{x0}^-e^{+j\kappa z} \tag{6-27}$$

其中振幅(強度) E_{x0}^+ 與 E_{x0}^- 須透過邊界條件求得。其他分量 $\tilde{\mathbf{E}}_y$、$\tilde{\mathbf{H}}_x$、$\tilde{\mathbf{H}}_y$ 都具有相同形式的波動解(wave solution)。若是將時間因素納入考量，則上式成爲

$$E_x(z,t)=\tilde{\mathbf{E}}_x(z)e^{j\omega t}=E_{x0}^+e^{j(\omega t-\kappa z)}+E_{x0}^-e^{j(\omega t+\kappa z)} \tag{6-28}$$

設平面電磁波朝 $+z$ 方向傳播($\tilde{\mathbf{E}}_z=0$ 且 $\tilde{\mathbf{H}}_z=0$)，將 $\tilde{\mathbf{E}}_x(z)$ 代入 6-8 式得 $\tilde{\mathbf{H}}_x=0$ 而且 $\tilde{\mathbf{H}}_y=\dfrac{1}{-j\omega\mu}\dfrac{\partial\tilde{\mathbf{E}}_x(z)}{\partial z}$。微分後整理得

$$\tilde{\mathbf{H}}_y(z)=\frac{\kappa}{\omega\mu}(E_{x0}^+e^{-j\kappa z}-E_{x0}^-e^{j\kappa z}) \tag{6-29}$$

其中 $\frac{\kappa}{\omega\mu}=\frac{1}{\eta}$，$\eta$ 是無損失介質的本質阻抗(intrinsic impedance)。改寫上式爲

$$\widetilde{\mathbf{H}}_y(z)=H_{y0}^{+}e^{-j\kappa z}+H_{y0}^{-}e^{j\kappa z}=\frac{1}{\eta}(E_{x0}^{+}e^{-j\kappa z}-E_{x0}^{-}e^{j\kappa z}) \tag{6-30}$$

其中 $\widetilde{\mathbf{H}}_y(z)$ 的振幅分別爲

$$H_{y0}^{+}=\frac{E_{x0}^{+}}{\eta} \text{ 及 } H_{y0}^{-}=-\frac{E_{x0}^{-}}{\eta} \tag{6-31}$$

由此可知，在無損失介質中電場與磁場的相位一樣。另外，已知電磁波在眞空中傳播的速度爲光速(c)

$$c=\frac{1}{\sqrt{\mu_0\varepsilon_0}}\approx 3\times10^{8}\ \text{m/s} \tag{6-32}$$

以及眞空的本質阻抗 η_0 爲

$$\eta_0=\sqrt{\frac{\mu_0}{\varepsilon_0}}=120\pi=377\,\Omega \tag{6-33}$$

其中 ε_0 與 μ_0 分別爲眞空的介電係數與導磁係數。光速與本質阻抗僅與傳播的介質參數有關，與時間及空間位置均無關。電磁波的相位速度顧名思義就是由 6-3 式的相位項計算出其某特定相位在空間行進的速度，即 $\frac{\phi(x,t)}{dt}=0$，以符號 u_p 代表相位速度，則 u_p 爲

$$u_p=\frac{dx}{dt}=\frac{\omega}{\kappa}=\frac{1}{\sqrt{\mu\varepsilon}}=\frac{c}{\sqrt{\mu_r\varepsilon_r}} \tag{6-34}$$

其中 ε_r 與 μ_r 分別爲介質的相對介電係數與相對導磁係數。電磁波的時間參數有角頻率(ω)、週期(T)和頻率(f)，且具有下列關係：

$$f=\frac{1}{T} \tag{6-35}$$

$$\omega=\frac{2\pi}{T}=2\pi f \tag{6-36}$$

還有，電磁波的空間參數有波長(λ)、波數(κ)及與時間參數之間的關係爲

$$\lambda=\frac{u_p}{f} \tag{6-37}$$

$$\kappa=\frac{2\pi}{\lambda} \tag{6-38}$$

由 6-31 式得知均勻平面電磁波的波阻抗(wave impedance)或本質阻抗 η 爲

$$\eta = \frac{E_{x0}^{+}}{H_{y0}^{+}} = -\frac{E_{x0}^{-}}{H_{y0}^{-}} \tag{6-39}$$

或爲

$$\eta = \sqrt{\frac{\mu}{\varepsilon}} = \eta_0 \sqrt{\frac{\mu_r}{\varepsilon_r}} \tag{6-40}$$

連同 6-34 式的相位速度 u_p 都只是介質參數的函數。

6-3-2 電場($\widetilde{\mathrm{E}}$)與磁場($\widetilde{\mathrm{H}}$)的關係

前已證明均勻平面電磁波爲橫向電磁(TEM)波，且其電場 $\widetilde{\mathbf{E}}$、磁場 $\widetilde{\mathbf{H}}$ 與傳播方向 $\hat{\boldsymbol{\kappa}}$ 均兩兩互相垂直；$\widetilde{\mathbf{E}}$、$\widetilde{\mathbf{H}}$ 與 $\hat{\boldsymbol{\kappa}}$ 滿足下列的關係：

$$\widetilde{\mathbf{H}} = \frac{1}{\eta}\hat{\boldsymbol{\kappa}} \times \widetilde{\mathbf{E}} \tag{6-41}$$

$$\widetilde{\mathbf{E}} = -\eta \hat{\boldsymbol{\kappa}} \times \widetilde{\mathbf{H}} \tag{6-42}$$

假設傳播方向爲$+z$ 方向即 $\hat{\boldsymbol{\kappa}} = \hat{\mathbf{z}}$，則電場 $\widetilde{\mathbf{E}}$ 與磁場 $\widetilde{\mathbf{H}}$ 分別爲

$$\widetilde{\mathbf{E}} = \hat{\mathbf{x}}\widetilde{\mathbf{E}}_x^{+}(z) + \hat{\mathbf{y}}\widetilde{\mathbf{E}}_y^{+}(z) \tag{6-43}$$

$$\widetilde{\mathbf{H}} = \hat{\mathbf{x}}\widetilde{\mathbf{H}}_x^{+}(z) + \hat{\mathbf{y}}\widetilde{\mathbf{H}}_y^{+}(z) \tag{6-44}$$

而且下列關係式成立

$$\widetilde{\mathbf{H}} = \frac{1}{\eta}\hat{\mathbf{z}} \times (\hat{\mathbf{x}}\widetilde{\mathbf{E}}_x^{+}(z) + \hat{\mathbf{y}}\widetilde{\mathbf{E}}_y^{+}(z)) = -\hat{\mathbf{x}}\frac{\widetilde{\mathbf{E}}_y^{+}(z)}{\eta} + \hat{\mathbf{y}}\frac{\widetilde{\mathbf{E}}_x^{+}(z)}{\eta} \tag{6-45}$$

比較 6-44 式與 6-45 式得

$$\widetilde{\mathbf{H}}_x^{+}(z) = -\frac{\widetilde{\mathbf{E}}_y^{+}(z)}{\eta} \tag{6-46}$$

$$\widetilde{\mathbf{H}}_y^{+}(z) = \frac{\widetilde{\mathbf{E}}_x^{+}(z)}{\eta} \tag{6-47}$$

例題 6.1

均勻平面波。已知在自由空間中一電磁波的電場為 $\vec{\mathbf{E}}(z,t)=\hat{\mathbf{y}}E_0\sin(\omega t-kz)$，求其 $\vec{\mathbf{D}}$、$\vec{\mathbf{B}}$ 與 $\vec{\mathbf{H}}$。

解 (a) $\vec{\mathbf{D}}(z,t)=\varepsilon_0\vec{\mathbf{E}}(z,t)=\hat{\mathbf{y}}\varepsilon_0E_0\sin(\omega t-kz)$。

(b)利用6-41式及 $\hat{\boldsymbol{\kappa}}=\hat{\mathbf{z}}$ 得

$$\vec{\mathbf{H}}=\frac{1}{\eta_0}\hat{\mathbf{z}}\times[\hat{\mathbf{y}}E_0\sin(\omega t-kz)]=-\hat{\mathbf{x}}\frac{E_0}{\eta_0}\sin(\omega t-kz)$$

(c) $\vec{\mathbf{B}}=\mu_0\vec{\mathbf{H}}=-\hat{\mathbf{x}}\dfrac{\mu_0}{\eta_0}E_0\sin(\omega t-kz)=-\hat{\mathbf{x}}\dfrac{E_0}{c}\sin(\omega t-kz)$。

例題 6.2

均勻平面波。若已知在自由空間中一均勻平面電磁波的磁場為 $\vec{\mathbf{H}}(z,t)=\hat{\mathbf{x}}H_0\cos(\omega t+kz)$，求其 $\vec{\mathbf{E}}$ 的強度與傳播方向。

解 已知 $\vec{\mathbf{H}}$ 的傳播方向為 $-\hat{\mathbf{z}}$ 利用6-42式及 $\hat{\boldsymbol{\kappa}}=-\hat{\mathbf{z}}$ 得

$$\vec{\mathbf{E}}=-\eta_0(-\hat{\mathbf{z}})\times[\hat{\mathbf{x}}H_0\cos(\omega t+kz)]=\hat{\mathbf{y}}\eta_0H_0\cos(\omega t+kz)$$

$\vec{\mathbf{E}}$ 的強度為 η_0H_0，其傳播方向為 $-\hat{\mathbf{z}}$。

例題 6.3

均勻平面波。在自由空間中傳播均勻平面電磁波的電場為
$\vec{\mathbf{E}}=\hat{\mathbf{x}}5\sin(3\pi\times10^8t-\pi z)+\hat{\mathbf{y}}5\cos(3\pi\times10^8t-\pi z)$，
求(a) $\vec{\mathbf{E}}$ 的相速及傳播方向；(b)磁場 $\vec{\mathbf{H}}$。

解 (a)已知傳播方向為 $+\hat{\mathbf{z}}$、$\omega=3\pi\times10^8$、$\kappa=\pi$，利用6-34式得

$$u_p=\frac{\omega}{\kappa}=\frac{3\pi\times10^8}{\pi}=3\times10^8\text{ m/s}$$，亦即光速。

(b)利用 6-41式及 $\eta_0=120\pi$ 得

$$\vec{\mathbf{H}}=\frac{1}{\eta_0}\hat{\mathbf{z}}\times[\hat{\mathbf{x}}5\sin(3\pi\times10^8t-\pi z)+\hat{\mathbf{y}}5\cos(3\pi\times10^8t-\pi z)]$$

$$=\hat{\mathbf{y}}\frac{1}{24\pi}\sin(3\pi\times10^8t-\pi z)-\hat{\mathbf{x}}\frac{1}{24\pi}\cos(3\pi\times10^8t-\pi z)$$

例題 6.4

均勻平面波。已知在非磁性介質中的電磁波電場為
$\vec{\mathbf{E}} = \hat{\mathbf{x}} 10 \sin(3\times10^{8} t - 2z)$，
求(a)波數；(b)相對介電係數(或稱介電常數)；(c)本質阻抗；及(d)磁場。

解 (a) $\kappa = 2$，傳播方向為 $+\hat{\mathbf{z}}$。

(b) $\omega = 3\times10^{8}$，$u_p = \dfrac{\omega}{\kappa} = \dfrac{3\times10^{8}}{2} = 1.5\times10^{8} = \dfrac{c}{2} = \dfrac{c}{\sqrt{\mu_r\varepsilon_r}}$

因 $\mu_r = 1$(非磁性)且 $\sqrt{\mu_r\varepsilon_r} = 2$，所以 $\varepsilon_r = 4$。

(c) 利用6-40式得 $\eta = 120\pi\sqrt{\dfrac{1}{4}} = 60\pi\,\Omega$。

(d) 利用6-41式及 $\eta = 60\pi$ 得

$$\vec{\mathbf{H}} = \frac{1}{\eta}\hat{\mathbf{z}}\times[\hat{\mathbf{x}}10\sin(3\times10^{8}t - 2z)] = \hat{\mathbf{y}}\frac{1}{6\pi}\sin(3\times10^{8}t - 2z)\text{ 。}$$

6-4 平面波的極化

平面波的極化(polarization)是指空間中某一固定點(如 $z = 0$)的電磁波電場向量的指向隨時間變化的方式，而極化形式則以電場向量端點的軌跡來確定。因為磁場總是垂直於電場，所以磁場向量端點的軌跡也一直是與電場向量端點的軌跡垂直。最後，電場與磁場具有相同的極化形式。本節只是以電場為例說明平面波的極化。因振幅的分量與相位不同的緣故，才導致極化形式的不同。常見的極化形式為橢圓極化(elliptical polarization)，其特殊情況則為線性極化(linear polarization)或圓形極化(circular polarization)。為方便起見，以下的討論都可以將位置變數設為零，如 $z = 0$。

考慮傳播方向為$+z$的時變電場如下：

$$\vec{\mathbf{E}}(z,t) = \hat{\mathbf{x}}E_{x0}\cos(\omega t - \kappa z) + \hat{\mathbf{y}}E_{y0}\cos(\omega t - \kappa z) \tag{6-48}$$

若 E_{y0} 相對於 E_{x0} 存在一相位差 δ，並令 $a_x = |E_{x0}|$ 及 $a_y = |E_{y0}|$，則 6-48 式成為

$$\widetilde{\mathbf{E}}(z) = (\hat{\mathbf{x}}a_x + \hat{\mathbf{y}}a_y e^{j\delta})e^{-j\kappa z} \tag{6-49}$$

或

$$\vec{\mathbf{E}}(z,t) = \hat{\mathbf{x}}a_x\cos(\omega t - \kappa z) + \hat{\mathbf{y}}a_y\cos(\omega t - \kappa z + \delta) \tag{6-50}$$

其強度爲

$$|\vec{\mathbf{E}}(z,t)| = \sqrt{a_x^2\cos^2(\omega t-\kappa z)+a_y^2\cos^2(\omega t-\kappa z+\delta)} \tag{6-51}$$

並定義傾斜角(tilt angle)爲

$$\Psi(z,t)=\tan^{-1}\left[\frac{a_y\cos(\omega t-\kappa z+\delta)}{a_x\cos(\omega t-\kappa z)}\right] \tag{6-52}$$

6-4-1 線性極化

線性極化就是 $\vec{\mathbf{E}}(z,t)$ 的軌跡是直線。線性極化有兩種類型，分別具以下特點：

(1) $E_x(z, t)$與 $E_y(z, t)$是同相位，即 $\delta = 0$

$$\vec{\mathbf{E}}(z,t)=(\hat{\mathbf{x}}a_x+\hat{\mathbf{y}}a_y)\cos(\omega t-\kappa z) \tag{6-53}$$

且強度爲 $|\vec{\mathbf{E}}(z,t)|=\sqrt{a_x^2+a_y^2}\cos(\omega t-\kappa z)$ 、傾斜角 $\psi=\tan^{-1}\left(\dfrac{a_y}{a_x}\right)$ 爲常數。若將 $E_x(z, t)$與 $E_y(z, t)$分別作圖於 x - y 軸上，則得到下列關係：

$$y=\frac{E_y(z,t)}{E_x(z,t)}x=\frac{a_y}{a_x}x$$

爲一過原點的直線方程式，其斜率爲 a_y / a_x，故以線性極化稱之。另一類型爲：

(2) 反相位，即 $\delta = \pi$

$$\vec{\mathbf{E}}(z,t)=(\hat{\mathbf{x}}a_x-\hat{\mathbf{y}}a_y)\cos(\omega t-\kappa z) \tag{6-54}$$

且強度爲 $|\vec{\mathbf{E}}(z,t)|=\sqrt{a_x^2+a_y^2}\cos(\omega t-\kappa z)$ 、$\Psi=\tan^{-1}\left(\dfrac{-a_y}{a_x}\right)$ 爲常數，如圖 6.4 所示。

如圖顯示，$a_x = 5$(橫線)、$a_y = 2$(縱線)、$\delta = \pi$ 爲反相位的線性極化(左上右下斜細線)、傾斜角度爲– 20.8°。合電場(黑線)的軌跡爲直線，如斜虛線。假設起始點如右上圖，電場強度爲最長且在第四象限，然後依序(箭頭方向)減弱至零，中間圖顯示強度幾乎爲零；之後則依序反方向增強直至左下圖，然後循環。

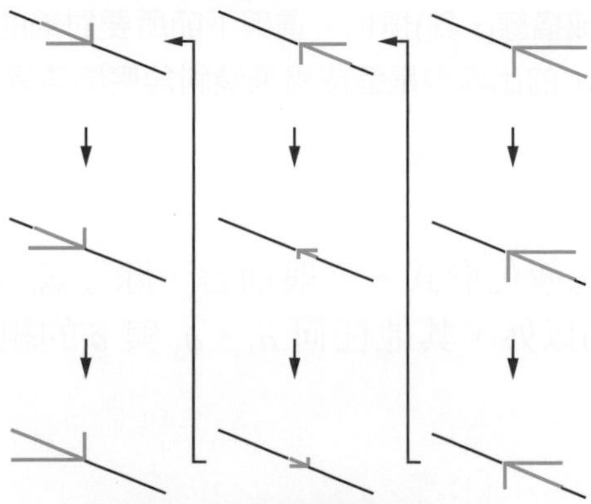

圖 6.4 反相位線性極化。

6-4-2 圓形極化

圓形極化的兩個條件：$a_x = a_y = a$ 及 $\delta = \pm\dfrac{\pi}{2}$。利用 $\cos(\theta \pm \dfrac{\pi}{2}) = \mp\sin(\theta)$ 改寫 6-50 式及 6-51 式分別得到

$$\vec{\mathbf{E}}(z,t) = \hat{\mathbf{x}}a\cos(\omega t - \kappa z) \mp \hat{\mathbf{y}}a\sin(\omega t - \kappa z) \tag{6-55}$$

$$|\vec{\mathbf{E}}(z,t)| = a \tag{6-56}$$

其傾斜角為

$$\Psi(z=0,t) = \tan^{-1}(\pm\omega t) \tag{6-57}$$

隨著時間變化、或減少、或增加、旋轉的頻率 ω 固定。兩方程式的合成軌跡即為圓形。因 δ 值有正負的差異，所以圓形極化也具有兩種類型：左旋圓極化波 $\delta = \pi/2$ 及右旋圓極化波 $\delta = -\pi/2$(如圖 6.5)。

注意 本書所謂的左旋與右旋是以觀察者為主的定義方式(類似右手定則)。當電磁波朝向觀察者傳播時，觀察者以左、右手的拇指代表波的傳播方向，再判斷其餘手指屈繞的方向與極化波的旋轉方向是否一致。據此定義左旋或右旋。如圖 6.5 所顯示的為右旋圓極化波，其中 $a_x = a$ (橫線)、$a_y = a$ (縱線)、$\delta = -90°$，合電場的軌跡為圓形，如虛線。假設起始點如右上圖，合電場(粗線)在 x 軸上。然後依序(箭頭方向)電場強度呈反時鐘方向旋轉直至左下圖，然後循環。

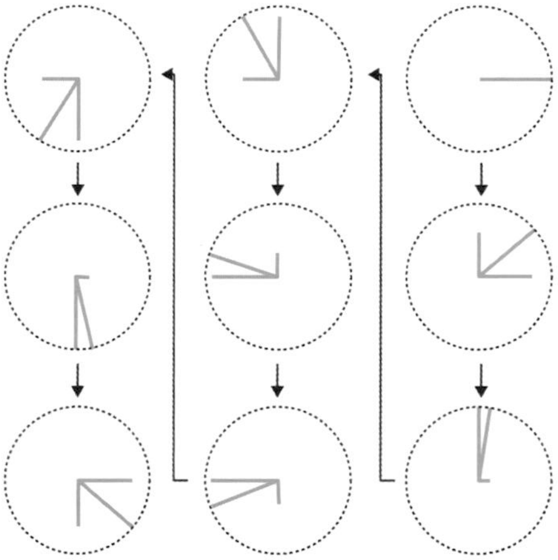

圖 6.5 右旋圓極化波。

特例 當 $a_x \neq a_y$ 時，則產生橢圓極化的情形；或是橢圓是直立的，即長軸在 y 軸上($a_y > a_x$)；或是扁平的橢圓，即長軸在 x 軸上($a_x > a_y$)。如果 a_x 與 a_y 的比率越大，橢圓的形狀越細長。再進一步討論的話，直立橢圓或圓形極化的特例為——當 $a_x = 0$ 時，形成直立線(y 軸)極化；扁平橢圓或圓形極化的特例為——當 $a_y = 0$ 時，形成橫線(x 軸)極化。這與下節所要討論的橢圓極化不同之處，除了相位差 δ 以外，a_x 與 a_y 的比率也是造成橢圓傾斜角度的差異。

6-4-3 橢圓極化

橢圓極化為最常見的極化形式。一般而言，除了線性極化($\delta = 0$ 或 π)與圓形極化($a_x = a_y$ 且 $\delta = \pm\pi/2$)以外，其他任何 a_x、a_y 與 δ 的組合都是橢圓極化，而且

如前所言，也影響橢圓極化的形狀、傾斜角度。因此，介紹橢圓極化時就以參數 a_x、a_y 與 δ 爲主。定義輔助角度(auxiliary angle)Ψ_0 爲電場強度分量 a_y 與 a_x 的比，如圖 6.6 所示

$$\Psi_0 = \tan^{-1}\left(\frac{a_y}{a_x}\right) \tag{6-58}$$

另外，圖 6.6 中也分別定義決定橢圓極化形狀與傾斜度的兩個極化角度。旋轉角(rotation angle)γ 爲橢圓長軸與 x 軸間的夾角，橢圓角度(ellipticity angle)K 與橢圓的短軸 $a_{y'}$ 與長軸 $a_{x'}$ 的比值有關

$$K = \tan^{-1}\left(\frac{a_{y'}}{a_{x'}}\right) = \tan^{-1}\left(\frac{1}{R}\right) \tag{6-59}$$

其中軸比(axial ratio) R 定義爲

$$R = \frac{a_{x'}}{a_{y'}} \tag{6-60}$$

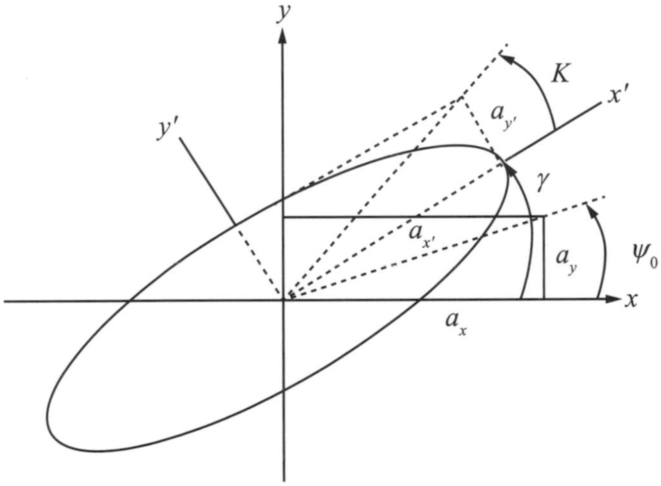

圖 6.6 直角座標系中的橢圓極化。

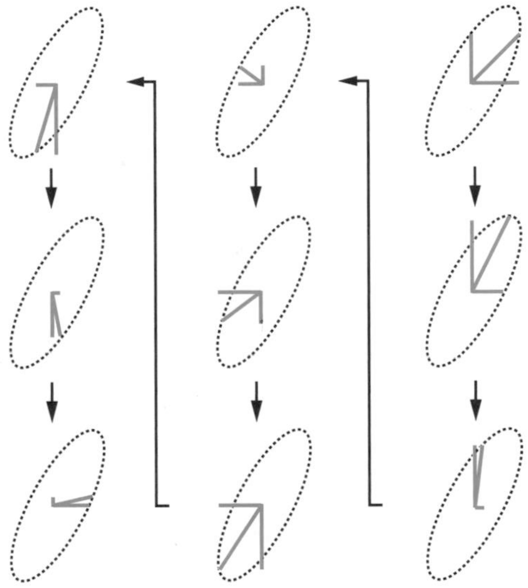

圖 6.7 右旋橢圓極化波。

當 $R = 1$ 爲圓形極化；$R = \infty$或 0 爲線性極化。

爲方便說明繼續使用 6-50 式，將 $a_x = a_y = a$ 及 $\delta = -\pi/4$ 代入，並畫出合電場(粗線)，其中橫線爲 a_x、直線爲 a_y、$\delta = -45°$、虛線爲軌跡，如圖 6.7 所示的右旋橢圓極化波。假設從右上圖開始，然後依序(箭頭方向)電場強度呈反時鐘方向旋轉直至左下圖，然後循環。

例題 6.5

極化波。已知一平面波的電場爲
$\vec{\mathbf{E}}(z,t)=\hat{\mathbf{x}}5\cos(\omega t-\kappa z)+\hat{\mathbf{y}}2\cos(\omega t-\kappa z+\pi)$，
求其極化狀態、電場強度與輔助角。

解 (a) 相位差 $\delta=\pi$，所以是反相線性極化。

(b) $|\vec{\mathbf{E}}(z,t)|=\sqrt{5^2+2^2}\cos(\omega t-\kappa z)=\sqrt{29}\cos(\omega t-\kappa z)$，爲時間與位置的函數。

(c) $\Psi_0(z,t)=\tan^{-1}\left[\dfrac{2\cos(\omega t-\kappa z+\pi)}{5\cos(\omega t-\kappa z)}\right]=\tan^{-1}\left[\dfrac{-2\cos(\omega t-\kappa z)}{5\cos(\omega t-\kappa z)}\right]\approx -21.8^\circ$。

例題 6.6

極化波。當 $\delta=\pi/2$ 時，從 $\vec{\mathbf{E}}(z,t)=\hat{\mathbf{x}}a_x\cos(\omega t-\kappa z)+\hat{\mathbf{y}}a_y\cos(\omega t-\kappa z+\delta)$ 開始，推導圓形極化的方程式，並探討橢圓極化特例的情形。

解 令 $x=a_x\cos(\omega t-\kappa z)$ 與 $y=-a_y\sin(\omega t-\kappa z)$，則改寫前兩式爲 $\dfrac{x}{a_x}=\cos(\omega t-\kappa z)$ 與 $\dfrac{y}{a_y}=-\sin(\omega t-\kappa z)$。平方後合併得 $\dfrac{x^2}{a_x^2}+\dfrac{y^2}{a_y^2}=1$。

(a) 當 $a_x\neq a_y$ 時，上式爲橢圓方程式。

(b) 當 $a_x=a_y=a$ 時，$x^2+y^2=a^2$ 爲圓方程式。

應用實例

名稱：照相機偏光(濾色)鏡

技術：阻擋特定極化方向的光

原理：利用濾鏡中分子的排列使特定極化方向的光線通過

說明：偏光鏡可過濾因反射或散射的光線、消除非金屬表面的反光和增強色彩飽和度的作用。偏光鏡的優點：(1)凸顯藍天白雲的效果，藍天更藍；(2)消除水面及雪的反光，具有減光效果，流水下更清晰；(3)提升色彩飽和度，顏色更鮮豔；(4)增加藍色效果、景深、層次感；(5)看穿玻璃；(6)保護鏡頭及人類的眼睛。

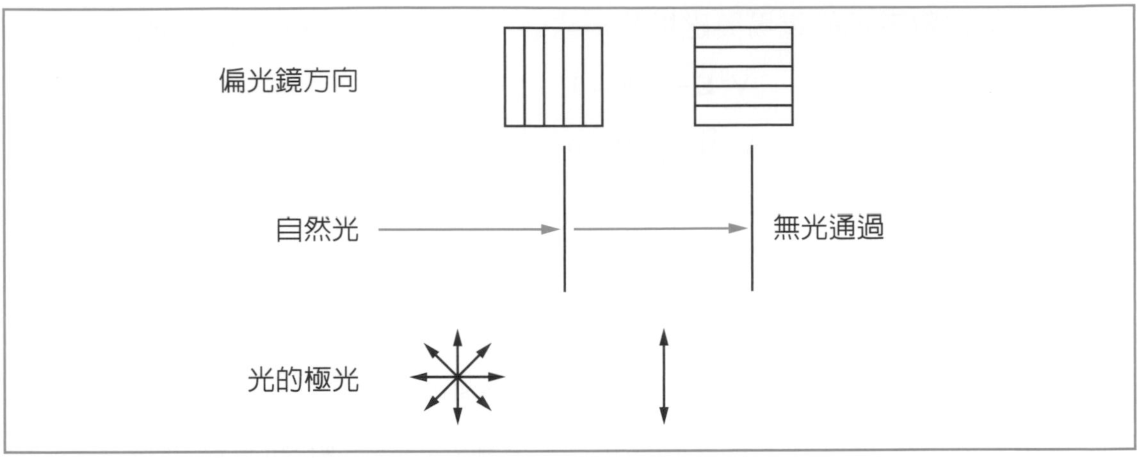

6-5 損耗介質中的均勻平面波

介質可分爲：(1)理想導體(perfect conductor)：$\sigma=\infty$；(2)理想介質(perfect medium)：$\sigma=0$，或稱無損耗介質(lossless medium)；(3)損耗性介質：$0<\sigma<\infty$。6-17 式的 $\tilde{\boldsymbol{\varepsilon}}$ 與 κ_c 分別爲複數介電係數與波數。

傳播常數 γ 與波數 κ_c 的關係如下：

$$\gamma = j\kappa_c = j\omega\sqrt{\mu\varepsilon}\sqrt{1-j\frac{\sigma}{\omega\varepsilon}} \tag{6-61}$$

其中 $\dfrac{\sigma}{\omega\varepsilon}$ 定義爲損耗正切(loss tangent)衡量介質損耗的參數。損耗性介質又可分爲：高損耗(lossy)的良導體($\dfrac{\sigma}{\omega\varepsilon}\gg 1$)及低損耗的良絕緣體($\dfrac{\sigma}{\omega\varepsilon}\ll 1$)。

因爲傳播常數 γ 爲複數，所以，另一種表示法爲

$$\gamma = \alpha + j\beta \tag{6-62}$$

其中 α 稱爲衰減常數、β 稱爲相位常數，分別爲

$$\alpha = \omega\sqrt{\frac{\mu\varepsilon}{2}\left[\sqrt{1+\left(\frac{\sigma}{\omega\varepsilon}\right)^2}-1\right]}\ \text{m}^{-1} \tag{6-63}$$

$$\beta = \omega\sqrt{\frac{\mu\varepsilon}{2}\left[\sqrt{1+\left(\frac{\sigma}{\omega\varepsilon}\right)^2}+1\right]}\ \text{rad/m} \tag{6-64}$$

以傳播常數表示的電場與磁場赫姆霍茲方程式(Helmholtz equation)

$$\nabla^2 \widetilde{\mathbf{E}} - \gamma^2 \widetilde{\mathbf{E}} = 0 \tag{6-65}$$

$$\nabla^2 \widetilde{\mathbf{H}} - \gamma^2 \widetilde{\mathbf{H}} = 0 \tag{6-66}$$

假設平面波 $\widetilde{\mathbf{E}}$ 沿+ z 方向傳播，則

$$\widetilde{\mathbf{E}}(z) = E_0 e^{-\gamma z} = E_0 e^{-\alpha z} E_0 e^{-j\beta z} \tag{6-67}$$

或

$$\widetilde{\mathbf{E}}(z,t) = \Re e\{E_0 e^{-\alpha z} e^{-j\beta z} e^{-j\omega t}\} = E_0 e^{-\alpha z}\cos(\omega t - \beta z) \tag{6-68}$$

圖 6.8 可以說明衰減常數 α 的作用。上半圖分別爲實數部(實線)與虛數部(點線)，下半圖則爲 $e^{-\alpha z}$ 作用於 $e^{-j\beta z}$ 的結果，強度愈見衰減，故稱 α 爲衰減常數。

導體的 $\dfrac{\sigma}{\omega\varepsilon}$ 值愈高，損耗就愈高，因爲衰減常數 α 愈高，波形衰減愈快。所以良導體($\dfrac{\sigma}{\omega\varepsilon} \gg 1$)一定是高損耗的，而且電流只分佈在導體的表面。

良導體的衰減常數 α、相位常數 β 與複數介電係數 $\tilde{\boldsymbol{\varepsilon}}$ 可分別簡化爲

$$\alpha = \beta = \sqrt{\frac{\omega\mu\sigma}{2}} \tag{6-69}$$

$$\varepsilon_c = \sqrt{\frac{\sigma}{j\omega}} \tag{6-70}$$

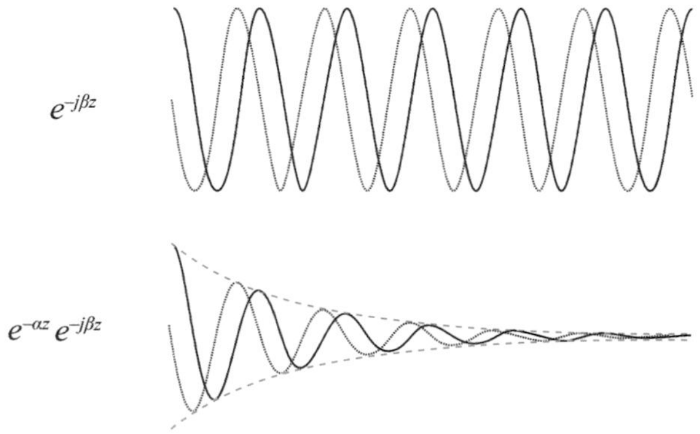

圖 6.8 衰減常數 α 的作用。

且傳播常數 γ 可簡化爲

$$\gamma = \alpha + j\beta = (1+j)\sqrt{\frac{\omega\mu\sigma}{2}} \tag{6-71}$$

相速 u_p 與本質阻抗 η_c 則分別爲

$$u_p = \frac{\omega}{\beta} = \sqrt{\frac{2\omega}{\mu\sigma}} \tag{6-72}$$

$$\eta_c = \sqrt{\frac{\mu}{\varepsilon_c}} = \sqrt{\frac{j\omega\mu}{\sigma}} = (1+j)\sqrt{\frac{\omega\mu}{2\sigma}} = (1+j)\frac{\alpha}{\sigma} \tag{6-73}$$

注意 上式相位角為 45°，表示磁場強度落後電場強度 45°，或是電場強度領先磁場強度 45°。

定義趨膚深度(skin depth：δ_s)爲電磁波穿過良導體表面的深度。電磁波正射於導體時，當電磁波的強度衰減至原來的 e^{-1} 倍(也就是 $\alpha z = 1$)時，此時的 $z = \alpha^{-1}$ 即定義爲 δ_s。綜觀之，α 越大，衰減越快，趨膚效應越顯著(δ_s 越小)；導電率 σ 越大，衰減越快；頻率 ω 越高，衰減越快。

均勻平面波傳播在不良導體、低損耗介質中的傳播特性除有衰減外，其餘的參數與理想介質類似，而且電場與磁場近乎同相。

例題 6.7

趨膚深度。已知銅的導電率 $\sigma = 5.8 \times 10^7$ S/m 時，求頻率爲 1 MHz 電磁波的趨膚深度。

解 良導體的 $\alpha \approx \beta = \sqrt{\pi\mu_0 f\sigma} = \sqrt{\pi(4\pi\times10^{-7})(10^6)(5.8\times10^7)} = 1.51\times10^4\ \text{m}^{-1}$

$\delta_s = 1/\alpha \approx 66.1\ \mu\text{m}$

注意 直流電(頻率 $\omega = 0$)分佈在電線的整個截面。對一般交流電而言，時變電流則是佈滿電線表面附近薄層上，頻率越高，電流分佈在電線表面薄層越薄。理想導體電流只分佈在其表面上。

例題 6.8

導電介質。試從 6-20 與 6-62 式推導 6-63 與 6-64 兩式。

解 $\gamma^2 = -\omega^2\mu\varepsilon_c = -\omega^2\mu\varepsilon\left(1+\dfrac{\sigma}{j\omega\varepsilon}\right) = -\omega^2\mu\varepsilon\left(1-j\dfrac{\sigma}{\omega\varepsilon}\right)$

$\gamma^2 = (\alpha + j\beta)^2 = \alpha^2 - \beta^2 + 2j\alpha\beta$

比較得 $\alpha^2 - \beta^2 = -\omega^2\mu\varepsilon$ 且

$$|\gamma^2| = \alpha^2 + \beta^2 = \omega^2\mu\varepsilon\sqrt{1+\left(\frac{\sigma}{\omega\varepsilon}\right)^2}$$

由上兩式解得 $\alpha = \omega\sqrt{\dfrac{\mu\varepsilon}{2}\left[\sqrt{1+\left(\dfrac{\sigma}{\omega\varepsilon}\right)^2}-1\right]}$ 與

$$\beta = \omega\sqrt{\frac{\mu\varepsilon}{2}\left[\sqrt{1+\left(\frac{\sigma}{\omega\varepsilon}\right)^2}+1\right]}$$

例題 6.9

趨膚深度。已知石墨(graphite)在電磁波頻率為 100MHz 的趨膚深度為 160μm，求(a)其導電率 σ；(b)若電磁波頻率為 1GHz，求電磁波強度降低一半時的傳播深度。

解 (a) 已知 $\delta_s = \dfrac{1}{\alpha} = \dfrac{1}{\sqrt{\pi\mu_0 f\sigma}} = \dfrac{1}{\sqrt{\pi(4\pi\times10^{-7})(100\times10^6)\sigma}} = 160\times10^{-6}$ m

解得 $\sigma = 10^5$ S/m

(b) $a = \sqrt{\pi\mu_0 f\sigma} = \sqrt{\pi(4\pi\times10^{-7})(10^9)(10^5)} = 1.99\times10^4$ Np/m

$e^{-\alpha z} = 0.5 \rightarrow z = -\ln(0.5)/(2.81\times10^4) = 2.47\times10^{-5}\text{m} = 24.7\ \mu\text{m}$

6-6 電磁功率密度

波因廷向量(Poynting vector)表示電磁場能量通量密度的流向，也是電磁波的傳播方向，以每單位面積的能量轉移的速率計算，即瓦 / 平方米(W/m^2)。已知電磁波的電場 $\vec{\mathbf{E}}$ 與磁場 $\vec{\mathbf{H}}$，則電磁波的能量傳播方向以波因廷向量 $\vec{\mathbf{S}}$ 定義之，即

$$\vec{\mathbf{S}} = \vec{\mathbf{E}}\times\vec{\mathbf{H}}\ \text{W/m}^2 \tag{6-74}$$

因 $\vec{\mathbf{S}}$ 爲時間的函數，所以電磁波的平均功率密度 S_{av} 定義爲

$$\vec{\mathbf{S}}_{av} = \frac{1}{2}\Re e\{\widetilde{\mathbf{E}} \times \widetilde{\mathbf{H}}^*\}\ \text{W/m}^2 \tag{6-75}$$

設電磁波入射於面積爲 A 的光照面且其法向量爲 $\hat{\mathbf{n}}$，則通過該光照面的功率爲

$$P = \int_A \tilde{\mathbf{S}} \cdot \hat{\mathbf{n}}\, dA\ \text{W} \tag{6-76}$$

若平面波的傳播方向 $\hat{\boldsymbol{\kappa}}$ 與光照面的法向量 $\hat{\mathbf{n}}$ 之間的夾角爲 θ，則 6-76 式成爲

$$P = |\tilde{\mathbf{S}}|\, A\cos\theta\ \text{W} \tag{6-77}$$

6-6-1 平面波在無損失介質

若傳播於+ z 方向電磁波的電場爲

$$\widetilde{\mathbf{E}}(z) + (\hat{\mathbf{x}}E_{x0} + \hat{\mathbf{y}}E_{y0})e^{-j\kappa z} \tag{6-78}$$

其對應的磁場則爲

$$\widetilde{\mathbf{H}}(z) = \frac{\hat{\mathbf{z}} \times \widetilde{\mathbf{E}}}{\eta} = \frac{1}{\eta}(-\hat{\mathbf{x}}E_{y0} + \hat{\mathbf{y}}E_{x0})e^{-j\kappa z} \tag{6-79}$$

平均功率密度爲

$$\vec{\mathbf{S}}_{av} = \hat{\mathbf{z}}\frac{|\widetilde{\mathbf{E}}|^2}{2\eta}\ \text{W/m}^2 \tag{6-80}$$

6-6-2 平面波在耗損介質

假如電磁平面波的傳播於耗損介質中，則因 η_c 爲複數，所以電場 $\vec{\mathbf{E}}$ 與磁場 $\vec{\mathbf{H}}$ 不同相(雖仍互相垂直)

$$\widetilde{\mathbf{E}}(z) = (\hat{\mathbf{x}}E_{x0} + \hat{\mathbf{y}}E_{y0})e^{-\alpha z}e^{-j\beta z} \tag{6-81}$$

$$\widetilde{\mathbf{H}}(z) = \frac{1}{\eta_c}(-\hat{\mathbf{x}}E_{y0} + \hat{\mathbf{y}}E_{x0})e^{-\alpha z}e^{-j\beta z} \tag{6-82}$$

電場與磁場的強度順著傳播方向以指數 $e^{-\alpha z}$ 衰減，其平均功率密度 S_{av} 爲

$$\vec{\mathbf{S}}_{av}(z) = \hat{\mathbf{z}}\frac{|E_{x0}|^2 + |E_{y0}|^2}{2}e^{-2\alpha z}\Re e\left(\frac{1}{\eta_c^*}\right) \tag{6-83}$$

其中因耗損介質產生的相位差包含於最後項中。另外，S_{av} 以 $e^{-2\alpha z}$ 形式衰減，其衰減速度比電場與磁場的衰減速度快。

應用實例

名稱：電磁武器

技術：通過微波束轉化為電磁能

原理：利用電磁輻射損傷人體進而達到殺傷對敵的武器

說明：微波電磁炸彈(E-bomb)利用電磁輻射損傷人體進而達到殺傷對敵的武器，並依操作頻率分為：低頻波(1 MHz)和微波炸彈(10 GHz)，瞬間(μs～ms)功率達10^{10} W。定向微波武器利用高功率的輻射電磁波，定向匯聚以高能量的電磁波摧毀目標。微波武器是對付隱形飛機的利器。高能微波炸彈也稱為電磁脈衝彈，只對電子設備造成損毀，不傷害人命。

另外，電磁砲利用(法拉第)電磁感應原理，加速導體砲彈後被電磁場射出，而磁軌砲則是利用磁力來投射導體物。

迴旋管是藉由加速電子在強大的磁場中做迴旋運動，產生的毫米電磁波(頻率95 GHz、波長3.16 mm)，被空氣吸收率低。迴旋管所射出的電磁波可由輕型碟天線控制其方向。該電磁波照射人體兩秒即有熱鍋效果，其能量只轟炸表皮約0.3 mm的深度，關掉電磁波源痛苦感即停止。

另外，利用電磁感應的磁軌可以推動進而發射砲彈，如下圖。

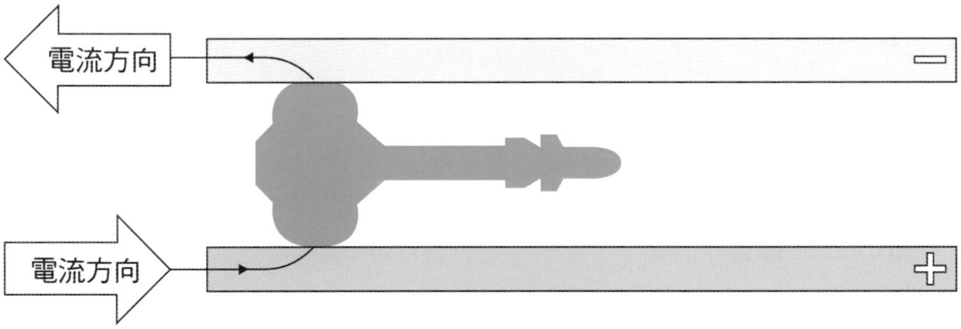

重要公式

1. 電場下導體內的電流密度：$\tilde{\mathbf{J}}+\sigma\widetilde{\mathbf{E}}$

2. 電場的波方程式赫姆霍茲方程式：$\nabla^2\widetilde{\mathbf{E}}+\omega^2\mu\varepsilon_c\widetilde{\mathbf{E}}=0 \Rightarrow (\nabla^2+\kappa_c^2)\widetilde{\mathbf{E}}=0$

3. 磁場的波方程式赫姆霍茲方程式：$\nabla^2\widetilde{\mathbf{H}}+\omega^2\mu\varepsilon_c\widetilde{\mathbf{H}}=0 \Rightarrow (\nabla^2+\kappa_c^2)\widetilde{\mathbf{H}}=0$

4. 光速：$c=\dfrac{1}{\sqrt{\mu_0\varepsilon_0}}\approx 3\times10^8$ m/s

5. 真空的特性阻抗 η_0：$\eta_0=\sqrt{\dfrac{\mu_0}{\varepsilon_0}}=120\pi\,\Omega$

6. 相位速度：$u_p=\dfrac{dx}{dt}=\dfrac{\omega}{\kappa}=\dfrac{1}{\sqrt{\mu\varepsilon}}=\dfrac{c}{\sqrt{\mu_r\varepsilon_r}}$

7. 均勻平面電磁波的波阻抗 η：$\eta=\dfrac{E_{x0}^+}{H_{y0}^+}=-\dfrac{E_{x0}^-}{H_{y0}^-}$ 或 $\eta=\sqrt{\dfrac{\mu}{\varepsilon}}=\eta_0\sqrt{\dfrac{\mu_r}{\varepsilon_r}}$

8. 線性極化：$\delta=0$(同相位)、$\delta=\pi$(反相位)

9. 圓形極化：$a_x=a_y=a$ 及 $\delta=\pm\dfrac{\pi}{2}$

10. 橢圓極化：除線性極化與圓形極化外都是

11. 傳播常數與波數的關係：$\gamma=j\kappa_c=j\omega\sqrt{\mu\varepsilon}\sqrt{1-j\dfrac{\sigma}{\omega\varepsilon}}=\alpha+j\beta$

12. 衰減常數：$\alpha=\omega\sqrt{\dfrac{\mu\varepsilon}{2}\left[\sqrt{1+\left(\dfrac{\sigma}{\omega\varepsilon}\right)^2}-1\right]}$

13. 相位常數：$\beta=\omega\sqrt{\dfrac{\mu\varepsilon}{2}\left[\sqrt{1+\left(\dfrac{\sigma}{\omega\varepsilon}\right)^2}+1\right]}$

14. 電場赫姆霍茲方程式：$\nabla^2\widetilde{\mathbf{E}}-\gamma^2\widetilde{\mathbf{E}}=0$

15. 磁場赫姆霍茲方程式：$\nabla^2\widetilde{\mathbf{H}}-\gamma^2\widetilde{\mathbf{H}}=0$

16. 良導體的衰減常數與相位常數：$\alpha = \beta = \sqrt{\dfrac{\omega\mu\sigma}{2}}$

17. 良導體的複數介電常數：$\varepsilon_c = \sqrt{\dfrac{\sigma}{j\omega}}$

18. 良導體的本質阻抗：$\eta_c = \sqrt{\dfrac{\mu}{\varepsilon_c}} = \sqrt{\dfrac{j\omega\mu}{\sigma}} = (1+j)\sqrt{\dfrac{\omega\mu}{2\sigma}} = (1+j)\dfrac{\alpha}{\sigma}$

19. 趨膚深度：$\delta_s = \dfrac{1}{\alpha}$

20. 電磁波的平均功率密度：$\vec{\mathbf{S}}_{av} = \dfrac{1}{2}\Re e\{\widetilde{\mathbf{E}} \times \widetilde{\mathbf{H}}^*\}$

21. 無損失介質中的平均功率密度：$\vec{\mathbf{S}}_{av} = \hat{\mathbf{z}}\dfrac{|\widetilde{\mathbf{E}}|^2}{2\eta}$

習題

★表示難題。

6.1 已知電場相量 $\widetilde{\mathbf{E}}(z)$，求電場的實數分量。

(a) $-3je^{-jkz}\hat{\mathbf{x}}$

(b) $(2\hat{\mathbf{x}}+5\hat{\mathbf{y}})e^{jkz}$

(c) $(-3\hat{\mathbf{x}}+\hat{\mathbf{y}})e^{-jkz}$

(d) $(5e^{j\pi/3}\hat{\mathbf{x}}-2\hat{\mathbf{y}})e^{jkz}$

(e) $(5\hat{\mathbf{x}}+6e^{-j\pi/4}\hat{\mathbf{y}})e^{-jkz}$

(f) $(4^{-j\pi/8}\hat{\mathbf{x}}+5e^{j\pi/8}\hat{\mathbf{y}})e^{jkz}$

(g) $(4^{j\pi/4}\hat{\mathbf{x}}+3e^{-j\pi/2}\hat{\mathbf{y}})e^{-jkz}$

(h) $(3^{-j\pi/2}\hat{\mathbf{x}}+4e^{j\pi/4}\hat{\mathbf{y}})e^{jkz}$

6.2 承習題 6.1，求(a)、(b)、(c)的磁場分量。

6.3 承習題 6.1，求極化。

6.4 承習題 6.3，如何調整(b)、(d)、(g)的 ϕ_y 及 / 或 a_x 使得爲圓極化。

6.5 已知以光速向+ z 傳播的均勻平面電磁波具有電場強度爲 100 V/m、$\omega = \pi \times 10^6$，求(a)頻率；(b)波長；(c)週期；(d)磁場強度。

6.6 已知自由空間均勻平面電磁波的磁場爲 $H(z) = (2e^{-j\pi/3}\hat{\mathbf{x}} - 3e^{j\pi/6}\hat{\mathbf{y}})e^{-j0.06z}$，求(a)傳播方向；(b) ω；(c)極化。

6.7 已知自由空間均勻平面電磁波的頻率爲 10 MHz、電場強度爲 1 V/m，在無損失的水中傳播，假設水具有 $\varepsilon_r = 81$、$\mu_r = 1$，求水中的(a)波速；(b)波數；(c)磁場強度。

★ 6.8 試重疊合成兩具相同振幅、頻率、傳播方向的左、右旋圓形極化平面電磁波，並討論該結果。

6.9 一均勻平面波($f = 9.375$ GHz)傳播於聚乙烯($\varepsilon_r = 2.26$)中，其電場強度爲 500 V/m，假設該材料是非磁性、無損失，求聚乙烯中的(a)傳播速度；(b)波長；(c)相位常數；(d)特性阻抗；(e)磁場強度。

6.10 一非磁性材料其 $\varepsilon_r = 2.26$、電導率 $\sigma = 1.5 \times 10^{-4}$ S/m，假設操作頻率 $f = 3$ MHz，求(a)衰減常數；(b)相位常數；(c)特性阻抗。

6.11 一良導體($\mu_r = 1$)的電導率 $\sigma = 5.8 \times 10^7$ S/m，假設操作頻率 $f = 60$ Hz，求(a)衰減常數；(b)相位常數；(c)特性阻抗；(d)傳播速度；(e)波長。

6.12 平面波傳播於高損失介質($\mu_r = 1$)中，在該頻率下的特性阻抗爲 $250\angle 30°\Omega$，其磁場爲

$$\vec{\mathbf{H}} = 12e^{-\alpha x}\cos(\omega t - \frac{x}{2})\hat{\mathbf{y}}\ \text{A/m}，$$

求電場。

★ 6.13 已知傳播於無損介質中平面波的電場爲

$$\vec{\mathbf{E}}(z,t) = 120\pi\cos(\omega t - \frac{4\pi}{3}z + \frac{\pi}{6})\hat{\mathbf{x}}$$

與平均功率密度爲 120π W/m^2，

假設介質爲非磁性，求(a)介電常數；(b)頻率；(c)磁場。

6.14 假設海水爲非磁性 $\mu_r = 1$、電導率 $\sigma = 1$ S/m，求以下頻率電磁波透入海水的深度。(a) 60 Hz；(b) 1 MHz；(c) 1 GHz。

6.15 已知空間中平面電磁波的電場強度爲

$$\vec{\mathbf{E}} = (120\pi\hat{\mathbf{x}} + j60\pi\hat{\mathbf{y}})e^{-j\frac{2}{3}\pi z}，$$

求(a)傳播常數；(b)傳播速度；(c)頻率；(d)波長；(e)相位；(f)磁場強度。

★ 6.16 試重疊合成兩具有相位差爲 δ 的左、右旋橢圓極化平面電磁波。

6.17 已知電磁波的電場強度爲 $\vec{\mathbf{E}} = (12\pi\hat{\mathbf{x}} + 6\pi e^{j\phi}\hat{\mathbf{y}})e^{-j\kappa z}$ 傳播於一具有複數特性阻抗 η_c 的介質中，求(a)磁場強度；(b)平均功率密度。

6.18 已知眞空中均勻平面波的頻率 $f = 1.5 \times 10^8$ Hz、電場 $\vec{\mathbf{E}} = \hat{\mathbf{y}}12e^{-j\kappa z}$ V/m，求(a)波長；(b)波數；(c)磁場；(d)功率密度；(e)平均功率密度。

6.19 承上題，若在理想介質(μ_0，$4\varepsilon_0$)中傳播，求(a)波速；(b)波長；(c)波數；(d)磁場。

6.20 已知眞空中均勻平面波的電場 $\vec{\mathbf{E}} = \hat{\mathbf{x}}24e^{-j6z}$ V/m，求其瞬時電場的表示式 $\vec{\mathbf{E}}(t,z)$。

6.21 假設海水具有 $\mu_r = 1$、$\varepsilon_r = 81$、電導率 $\sigma = 4$ S/m，求(a)頻率為 3 kHz 與 30 MHz 的電磁波，透入海水衰減至百萬分之一時的深度；(b)何者適用於潛艇通信。

chapter 7

波導與共振腔

波導(波導管)(waveguide)可以傳遞高頻電磁波訊號的元件，如圖 7.1；光纖是光波導的一種，是傳遞光訊號最基本的光學元件。共振腔(resonant cavity)爲組成雷射的要件之一，共振腔的長度爲電磁波半波長的整數倍時，才能共振往返其中。與同軸電纜比較工作頻率時，所能傳輸電磁波的最高頻率範圍分別爲：同軸電纜(衛視訊號 2 GHz) < 金屬波導管(微波 300 GHz) < 光纖(可見光 800 THz)。因此，工作頻率與傳輸元件的尺寸有關，不同的傳輸元件具有不同的截止頻率、傳播模式、電磁場分佈特性。

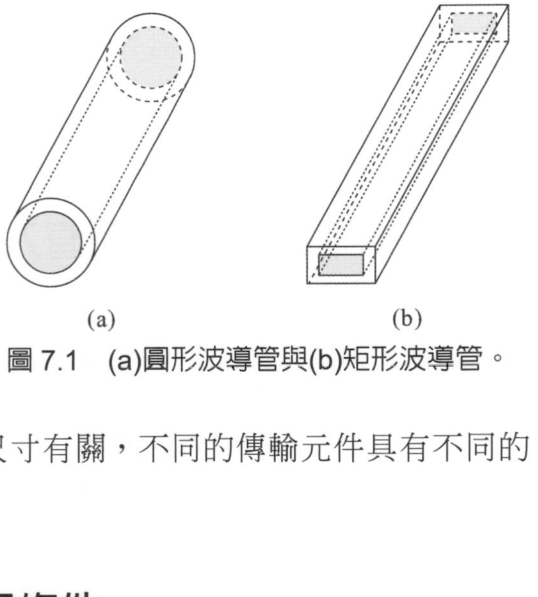

圖 7.1　(a)圓形波導管與(b)矩形波導管。

7-1 電磁波的傳播與電磁邊界條件

電流是藉由傳輸線被導引至設定的電氣元件(傳輸線原理)。電磁波的傳播也需要類似傳輸線的傳輸工具，最常見的就是波導(管)，其外形有矩形與圓形。共振腔的主要功能在於產生特定頻率的電磁波，或是從接收到的信號中選擇出某特定頻率的信號，後者的功能類似於濾波器。電磁波傳播到介質時，在界面上會有不同的反射行爲，該反射行爲主要取決於電磁波的特性、界面的材質、入射角以及邊界條件。邊界條件的運用是相當重要的。電磁波需具有哪種特性才能在波導管(如矩形波導管有四面管壁)中有效地傳播，才能在共振腔(有六面管壁)中使其功能顯現？因此，本章先介紹平面電磁波的反射和透射。

在自由空間中($\sigma = 0$ 且 $\rho_v = 0$)，介質 1(ε_{r1}，μ_{r1})與介質 2(ε_{r2}，μ_{r2})間的界面上，電磁波的邊界條件：

(1) 電場強度 $\vec{\mathbf{E}}$ 與磁場強度 $\vec{\mathbf{H}}$ 平行於界面的分量是連續的，即

$$E_{//}^1 = E_{//}^2 \tag{7-1}$$

$$H_{//}^1 = H_{//}^2 \tag{7-2}$$

(2) 電通密度 $\vec{\mathbf{D}}$ 與磁通密度 $\vec{\mathbf{B}}$ 垂直於界面的分量是連續的，即

$$D_{\perp}^1 = D_{\perp}^2 \tag{7-3}$$

$$B_{\perp}^1 = B_{\perp}^2 \tag{7-4}$$

其中電通密度與電場強度的關係爲 $D = \varepsilon E = \varepsilon_r \varepsilon_0 E$，以及磁通密度與磁場強度的關係爲 $B = \mu H = \mu_r \mu_0 H$；另外，介質的本質阻抗爲 $\eta = \sqrt{\dfrac{\mu}{\varepsilon}} = \eta_0 \sqrt{\dfrac{\mu_r}{\varepsilon_r}}$。但是當介質 2 是導體時，界面上的電場強度爲零，且沒有電通密度與磁通密度可以進入導體。

7-2 平面電磁波的垂直入射

如同傳輸線一樣，平面電磁波在兩不同介質的界面上會有部分反射與部分透射的現象。相異之處在於電磁波正射(垂直入射)進入界面是特例，如圖 7.2a。大部分的光或電磁波都是斜射，如圖 7.2b 與 7.2c。其中圖 7.2b 爲電磁波斜角入射的光線圖，代表電磁能量的傳播方向；而圖 7.2c 爲電磁波斜角入射的波前圖，代表電磁波的同相位面。圖 7.2b 與 7.2c 也有標示入射波、反射波、透射波與入射角 θ_i、反射角 θ_r、透射角 θ_t。光線與波前互相垂直，用法上是互補的。

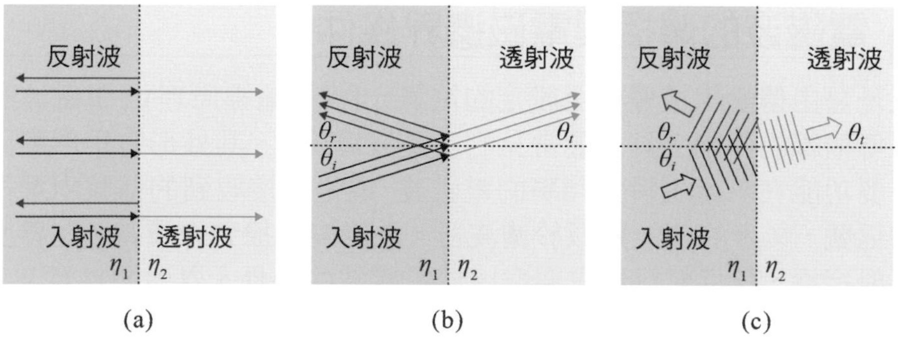

圖 7.2 平面波的正射、斜射、光線與波前圖示法。

7-2-1 無損失介質間的邊界

假設平面電磁波從無損失介質 1(ε_{r1}，μ_{r1})正射(normally incident)於無損失介質 2(ε_{r2}，μ_{r2})的界面($x = 0$)，如圖 7.3 所示。所謂的正射就是 $\theta_i = \theta_r = \theta_t = 0°$。平面波的行進方向為+ x，即 $\hat{\boldsymbol{\kappa}}_i = \hat{\mathbf{z}}$，入射(incident)的電場強度 $\vec{\mathbf{E}}^i$ 與磁場強度 $\vec{\mathbf{H}}^i$ 分別為

$$\widetilde{\mathbf{E}}^i(x) = \hat{\mathbf{z}}E_0^i e^{-j\kappa_1 x} \tag{7-5}$$

$$\widetilde{\mathbf{H}}^i(x) = (\hat{\mathbf{x}}) \times \frac{\widetilde{\mathbf{E}}^i(x)}{\eta_1} = -\hat{\mathbf{y}}\frac{E_0^i}{\eta_1}e^{-j\kappa_1 x} \tag{7-6}$$

反射(reflected)場為

$$\widetilde{\mathbf{E}}^r(x) = \hat{\mathbf{z}}E_0^r e^{j\kappa_1 x} \tag{7-7}$$

$$\widetilde{\mathbf{H}}^r(x) = (-\hat{\mathbf{x}}) \times \frac{\widetilde{\mathbf{E}}^r(x)}{\eta_1} = \hat{\mathbf{y}}\frac{E_0^r}{\eta_1}e^{j\kappa_1 x} \tag{7-8}$$

透射(transmitted)場為

$$\widetilde{\mathbf{E}}^t(x) = \hat{\mathbf{z}}E_0^t e^{-j\kappa_2 x} \tag{7-9}$$

$$\widetilde{\mathbf{H}}^t(x) = (\hat{\mathbf{x}}) \times \frac{\widetilde{\mathbf{E}}^t(x)}{\eta_2} = -\hat{\mathbf{y}}\frac{E_0^t}{\eta_2}e^{-j\kappa_2 x} \tag{7-10}$$

圖 7.3 中與上面方程式中的 κ_1 與 κ_2 分別為平面波在介質 1 與介質 2 的波數；而 η_1 與 η_2 分別為兩介質的特性阻抗。符號⊙表示平面波的磁場方向是指出紙面，而⊗是磁場方向進入紙面。

解題程序從找 E_0^i、E_0^r、E_0^t 間的關係式開始。參考圖 7.3，在界面($x = 0$)上，界面兩側的總電場與總磁場分別為

$$\widetilde{\mathbf{E}}_1(x=0) = \hat{\mathbf{z}}(E_0^i e^{-j\kappa_1 x} + E_0^r e^{j\kappa_1 x}) = \hat{\mathbf{z}}(E_0^i + E_0^r) \tag{7-11}$$

$$\widetilde{\mathbf{H}}_1(x=0) = -\frac{\hat{\mathbf{y}}}{\eta_1}(E_0^i e^{-j\kappa_1 x} - E_0^r e^{j\kappa_1 x}) = -\frac{\hat{\mathbf{y}}}{\eta_1}(E_0^i - E_0^r) \tag{7-12}$$

$$\widetilde{\mathbf{E}}_2(x=0) = \hat{\mathbf{z}}E_0^t e^{-j\kappa_2 x} = \hat{\mathbf{z}}E_0^t \tag{7-13}$$

$$\widetilde{\mathbf{H}}_2(x=0) = -\frac{\hat{\mathbf{y}}}{\eta_2}E_0^t e^{-j\kappa_2 x} = -\frac{\hat{\mathbf{y}}}{\eta_2}E_0^t \tag{7-14}$$

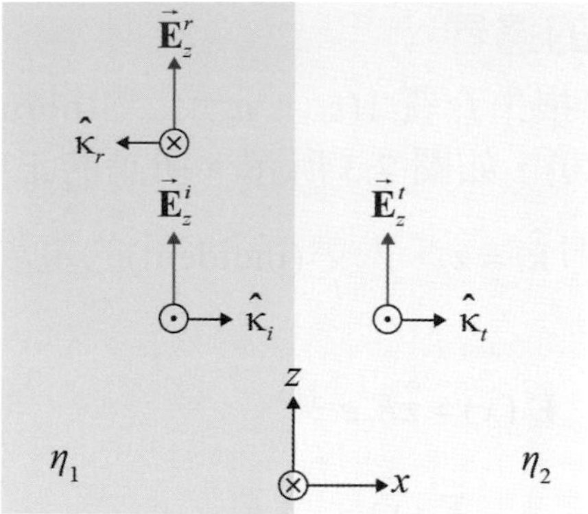

圖 7.3 平面波正射於兩無損介質的界面。

運用電場與磁場的切線分量是連續的邊界條件得

$$\widetilde{\mathbf{E}}_1(0)=\widetilde{\mathbf{E}}_2(0)\Rightarrow E_0^i+E_0^r=E_0^t \tag{7-15}$$

$$\widetilde{\mathbf{H}}_1(0)=\widetilde{\mathbf{H}}_2(0)\Rightarrow \frac{E_0^i-E_0^r}{\eta_1}=\frac{E_0^t}{\eta_2} \tag{7-16}$$

以 E_0^i 分別表示 E_0^r 與 E_0^t 的關係式如下：

$$E_0^r=\left(\frac{\eta_2-\eta_1}{\eta_2+\eta_1}\right)E_0^i=\Gamma E_0^i \tag{7-17}$$

$$E_0^t=\left(\frac{2\eta_2}{\eta_2+\eta_1}\right)E_0^i=\tau E_0^i \tag{7-18}$$

其中定義反射係數(reflection coefficient)Γ 及透射係數(transmission coefficient)τ 分別爲

$$\Gamma=\frac{E_0^r}{E_0^i}=\frac{\eta_2-\eta_1}{\eta_2+\eta_1} \tag{7-19}$$

$$\tau=\frac{E_0^t}{E_0^i}=\frac{2\eta_2}{\eta_2+\eta_1} \tag{7-20}$$

且垂直入射時，下式成立

$$\tau=1+\Gamma \tag{7-21}$$

該結果與傳輸線一致。與傳輸線類似的情況：在介質 1 入射波與反射波的同時存在導致駐波(standing wave)的形成，因此定義駐波比(standing wave ratio)S

$$S=\frac{1+|\Gamma|}{1-|\Gamma|} \tag{7-22}$$

平面波在無損失介質中的 η_1、η_2、Γ、τ 均為實數，雖在具導電性介質中 η_1、η_2、Γ 與 τ 都成為複數，然 7-19、7-20 及 7-22 式仍是適用的。當兩介質阻抗匹配($\eta_1 = \eta_2$)時，$\Gamma = 0$、$\tau = 1$ 且 $S = 1$。當介質 2 為理想導體($\eta_2 = 0$)時，$\Gamma = -1$、$\tau = 0$ 且 $S = \infty$，等效於一短路傳輸線。

7-2-2 無損失介質中的功率流動

入射波與反射波同時存在於介質 1，所以在介質 1 的淨平均功率密度(average power density)為

$$\vec{\mathbf{S}}_{av1}(x) = \frac{1}{2}\Re e[\widetilde{\mathbf{E}}_1(x) \times \widetilde{\mathbf{H}}_1^*(x)] \tag{7-23}$$

$$= \frac{1}{2}\Re e\left[\hat{\mathbf{z}}\,E_0^i(e^{-j\kappa_1 x} + \Gamma e^{j\kappa_1 x}) \times (-\hat{\mathbf{y}})\frac{E_0^{i*}}{\eta_1}(e^{j\kappa_1 x} - \Gamma^* e^{-j\kappa_1 x})\right]$$

$$= \hat{\mathbf{x}}\frac{|E_0^i|^2}{2\eta_1}(1 - |\Gamma|^2)$$

該淨平均功率密度為入射波與反射波的淨平均功率密度總和

$$\vec{\mathbf{S}}_{av}^i = \hat{\mathbf{x}}\frac{|E_0^i|^2}{2\eta_1} \tag{7-24}$$

$$\vec{\mathbf{S}}_{av}^r = -\hat{\mathbf{x}}|\Gamma|^2\frac{|E_0^i|^2}{2\eta_1} = -|\Gamma|^2\,\vec{\mathbf{S}}_{av}^i \tag{7-25}$$

在介質 2 透射波的淨平均功率密度為

$$\vec{\mathbf{S}}_{av2}(x) = \frac{1}{2}\Re e[\widetilde{\mathbf{E}}_2(x) \times \widetilde{\mathbf{H}}_2^*(x)] \tag{7-26}$$

$$= \frac{1}{2}\Re e\left(\hat{\mathbf{z}}\tau E_0^i e^{-j\kappa_2 x} \times \hat{\mathbf{y}}\tau^*\frac{E_0^{i*}}{\eta_2}e^{j\kappa_2 x}\right)$$

$$= \hat{\mathbf{x}}|\tau|^2\frac{|E_0^i|^2}{2\eta_2}$$

在無損失介質中，7-22 式、7-25 式配合 7-19 式與 7-20 式得

$$\frac{1-\Gamma^2}{\eta_1} = \frac{\tau^2}{\eta_2} \tag{7-27}$$

及

$$\vec{\mathbf{S}}_{av1} = \vec{\mathbf{S}}_{av2} \tag{7-28}$$

上式驗證了平面波正射於無損失介質界面的情況遵守功率守恆(power conservation)定律。

7-3 斯涅爾定律

圖 7.4a 為平面波斜角入射於兩無損失介質(ε_1、μ_1 及 ε_2、μ_2)間界面的示意圖，其中 x 軸為垂直界面的法線；$\hat{\boldsymbol{\kappa}}_i$、$\hat{\boldsymbol{\kappa}}_r$ 與 $\hat{\boldsymbol{\kappa}}_t$ 分別代表入射波、反射波與透射波的行進方向；θ_i、θ_r 與 θ_t 分別為入射角、反射角與折射角；A_i、A_r 與 A_t 分別為入射光、反射光與透射光光束的橫截面積，也是光束的同相位面；另外，A_0 為界面上光束照射的面積，且分別與 A_i、A_r、A_t 具有下列關係：

$$A_i = A_0 \cos\theta_i \tag{7-29}$$

$$A_r = A_0 \cos\theta_r \tag{7-30}$$

$$A_t = A_0 \cos\theta_t \tag{7-31}$$

入射光與反射光同處於介質 1，而透射光則在介質 2 中，在介質中的相速分別為

$$u_{p1} = \frac{1}{\sqrt{\mu_1 \varepsilon_1}} \tag{7-32}$$

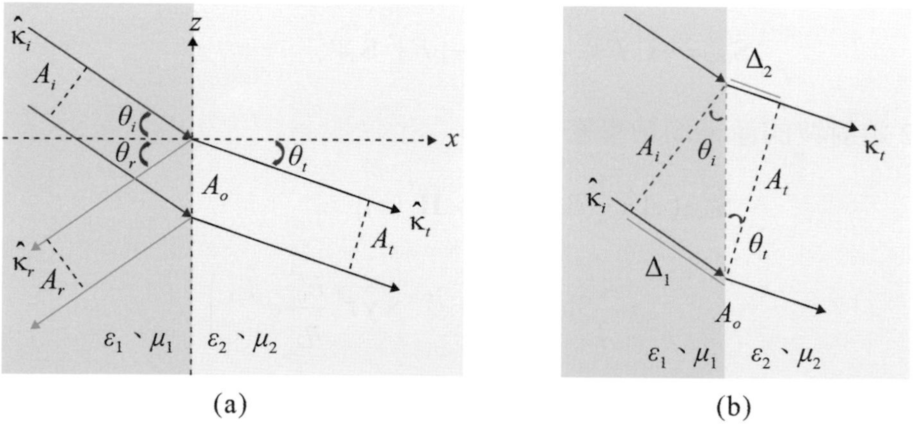

圖 7.4 平面波斜角入射於兩無損失介質的界面。

$$u_{p2} = \frac{1}{\sqrt{\mu_2 \varepsilon_2}} \tag{7-33}$$

因為 7-29 與 7-30 兩式的 $A_i = A_r$，故得到斯涅爾反射定律(Snell's law of reflection)

$$\theta_i = \theta_r \tag{7-34}$$

參考圖 7.4b 爲界面的放大圖，其中將 A_0、A_i、A_t 視爲兩三角形的邊長，Δ_1 與 Δ_2 分別爲光束在兩介質中的光程差，透過 $\Delta_1 = A_0 \sin\theta_i$ 與 $\Delta_2 = A_0 \sin\theta_t$ 並結合 $\Delta_1 / u_{p1} = \Delta_2 / u_{p2}$ 的關係，得到斯涅爾折射定律(Snell's law of refraction)

$$\frac{\sin\theta_t}{\sin\theta_i} = \frac{u_{p2}}{u_{p1}} = \sqrt{\frac{\mu_1\varepsilon_1}{\mu_2\varepsilon_2}} \tag{7-35}$$

定義介質的折射率(index of refraction)爲光速 c 與相速 u_p 的比值

$$n = \frac{c}{u_p} = \sqrt{\frac{\mu\varepsilon}{\mu_0\varepsilon_0}} = \sqrt{\mu_r\varepsilon_r} \tag{7-36}$$

據此，斯涅爾折射定律可以改寫爲

$$\frac{\sin\theta_t}{\sin\theta_i} = \frac{n_1}{n_2} = \sqrt{\frac{\mu_{r1}\varepsilon_{r1}}{\mu_{r2}\varepsilon_{r2}}} \tag{7-37}$$

由上式得知：如果 $n_1 > n_2$，則 $\theta_t > \theta_i$，也就是透射光偏離法線；反之，則偏近法線。

注意　對非磁性介質 $\mu_r = 1$，上列各式都可以進一步簡化，如 $n = \sqrt{\varepsilon_r}$。

當折射光偏離法線的情況發生($n_1 > n_2$)時，入射光角度 θ_i 爲何，透射光才會沿著界面傳播($\theta_t = 90°$)而不會進入另一介質，即沒有能量傳遞到介質 2。這時圖 7.4 中的 $\hat{\mathbf{\kappa}}_t$ 等於 $-\hat{\mathbf{z}}$，也就是 $\theta_t = 90°$即 $\sin(\theta_t) = 1$，對應的入射角 θ_i 稱爲臨界角(critical angle)θ_c

$$\theta_c = \sin^{-1}\left(\frac{n_2}{n_1}\right) = \sin^{-1}\sqrt{\frac{\varepsilon_{r2}}{\varepsilon_{r1}}} \tag{7-38}$$

在入射角 θ_i 超過臨界角 θ_c 時，沒有光可以透射進入介質 2，所有的入射光完全反射回到介質 1，該現象稱爲完全內反射或全反射(total reflection)。

電磁小百科

斯涅爾定律(Snell's law)

又稱爲折射定律，因荷蘭天文學家、數學家和物理學家 Willebrord Snellius(荷蘭名)而命名。斯涅爾在 1621 年發現折射定律，描述當光從一介質傳播到另一介質時，會產生折射現象，折射定律規範入射角、折射角與介質折射率間的關係。根據最新歷史文獻，早在 984 年穆斯林科學家 Ibn Sahl 已發現折射定律。斯涅爾於 1617 年，發表著作描述應用三角測量方法計算同經度兩地點間的距離及地球半徑。世人爲紀念斯涅爾在科學的貢獻，月球上的一隕石坑以斯涅爾命名。斯涅爾研究計算圓周率的新方法，準確性達小數點後 7 位。圓周率 π，你 / 妳能唸出幾位數？3.14……？

7-4 光纖

透過設計、介質的選擇、適當的入射光角度，光纖(fiber optic)是利用光束在介質中產生完全內反射的現象，以傳遞寬頻信號。光纖是具圓截面光學材料的結構，主要由中心的光纖芯(fiber core)及外圍的包層(cladding)所組成。爲達到全反射的效果，包層的折射率 n_c 必定小於纖芯的折射率 n_f，且 7-38 式成爲

$$\theta_c = \sin^{-1}\left(\frac{n_c}{n_f}\right) \tag{7-39}$$

應用於光纖的完全內反射可由圖 7.5 說明。首先必須滿足的是纖芯及包層的折射率要求：$n_f > n_c$；光纖內全反射的條件：$\theta_1 \ge \theta_c$，即 $\sin\theta_1 \ge n_c / n_f$。因爲 $\theta_2 + \theta_3 = 90°$，透過三角運算得 $\cos\theta_2 \ge n_c / n_f$ 及 $\sin\theta_2 = \sin\theta_1 (n_0 / n_f)$。最後，對入射角的要求爲

$$\sin\theta_1 \le \frac{1}{n_0}\sqrt{n_f^2 - n_c^2} \tag{7-40}$$

定義接受角(acceptance angle)θ_a爲保持纖芯內全反射效果的入射角 θ_1 的最大值

$$\theta_a = \sin^{-1}\left(\frac{\sqrt{n_f^2 - n_c^2}}{n_0}\right) \tag{7-41}$$

另外定義接受角錐(acceptance cone)爲由接受角 θ_a 繞纖芯軸所形成的角錐體 $2\theta_a$，如圖 7.5 左側所示。

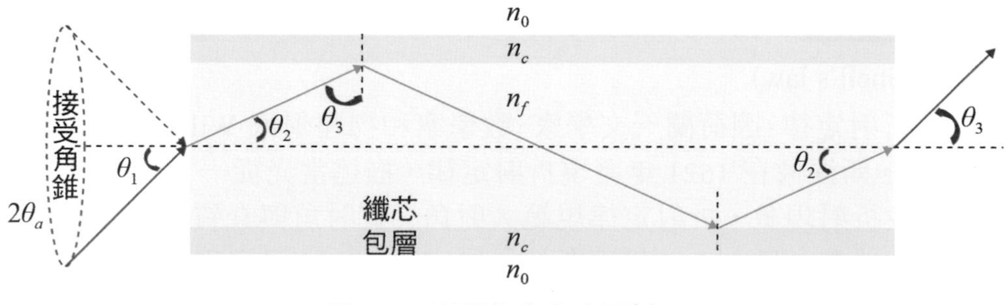

圖 7.5 光纖的完全內反射。

7-5 波的極化與反射、透射的關係

之前章節介紹平面電磁波的垂直入射時，推導其反射係數 Γ 及透射係數 τ 均爲介質特性阻抗的函數，討論的是平面波的正射，所以電場與磁場都是平行於界面的，也有 $\tau = 1 + \Gamma$ 的關係。雖斯涅爾定律已介紹平面波斜射問題，然只說明 θ_i、θ_r、θ_t 與介質折射率間的關係。討論平面波斜射時，除了電場與磁場在界面上必須遵守邊界條件，平面電磁波的極性都須考量。

入射平面(plane of incidence)定義爲含界面法線與入射波行進方向的平面。根據入射平面與電場極化方向的關係分別定義平行極化(parallel polarization)與垂直極化(perpendicular polarization)。如果電磁波的電場平行於入射平面，則稱爲平行極化，如圖 7.6a 顯示；當電場垂直於入射平面時，則稱爲垂直極化，如圖 7.6b 顯示。後者也稱橫電場(TE，transverse electric)極化，因爲電場相對於波行進方向爲橫向(transverse)；當磁場垂直於入射平面，則稱爲橫磁場(TM，transverse magnetic)極化。

圖中的兩種介質分別以(ε_1、μ_1)與(ε_2、μ_2)定義，兩介質的特性阻抗分別爲 η_1 與 η_2，若平面波的頻率爲 ω，平面波在介質中的波數分別爲 $\kappa_1 = \omega\sqrt{\mu_1\varepsilon_1}$ 與 $\kappa_2 = \omega\sqrt{\mu_2\varepsilon_2}$。

考慮平行極化的平面波斜射情況，如圖 7.6a，在界面上($x = 0$)電場切線分量是連續的

$$\cos\theta_i E^i_{//0} + \cos\theta_r E^r_{//0} = \cos\theta_t E^t_{//0} \tag{7-42}$$

其中 $E^i_{//0}$、$E^r_{//0}$、$E^t_{//0}$ 分別爲入射波、反射波、透射波的電場強度，而且磁場強度平行於界面的分量也是連續的

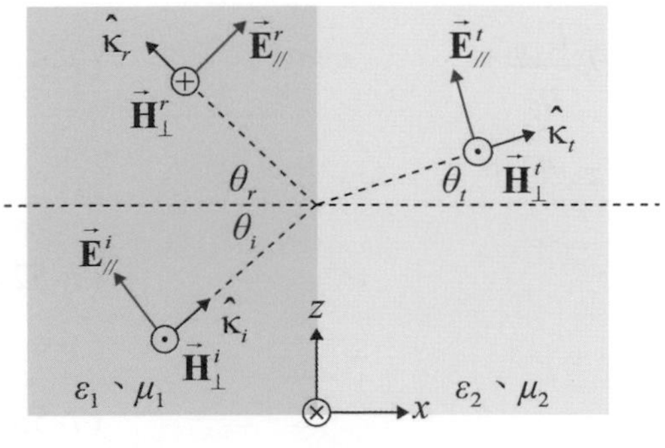

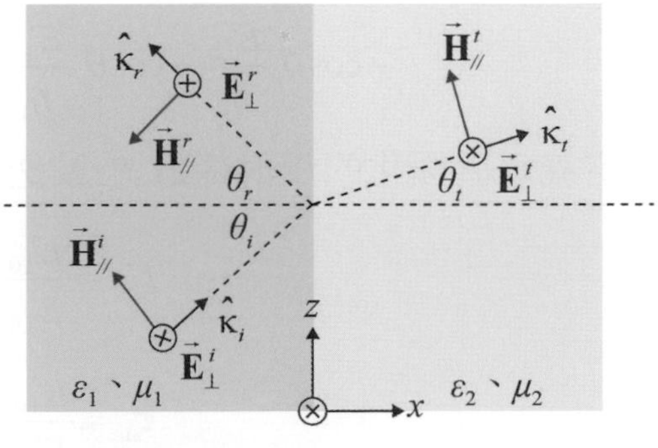

圖 7.6　極化平面波斜射於界面：(a)平行極化與(b)垂直極化。

$$\frac{E^i_{//0}}{\eta_1} - \frac{E^r_{//0}}{\eta_1} = \frac{E^t_{//0}}{\eta_2} \tag{7-43}$$

分別定義平行極化的反射係數 $\Gamma_{//}$及透射係數 $\tau_{//}$如下：

$$\Gamma_{//} = \frac{E^r_{//0}}{E^i_{//0}} \tag{7-44}$$

$$\tau_{//} = \frac{E^t_{//0}}{E^i_{//0}} \tag{7-55}$$

利用 $\theta_i = \theta_r$，改寫 7-42 式與 7-43 式分別得

$$1 + \Gamma_{//} = \frac{\cos\theta_t}{\cos\theta_i}\tau_{//} \tag{7-46}$$

$$1 - \Gamma_{//} = \frac{\eta_1}{\eta_2}\tau_{//} \tag{7-47}$$

整理 7-46 式與 7-47 式得

$$\Gamma_{//} = \frac{\eta_2\cos\theta_t - \eta_1\cos\theta_i}{\eta_1\cos\theta_i + \eta_2\cos\theta_t} \tag{7-48}$$

$$\tau_{//} = \frac{2\eta_2\cos\theta_i}{\eta_1\cos\theta_i + \eta_2\cos\theta_t} \tag{7-49}$$

當介質 2 爲理想導體($\eta_2 = 0$)時，$\Gamma_{//} = -1$ 且 $\tau_{//} = 0$。

同理，如圖 7.6b，垂直極化(電場垂直入射面)的情況，在界面上($x = 0$)電場與磁場強度的切線分量都是連續

$$E^i_{\perp 0} + E^r_{\perp 0} = E^t_{\perp 0} \tag{7-50}$$

$$-\cos\theta_i\frac{E^i_{\perp 0}}{\eta_1} + \cos\theta_r\frac{E^r_{\perp 0}}{\eta_1} = -\cos\theta_t\frac{E^t_{\perp 0}}{\eta_2} \tag{7-51}$$

分別定義垂直極化的反射係數 $\Gamma_\perp$及透射係數 $\tau_\perp$如下：

$$\Gamma_\perp = \frac{E^r_{\perp 0}}{E^i_{\perp 0}} \tag{7-52}$$

$$\tau_\perp = \frac{E^t_{\perp 0}}{E^i_{\perp 0}} \tag{7-53}$$

利用 $\theta_i = \theta_r$，並改寫 7-50 式與 7-51 式分別得

$$1 + \Gamma_\perp = \tau_\perp \tag{7-54}$$

$$1-\Gamma_{\perp}=\frac{\eta_1\cos\theta_t}{\eta_2\cos\theta_i}\tau_{\perp} \tag{7-55}$$

整理 7-54 式與 7-55 式得

$$\Gamma_{\perp}=\frac{\eta_2\cos\theta_i-\eta_1\cos\theta_t}{\eta_2\cos\theta_i+\eta_1\cos\theta_t} \tag{7-56}$$

$$\tau_{\perp}=\frac{2\eta_2\cos\theta_i}{\eta_2\cos\theta_i+\eta_1\cos\theta_t} \tag{7-57}$$

當介質 2 為理想導體($\eta_2=0$)時，$\Gamma_{\perp}=-1$ 且 $\tau_{\perp}=0$。

垂直入射($\theta_i=\theta_r=\theta_t=0$)時，代入得 $\Gamma_{\perp}=\Gamma_{//}=\dfrac{\eta_2-\eta_1}{\eta_2+\eta_1}$ 及 $\tau_{\perp}=\tau_{//}=\dfrac{2\eta_2}{\eta_2+\eta_1}$ 分別與 7-19 式與 7-20 式一致。此時電場與磁場同時平行於界面，稱為橫電磁場(TEM)。

一般的自然光(就是太陽光或是人造光源)為非極化光，亦即垂直極化光與平行極化光各占一半。當入射角接近布魯斯特角(Brewster angle，也稱極化角)時，界面沒有反射平行極化光，即 $\Gamma_{//}=0$，入射的非極化光被完全極化成為垂直極化光。利用該表面特性的元件稱為偏光器。當入射角 θ_i 接近 90°時，$|\Gamma_{\perp}|=|\Gamma_{//}|=1$，即沒有光透射至另一介質，該入射角稱為掠射角(grazing angle)。

7-6 波導

在電磁學和通信工程上，所謂的波導是指任何可以傳輸電磁波的線性結構，最常見的是中空的金屬管，大多傳輸微波頻率的無線電波。傳輸線包括同軸電纜、雙線、平行板線，傳輸的是橫向電磁波(transverse electromagnetic，TEM)；其他較高階傳輸線的傳輸模態則至少有一分量(電場或磁場)是沿著傳播方向 $\hat{\boldsymbol{\kappa}}$；高階傳輸線有光纖與金屬波導。如前已介紹的光纖，光束在纖芯中呈 z 字形內全反射傳遞信號；金屬波導的內壁為導體材料，某些特定頻率的電磁波則藉由適當邊界條件在金屬管壁內連續反射傳遞信號。金屬波導可為均勻的圓形或矩形金屬管。

因為傳輸線及同軸電纜的電磁能量損失在固態電介質及導體本身，所以無法傳輸頻率在 3 GHz 以上的信號；金屬波導管則可以勝任，甚至更高的頻率 100 GHz。波導管在元件(天線)間傳遞能量(微波信號)，主要材料為鋁和銅。

電磁場的結構、屬性與波導管的大小有關，也必須透過管壁內的邊界條件及解馬克士威方程式得知，所解得的電磁場結構稱為模態(mode)。可能存在的模態

(具特定操作頻率)有橫向電磁波(TEM)，在傳播方向沒有電場沒有磁場的分量；橫電波(TE)，在傳播方向沒有電場的分量；橫磁波(TM)，在傳播方向沒有磁場的分量；最後是混合(hybrid)波，沒有純橫向的電場分量，也沒有純橫向的磁場分量。

如圖 7.7a 所示為一矩形波導管(忽略材料厚度)，其尺寸(尤其是長邊 a)決定操作頻率，一般是最低操作頻率的波長的一半，該最低操作頻率稱為截止(cut-off)頻率。若電磁波的頻率為截止頻率或更低時，則無法在波導管內傳播；操作頻率在截止頻率以上的電磁波則可以在管內傳播，參考圖 7.7b 的示意圖。

注意 電磁波在管內遵守邊界條件並連續反射；只有某些波長的操作頻率存在並傳播於管內。

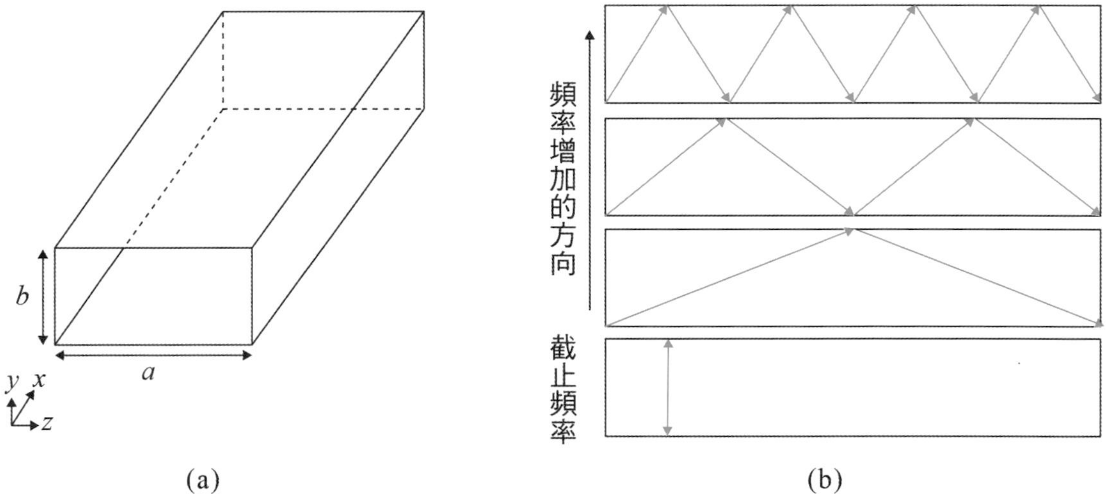

圖 7.7 矩形波導管：(a)橫截面與(b)截止頻率以上電磁波的路徑示意圖。

如圖 7.7b 所示，在截止頻率的電磁波，只有在管內來回反射並無前進的動作；在截止頻率以下的電磁波，因衰減而無法在管內傳播，因此都沒有能量的傳遞。波導管的電磁波傳播模態以 TE_{mn} 及 TM_{mn} 表示，其中指數 m 相對於波導管的長邊，n 則為短邊，TE_{10} 為具有最長波長的主要操作模態。標準矩形($a \times b$)波導管的截止波長為

$$\lambda_c = \frac{2}{\sqrt{\left(\frac{m}{a}\right)^2 + \left(\frac{n}{b}\right)^2}} \text{(中空波導管)} \qquad (7\text{-}58)$$

當波導管內充滿電介質(μ_r，ε_r)時，7-58 式為

$$\lambda_c = \frac{2\sqrt{\mu_r \varepsilon_r}}{\sqrt{\left(\frac{m}{a}\right)^2 + \left(\frac{n}{b}\right)^2}} \text{(充滿介質波導管)} \tag{7-59}$$

相對的截止頻率為

$$f_c = \frac{c}{2\sqrt{\mu_r \varepsilon_r}}\sqrt{\left(\frac{m}{a}\right)^2 + \left(\frac{n}{b}\right)^2} = \frac{u_p}{2}\sqrt{\left(\frac{m}{a}\right)^2 + \left(\frac{n}{b}\right)^2} \tag{7-60}$$

其中 c 為光速、u_p 為相速。

應用於微波技術的圓形波導管具有傳遞更高功率的優勢，尺寸大與質量重則是其缺點。矩形波導管內因管壁的均勻性，傳播電磁波的極化特性不會變化，不像圓形波導管內壁的任何小瑕疵均會導致電磁波極化特性的變化。

圓形波導管的主要操作 TE 模態為 TE_{11} 即 $m = n = 1$，其中指數 m 為圓周與波長的比，n 為直徑與半波長的比。若半徑為 r 則其截止波長為

$$\lambda_c = \frac{2\pi r}{1.814} (TE_{11}) \tag{7-61}$$

圓形波導管的主要操作 TM 模態為 TM_{01}，其截止波長為

$$\lambda_c = \frac{2\pi r}{2.405} (TM_{01}) \tag{7-62}$$

例題 7.1

矩形波導管。尺寸(cm)為 2.5 × 1，操作頻率為 8.6 GHz，
求(a) TE 模態的截止頻率；(b)可能的傳播模態。

解 (a) 已知 $a = 2.5$ cm、$b = 1$ cm、$f = 8.6$ GHz，空間中的波長為

$$\lambda_0 = \frac{C}{f} = \frac{3\times10^{10}}{8.6\times10^9} = 3.488 \text{ cm}$$

對 TE_{01} 模態而言，$m = 0$ 且 $n = 1$，$\lambda_c = \dfrac{2ab}{\sqrt{m^2b^2 + n^2a^2}} = 2b = 2$ cm

因為 $\lambda_c < \lambda_0$，所以 TE_{01} 模態在波導管內不傳播。

TE_{10}：$\lambda_c = 2a = 5$ cm $> \lambda_0$，$f_c = 6$ GHz 為可能的傳播模態。

(b) 表 7.1 列出該矩形波導管可能的傳播模態($m \le 2$、$n \le 2$)的波長與頻率。

表 7.1 矩形波導管(2.5 cm × 1 cm)的可能傳播模態($m \le 2$、$n \le 2$)

λ(cm)	$m = 0$	1	2
$n = 0$	--	5	2.5
1	2	1.857	1.562
2	1	0.981	0.928

f (GHz)	$m = 0$	1	2
$n = 0$	--	6	12
1	15	16.155	19.209
2	30	30.594	32.311

例題 7.2

圓形波導管。已知截止波長爲 10 cm，求(a)半徑及(b)可能的傳播頻率。

解 (a)利用7-61式得到半徑爲 $r = (10)\dfrac{1.814}{2\pi} = 2.93\ \text{cm}$

(b) $f_c = \dfrac{C}{\lambda_c} = \dfrac{3\times10^{10}}{10} = 3\ \text{GHz}$ ，因此頻率在3 GHz以上可能在波導管內傳播。

例題 7.3

矩形波導管。頻率爲 5 GHz 的電磁波可否傳播於 4 × 3(cm)波導管內。

解 $a = 4$ cm、$b = 3$ cm、TE_{01}的$\lambda_c = 6$ cm，5 GHz電磁波的波長也是6 cm，因此5 GHz的電磁波不能在波導管內傳播。

例題 7.4

圓形波導管。中空圓形波導管的直徑爲 4 cm，求截止頻率及截止波長。

解 利用7-61式得到截止波長爲 $\lambda_c = \dfrac{2\pi(4/2)}{1.814} = 6.927\ \text{cm}$ ，截止頻率爲

$$f_c = \frac{C}{\lambda_c} = \frac{3\times10^{10}}{6.927} = 4.331\ \text{GHz}$$

應用實例

名稱：霍爾感測器

技術：量測電流在磁場中的受力

原理：當電流通過磁場時，電子受洛倫茲力而偏向，因而產生霍爾電壓

說明：霍爾(效應)感測器是利用磁場效應的感測元件，當電流通過磁場時，導體內的自由電子受洛倫茲力而偏向，因而產生霍爾電壓；接著因電壓而起的電場力平衡洛倫茲力。霍爾電壓起因於磁場效應；反之，利用霍爾效應可測量磁通量，因磁通大小正比於輸出電壓。霍爾感測器應用在(筆記電腦開蓋閉蓋)開關、位置、轉速和電流測量設備、氣動、液動定位開關。下圖爲霍爾感測器應用在檢測旋轉的示意圖。

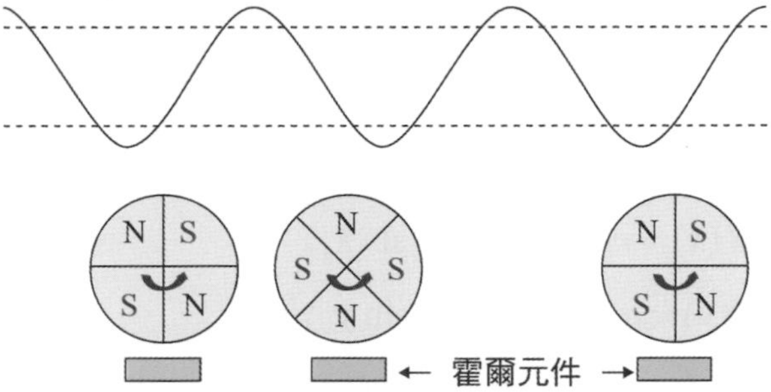

霍爾感測器之旋轉檢測

7-7 矩形波導管內的電場與磁場

上章節直接使用矩形波導管的截止波長公式，本章節之後將陸續推導波方程式的解，並驗證截止波長的公式。假設矩形波導管內的介質爲無耗損材質且管壁爲完全導體金屬，則電場與磁場的赫姆霍茲方程式(Helmholtz equation)分別爲

$$\nabla^2 \widetilde{\mathbf{E}} + \kappa^2 \widetilde{\mathbf{E}} = 0 \tag{7-63}$$

$$\nabla^2 \widetilde{\mathbf{H}} + \kappa^2 \widetilde{\mathbf{H}} = 0 \tag{7-64}$$

其中

$$\kappa^2 = \omega^2 \mu \varepsilon \tag{7-65}$$

令電磁波的傳播方向爲 z，利用變數分解法

$$\mathbf{E}_z = E_z(x, y, z) = X(x)Y(y)Z(z) \tag{7-66}$$

代入 7-63 式得

$$\frac{\partial^2 X}{\partial x^2}+\frac{\partial^2 Y}{\partial y^2}+\frac{\partial^2 Z}{\partial z^2}+\kappa^2=0 \tag{7-67}$$

設 γ 爲傳播常數，7-67 式成爲

$$-\kappa_x^2-\kappa_y^2+\gamma^2+\kappa^2=0 \tag{7-68}$$

各別整理變數得

$$\frac{\partial^2 X}{\partial x^2}+\kappa_x^2 X=0 \tag{7-69}$$

$$\frac{\partial^2 Y}{\partial y^2}+\kappa_y^2 Y=0 \tag{7-70}$$

$$\frac{\partial^2 Z}{\partial z^2}+\gamma^2 Z=0 \tag{7-71}$$

7-69 式至 7-71 式都是二階微分方程式，其可能的解如下：

$$X(x)=c_1\cos\kappa_x x+c_2\sin\kappa_x x \tag{7-72}$$

$$Y(y)=c_3\cos\kappa_y y+c_4\sin\kappa_y y \tag{7-73}$$

$$Z(z)=c_5 e^{\gamma z}+c_6 e^{-\gamma z} \tag{7-74}$$

c_1～c_6 爲待決定的積分常數，需要透過邊界條件、波的傳播方向、傳播模態與波導管尺寸才能決定。合併前列各式所得到的通解爲

$$E_z(x,y,z)=(c_1\cos\kappa_x x+c_2\sin\kappa_x x)(c_3\cos\kappa_y y+c_4\sin\kappa_y y)(c_5 e^{\gamma z}+c_6 e^{-\gamma z}) \tag{7-75}$$

7-7-1 矩形波導管的 TM 模態

設矩形波導管的尺寸爲 $0\le x\le a$、$0\le y\le b$，波的傳播方向爲$+z(c_5=0)$，TM 模態的首要條件爲 $\widetilde{\mathbf{H}}_z=0$，利用邊界條件：$E_z(x=0)=0$ 得 $c_1=0$；$E_z(x=a)=0$ 得 $\kappa_x a=m\pi$，m 爲整數；$E_z(y=0)=0$ 得 $c_3=0$；$E_z(y=b)=0$ 得 $\kappa_y b=n\pi$，n 爲整數。將之代入 7-75 式得

$$E_z(x,y,z)=c_2\cdot c_4\cdot c_6\sin\kappa_x x\cdot\sin\kappa_y y\cdot e^{-\gamma z} \tag{7-76}$$

代入 κ_x 與 κ_y 得

$$E_z(x,y,z)=E_0\sin\left(\frac{m\pi}{a}x\right)\cdot\sin\left(\frac{n\pi}{b}y\right)e^{-\gamma z} \tag{7-77}$$

其中設 $E_0=c_2\cdot c_4\cdot c_6$ 爲電場強度。代回 7-68 式

$$\left(\frac{m\pi}{a}\right)^2+\left(\frac{n\pi}{b}\right)^2=\gamma^2+\kappa^2 \tag{7-78}$$

與 7-65 式合併並整理得傳播常數 γ

$$\gamma=\sqrt{(\kappa_x^2+\kappa_y^2)-\kappa^2}=\sqrt{\left(\frac{m\pi}{a}\right)^2+\left(\frac{n\pi}{b}\right)^2-\omega^2\mu\varepsilon} \tag{7-79}$$

傳播常數 γ 爲複數可寫成

$$\gamma=\alpha+j\beta \tag{7-80}$$

定義截止頻率爲傳播常數 $\gamma=0$ 時的頻率，即

$$\omega_c=u_p\sqrt{\left(\frac{m\pi}{a}\right)^2+\left(\frac{n\pi}{b}\right)^2} \tag{7-81}$$

或

$$f_c=\frac{1}{2\sqrt{\mu\varepsilon}}\sqrt{\left(\frac{m}{a}\right)^2+\left(\frac{n}{b}\right)^2}=\frac{u_p}{2}\sqrt{\left(\frac{m}{a}\right)^2+\left(\frac{n}{b}\right)^2} \tag{7-82}$$

7-82 式與 7-60 式一致。$u_p=\dfrac{1}{\sqrt{\mu\varepsilon}}=\dfrac{c}{\sqrt{\mu_r\varepsilon_r}}$ 爲相速，c 爲光速。

當 $\left(\dfrac{m\pi}{a}\right)^2+\left(\dfrac{n\pi}{b}\right)^2>\omega^2\mu\varepsilon$ 時，傳播常數 γ 爲實數($\gamma=\alpha$、$\beta=0$)，即 $e^{-\alpha z}$ 爲衰減函數，此時稱爲消逝模態；若 $\left(\dfrac{m\pi}{a}\right)^2+\left(\dfrac{n\pi}{b}\right)^2<\omega^2\mu\varepsilon$，則傳播常數 γ 爲純虛數($\alpha=0$、$\gamma=j\beta$)，即 $e^{-j\beta z}$ 爲傳播函數，稱爲傳播模態。傳播常數 γ 與相位常數 β 分別爲

$$\gamma=j\beta=j\sqrt{\omega^2\mu\varepsilon-\left[\left(\frac{m\pi}{a}\right)^2+\left(\frac{n\pi}{b}\right)^2\right]} \tag{7-83}$$

$$\beta=\omega\sqrt{\mu\varepsilon}\sqrt{1-\left(\frac{\omega_c}{\omega}\right)^2}=\frac{\omega}{u_p}\sqrt{1-\left(\frac{f_c}{f}\right)^2} \tag{7-84}$$

其他電場和磁場的方程式則須透過馬克士威方程式 $\nabla\times\widetilde{\mathbf{E}}=-j\omega\mu\widetilde{\mathbf{H}}$ 與 $\nabla\times\widetilde{\mathbf{H}}=+j\omega\varepsilon\widetilde{\mathbf{E}}$ 解得，如下：

$$\widetilde{\mathbf{E}}_x=\frac{-1}{\gamma^2+\kappa^2}(+\gamma\frac{\partial\widetilde{\mathbf{E}}_z}{\partial x}+\omega\mu\frac{\partial\widetilde{\mathbf{H}}_z}{\partial y})=\frac{-\gamma}{\gamma^2+\kappa^2}(\frac{m\pi}{a})E_0\cos(\frac{m\pi}{a}x)\sin(\frac{n\pi}{b}y)e^{-\gamma z} \tag{7-85}$$

$$\widetilde{\mathbf{E}}_y = \frac{1}{\gamma^2+\kappa^2}(-\gamma\frac{\partial \widetilde{\mathbf{E}}_z}{\partial y} + \omega\mu\frac{\partial \widetilde{\mathbf{H}}_z}{\partial x}) = \frac{-\gamma}{\gamma^2+\kappa^2}(\frac{n\pi}{b})E_0 \sin(\frac{m\pi}{a}x)\cos(\frac{n\pi}{b}y)e^{-\gamma z} \tag{7-86}$$

$$\widetilde{\mathbf{H}}_x = \frac{j}{\gamma^2+\kappa^2}(+\omega\varepsilon\frac{\partial \widetilde{\mathbf{E}}_z}{\partial y} - \gamma\frac{\partial \widetilde{\mathbf{H}}_z}{\partial x}) = \frac{j\omega\varepsilon}{\gamma^2+\kappa^2}(\frac{n\pi}{b})E_0 \sin(\frac{m\pi}{a}x)\cos(\frac{n\pi}{b}y)e^{-\gamma z} \tag{7-87}$$

$$\widetilde{\mathbf{H}}_y = \frac{-j}{\gamma^2+\kappa^2}(+\omega\varepsilon\frac{\partial \widetilde{\mathbf{E}}_z}{\partial x} + \gamma\frac{\partial \widetilde{\mathbf{H}}_z}{\partial y}) = \frac{-j\omega\varepsilon}{\gamma^2+\kappa^2}(\frac{m\pi}{a})E_0 \cos(\frac{m\pi}{a}x)\sin(\frac{n\pi}{b}y)e^{-\gamma z} \tag{7-88}$$

波導管的 TM 模態波阻抗

$$Z_{TM} = \frac{\widetilde{\mathbf{E}}_x}{\widetilde{\mathbf{H}}_y} = -\frac{\widetilde{\mathbf{E}}_y}{\widetilde{\mathbf{H}}_x} \tag{7-89}$$

使用 7-83 式與 7-84 式得

$$Z_{TM} = \frac{\gamma}{j\omega\varepsilon} = \frac{j\omega\sqrt{\mu\varepsilon}}{j\omega\varepsilon}\sqrt{1-\left(\frac{f_c}{f}\right)^2} = \eta\sqrt{1-\left(\frac{f_c}{f}\right)^2} \tag{7-90}$$

波導管的波阻抗爲電磁波在介質中的阻抗 η 與 $\sqrt{1-\left(\frac{f_c}{f}\right)^2}$ 的乘積。其他特性參數的比較請參考表 7.2，其中 Z_{TM} 記爲 η_{TM}。

表 7.2 介質與波導管 TM 模態的參數比較

	相位常數	波阻抗	相速	波長
介質(ε，μ)	$\beta=\omega\sqrt{\mu\varepsilon}$	$\eta=\sqrt{\mu/\varepsilon}$	$u_p=\omega/\beta$	$\lambda=u_p/f$
波導管	$\beta\sqrt{1-\left(\frac{f_c}{f}\right)^2}$	$\eta_{TM}=\eta\sqrt{1-\left(\frac{f_c}{f}\right)^2}$	$\frac{\omega}{\beta}/\sqrt{1-\left(\frac{f_c}{f}\right)^2}$	$\lambda/\sqrt{1-\left(\frac{f_c}{f}\right)^2}$

7-7-2 矩形波導管的 TE 模態

TE 模態與 TM 模態類似，只是 $\widetilde{\mathbf{E}}_z$ 與 $\widetilde{\mathbf{H}}_z$ 的角色互換。TM 模態的 $\widetilde{\mathbf{H}}_z=0$，求 $\widetilde{\mathbf{E}}_z$ 的解；TE 模態的 $\widetilde{\mathbf{E}}_z=0$，求 $\widetilde{\mathbf{H}}_z$ 的解。因爲磁通密度 $\widetilde{\mathbf{B}}_z=\mu\widetilde{\mathbf{H}}_z$ 在管壁上的散度爲零，即 $\nabla\cdot\widetilde{\mathbf{B}}_z=0$ 得 $c_2=0$ 及 $c_4=0$，同時其垂直管壁的分量也爲零，得 $\kappa_x a=m\pi$ 及 $\kappa_y b=n\pi$ ，m 與 n 爲不同時爲零的正整數。因此，與 TM 模態相同的推導模式之下解得 $\widetilde{\mathbf{H}}_z$ 爲

$$H_z(x,y,z) = H_0 \cos\left(\frac{m\pi}{a}x\right)\cdot\cos\left(\frac{n\pi}{b}y\right)\cdot e^{-\gamma z} \tag{7-91}$$

$H_0 = c_1 \cdot c_3 \cdot c_6$ 爲磁場強度。其他電場和磁場的方程式如下：

$$\widetilde{\mathbf{E}}_x = \frac{j\omega\mu}{\gamma^2+\kappa^2}\left(\frac{n\pi}{b}\right)H_0\cos\left(\frac{m\pi x}{a}\right)\sin\left(\frac{n\pi y}{b}\right)e^{-j\beta z} \tag{7-92}$$

$$\widetilde{\mathbf{E}}_y = \frac{-j\omega\mu}{\gamma^2+\kappa^2}\left(\frac{m\pi}{a}\right)H_0\sin\left(\frac{m\pi x}{a}\right)\cos\left(\frac{n\pi y}{b}\right)e^{-j\beta z} \tag{7-93}$$

$$\widetilde{\mathbf{H}}_x = \frac{j\beta}{\gamma^2+\kappa^2}\left(\frac{m\pi}{a}\right)H_0\sin\left(\frac{m\pi x}{a}\right)\cos\left(\frac{n\pi y}{b}\right)e^{-j\beta z} \tag{7-94}$$

$$\widetilde{\mathbf{H}}_y = \frac{j\beta}{\gamma^2+\kappa^2}\left(\frac{n\pi}{b}\right)H_0\cos\left(\frac{m\pi x}{a}\right)\sin\left(\frac{n\pi y}{b}\right)e^{-j\beta z} \tag{7-95}$$

TE 的主要模態爲 TE_{01}，具有最低的截止頻率。波導管的 TE 模態波阻抗

$$Z_{TE} = \frac{\widetilde{\mathbf{E}}_x}{\widetilde{\mathbf{H}}_y} = -\frac{\widetilde{\mathbf{E}}_y}{\widetilde{\mathbf{H}}_x} \tag{7-96}$$

使用 7-83 式與 7-84 式得

$$Z_{TE} = \frac{j\omega\mu}{j\beta} = \frac{\omega\mu}{\omega\sqrt{\mu\varepsilon}\sqrt{1-\left(\frac{f_c}{f}\right)^2}} = \frac{\eta}{\sqrt{1-\left(\frac{f_c}{f}\right)^2}} \tag{7-97}$$

參考表 7.2，比較 TE 模態與 TM 模態的參數，Z_{TE} 與 Z_{TM} 是唯一不相同的一項。圖 7.8 顯示 Z_{TE} 與 Z_{TM} 的曲線，從 7-90 式與 7-97 式得知，當頻率接近截止頻率時，Z_{TE} 與 Z_{TM} 的行爲是兩極化；當頻率遠高於截止頻率時，Z_{TE} 與 Z_{TM} 同時接近同一 η 值。有時 Z_{TE} 與 Z_{TM} 也分別以 η_{TE} 與 η_{TM} 表示。

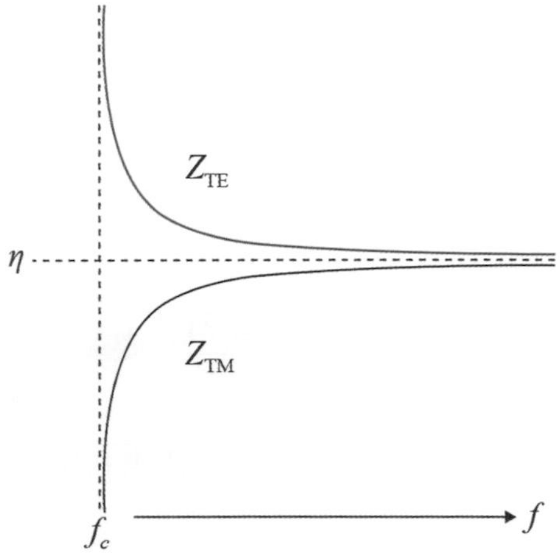

圖 7.8 矩形波導管的 Z_{TE} 與 Z_{TM}。

7-7-3 矩形波導管的功率傳輸

矩形波導管的功率傳輸以平均波因廷向量(Poyting vector)表示

$$\vec{\mathbf{P}}_{av} = \frac{1}{2}\Re e\{\widetilde{\mathbf{E}} \times \widetilde{\mathbf{H}}^*\} = \frac{1}{2}\Re e\{\widetilde{\mathbf{E}}_x \widetilde{\mathbf{H}}_y^* - \widetilde{\mathbf{E}}_y \widetilde{\mathbf{H}}_x^*\} = \frac{|E_x|^2 + |E_y|^2}{2\eta}\hat{\mathbf{z}}\ \mathrm{W/m^2} \tag{7-98}$$

其中的 η 是 η_{TE} 或是 η_{TM} 則視其為 TE 模態或 TM 模態而定。當波導管為非理想材料時，傳播於波導管內電磁波的功率會衰減，該功率衰減源自於歐姆(導電)損失 α_c 與介質損失 α_d。一般 α_c 會遠大於 α_d，在消逝模態時，衰減函數為 $e^{-\alpha z}$。假設 P_0 為原始功率值，則傳播的平均功率為

$$P_{av} = P_0 e^{-2\alpha z} \tag{7-99}$$

其中指數的 2α 為電場與磁場外積的產物，功率的衰減比電場與磁場的衰減都快速。功率損失為

$$P_{Loss} = -\frac{d}{dz}(P_{av}e^{-2\alpha z}) = 2\alpha P_{av} \tag{7-100}$$

應用實例

名稱：電子映像管

技術：偏極板控制電子束前進的方向

原理：利用陰極電子槍發射電子，使螢光屏上的螢光粉發光

說明：電子映像管雖曾廣泛應用於示波器、電視機和顯示器上，然已步出科技歷史的潮流，其技術層面屬於電場的應用。電子映像管原名為陰極射線管(CRT：Cathode Ray Tube)，就是傳統的電視機螢幕，圖1為電子映像管的構造示意圖。三支電子槍射出三電子束撞擊螢幕上螢光粉而發出紅(R)、綠(G)、藍(B)三原色光。電子束先經過電磁透鏡聚焦，並以水平與垂直偏極板控制電子束前進的方向，在螢幕上依序掃描，掃描順序如圖2所示。圖3則顯示垂直偏極板控制電子束的上下方向。電子束在電極板間受電場作用而偏折，其軌跡為拋物線，在電極板外的軌跡為直線。另外，如VGA(視頻圖形陣列)的解析度為640行(畫素)、480列(掃描線)。

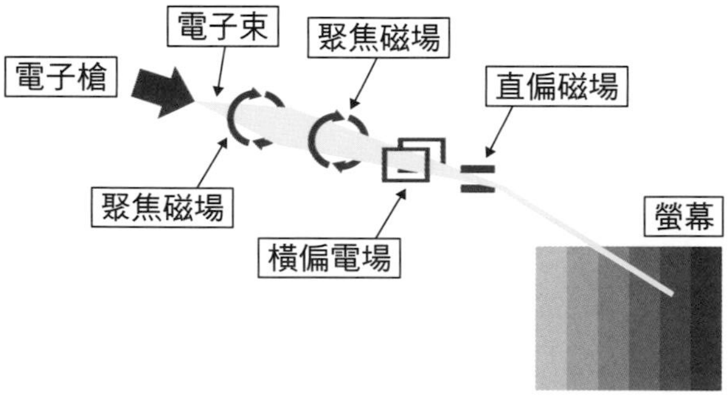

圖 1 電子映像管的構造示意圖。

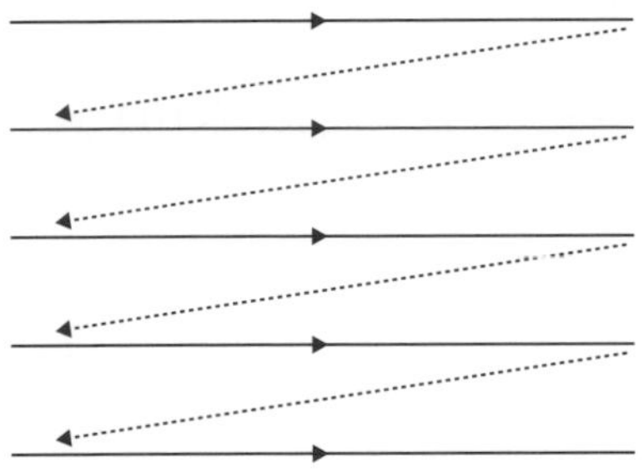

圖 2　電子束掃描順序。

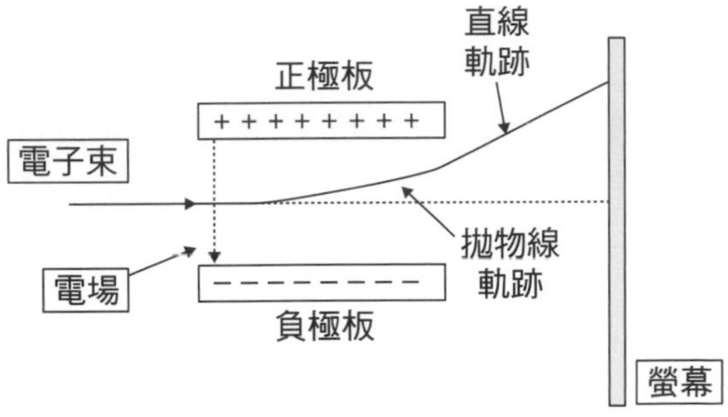

圖 3　垂直偏極板。

7-8 共振腔

共振腔(resonant cavity)是金屬空腔也是諧振器(resonator)，可以儲存電磁能量，等效於操作於高頻的 RLC(電阻-電感-電容)電路，形狀可以是圓柱體也可以是正方體。設計上使共振腔在特定的頻率共振，充滿電介質的共振腔則作爲微波電路元件：振盪器、放大器、帶通濾波器。矩形共振腔的三圍爲 $a \times b \times d$，具有輸入探針、共振頻率，不具唯一的傳播方向。駐波存在於 x、y 與 z 方向。

雖然共振腔內沒有唯一的傳播方向，推導共振腔內電磁波的方程式與前節相似，利用駐波存在於各腔壁間的事實與變數分解法得

$$X(x) = c_1 \cos \kappa_x x + c_2 \sin \kappa_x x \tag{7-72}$$

$$Y(y) = c_3 \cos \kappa_y y + c_4 \sin \kappa_y y \tag{7-73}$$

$$Z(z) = c_5 \cos \kappa_z z + c_6 \sin \kappa_z z \tag{7-101}$$

其中

$$\kappa^2 = \kappa_x^2 + \kappa_y^2 + \kappa_z^2 \tag{7-102}$$

TM 模態($\widetilde{\mathbf{H}}_z = 0$)的邊界條件爲：(1)當 $x = 0$ 及 $x = a$，$E_z = 0$，得 $c_1 = 0$ 且 $\kappa_x a = m\pi$；(2)當 $y = 0$ 及 $y = b$，$E_z = 0$，得 $c_3 = 0$ 且 $\kappa_y b = n\pi$；(3)當 $z = 0$ 及 $z = d$，$E_z = 0$，得 $c_5 = 0$ 且 $\kappa_z d = p\pi$。代回、合併得

$$E_z = E_0 \sin\left(\frac{m\pi}{a} x\right) \sin\left(\frac{n\pi}{b} y\right) \sin\left(\frac{p\pi}{d} z\right) \tag{7-103}$$

$$\kappa^2 = \left(\frac{m}{a}\pi\right)^2 + \left(\frac{n}{b}\pi\right)^2 + \left(\frac{p}{d}\pi\right)^2 = \omega^2 \mu\varepsilon \tag{7-104}$$

E_0 爲電場強度。同理，TE 模態($\widetilde{\mathbf{E}}_z = 0$)

$$H_z = H_0 \cos\left(\frac{m\pi}{a}x\right)\cos\left(\frac{n\pi}{b}y\right)\sin\left(\frac{p\pi}{d}z\right) \tag{7-105}$$

H_0 爲磁場強度。TE 模態與 TM 模態具有相同的共振頻率，所以 7-104 式也適用於 TE 模態。共振腔的輸出是一單色弦波(單一頻率)

$$f_{mnp} = \frac{u_p}{2}\sqrt{\left(\frac{m}{a}\right)^2 + \left(\frac{n}{b}\right)^2 + \left(\frac{p}{d}\right)^2} \tag{7-106}$$

TE 模態起始於 TE_{001} 與 TM 模態起始於 TM_{110}。

假設輸出單色弦波的頻率中心在 f_{mnp} 且具最強度值 A_{max}，頻寬 Δf 的定義爲頻率中心兩側對應於 $A_{max}/\sqrt{2}$ 的頻率值差，則定義歸一化頻寬爲 $\Delta f / f_{mnp}$，且定義品質因數或 Q 值(如圖 7.9)爲

$$Q = \frac{f_{mnp}}{\Delta f} \tag{7-107}$$

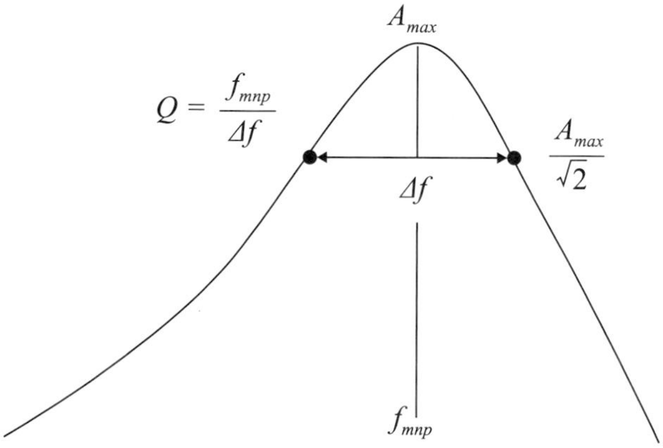

圖 7.9 品質因數：Q 值的定義。

品質因數(Q 值)描述共振腔的損耗及頻寬。若共振腔的腔壁具導電性的話，則儲存的電磁能量會因此流失。Q 值也因此定義爲儲存在腔內的能量與因傳導損耗的能量比。理想的共振腔(零傳導損耗)，Q 值爲無限大。導電性愈高的材質製成的共振腔曲線偏尖銳，Q 值可達 10000，可有效儲存微波頻段的能量，熱傳導也會損耗部分的能量，是精密的諧振器與精確的頻率測量。一般而言，共振腔的 Q 值比 RLC 電路高很多。

對主要模態 TE 而言，其 Q 值爲

$$Q_{TE_{101}} = \frac{(a^2 + d^2)abd}{\delta[2b(a^3 + d^3) + ad(a^2 + d^2)]} \tag{7-108}$$

其中符號 δ 爲趨膚深度(skin depth)

$$\delta = \frac{1}{\sqrt{\pi f_{101} \mu \sigma}} \tag{7-109}$$

符號 σ 爲金屬材質的導電率。

例題 7.5

共振腔的 Q 值。中空共振腔的三圍爲 3 cm × 2 cm × 7 cm，金屬材質爲銅(σ = 5.8 × 10^7)，求共振頻率及 Q 值。

解　利用7-106式得 $f_{110} = \dfrac{3\times10^{10}}{2}\sqrt{\left(\dfrac{1}{3}\right)^2+\left(\dfrac{1}{2}\right)^2+\left(\dfrac{0}{7}\right)^2} = 9\text{ GHz}$

$$f_{101} = \frac{3\times10^{10}}{2}\sqrt{\left(\frac{1}{3}\right)^2+\left(\frac{0}{2}\right)^2+\left(\frac{1}{7}\right)^2} = 5.44\text{ GHz}\ (\text{主要模態})$$

利用7-109式得 $\delta = \dfrac{1}{\sqrt{\pi(5.44\times10^9)(4\pi\times10^{-7})(5.8\times10^7)}} \approx 1.6\times10^{-6}\text{ m}$

代入7-108式得 $Q_{101} = \dfrac{(3^2+7^2)(3)(2)(7)}{(1.6\times10^{-6})[2(2)(3^3+7^3)+(3)(7)(3^2+7^2)]} = 568378$

例題 7.6

共振腔的 Q 值。設計銅製正方體中空共振腔的主要模態爲 TE_{101}，其共振頻率爲 12.6 GHz。

解　已知 $a = b = d$ 且 $mnp = 101$

利用7-106式得 $f_{101} = \dfrac{3\times10^{10}}{2}\sqrt{\left(\dfrac{1}{a}\right)^2+\left(\dfrac{0}{a}\right)^2+\left(\dfrac{1}{a}\right)^2} = 12.6\text{ GHz}$

解上式得 a = 1.68 cm。

利用7-109式得 $\delta = \dfrac{1}{\sqrt{\pi(12.6\times10^9)(4\pi\times10^{-7})(5.8\times10^7)}} \approx 5.89\times10^{-7}\text{ m}$

簡化7-108式得 $Q_{101} = \dfrac{a}{3\delta} = \dfrac{1.68\times10^{-2}}{3(5.89\times10^{-7})} \approx 9500$

利用7-107式得 $\Delta f \approx \dfrac{f_{101}}{Q_{101}} = \dfrac{12.6\times10^9}{9500} \approx 1.3\text{ MHz}$

重要公式

1. 介質間的電磁邊界條件：$E_{//}^1 = E_{//}^2$ 、 $H_{//}^1 = H_{//}^2$ 、 $D_{\perp}^1 = D_{\perp}^2$ 、 $B_{\perp}^1 = B_{\perp}^2$

2. 垂直入射反射係數：$\Gamma = \dfrac{E_0^r}{E_0^i} = \dfrac{\eta_2 - \eta_1}{\eta_2 + \eta_1}$

3. 垂直入射透射係數：$\tau = \dfrac{E_0^t}{E_0^i} = \dfrac{2\eta_2}{\eta_2 + \eta_1}$

4. 垂直入射：$\tau = 1 + \Gamma$

5. 駐波比：$S = \dfrac{1 + |\Gamma|}{1 - |\Gamma|}$

6. 無損失介質：$\dfrac{1 - \Gamma^2}{\eta_1} = \dfrac{\tau^2}{\eta_2}$

7. 無損失介質：$\vec{\mathbf{S}}_{av1} = \vec{\mathbf{S}}_{av2}$

8. 斯涅爾折射定律：$\dfrac{\sin\theta_t}{\sin\theta_i} = \dfrac{n_1}{n_2} = \sqrt{\dfrac{\mu_{r1}\varepsilon_{r1}}{\mu_{r2}\varepsilon_{r2}}}$

9. 臨界角：$\theta_c = \sin^{-1}\left(\dfrac{n_2}{n_1}\right) = \sin^{-1}\sqrt{\dfrac{\varepsilon_{r2}}{\varepsilon_{r1}}}$

10. 光纖全反射的臨界角：$\theta_c = \sin^{-1}\left(\dfrac{n_c}{n_f}\right)$

11. 光纖接受角：$\theta_a = \sin^{-1}\left(\dfrac{\sqrt{n_f^2 - n_c^2}}{n_0}\right)$

12. 平行極化的反射係數：$\Gamma_{//} = \dfrac{\eta_2\cos\theta_t - \eta_1\cos\theta_i}{\eta_1\cos\theta_i + \eta_2\cos\theta_t}$

13. 平行極化的透射係數：$\tau_{//} = \dfrac{2\eta_2\cos\theta_i}{\eta_1\cos\theta_i + \eta_2\cos\theta_t}$

14. 垂直極化的反射係數：$\Gamma_{\perp} = \dfrac{\eta_2\cos\theta_i - \eta_1\cos\theta_t}{\eta_2\cos\theta_i + \eta_1\cos\theta_t}$

15. 垂直極化的透射係數：$\tau_{\perp} = \dfrac{2\eta_2\cos\theta_i}{\eta_2\cos\theta_i + \eta_1\cos\theta_t}$

16. 圓形波導管：$\lambda_c = \dfrac{2\pi r}{1.814}$ (TE$_{11}$)

17. 圓形波導管：$\lambda_c = \dfrac{2\pi r}{2.405}$ (TM$_{01}$)

18. 矩形波導管的 TM 模態波阻抗：$Z_{TM} = \dfrac{\gamma}{j\omega\varepsilon} = \dfrac{j\omega\sqrt{\mu\varepsilon}}{j\omega\varepsilon}\sqrt{1-\left(\dfrac{f_c}{f}\right)^2} = \eta\sqrt{1-\left(\dfrac{f_c}{f}\right)^2}$

19. 矩形波導管的 TE 模態波阻抗：$Z_{TE} = \dfrac{j\omega\mu}{j\beta} = \dfrac{\omega\mu}{\omega\sqrt{\mu\varepsilon}\sqrt{1-\left(\dfrac{f_c}{f}\right)^2}} = \dfrac{\eta}{\sqrt{1-\left(\dfrac{f_c}{c}\right)^2}}$

20. 共振腔的輸出(單色)頻率：$f_{mnp} = \dfrac{u_p}{2}\sqrt{\left(\dfrac{m}{a}\right)^2 + \left(\dfrac{n}{b}\right)^2 + \left(\dfrac{p}{d}\right)^2}$

21. 品質因數或 Q 值：$Q = \dfrac{f_{mnp}}{\Delta f}$

習題

★表示難題。

7.1 已知截止頻率爲 ω_c，請由 7-68 式 $-\kappa_x^2 - \kappa_y^2 + \gamma^2 + \kappa^2 = 0$ 討論傳播情況。

7.2 承上題，試解釋波導的工作頻帶(operating bandwidth)。

7.3 討論矩形波導管的兩最低截止頻率。

7.4 設計一中空矩形波導管，工作頻帶介於 5 與 10 GHz 之間。

★ 7.5 試推導 $\dfrac{1}{\lambda^2} = \dfrac{1}{\lambda_g^2} + \dfrac{1}{\lambda_c^2}$，其中 λ_g 爲導管內(群)波長、λ_c 爲截止波長。

★ 7.6 假設矩形波導管的長寬具 $a \geq 2b$ 關係，求截止波長、工作波長帶。

7.7 假設中空無損失矩形波導管的長寬分別爲 7.2 cm 與 3.4 cm，其 TM$_{11}$ 傳播模態的工作頻率爲截止頻率的 1.2 倍，求(a)臨界波數 κ_c；(b)截止頻率；(c)工作頻率；(d)傳播常數；(e)截止波長；(f)工作波長；(g)相速；(h)波阻抗。

7.8 承上題，求其主要傳播模態 TE$_{10}$ 的截止頻率。

★ 7.9 矩形波導管($a = 2.286$ cm、$b = 1.016$ cm)中塡充介質($\varepsilon_r = 2.1$、$\mu_r = 1$)，若傳播頻率爲 9 GHz，求其主要模態 TE_{10} 的傳播常數。

7.10 已知電磁波的磁場爲

$$H_z(x,y,z,t) = H_0\cos(87.3x)\cos(92.4y)\cos(2\pi ft - 109.1z)$$

，求 f。

★ 7.11 如圖所示矩形波導管內的電磁波，試標示波速、相速與群速。

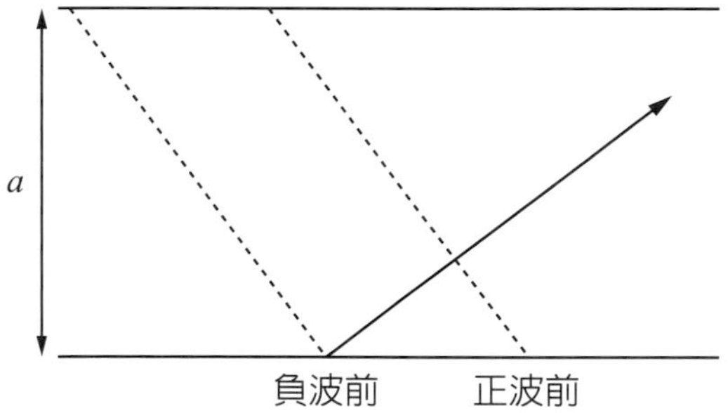

圖 P7.11

★ 7.12 承上題，已知波速爲 u，求相速 u_p 與群速 u_g。

7.13 矩形波導管($a = 24.765$ cm、$b = 12.3825$ cm)中塡充聚乙烯($\varepsilon_r = 2.26$、$\mu_r = 1$)，求波速 u、相速 u_p 與在 600 MHz 的群速 u_g。

7.14 操作頻率爲 10 GHz 的電磁波，可以何種模態傳播於中空矩形波導管($a = 2.286$ cm、$b = 1.143$ cm)。

7.15 承上題，若波導管的長度爲 20 cm 且封口，求輸入阻抗。

7.16 已知中空矩形波導管($a = 5$ cm、$b = 2$ cm)的操作頻率爲 15 GHz，且電場爲

$$E_z = 20\sin(40\pi x)\sin(50\pi y)e^{-j\beta z}$$

(V/m)，問(a)可以何種模態傳播；(b) β 值。

★ 7.17 假設中空無損失矩形波導管的長寬分別爲 3 cm 與 1 cm，其工作頻率爲 6 GHz；求(a)截止頻率；(b)截止波長；(c)群速；(d)相速；(e)工作波長；(f)特性阻抗。

★ 7.18 設計中空矩形波導管，其 $a = 2b$ 且工作頻率爲 10 GHz。

7.19 中空矩形波導管內壁分別爲 2.286 cm 與 1.016 cm，求主要模態的截止頻率。

7.20 試證明相速 u_p 與群速 u_g 的乘積爲波速 u 的平方。

7.21 已知中空無損失矩形波導管的長寬分別爲 2.286 cm 與 1.524 cm，求波導管的前 6 個截止頻率。

chapter

8 輻射與天線

電磁波的傳播是能量在自由空間或傳播介質中的傳遞，電磁波的傳播也需要脫離能量源，該能量源也稱輻射源。輻射源提供電磁波連續不斷的傳播。基本輻射源的元素可以視爲一根短且通有電流的導線——直導線或導線環，而所謂的輻射(radiation)就是該通有電流導線所產生的時變電磁場。這些產生電磁波傳播的元件稱爲天線。

天線(antennas)的主要功能在於導向電磁波與自由空間的傳感器或換能器(transducer)，既傳輸，也接收。輻射的電磁場一般具球面波形且具方向性——強度的強弱。天線的輻射特性與阻抗特性，受天線的形狀、尺寸與材料特性規範。本章所討論的電磁波傳播都在自由空間中。

天線具有多種性能，天線性能的選擇或設計則依據特殊應用而定，天線的主要特性爲雙向性與天線輻射模式。雙向性指天線可傳輸(輻射)電磁波，爲輻射源將電能轉變成電磁能量輻射到介質空間；天線爲接收器，可接收電磁波，將接收的電磁能量轉變成電能。最常應用於雙向通訊系統中，傳送和接收信號使用共同的天線，該天線爲雙向的裝置。描述天線的另一性能則爲天線的輻射模式，其指向性函數具相對功率分佈的特色。

爲得到最大功率傳輸需要匹配天線系統的阻抗，用於天線系統的天線和發射器(或接收器)之間的傳輸線需要匹配阻抗，以最小化駐波比(SWR)並減少傳輸線損耗。

天線的輻射源有兩類型：電流源型與孔徑型。電流源型又分爲偶極與迴路天線；孔徑型則爲喇叭天線，孔徑場是由喇叭內壁表面的時變電流所感應產生。可見所有的輻射場都是因時變電流而引起。一般而言，天線用於接收信號時，輻射場視爲近似平面波：一爲相對輻射源的天線尺寸大小，接收天線處於遠場區域(遠區)；一爲數學上的近似、計算上的簡化與討論上的方便。另外，爲了控制輻射模式(形狀、傳輸功率)、爲以電子方式控制波束的方向，發展天線陣列。天線陣列藉由控制饋入信號的強度與相位，整體上行爲表現如單一天線。

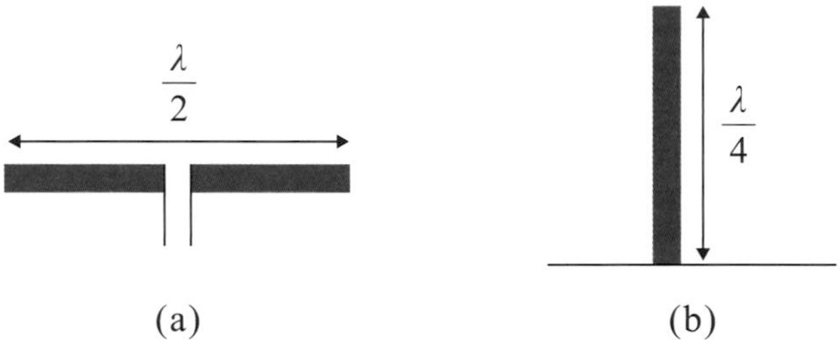

圖 8.1 偶極天線的分類。(a)半波長偶極天線與(b)四分之一波長垂直天線。

天線依外型分爲等向性天線(理想化)、偶極天線、拋物面反射天線。理想化的等向性天線所輻射的能量在空間中各方向都相同；偶極天線又分爲半波長偶極天線，即赫茲(Hertzian)天線與四分之一波長垂直天線，即馬可尼(Marconi)天線如圖 8.1；拋物面反射器可以收集或分配來自光、無線電波或聲波的能量。

8-1 偶極天線

赫茲偶極指纖細、線性的導體，導線的長度 ℓ 相對所輻射電磁場的波長 λ 具有以下的關係 $\ell < \lambda/50$ 或者導線長度 ℓ 遠小於電磁波長 λ。另一假設爲在該微小天線上電流是均勻分佈的。參考圖 8.2，若天線是沿著 z 軸，其中心點即爲 $z = 0$，且其時變電流 $i(t)$具以下形式：

$$i(t) = I_0 \cos \omega t = \Re e\{I_0 e^{j\omega t}\} \tag{8-1}$$

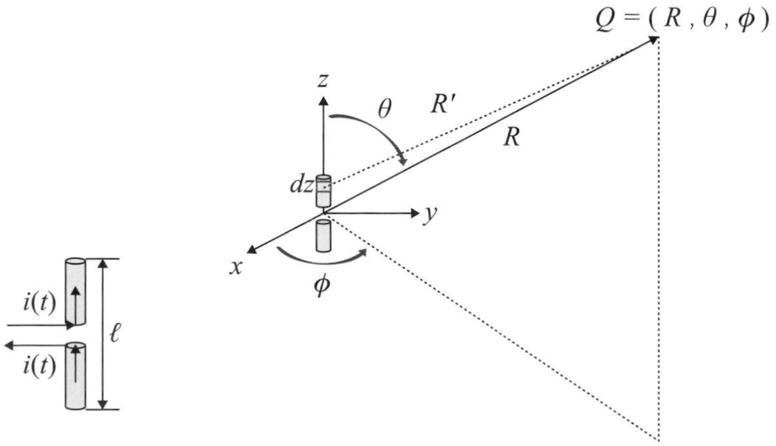

圖 8.2 半波長偶極天線。

則其磁向量勢為

$$\widetilde{\mathbf{A}}(R)=\frac{\mu_0}{4\pi}\int_{v'}\frac{\widetilde{\mathbf{J}}e^{-jkR'}}{R'}dv' \tag{8-2}$$

其中電流密度為 $\widetilde{\mathbf{J}}=\hat{\mathbf{z}}\dfrac{I_0}{s}$、$s$ 為天線的截面面積，對任意小段 dz 天線，其體積 $dv'=s\,dz$。令 $R'\approx R$，並對天線積分得

$$\widetilde{\mathbf{A}}(R)=\frac{\mu_0}{4\pi}\frac{e^{-j\kappa R}}{R}\int_{-\ell/2}^{\ell/2}\hat{\mathbf{z}}I_0dz=\hat{\mathbf{z}}\frac{\mu_0}{4\pi}I_0\ell\left(\frac{e^{-j\kappa R}}{R}\right) \tag{8-3}$$

其中 $\dfrac{e^{-j\kappa R}}{R}$ 項為球面傳播因子，表示強度隨著 R 衰減，相位隨著 κR 變化。

在球面坐標系統(圖 8.3)中任意一點$(R,\ \theta,\phi)$分別代表長度(範圍)、仰角、方位角。利用 $\hat{\mathbf{z}}=\widehat{\mathbf{R}}\cos\theta-\hat{\boldsymbol{\theta}}\sin\theta$ 關係得到

$$\widetilde{\mathbf{A}}_R=+\frac{\mu_0I_0\ell}{4\pi}\cos\theta\left(\frac{e^{-jkR}}{R}\right) \tag{8-4}$$

$$\widetilde{\mathbf{A}}_\theta=-\frac{\mu_0I_0\ell}{4\pi}\sin\theta\left(\frac{e^{-jkR}}{R}\right) \tag{8-5}$$

$$\widetilde{\mathbf{A}}_\phi=0 \tag{8-6}$$

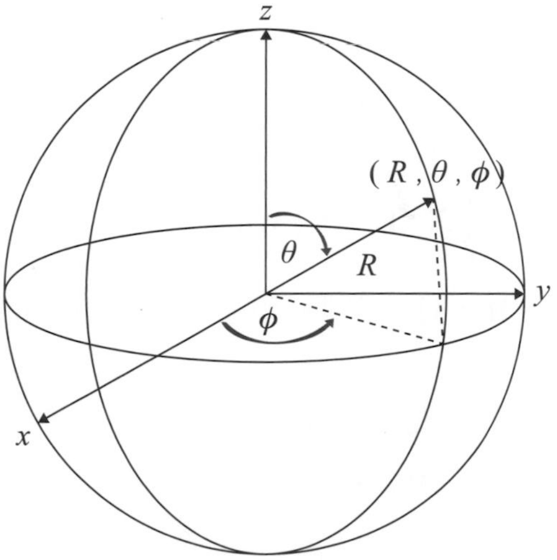

圖 8.3 球面座標系。

再利用

$$\widetilde{\mathbf{H}}=\frac{1}{\mu_0}\nabla\times\widetilde{\mathbf{A}} \tag{8-7}$$

$$\widetilde{\mathbf{E}}=\frac{1}{j\omega\varepsilon_0}\nabla\times\widetilde{\mathbf{H}} \tag{8-8}$$

即可得到電場與磁場的表示式。

8-1-1 遠場近似

當觀察點與輻射源距離 R 遠大於輻射電磁波波長 λ，即 $R\gg\lambda$ 或 $\kappa R\gg 1$ 時，電場與磁場分別爲

$$\widetilde{\mathbf{E}}_\theta=\frac{jI_0\ell\eta_0\kappa}{4\pi}\left(\frac{e^{-jkR}}{R}\right)\sin\theta \tag{8-9}$$

$$\widetilde{\mathbf{H}}_\phi=\frac{\widetilde{\mathbf{E}}_\theta}{\eta_0} \tag{8-10}$$

其他分量均爲零，即 $\widetilde{\mathbf{H}}_R=0$，$\widetilde{\mathbf{H}}_\theta=0$，$\widetilde{\mathbf{E}}_\phi=0$，$\widetilde{\mathbf{E}}_R\to 0$。在此近似下，遠處觀察到的電磁場具有下列特性：(1)近似均勻分佈平面波；(2)電場與磁場同相位；(3)電場與磁場比值爲空氣的特性阻抗 $\eta_0=120\pi$；(4)電場與磁場與傳播方向兩兩互相垂直；(5)電場與磁場的強度與仰角(θ)有關；但(6)與方位角(ϕ)無關。

8-1-2 輻射功率密度

功率密度定義爲輻射波波因廷向量的時間平均值

$$S_{av}=\frac{1}{2}\Re e\{\widetilde{\mathbf{E}}\times\widetilde{\mathbf{H}}^*\}\ \mathrm{W/m^2} \tag{8-11}$$

波因廷向量定義爲 $\vec{\mathbf{S}}=\vec{\mathbf{E}}\times\vec{\mathbf{H}}$，意味著時變電、磁場的能量傳遞的大小與方向，且同時與電場及磁場垂直。

對短偶極而言，其功率密度可表示爲

$$S_{av}=\widehat{\mathbf{R}}\cdot S(R,\theta,\phi) \tag{8-12}$$

其中 $S(R,\theta,\phi)$ 爲

$$S(R,\theta,\phi)=\frac{1}{2}\left(\frac{\eta_0\kappa I_0\ell}{4\pi R}\right)^2\sin^2\theta \tag{8-13}$$

雖目前 $S(R,\theta,\phi)$ 與方位角(ϕ)無關，但爲一致性仍將之列入。爲方便起見，進一步定義歸一化輻射強度 $F(\theta,\phi)$，如下：

$$F(\theta,\phi)=\frac{S(R,\theta,\phi)}{S_{max}} \tag{8-14}$$

式中的 S_{max} 爲函數 $S(R,\theta,\phi)$ 的極大値。

以赫兹偶極天線爲例，8-13 式中的 $\sin^2\theta$ 一項表示輻射模式圖的寬(broad)邊方向，並在 $\theta=\pi/2$，即方位(x-y)平面上具有極大値。利用 $\eta_0=120\pi$、$\kappa=2\pi/\lambda$，並將 $\theta=\pi/2$ 代入 8-13 式得

$$S_{max}=S_0=\frac{\eta_0}{2}\left(\frac{\kappa I_0\ell}{4\pi R}\right)^2=\frac{15\pi I_0^2}{R^2}\left(\frac{\ell}{\lambda}\right)^2 \tag{8-15}$$

且簡化 $F(\theta,\phi)$ 爲 $F(\theta)=\sin^2\theta$。

8-2 天線輻射特性

天線所輻射的電磁場在一微小面積 dA 的微小功率 dP_{rad} 爲

$$dP_{rad}=S_{av}\cdot dA=SdA \tag{8-16}$$

參考圖 8.4 得 $dA=R^2\sin\theta d\theta d\phi$。另外，對應 dA 的立體角 $d\Omega$ 爲

$$d\Omega=dA/R^2$$

或

$$d\Omega=\sin\theta d\theta d\phi$$

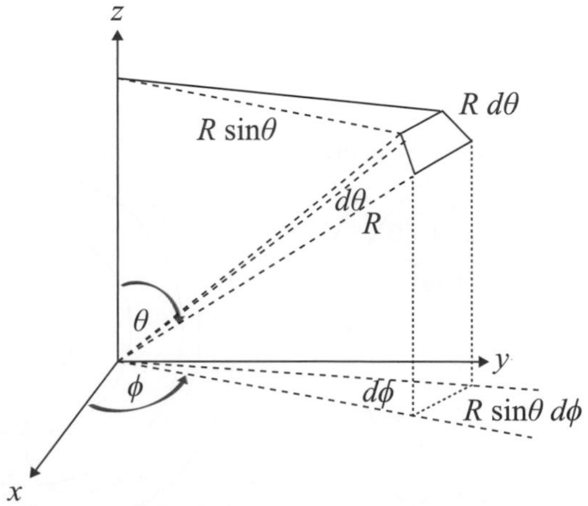

圖 8.4 球面上的微小面積 dA。

合併 8-12 式與 8-16 式並積分得

$$P_{rad} = R^2\int_{\phi=0}^{2\pi}\int_{\theta=0}^{\pi} S(R,\theta,\phi)\sin\theta d\theta d\phi \tag{8-17}$$

利用 8-14 式於上式得總輻射功率

$$P_{rad} = R^2 S_{max}\int_{4\pi}\int F(\theta,\phi)d\Omega \tag{8-18}$$

8-2-1 天線輻射模式

就天線輻射模式在球面座標系統的圖形表示法，天線輻射模式有兩個主要的平面，分別為仰角平面與方位平面。以沿著 z 軸、對稱 $z = 0$ 的理想偶極天線所輻射出的電磁場形狀，既對稱 z 軸也對稱 $z = 0$ 的平面，如圖 8.5 所示。所謂的仰角平面就是 θ 平面，對應常數 ϕ，如圖 8.6a。當 $\phi = 0$ 時，就是 x-z 平面；$\phi = 90°$時，就是 y-z 平面。方位平面即為 ϕ 平面，如圖 8.6b；當 $\theta = 90°$時，就是 x-y 平面。

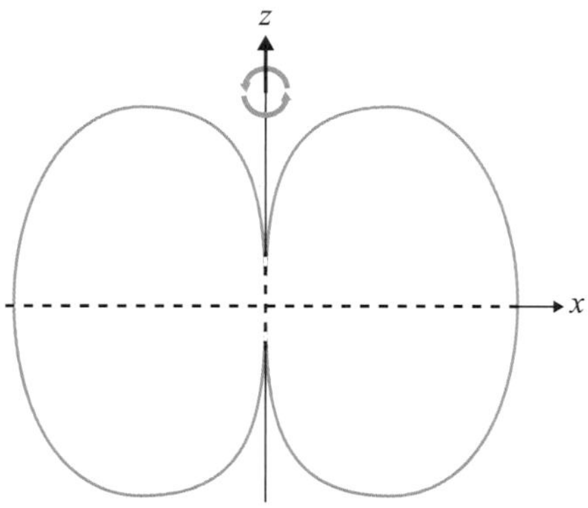

圖 8.5 理想偶極天線輻射模式。

從圖 8.6 發現天線輻射模式的量測刻度為分貝，即

$$F(\text{dB}) = 10\log[F(\theta,\phi)] \tag{8-19}$$

這是為了方便視覺上解讀輻射波瓣，就是天線輻射模式的指向性分布，如圖 8.7。圖 8.7a 中顯示該天線的輻射模式具有主波瓣(main lobe)、第一側波瓣(first side lobe)、後波瓣(back lobe)及其他小波瓣(minor lobe)。主波瓣是天線指向性的指標特性，側波瓣與後波瓣則是天線能量浪費及潛在干擾的標誌。因此，天線的輻射模式都以該方式顯現。

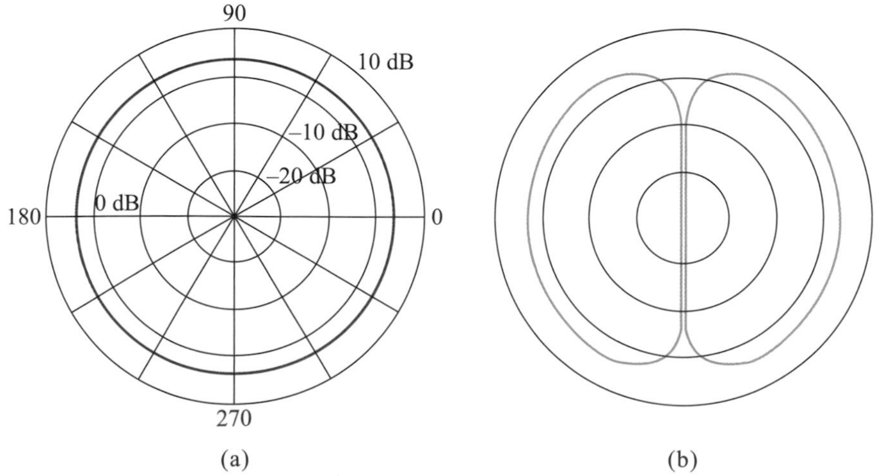

圖 8.6 理想偶極天線輻射模式的仰角平面與方位平面。

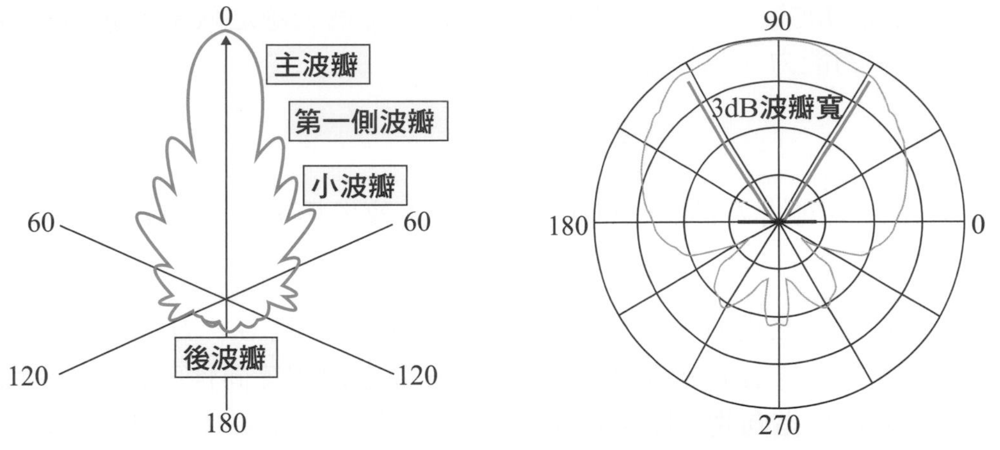

(a) (b)

圖 8.7 天線輻射模式的波瓣與增益。

8-2-2 天線的指向性、增益與波束

天線的指向性 D 係天線在特定方向的電磁輻射場比其他方向較強的特性，其定義有如天線集中功率的能力，或爲天線功率輻射最大值 F_{max} 與等向性天線輻射相等功率的 F_{av} 之比值，即

$$D=\frac{F_{max}}{F_{av}}=\frac{1}{\frac{1}{4\pi}\int_{4\pi}\int F(\theta,\phi)d\Omega}=\frac{4\pi}{\Omega_p} \tag{8-20}$$

其中天線輻射模式主波瓣(波束)的等效寬度稱爲輻射模式立體角 Ω_p(單位爲 sr：steradian)，定義如下：

$$\Omega_p=\int_{4\pi}\int F(\theta,\phi)d\Omega \tag{8-21}$$

理想的等向性天線的指向性 $D_{iso}=1$。

天線增益定義爲以理想的等向性天線的輸出功率爲參考基準，天線在指定方向的輸出功率是用以度量天線的指向性。如圖 8.7b 的增益 3 dB 爲天線相對於等向性天線在該方向的功率多 2 倍。一些特殊應用天線的設計者，總是想增加特定方向的輻射能量，減少其他方向的輻射能量。天線的增益不是輸出與輸入能量比，而是指向性的一種指標。

天線增益以字母 G 表示，其方程式爲

$$G=E_{ff}\frac{4\pi}{\lambda^2}A_e \tag{8-22}$$

其中 λ 爲載波的波長、A_e 爲天線的有效面積、E_{ff} 爲天線之效率，顧名思義，就是接收到功率的能力。另外定義

$$A_e = \frac{3\lambda^2}{8\pi} \tag{8-23}$$

天線增益 G 與指向性 D 間的比例定義爲天線之效率爲 E_{ff}，且有以下關係：

$$G = E_{ff} \cdot D \tag{8-24}$$

當天線具百分之百效率、沒有損耗時，即 E_{ff} = 1 且 $G = D$。此時 8-23 式中的因素 3/2 爲其增益 G 與指向性 D，而 $\lambda^2/4\pi$ 則爲理想等向性天線的有效面積。另外，理想天線之指向性、輻射能量集中力強，輻射功率集中於很小的立體角範圍，其餘方向(側波瓣及後波瓣)均無功率損耗。該類理想天線具窄的主波瓣，若將主波瓣之最大輻射功率的一半處所圍成的立體角設爲 Ω_p，則一如 8-20 式

$$G = \frac{4\pi}{\Omega_p} \tag{8-25}$$

若進一步忽略其餘波瓣的功率，則具窄主波瓣理想天線的指向性 D 也近似於 8-25 式。

對一個等向性在各方向具歸一輻射強度 $F(\theta,\phi) = 1$的天線，$\Omega_p = 4\pi$。參考圖 8.8 的天線輻射矩形表示，該表示方式適用於波束窄的天線，具可放大水平軸刻度，而易於觀察球面上 $\phi = 0$ 的平面。圖中顯示波束寬度 β 爲特定平面的主波瓣寬度，有時稱爲半功率波束寬度($\beta_{1/2}$)，其 $F(\theta,\phi) = 0.5$ (– 3 dB)。半功率波束寬度對應於中心點兩側的角度稱爲半功率角(θ_1, θ_2)，如果主波瓣對稱中心點，則 $2\theta_1 = 2\theta_2 = \theta_B$。主波瓣寬度對應於中心點兩側的第一個零點角度，稱爲零點波束寬度 β_{null}。

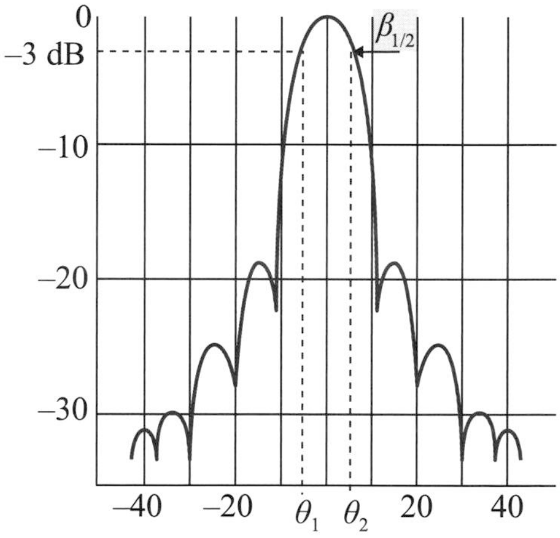

圖 8.8 天線輻射模式的矩形表示。

將 8-17 與 8-18 兩式代入 8-20 式，得到天線指向性 D 與輻射功率密度 S 的關係表示式

$$D = \frac{4\pi R^2 S_{max}}{P_{rad}} = \frac{S_{max}}{S_{av}} \tag{8-26}$$

其中

$$S_{av} = \frac{P_{rad}}{4\pi R^2} \tag{8-27}$$

上式爲總輻射功率 P_{rad} 對整個球(半徑 R)表面積的平均值，即 $S_{av} = S_{iso}$。所以，在輻射功率密度的觀點，天線的指向性 D 可表爲該天線與等向性天線的比。同樣觀點的輻射效率 E_{ff} 定義爲輻射功率 P_{rad} 與總功率 P_t(發射器功率)的比值。天線的增益 G 與總功率 P_t 的關係爲

$$G = \frac{4\pi R^2 S_{max}}{P_t} \tag{8-28}$$

從 8-26 與 8-28 兩式可推導得到 8-24 式，即天線的增益 G 爲輻射效率 E_{ff} 與指向性 D 的乘積。天線的損耗都因天線材料所導致的歐姆損失，即 $E_{ff} < 1$，所損失的功率天線結構以熱消散。

若天線是無損耗且電線匹配，則全部功率 P_t 將傳輸到天線用於傳送信號。但是天線本身是具輸入阻抗 Z_{in} 的負載，該阻抗分爲電阻性(R_{in})與電抗性(X_{in})，也就是說，總功率 P_t 爲輸入電阻 R_{in} 所消耗。所以，總功率 P_t 又可以表爲輻射功率 P_{rad} 與損耗功率 P_{loss} 的總和

$$P_t = \frac{1}{2} I_0^2 R_{in} = P_{rad} + P_{loss} \tag{8-29}$$

例題 8.1

立體角 Ω_p 與半功率角 θ_B。試推導 Ω_p 與 θ_B 的關係。

解 球面座標中微小立體角 $d\Omega$ 所對應的微小面積 $dA = r^2 \sin\theta d\theta d\phi$，

且 $dA = r^2 d\Omega$。參考圖例8.1，$\tan(\frac{1}{2}\theta_B) = y/r$

當 Ω_p 與 θ_B 都很小時，$y \approx r\frac{1}{2}\theta_B$ 及 $dA = \pi y^2$ 整理得

$$r^2\Omega_p = \pi\left(\frac{r}{2}\theta_B\right)^2 \rightarrow \Omega_p = \frac{\pi}{4}\theta_B^2$$

或

$$\theta_B = 2\sqrt{\frac{\Omega_p}{\pi}}$$

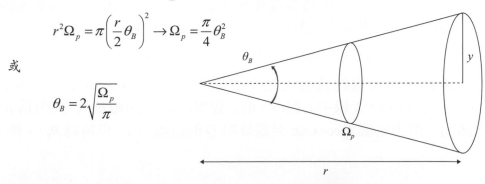

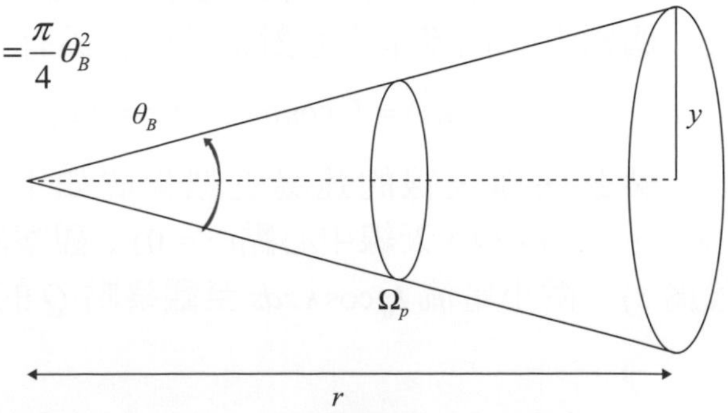

圖例 8.1

例題 8.2

理想天線。若天線具有窄主波束且增益爲 45 dB，求其波束之夾角。

解　利用8-19式與8-25式，代入$F(\text{dB}) = 45$ dB解得

$G = 10^{\frac{45}{10}} = 31623$，將結果代入8-25式得

$$\Omega_p = 4\pi / G = 3.97\times10^{-4} \text{ sr}$$

使用例題8.1的結果得

$$\theta_B = 2\sqrt{\frac{\Omega_p}{\pi}} = 2\sqrt{\frac{3.97\times10^{-4}}{\pi}} = 22.5\times10^{-3}\text{rad}$$

或 $\theta_B \approx 1.29°$

例題 8.3

立體角 Ω_p 與輻射面積。若架設於同步軌道上衛星(離地面 36000 公里)的天線具有主波束夾角 $\theta_B = 0.1°$，假設主波束的截面爲圓形，求地面上受照區域面積。

解　$\theta_B = 0.1° = 1.7453\times10^{-3}\text{rad}$ 再利用例題8.1的結果得

$$\Omega_p = \frac{\pi}{4}\theta_B^2 = 2.3925\times10^{-6}\text{sr}$$

受照面積 $dA = r^2\Omega_p = (3.6\times10^4)^2\cdot(2.3925\times10^{-6}) = 3100.6$ 平方公里

約台灣面積的9%。

8-3 半波長偶極天線

本節將以赫茲偶極爲基礎推導半波長($\ell = \lambda/2$)偶極天線的輻射場的表示式。偶極上的電流呈中心對稱分佈且具有如下形式：

$$i(t) = I_0\cos\omega t\cos\kappa z = \Re e\{I_0 e^{j\omega t}\cos\kappa z\} \tag{8-30}$$

赫茲偶極天線的遠場近似步驟如下。如圖 8.9 所示，天線長度範圍爲 $-\lambda/4 \le z \le +\lambda/4$，天線中心點($z = 0$)至觀察點 Q 的距離爲 R、夾角爲 θ，天線上(位置爲 z)一微小電流 $I_0\cos\kappa z dz$ 至觀察點 Q 的距離爲 s、夾角爲 θ_s，s 與 R 的差距爲

$\Delta = z\cos\theta$。當 $R \gg \lambda$ 時，$\theta_s \approx \theta$。沿著天線軸 Δ 有最大值爲 $\lambda/4$，即相位差 $\kappa\Delta_{max} = \pi/2$，遠場的近似限制該相位差不能大於 $\pi/8$。平行光線近似則以 $R - z\cos\theta$ 取代 s。最後積分得其電場與磁場分別爲

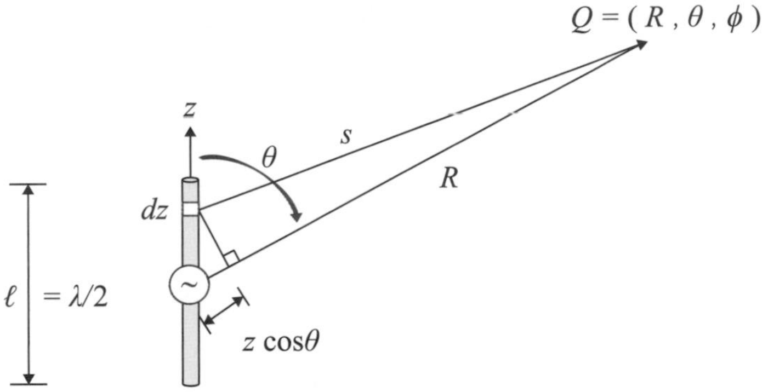

圖 8.9　偶極天線的遠場近似。

$$\widetilde{\mathbf{E}}_\theta = j60I_0\left[\frac{\cos\left(\frac{\pi}{2}\cos\theta\right)}{\sin\theta}\right]\left(\frac{e^{-j\kappa R}}{R}\right) \tag{8-31}$$

$$\widetilde{\mathbf{H}}_\phi = \frac{\widetilde{\mathbf{E}}_\theta}{\eta_0} \tag{8-32}$$

在遠場近似之下的時間平均功率密度 $S(R,\theta)$ 爲

$$S(R,\theta) = \frac{|\widetilde{\mathbf{E}}_\theta|^2}{2\eta_0} = \frac{15I_0^2}{\pi R^2}\left[\frac{\cos^2\left(\frac{\pi}{2}\cos\theta\right)}{\sin^2\theta}\right] = S_0\left[\frac{\cos^2\left(\frac{\pi}{2}\cos\theta\right)}{\sin^2\theta}\right] \tag{8-33}$$

其中 S_0 爲平均功率密度的最大值，即 $S_{max} = S(R,\theta = \frac{\pi}{2})$

$$S_0 = S_{max} = \frac{15I_0^2}{\pi R^2} \tag{8-34}$$

同時歸一化輻射強度 $F(R,\theta)$ 已不是爲距離 R 的函數並簡化爲

$$F(\theta) = \frac{S(R,\theta)}{S_0} = \left[\frac{\cos\left(\frac{\pi}{2}\cos\theta\right)}{\sin\theta}\right]^2 \tag{8-35}$$

半波長偶極天線的輻射模式類似於短偶極(雙圈、甜甜圈)，如圖 8.10 所示。

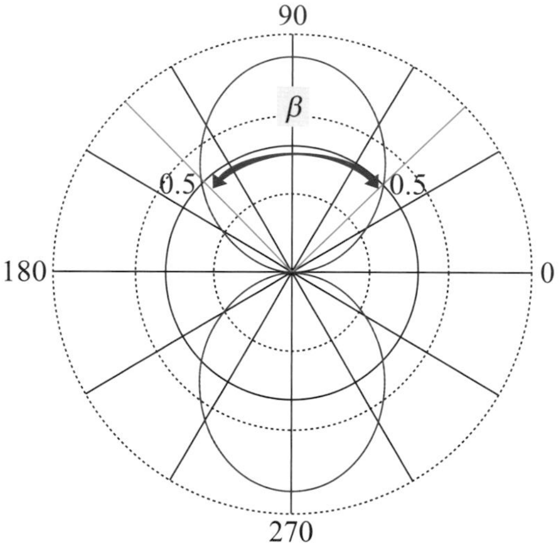

圖 8.10 半波長偶極天線的輻射模式。

半波長偶極天線的總輻射功率 P_{rad} 爲 8-33 式平均功率密度 $S(R,\theta)$ 積分的結果

$$P_{rad} = \frac{15I_0^2}{\pi}\int_0^{2\pi}\int_0^{2\pi}\left[\frac{\cos\left(\frac{\pi}{2}\cos\theta\right)}{\sin\theta}\right]^2 \sin\theta d\theta d\phi = 36.6I_0^2 \tag{8-36}$$

將上述結果代入指向性的公式爲

$$D = \frac{4\pi R^2 S_{max}}{P_{rad}} = 1.64 = 2.15\ \text{dB} \tag{8-37}$$

半波長偶極天線的輻射電阻 R_{rad} 與損耗電阻 R_{loss} 分別爲

$$R_{rad} = \frac{2P_{rad}}{I_0^2} \tag{8-38}$$

$$R_{loss} = \frac{\ell}{2\pi a}\sqrt{\frac{\pi f \mu_c}{\sigma_c}} \tag{8-39}$$

電阻損耗與天線的材質(導磁係數 μ_c 和導電率 σ_c)、尺寸(長度 ℓ 和半徑 a)及載波的頻率(f)有直接的關係。將 8-35 式代入 8-37 式得半波長偶極天線的輻射電阻 R_{rad} 約爲 73 Ω，損耗電阻 R_{loss} 約爲 1.8 Ω。

8-4 飛利斯傳輸公式

考慮空間中兩個天線，其間距離可以遠場近似，假設兩系統的傳輸電線的阻抗均完全匹配，因此傳送天線爲無損失且爲等向性。發送端與接收端天線的參數分列如下：有效面積分別爲 A_t 及 A_r、天線效率 ξ_t 及 ξ_r、增益分別爲 G_t 及 G_r、指向性分別爲 D_t 及 D_r、傳送功率爲 P_t 及接收功率爲 P_r。

在 R 米處的理想功率密度爲

$$S_{iso} = \frac{P_t}{4\pi R^2} \tag{8-40}$$

實際上，接收的功率密度爲

$$S_r = G_t S_{iso} = \xi_t D_t S_{iso} = \frac{\xi_t D_t P_t}{4\pi R^2} \tag{8-41}$$

其中利用 8-24 式，並以符號 ξ 代替 E_{ff}，則 ξ_t 爲傳送效率、ξ_r 爲接收效率。使用指向性 D_t 於上式得

$$S_r = \frac{\xi_t A_t P_t}{\lambda^2 R^2} \tag{8-42}$$

接收的功率爲

$$P_r = \xi_r A_r S_r = \frac{\xi_r \xi_t A_r A_t}{\lambda^2 R^2} P_t \tag{8-43}$$

傳輸與接收的功率比定義爲飛利斯(Friis)傳輸公式：

$$\frac{P_r}{P_t} = \frac{\xi_r \xi_t A_r A_t}{\lambda^2 R^2} \tag{8-44}$$

上式也稱功率轉換率。若以增益 G_t 及 G_r 表示飛利斯傳輸公式得

$$\frac{P_r}{P_t} = G_r G_t \left(\frac{\lambda}{4\pi R} \right)^2 \tag{8-45}$$

8-5 天線陣列

與各別天線一樣用於發射 / 接收無線電波，天線陣列是一組天線的組合，藉由控制各自的電流和相位關係，提高在所設計方向的信號，進而增強(相對單一天線)其整體的指向性與增益。整體陣列因彼此間的固定結構、電流比率和相位關係，行爲上有如單一個體。

陣列雖在結構上是固定的，然可藉由電子控制電流間的關係調整天線的方向性，無須實際上操作實體移動。可調整轉向的天線陣列，有時被稱為定向陣列。

天線陣列具高指向性、窄波束、低側波瓣、可控制波束與天線輻射模式的形狀，在各方面均具靈活性。天線陣列組成元素有偶極、狹縫、喇叭天線或拋物面天線，結構上有一維及二維共平面網格結構，可藉由使用電子式控制固態相位移位器，以電子方式控制相對的相位達到控制波束方向的目的。

重要公式

1. 短偶極功率密度函數：$S(R,\theta,\phi)=\frac{1}{2}\left(\frac{\eta_0\kappa I_0\ell}{4\pi R}\right)^2\sin^2\theta$

2. 短偶極正規化輻射強度：$F(R,\theta)=\frac{S(R,\theta,\phi)}{S_{max}}$

3. 短偶極功率密度函數極大值：$S_{max}=S_0=\frac{\eta_0}{2}\left(\frac{\kappa I_0\ell}{4\pi R}\right)^2=\frac{15\pi I_0^2}{R^2}\left(\frac{\ell}{\lambda}\right)^2$

4. 天線總輻射功率：$P_{rad}=R^2S_{max}\int_{4\pi}\int F(\theta,\phi)d\Omega$

5. 天線的輻射模式立體角：$\Omega_p=\int_{4\pi}\int F(\theta,\phi)d\Omega$

6. 天線的指向性：$D=\frac{F_{max}}{F_{av}}=\frac{1}{\frac{1}{4\pi}\int_{4\pi}\int F(\theta,\phi)d\Omega}=\frac{4\pi}{\Omega_p}$

7. 理想的等向性天線的指向性：$D_{iso}=1$

8. 天線增益：$G=E_{ff}\frac{4\pi}{\lambda^2}A_e$

9. 天線的有效面積：$A_e=\frac{3\lambda^2}{8\pi}$

10. 天線增益與天線效率、指向性之關係：$G=E_{ff}\cdot D$

11. 天線指向性與輻射功率密度的關係：$D=\frac{4\pi R^2S_{max}}{P_{rad}}=\frac{S_{max}}{S_{av}}$

12. 平均功率密度與總輻射功率的關係：$S_{av}=\frac{P_{rad}}{4\pi R^2}$

13. 天線的增益與總功率的關係：$G = \dfrac{4\pi R^2 S_{max}}{P_t}$

14. 總功率爲輻射功率與損耗功率的和：$P_t = \dfrac{1}{2} I_0^2 R_{in} = R_{rad} + P_{loss}$

15. 半波長偶極天線平均功率密度的最大值：$S_0 = S_{max} = \dfrac{15 I_0^2}{\pi R^2}$

16. 半波長偶極天線正規化輻射強度：$F(\theta) = \dfrac{S(R,\theta)}{S_0} = \left[\dfrac{\cos\left(\dfrac{\pi}{2}\cos\theta\right)}{\sin\theta} \right]^2$

17. 半波長偶極天線的總輻射功率：

$$P_{rad} = \frac{15 I_0^2}{\pi} \int_0^{2\pi} \int_0^{\pi} \left[\frac{\cos\left(\frac{\pi}{2}\cos\theta\right)}{\sin\theta} \right]^2 \sin\theta d\theta d\phi = 36.6 I_0^2$$

18. 半波長偶極天線的指向性：$D = \dfrac{4\pi R^2 S_{max}}{P_{rad}} = 1.64 = 2.15\ \text{dB}$

19. 半波長偶極天線的輻射電阻：$R_{rad} = \dfrac{2 P_{rad}}{I_0^2}$

20. 半波長偶極天線的損耗電阻：$R_{loss} = \dfrac{\ell}{2\pi a} \sqrt{\dfrac{\pi f \mu_c}{\sigma_c}}$

21. 飛利斯(Friis)傳輸(功率轉換率)公式：$\dfrac{P_r}{P_t} = \dfrac{\xi_r \xi_t A_r A_t}{\lambda^2 R^2}$

22. 飛利斯傳輸公式：$\dfrac{P_r}{P_t} = G_r G_t \left(\dfrac{\lambda}{4\pi R} \right)^2$

習題

★表示難題。

8.1 已知距離發射天線 R 米處的接收天線之接收功率公式為 $P_{rec} = \frac{GP_tA_e}{4\pi R^2}$，其中 G 為增益、P_t 為發射功率、A_e 為有效面積，試解釋等向性天線的平均輻射功率、偶極天線的最大輻射功率以及輻射功率密度各為何。

8.2 已知兩效率 100 %、平行的赫茲偶極天線，相距 500 km，電磁波之頻率為 200 MHz。假設送進發射天線的功率為 1 kW，且接收器阻抗與天線阻抗匹配，求接收天線收到的功率。

8.3 已知天線的輻射強度為 $F(\theta,\phi) = \cos^2\theta$，求(a)最大輻射方向；(b)立體角；(c)指向性；(d) y-z 平面的半功率波束寬度。

8.4 已知赫茲偶極的輻射強度為 $F(\theta,\phi) = \sin^2\theta$，求其指向性。

8.5 一偶極天線長 4 cm 為中心饋入、操作頻率為 75 MHz、傳輸銅條半徑為 0.4 mm，計算該天線的輻射電阻與效率。

8.6 一中心饋入赫茲偶極的長度為 λ / 50、電流 I_0 = 20 A，計算該偶極在 1 km 遠處的最大輻射功率密度。

8.7 一米長的偶極上的電流 I_0 為 12 A、頻率為 1 MHz，計算該偶極在 5 km 外及 45°角處的平均輻射功率密度。

8.8 地表上一 100 米的拋物面天線設計量測 20 GHz 的外太空信號，如果將天線對準月球時，已知月球對地球的平面角度為 0.5°，計算該天線覆蓋月球橫截面的百分比。

★ 8.9 天線對 20 GHz 的信號具圓波束寬為 3°，計算(a)天線的指向性(dB)；若波束面積加倍，求(b)新的波束寬與(c)指向性；若頻率加倍，求(d)新的指向性與(e)波束寬。

8.10 半波長偶極電視天線傳輸 1 kW、50 MHz的信號。計算30 km外電視天線的接收功率。假設傳輸與接收天線增益分別為 2.15 及 3 dB。

8.11 一微波通信由兩個直徑 1 米的無損拋物面天線所組成，傳輸頻率為 3 GHz。假設距離 40 km 接收天線需至少 10 nW 的功率，計算傳輸功率。

8.12 半波長偶極天線傳輸 100 MHz 的信號，計算其有效面積。

★ 8.13 一米長 80 W 汽車天線，操作頻率為 1 MHz，若天線材質為鋁($\mu_r = 1$、$\sigma_c = 3.5 \times 10^7$ S/m)、直徑為 1 cm，計算其效率、增益、發射功率。

8.14 長 0.5 米的長偶極天線電流強度為 5 A，若操作頻率為 1 MHz 及 300 MHz，分別計算平均輻射功率。

8.15 一天線具 90%效率及指向性 D 為 7 dB，計算其增益。

★ 8.16 一 60 W 天線具 1.5 sr 立體角，計算 1 km 處的最大輻射功率密度。

★ 8.17 一中心饋入偶極天線長 2 m、操作頻率為 1 MHz、傳輸銅線直徑為 2 mm，計算該天線的(a)效率；(b)增益；(c)若天線的功率為 80 W 需多少電流強度；及(d)發射功率為何。

★ 8.18 承上題，如果操作頻率為 5 MHz、天線長度為 0.2 m。

8.19 承習題 8.17，如果操作頻率為 150 MHz、半波長偶極天線為 1 m。

chapter

9 傳輸線

臺灣家用電頻率與波長分別爲 60 Hz 與 5000 km；四頻手機頻率最高達 1900 MHz，對應的波長約 16 cm。這是電磁常識，但是高頻對電路設計則是一大挑戰。工程師常說，當頻率一高，問題就一大堆。本章的傳輸線理論，基本上就是精算波長的工作，設計高頻電路、微波工程時所必須具備的基本理論。傳輸線在低頻段應用，著重電壓與電流(實數訊號)的傳遞；高頻段時，則爲電壓波與電流波(複數訊號)，必須考慮相位、等效電容與電感效應等問題。

9-1 概論

傳輸線是電路原理與電磁原理間的橋梁。前者被簡化爲處理電壓與電流問題；後者則須考慮波的傳播，包括波反射、透射、駐波現象以及阻抗的匹配。傳輸線包括平行線、同軸電纜、微帶線、光纖、波導管等媒介。瞭解波的傳播必須從波在傳輸線與電源端、負載端、元件、傳輸線間的電磁信號傳遞情況開始。例如使用傳統低頻傳輸線傳遞高頻電磁信號時，因爲高頻段的電容效應，電磁信號藉由該「電容路徑」回到發射器。雖傳輸線是獨立的兩平行導線，等效電容在高頻時則視爲導通。

9-1-1 傳輸線上的波長

參考圖 9.1 的雙埠電路圖，雙埠就是電源端與負載端，當中則由傳輸線連接。圖中所示，電源端的輸出電壓爲 $V_{SS'}$，而負載端的輸入電壓爲 $V_{TT'}$，對長度爲 ℓ、具有特性阻抗、通有電流 i 的傳輸線，其輸入與輸出電壓分別爲 $V_{SS'}$及 $V_{TT'}$，傳統(低頻)電路的觀點 $V_{SS'}$與 $V_{TT'}$可視爲相等。但是，在高頻電路中(電壓波與電流波的觀點)「$V_{SS'}$與 $V_{TT'}$ 會不會相等」的問題，或「傳輸線對電路的影響是否可以被忽略不計」的問題，就是「傳輸線的阻抗匹配」的問題。

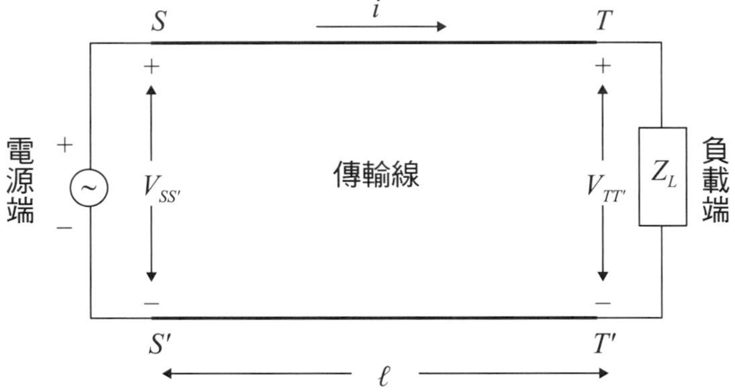

圖 9.1 雙埠電路圖

參考圖 9.2 的電磁波觀點，圖中假設傳輸線長爲 2 米，傳輸線上載有六種信號，波長分別爲 0.5(點線)、1(段線)、2(實線)、3(*)、10(△)、100(○)米。相較於 3 米與 10 米的信號，雖然波長 100 米的信號在兩端點的強度差異不大，但是相位(複數的幅角)是電磁信號的另一特徵，也具有相對的差異。反觀其他的三個不同波長的信號，在右端點都無差異，或是同相位。因此，在高頻電路中，首先「要忽略傳輸線的效應時必須小心」；再來就是「傳輸線必須阻抗匹配，$V_{SS'}$與 $V_{TT'}$才會相等」。傳輸線與電源端、負載端間的阻抗匹配議題，關係到傳輸品質的優劣，因爲，如果阻抗不匹配的話，信號在連接點產生反射，降低傳輸品質，進而會干擾原信號。

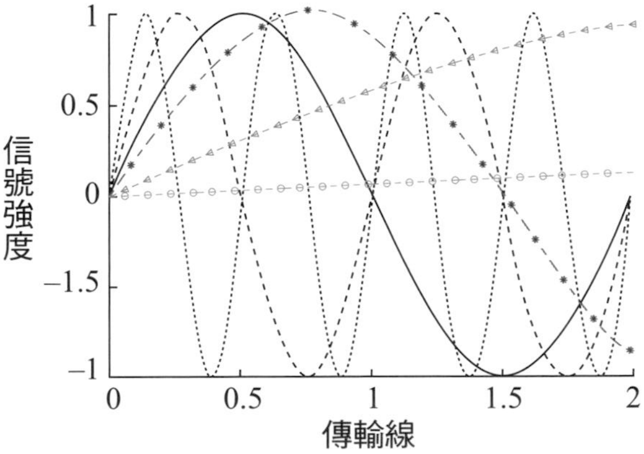

圖 9.2 傳輸線上的信號。

9-1-2 波長的角色

假設傳輸線的長度為 ℓ，信號的參數如下：頻率 f、角頻率 $\omega = 2\pi f$、相位速度 $u_p = c/\sqrt{\varepsilon_r}$ (光速 $c = 3 \times 10^8$ m/s、ε_r 為環境的介電常數)、波長 $\lambda = c/f$(設環境為空氣 $\varepsilon_r = 1$、$u_p = c$)、傳輸線兩端點的時間延遲 ℓ/c、SS' 端的電壓 $V_{SS'}$與 TT' 端的電壓 $V_{TT'}$分別為

$$V_{SS'}(t) = V_0 \cos(\omega t) \tag{9-1}$$

$$V_{TT'}(t) = V_{SS'}(t - \ell/c) = V_0 \cos[\omega(t - \ell/c)] = V_0 \cos(\omega t - \phi) \tag{9-2}$$

其中符號 ϕ 為相位差

$$\phi = \frac{\omega \ell}{c} = 2\pi \frac{\ell}{\lambda} \tag{9-3}$$

傳輸線的效應可被忽略的條件，一般以 $\ell/\lambda \sim 0.01$ 為界線；即 $\lambda > 100\ell$ 時，方可忽略；否則，在端點處信號有相位移(不同相 / 步)，並產生反射現象。

以頻率 $f = 10$ GHz 的信號為例，信號的波長 $\lambda = 3$ cm，在 1 cm 厚的半導體材料中或在儀器之間，毫米之距的效應顯著呈現，所以傳輸線的效應不得不計入。

9-2 傳輸線方程式與波的傳播

傳輸線的等效電路是電路觀點與電壓波及電流波觀點的「傳輸線」。圖 9.3 所載為傳輸線等效電路的示意圖，圖中所顯現一小段平行傳輸線 Δz 等效電路於一小電阻 $R'\Delta z$ 串聯一小電感 $L'\Delta z$，並聯一小電導 $G'\Delta z$ 及一小電容 $C'\Delta z$。注意等效電容的存在，傳輸線在低頻率時電路是不導通的；高頻率時電容是導通的。所以高頻信號直接經由電容回到發射源。利用克希荷夫電路定律得到以下方程式：

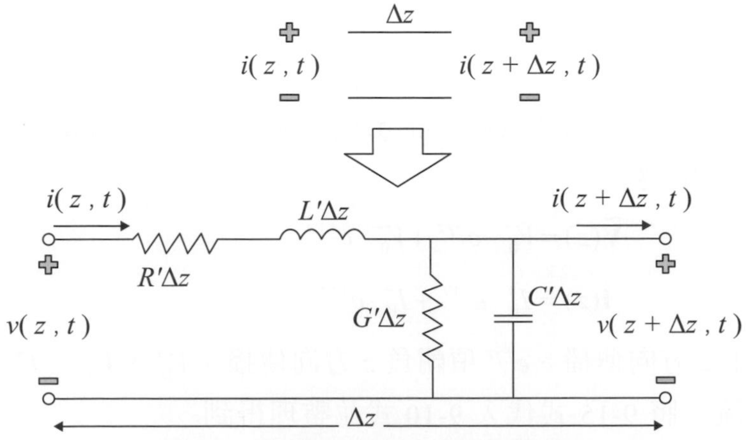

圖 9.3 傳輸線的等效電路示意圖。

$$v(z,t) - R'\Delta z \cdot i(z,t) - L'\Delta z \frac{\partial i(z,t)}{\partial t} - v(z+\Delta z, t) = 0 \tag{9-4}$$

$$i(z,t) - G'\Delta z \cdot v(z+\Delta z,t) - C'\Delta z \frac{\partial v(z+\Delta z,t)}{\partial t} - i(z+\Delta z, t) = 0 \tag{9-5}$$

整理得傳輸線方程式，或稱電報員(Telegrapher)方程式

$$\frac{\partial v(z,t)}{\partial z} + R' \cdot i(z,t) + L' \frac{\partial i(z,t)}{\partial t} = 0 \tag{9-6}$$

$$\frac{\partial i(z,t)}{\partial z} + G' \cdot v(z,t) + C' \frac{\partial v(z,t)}{\partial t} = 0 \tag{9-7}$$

穩定狀態下使用餘弦相量

$$v(z,t) = \Re e\{\widetilde{\mathbf{V}}(z)e^{j\omega t}\} \tag{9-8}$$

$$i(z,t) = \Re e\{\tilde{\mathbf{I}}(z)e^{j\omega t}\} \tag{9-9}$$

改寫傳輸線方程式為

$$\frac{d\widetilde{\mathbf{V}}(z)}{dz} + (R' + j\omega L')\tilde{\mathbf{I}}(z) = 0 \tag{9-10}$$

$$\frac{d\tilde{\mathbf{I}}(z)}{dz} + (G' + j\omega C')\widetilde{\mathbf{V}}(z) = 0 \tag{9-11}$$

合併得到如下的電壓波及電流波方程式

$$\frac{d^2\widetilde{\mathbf{V}}(z)}{dz^2} - \gamma^2\widetilde{\mathbf{V}}(z) = 0 \tag{9-12}$$

$$\frac{d^2\tilde{\mathbf{I}}(z)}{dz^2} - \gamma^2\tilde{\mathbf{I}}(z) = 0 \tag{9-13}$$

複數傳播常數定義為

$$\gamma^2 = (R' + j\omega L')(G' + j\omega C') = (\alpha + j\beta)^2 \tag{9-14}$$

其中 α 為衰減常數、β 為相位常數。從 9-12 式至 9-14 式解得電壓波與電流波(行進波)的方程式分別為

$$\widetilde{\mathbf{V}}(z) = V_0^+ \cdot e^{-\gamma z} + V_0^- \cdot e^{+\gamma z} \tag{9-15}$$

$$\tilde{\mathbf{I}}(z) = I_0^+ \cdot e^{-\gamma z} + I_0^- \cdot e^{+\gamma z} \tag{9-16}$$

其中 $e^{-\gamma z}$ 項朝正 z 方向傳播、$e^{+\gamma z}$ 項朝負 z 方向傳播；V_0^+、V_0^-、I_0^+、I_0^- 分別為對應的電壓與電流。將 9-15 式代入 9-10 式並整理得到

$$\tilde{\mathbf{I}}(z) = \frac{\gamma}{R' + j\omega L}(V_0^+ \cdot e^{-\gamma z} + V_0^- \cdot e^{+\gamma z}) = I_0^+ \cdot e^{-\gamma z} + I_0^- \cdot e^{+\gamma z} \tag{9-17}$$

其中傳輸線的特性阻抗定義為

$$Z_0 = \frac{V_0^+}{I_0^+} = \frac{V_0^-}{I_0^-} = \frac{R' + j\omega L'}{\gamma} = \sqrt{\frac{R' + j\omega L'}{G' + j\omega L'}} \tag{9-18}$$

從 9-8 式得到傳輸線上的瞬時電壓為

$$v(z,t) = |V_0^+| e^{-\alpha z}\cos(wt - \beta z + \phi^+) + |V_0^-| e^{+\alpha z}\cos(\omega t + \beta z + \phi^-) \tag{9-19}$$

其中 ϕ^+ 與 ϕ^- 分別為 V_0^+ 與 V_0^- 的相位。式中的相位項對時間 t 微分得到相位速度

$$u_p = f \cdot \lambda = \frac{\omega}{\beta} \tag{9-20}$$

例題 9.1

空氣中兩金屬導體，設 $R' \approx 0$、特性阻抗為 50 Ω 及相位常數在 700 MHz 時為 20 rad/m，求 L'與 C'。

解　因 $G' = 0(\sigma = 0)$ 且 $R' \approx 0$，由9-14式得

$$\gamma = \sqrt{(j\omega L')(j\omega C')} = j\omega\sqrt{L'C'} = j\beta$$

已知 $\beta = 20$ rad/m，$f = 700$ MHz，且由9-18式得 $Z_0 = \sqrt{\frac{L'}{C'}} = 50\ \Omega$，

解得 $C' = \frac{\beta}{wZ_0} = \frac{20}{(2\pi \times 700 \times 10^6)(50)} = 9.1 \times 10^{-11}(\text{F}) = 91$ pF，

利用9-18式得 $L' = Z_0^2 C' = (50)^2(9.1 \times 10^{-11}) = 2.27 \times 10^{-7}$ (H) = 227 nH。

9-3 無損失傳輸線

由 9-14 式得知傳輸線的特性傳播常數 γ 與特性阻抗 Z_0 均為傳輸線參數(R'，L'，G'，C')及頻率 ω 的函數。所謂的「無損失」是指無歐姆損耗(電阻損失)，即 $R' = 0$、$G' = 0$，根據 9-14 式與 9-18 式，$\alpha = 0$、$\beta = \omega\sqrt{L'C'}$、$Z_0 = \sqrt{\frac{L'}{C'}}$，而且傳輸線上的波長與相位速度分別為

$$\lambda = \frac{2\pi}{\beta} = \frac{2\pi}{\omega\sqrt{L'C'}} \tag{9-21}$$

$$u_p = \frac{\omega}{\beta} = \frac{1}{\sqrt{L'C'}} \tag{9-22}$$

在非磁性電介質($\varepsilon = \varepsilon_r\varepsilon_0$、$\mu = \mu_0$)中的傳播常數 $\beta = \omega\sqrt{u_0\varepsilon_0\varepsilon_r} = \frac{\omega}{c}\sqrt{\varepsilon_r}$、相速 $u_p = \frac{c}{\sqrt{\varepsilon_r}}$、波長 $\lambda = \frac{\lambda_0}{\sqrt{\varepsilon_r}}$，其中眞空中的光速與波長分別爲 $c = \frac{1}{\sqrt{u_0\varepsilon_0}}$ 與 $\lambda_0 = \frac{c}{f}$。

9-3-1 電壓與電流的反射係數

無損失傳輸線的電壓相量與電流相量分別爲

$$\widetilde{\mathbf{V}}(z) = V_0^+ e^{-j\beta z} + V_0^- e^{+j\beta z} \tag{9-23}$$

$$\tilde{\mathbf{I}}(z) = \frac{V_0^+}{Z_0} e^{-j\beta z} - \frac{V_0^-}{Z_0} e^{+j\beta z} \tag{9-24}$$

參考圖 9.4，Z_0 爲傳輸線的特性阻抗，在 $z = 0$ 端傳輸線的輸出電壓與電流，即負載的輸入電壓與電流分別爲 $\widetilde{\mathbf{V}}_L = \widetilde{\mathbf{V}}(z=0) = V_0^+ + V_0^-$ 與 $\tilde{\mathbf{I}}_L = \tilde{\mathbf{I}}(z=0) = \frac{V_0^+}{Z_0} - \frac{V_0^-}{Z_0}$。定義負載的阻抗爲 $Z_L = \frac{\widetilde{\mathbf{V}}_L}{\tilde{\mathbf{I}}_L} = \left[\frac{V_0^+ + V_0^-}{V_0^+ - V_0^-}\right] Z_0$ 與反射係數爲正向電壓 V_0^+ 與反向電壓 V_0^- 比

$$\Gamma = \frac{V_0^-}{V_0^+} = \frac{Z_L - Z_0}{Z_L + Z_0} = \frac{z_L - 1}{z_L + 1} \tag{9-25}$$

其中 $z_L = Z_L / Z_0$ 爲歸一化負載阻抗。若以電流比表示的反射係數則爲

$$\Gamma = -\frac{I_0^-}{I_0^+} \tag{9-26}$$

依 9-25 式分別改寫 9-23 式與 9-24 式如下：

$$\widetilde{\mathbf{V}}(z) = V_0^+ (e^{-j\beta z} + \Gamma \cdot e^{+j\beta z}) \tag{9-27}$$

$$\tilde{\mathbf{I}}(z) = \frac{V_0^+}{Z_0} (e^{-j\beta z} - \Gamma \cdot e^{+j\beta z}) \tag{9-28}$$

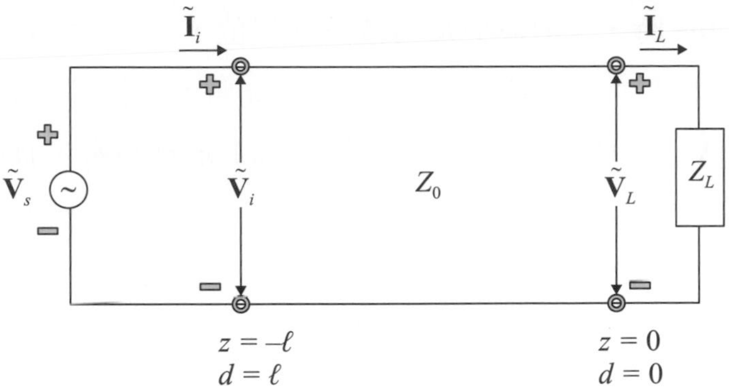

圖 9.4 無損失傳輸線的電壓與電流。

例題 9.2

已知傳輸線的特性阻抗 $Z_0 = 100\ \Omega$、負載為 $R_L = 50\ \Omega$、$C_L = 10$ pF 串聯，信號的頻率為 100 MHz，求 Γ。

解 $\omega = 2\pi\times 10^8$ rad/s，$Z_L = R_L + (j\omega C_L)^{-1} = 50 - j(159)\ \Omega$、$z_L = 0.5 - j(1.59)$，

由9-25式得 $\Gamma = \dfrac{(0.5-j1.59)-1}{(0.5-j1.59)+1} = \dfrac{-1.67\angle 72.54^\circ}{2.19\angle -46.67^\circ} = -0.76\angle 119.21^\circ$；

或 $\Gamma = |\Gamma|\cdot e^{j\theta_r}$，利用 $e^{-j\pi}=-1$，$|\Gamma| = 0.76$，$\theta_r = -60.79^\circ$。

就負載的三個特殊情況討論如下：(1)當負載匹配 $Z_0 = Z_L$ 時，$V_0^- = 0$、$\Gamma = 0$；(2)負載是開電路 $Z_L = \infty$、$\Gamma = 1$、$V_0^+ = V_0^-$；(3)負載是短路 $Z_L = 0$、$\Gamma = -1$、$V_0^+ = -V_0^-$。

9-3-2 駐波

當傳輸線的阻抗不匹配時，就產生反射波；又當反射波與入射波互相重疊時，即產生駐波。因此，合併 9-23 與 9-25 兩式並整理得

$$|\widetilde{\mathbf{V}}(z)| = |V_0^+|\sqrt{1+|\Gamma|^2+2|\Gamma|\cos(2\beta z+\theta_r)}$$

並在 $z=-d$ 處得

$$|\widetilde{\mathbf{V}}(z=-d)| = |V_0^+|\sqrt{1+|\Gamma|^2+2|\Gamma|\cos(2\beta d-\theta_r)}$$

當 $2\beta d_{max} - \theta r = 2n\pi$ 時，入射波與反射波爲同相位，$|\widetilde{\mathbf{V}}(z)|$爲最大值 $|\widetilde{\mathbf{V}}|_{max} = (1 + |\Gamma|)\ |V_0^+|$；當 $2\beta d_{min} - \theta_r = (2n + 1)\pi$ 時，入射波與反射波爲反相位，$|\widetilde{\mathbf{V}}(z)|$爲最小值$|\widetilde{\mathbf{V}}|_{min} = (1-|\Gamma|)|V_0^+|$。兩情況中的 n 爲整數，且駐波的重複周期爲入射波波長的一半。

定義駐波比如下：

$$S = \frac{|\widetilde{\mathbf{V}}|_{max}}{|\widetilde{\mathbf{V}}|_{min}} = \frac{1+|\Gamma|}{1-|\Gamma|} \tag{9-29}$$

當負載匹配時，$\Gamma = 0$ 且 $S = 1$；負載是開路、短路、純電阻時，$\Gamma = 1$ 且 $S = \infty$。因此，設計或選擇電子電路時，駐波比越低越好。匹配時，$S = 1$，電力傳輸效率 100%。駐波比越高的設備，電力傳輸效率越低。

例題 9.3

討論無損失傳輸線與純電抗負載的反射係數與駐波比。

解　已知$R_L = 0$且$Z_L = j \cdot X_L$，

依定義9-25式得 $\Gamma = \dfrac{Z_L - Z_0}{Z_L + Z_0} = \dfrac{j \cdot X_L - Z_0}{j \cdot X_L + Z_0}$，

令 $G = \sqrt{Z_0^2 + X_L^2}$ 且 $\theta = \tan^{-1}\left(\dfrac{X_L}{Z_0}\right)$，

代回得 $\Gamma = \dfrac{-G \cdot e^{-j\theta}}{G \cdot e^{+j\theta}} = -e^{-j2\theta}$

$|\Gamma| = 1$。依9-29式得$S = \infty$。

例題 9.4

討論無損失傳輸線與負載 $Z_L = 100 + j\ 50\ \Omega$ 的反射係數與駐波比。

解　設$Z_0 = 50\ \Omega$，依定義歸一化負載阻抗$z_L = 2 + j$，

由9-25式得 $\Gamma = \dfrac{1+j}{3+j} = \dfrac{\sqrt{2} \cdot e^{j(45°)}}{\sqrt{10} \cdot e^{j(18.43°)}} = 0.4 + j0.2$，

$\Gamma = 0.45 \cdot e^{j(26.57°)}$，

$|\Gamma| = 0.45$。依9-29式得 $S = \dfrac{1+0.45}{1-0.45} = 2.64$。

例題 9.5

已知 $Z_0 = 50\ \Omega$ 無損失傳輸線上的兩相鄰電壓最小值距 30 cm、第一個電壓最小值距負載 12 cm、駐波比為 3，求負載 Z_L。

解 依定義波長 $\lambda = 2 \times 30 = 60$ cm，$\beta = \frac{2\pi}{0.6} = \frac{10}{3}\pi$，

在第一個最小值處 $d_{min} = 12$ cm

由 $2\beta d_{min} - \theta_r = \pi$ 得 $\theta_r = 2\frac{10\pi}{3}(0.12) - \pi = -0.2\pi$

由 $S = \frac{1+|\Gamma|}{1-|\Gamma|} = 3$ 得 $|\Gamma| = 0.5$，$\Gamma = 0.5 \cdot e^{-j0.2\pi} = 0.4045 - j\,0.2939$，

依9-25式整理得

$$Z_L = Z_0\frac{1+\Gamma}{1-\Gamma} = (50)\frac{1+(0.4045-j0.2939)}{1-(0.4045-j0.2939)} = 85 - j67\Omega$$

例題 9.6

試將 d_{max} 與 d_{min} 以波長 λ 表示。

解 將 $\beta = \frac{2\pi}{\lambda}$ 代入 $2\beta d_{max} - \theta_r = 2n\pi$ 得 $2\frac{2\pi}{\lambda}d_{max} - \theta_r = 2n\pi$，整理得

$d_{max} = \frac{2n\pi + \theta_r}{4\pi}\lambda$，相鄰兩最大值隔半波長。

從 $2\beta d_{min} - \theta_r = (2n+1)\pi$ 得 $2\frac{2\pi}{\lambda}d_{min} - \theta_r = (2n+1)\pi$，整理得

$d_{min} = \frac{(2n+1)\pi + \theta_r}{4\pi}\lambda$，相鄰兩最小值也相隔半波長。

9-4 無損失導線的波阻抗

導線上的波阻抗為電壓與電流比，如圖 9.5 所示，$Z(d)$ 定義為 $z = -d$ 處的波阻抗，就是從電源端「看進負載的阻抗」，並可取代 BB' 端的阻抗，藉由 9-23 式至 9-25 式得到

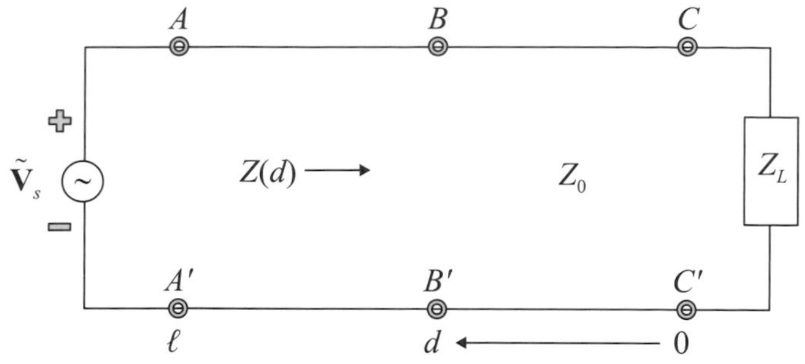

圖 9.5 導線上的波阻抗。

$$Z(d)=\frac{\widetilde{\mathbf{V}}(d)}{\tilde{\mathbf{I}}(d)}=Z_0\frac{1+\Gamma\cdot e^{-j2\beta d}}{1-\Gamma\cdot e^{-j2\beta d}}=Z_0\frac{1+|\Gamma_d|}{1-|\Gamma_d|} \tag{9-30}$$

其中 $\Gamma_d = |\Gamma| \cdot e^{j(\theta_r-2\beta d)}$ 爲相位移的電壓反射係數。據此，定義輸入阻抗 Z_{in} 爲 AA'端(導線的輸入端)的阻抗，或 $z=-\ell(d=\ell)$處的波阻抗，沿用 9-30 式得

$$Z_{in}=Z(\ell)=Z_0\frac{1+|\Gamma_\ell|}{1-|\Gamma_\ell|} \tag{9-31}$$

其中 $\Gamma_\ell = |\Gamma| \cdot e^{j(\theta_r-2\beta\ell)}$，整理得

$$Z_{in}=Z_0\left(\frac{z_L+j\cdot\tan(\beta\ell)}{1+j\cdot z_L\tan(\beta\ell)}\right) \tag{9-32}$$

電源端(具內電阻 Z_s)的輸入端($z=-\ell$)的輸入電壓即爲

$$\widetilde{\mathbf{V}}_{in}=\widetilde{\mathbf{V}}(z=-\ell)=V_0^+(e^{j\beta\ell}+\Gamma e^{-j\beta\ell}) \tag{9-33}$$

$$V_0^+=Z_{in}\cdot\left(\frac{\widetilde{\mathbf{V}}_s}{Z_s+Z_{in}}\right)\cdot\left(\frac{1}{e^{j\beta\ell}+\Gamma e^{-j\beta\ell}}\right) \tag{9-34}$$

9-34 式右側的中間項爲輸入電流 $\tilde{\mathbf{I}}_{in}$。

例題 9.7

參考圖 9.5。假設負載爲 $Z_L = 100 + j\,50\ \Omega$，操作頻率爲 1.05 GHz、相速爲 0.7 c，傳輸線具有 $Z_0 = 50\ \Omega$、長 27.5 cm，求 Z_{in}。

解　依定義 $\lambda=\dfrac{u_p}{f}=\dfrac{0.7\times(3\times10^8)}{1.05\times10^9}=0.2\ \text{m}$，

$\beta\ell=\dfrac{2\pi}{0.2}(0.275)=2.75\pi=0.75\pi\approx135^\circ$，

依9-25式 $\Gamma = \dfrac{Z_L - Z_0}{Z_L + Z_0} = \dfrac{(100+50j)-50}{(100+50j)+50} = 0.45\angle 26.6°$，代入9-30式得

$$Z_{in} = Z_0 \frac{1+\Gamma \cdot e^{-j2\beta d}}{1-\Gamma \cdot e^{-j2\beta d}} = (50)\frac{1+0.45 \cdot e^{j26.6°} \cdot e^{-j2(135°)}}{1-0.45 \cdot e^{j26.6°} \cdot e^{-j2(135°)}}$$

$= 24.84 + j\,25.06\ \Omega$。

9-4-1 短路導線的波阻抗

所謂的短路導線就是指負載 $Z_L = 0$，同時 $\Gamma = -1$。根據 9-27 與 9-28 兩式在 $z = -d$ 處的電壓、電流與阻抗分別爲

$$\widetilde{\mathbf{V}}_{sc}(d) = V_0^+(e^{+j\beta d} - e^{-j\beta d}) = 2jV_0^+ \sin(\beta d) \tag{9-35}$$

$$\tilde{\mathbf{I}}_{sc} = \frac{V_0^+}{Z_0}(e^{+j\beta d} + e^{-j\beta d}) = 2\frac{V_0^+}{Z_0}\cos(\beta d) \tag{9-36}$$

$$Z_{sc}(d) = j \cdot Z_0 \tan(\beta d) \tag{9-37}$$

可以看出無損失短路導線的阻抗爲純電抗。圖 9.6 爲短路導線的阻抗 9-37 式對 $(j \cdot Z_0)$歸一化的函數圖形。如圖 9.6 所示，短路導線的電容性$[\tan(\beta d) < 0]$與電感性$[\tan(\beta d) > 0]$在每四分之一波長交替；在半波長處爲零，在四分之一波長處趨於無限大。從 9-35 與 9-36 兩式算出在短路(負載)端，$\widetilde{\mathbf{V}}_{sc}(0) = 0$ 且 $\tilde{\mathbf{I}}_{sc}(0)$ 爲最大值，及輸入端$(z = \ell)$的輸入阻抗 $Z_{in}^{sc} = jZ_0 \tan(\beta\ell)$。對應的等效電感與等效電容分別爲

$$j\omega L_{eq} = j \cdot Z_0 \tan(\beta\ell) \rightarrow L_{eq} = \frac{Z_0 \tan(\beta\ell)}{\omega} \tag{9-38}$$

$$\frac{1}{j\omega C_{eq}} = j \cdot Z_0 \tan(\beta\ell) \rightarrow C_{eq} = \frac{-1}{Z_0 \omega \tan(\beta\ell)} \tag{9-39}$$

從上兩式得知，可以利用並藉由調整短路導線長度「製造」電感與電容

$$\ell_L = \frac{1}{\beta}\tan^{-1}\left(\frac{\omega L_{eq}}{Z_0}\right) \tag{9-40}$$

$$\ell_C = \frac{1}{\beta}\left[\pi - \tan^{-1}\left(\frac{1}{Z_0 \omega C_{eq}}\right)\right] \tag{9-41}$$

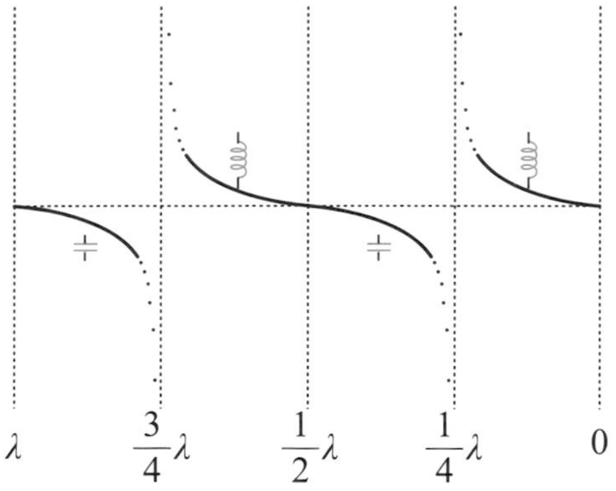

圖 9.6 短路導線的阻抗函數圖。

例題 9.8

假設操作頻率為 2.4 GHz、相速為 0.8 c，利用短路導線 $Z_0 = 50\ \Omega$ 製造小電容 4.5 pF，求導線長度。

解　依定義 $\lambda = \dfrac{u_p}{f} = \dfrac{0.8\times(3\times10^8)}{2.4\times10^9} = 0.1\ \text{m}$，$\beta = \dfrac{2\pi}{0.1} = 20\pi$，

依9-40式 $\ell_C = \dfrac{1}{20\pi}\left\{\pi - \tan^{-1}\left[\dfrac{1}{(50)(2\pi\times2.4\times10^9)(4.5\times10^{-12})}\right]\right\} = 4.54\ \text{cm}$，

這類短路導線長度的通式為 $\ell_C = 4.54 + \dfrac{n}{2}\lambda$ cm或4.54 + 5n cm。

9-4-2 開路導線的波阻抗

開路就是兩平行但不接負載的導線，即 $Z_L = \infty$，且 $\Gamma = 1$。根據 9-27 與 9-28 兩式，在 $z = -d$ 處的電壓、電流與阻抗分別為

$$\widetilde{\mathbf{V}}_{oc}(d) = V_0^+(e^{+j\beta d} + e^{-j\beta d}) = 2V_0^+\cos(\beta d) \tag{9-42}$$

$$\tilde{\mathbf{I}}_{sc}(d) = \frac{V_0^+}{Z_0}(e^{+j\beta d} - e^{-j\beta d}) = 2j\frac{V_0^+}{Z_0}\sin(\beta d) \tag{9-43}$$

$$Z_{oc}(d) = -j \cdot Z_0\cot(\beta d) \tag{9-44}$$

無損失開路導線的阻抗也是純電抗，其歸一化的函數圖如圖 9.7 所示。開路導線的電容性[$\tan(\beta d) < 0$]與電感性[$\tan(\beta d) > 0$]，在每四分之一波長交替，但在半波長處趨於無限大，在四分之一波長處為零。在開路(負載)端，$\widetilde{\mathbf{V}}_{oc}(0)$ 為最大

值且 $\tilde{\mathbf{I}}_{oc}(0)=0$，輸入端($z=\ell$)的輸入阻抗 $Z_{in}^{oc}=-jZ_0\cos(\beta\ell)$。開路導線也可以被利用「製造」小電感與小電容。

短路導線以及開路導線都可利用以「製造」小電感與小電容，而且比實際製造電感或電容還簡易，並廣泛被應用於設計微波電路、快速積體電路及電路板上短路的微帶線。進一步應用可測量得到傳輸線的特性阻抗 Z_0 值，透過 9-37 式與 9-44 式得到

$$Z_0=\sqrt{Z_{in}^{sc}Z_{in}^{oc}} \quad (9\text{-}45)$$

$$\tan(\beta\ell)=\sqrt{\frac{-Z_{in}^{sc}}{Z_{in}^{oc}}} \quad (9\text{-}46)$$

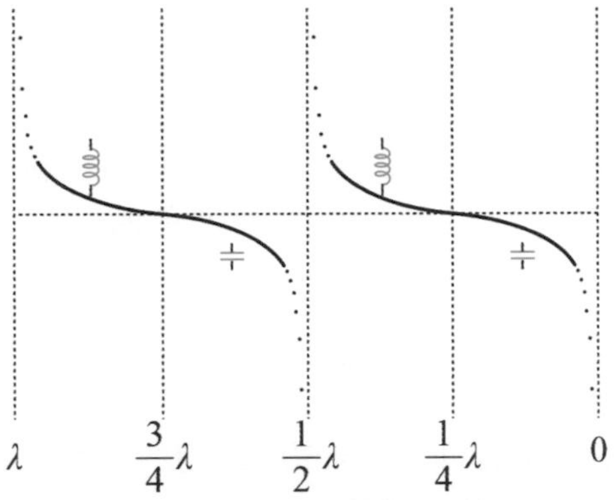

圖 9.7 開路導線的阻抗函數圖。

特殊情況有：

(1)當傳輸線的長度爲半波長的整數倍時，9-46 式爲零，代入 9-32 式得

$$Z_{in}=Z_L(\text{半波長傳輸線}) \quad 9\text{-}47)$$

(2)當傳輸線的長度爲四分之一波長的奇數倍時，代入 9-32 式得

$$Z_{in}=\frac{Z_0^2}{Z_L}(\text{四分之一波長轉換器}) \quad (9\text{-}48)$$

四分之一波長轉換器的作用爲可消除供給線的反射。

例題 9.9

如圖例 9.9 所示，求四分之一波長轉換器導線的 Z_{02}。

解 依9-48式，$Z_{01} = Z_{in} = 50\ \Omega$、$Z_L = 100\ \Omega$、$Z_{01} = Z_0$，

代入得 $Z_{02} = \sqrt{Z_{01}Z_L} = \sqrt{(50)(100)} \approx 70.7\Omega$。

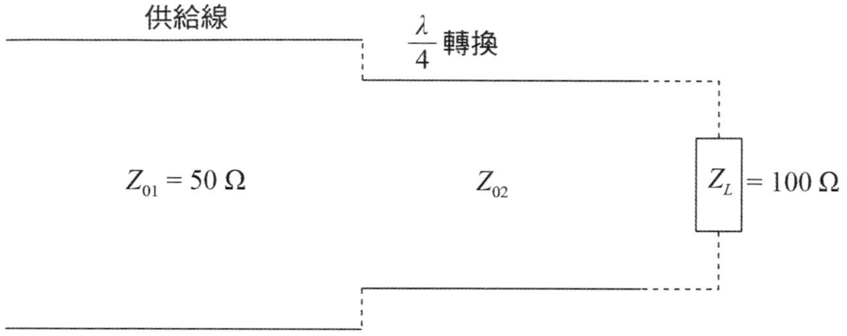

圖例 9.9

9-4-3 匹配傳輸線

所謂匹配的無損失傳輸線是指 $Z_L = Z_0$，同時(1)全線滿足 $Z_{in} = Z_0$；(2) $\Gamma = 0$；(3)不論 ℓ 的長度，所有的入射功率全部傳送到負載。

例題 9.10

假設操作頻率為 50 MHz 與 $Z_0 = 50\ \Omega$，於絕緣材質 $\varepsilon_r = 2.25$ 中，求等效於 10 pF 電容的開路導線長度。

解 依題意 $\lambda = \dfrac{u_p}{f} = \dfrac{(3\times10^8)/\sqrt{2.25}}{50\times10^6} = 4\text{ m}$，$\beta = \dfrac{2\pi}{4} = 0.5\pi$，$\omega = 2\pi \times 50 \times 10^6$。

依9-44式 $\dfrac{1}{j\omega C_{eq}} = -j \cdot Z_0 \cot(\beta d)$，得

$$d = \frac{1}{\beta}\cot^{-1}\left[\frac{1}{Z_0 \cdot \omega \cdot C_{eq}}\right] = 9.92\text{ cm}。$$

例題 9.11

假設操作頻率為 50 MHz，300 Ω 供給線連接 3 m 長 150 Ω 的導線，負載為 150 Ω，求(a) 3 m 長導線的 Z_{in}；(b)供給線的駐波比；(c)供給線與導線間的四分之一波長轉換器阻抗使其 $S = 1$。

解　參考圖例9.9，依題意$\lambda = \dfrac{c}{f} = \dfrac{3\times 10^8}{50\times 10^6} = 6$ m。

(a) 3 m 長導線恰好是半波長，所以$Z_{in} = Z_L = 150\ \Omega$

(b) 在供給線與導線端$Z_0 = 300\ \Omega$與$Z_L = 150\ \Omega$，

依9-25式得$\Gamma = \dfrac{Z_L - Z_0}{Z_L + Z_0} = \dfrac{150-300}{150+300} = -\dfrac{1}{3}$，依9-29式得$S = \dfrac{1+|\Gamma|}{1-|\Gamma|} = 2$

(c) $Z_{in} = 300\ \Omega$、$Z_L = 150\ \Omega$，依9-48式得

$$Z_0 = \sqrt{Z_{in}Z_L} = \sqrt{(300)(150)} \approx 212.32\ \Omega$$

9-5 無損失傳輸線上的功率流

定義距離負載 d 處的瞬時功率爲該處瞬時電壓與瞬時電流的乘積

$$P(d,\ t) = \frac{|V_0^+|^2}{Z_0}[\cos^2(\omega t + \beta d + \phi^+) - |\Gamma|^2 \cos^2(\omega t - \beta d + \phi^+ + \theta_r)] \tag{9-49}$$

其中第一項爲瞬時入射的功率 $P^i(d,\ t)$，第二爲瞬時反射的功率 $P^r(d,\ t)$；時間平均入射功率 P_{av}^i 、反射功率 P_{av}^r ，及流向負載的淨平均功率 P_{av} 分別爲

$$P_{av}^i = \frac{|V_0^+|^2}{2Z_0} \tag{9-50}$$

$$P_{av}^r = -|\Gamma|^2 \frac{|V_0^+|^2}{2Z_0} \tag{9-51}$$

$$P_{av} = P_{av}^i + P_{av}^r = \frac{|V_0^+|^2}{2Z_0}(1-|\Gamma|^2) \tag{9-52}$$

9-6 史密斯圖

史密斯(Smith)圖是學習、分析與設計傳輸線電路的圖解工具，其優點有(1)避免冗長厭煩的複數運算；(2)工程師可相對輕易地設計阻抗匹配電路；(3)負載的歸一化的電阻 r_L 與電抗 x_L 的值可藉由圖解估算；(4)同時可以得到電阻 r、電抗 x、電導 g 與電納 b 的值。首先，在 $\Gamma_r - \Gamma_i$ 平面整理 r_L 與 x_L 的參數方程式如下：

$$\left(\Gamma_r - \frac{r_L}{1+r_L}\right)^2 + \Gamma_i^2 = \left(\frac{1}{1+r_L}\right)^2 \tag{9-53}$$

$$(\Gamma_r - 1)^2 + \left(\Gamma_i - \frac{1}{x_L}\right)^2 = \left(\frac{1}{x_L}\right)^2 \tag{9-54}$$

9-53 式構成一組不同 r_L、對稱橫軸的圓：特徵爲全部的圓都通過點$(\Gamma_r, \Gamma_i) = (1, 0)$；橫軸爲 r_L 軸，$r_L = 0$ 對應$|\Gamma| = 1$ 圓—最大的圓，r_L 值的範圍介於 0 與∞(r_L 軸最右端)之間，如圖 9.8 所示。9-54 式則爲兩組不同 x_L 的圓弧：橫軸對應 $x_L = 0$、上半圓對應 $0 < x_L < +\infty$、下半圓對應$-\infty < x_L < 0$，但兩者都只有部分的圓弧在$|\Gamma| = 1$ 內部。史密斯圖看似複雜但是資訊齊全完整。

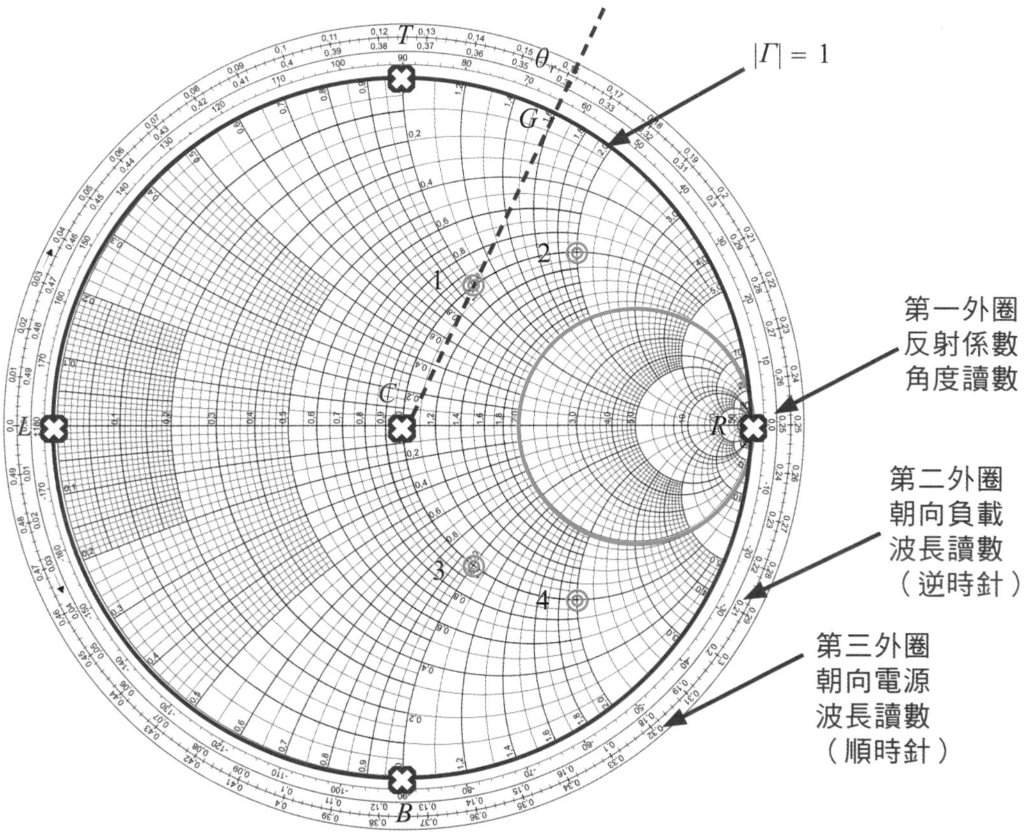

圖 9.8 史密斯圖。
KPhilipp Wdwd@wikimedia commons (CC BY-SA 3.0)

從$|\Gamma| = 1$圓往外有三圈讀數：第一外圈爲電壓反射係數角度讀數；第二外圈爲朝向負載的波長讀數(逆時針)；第三外圈爲朝向電源的波長讀數(順時針)。圖中的五個✖符號分別說明如下(↔代表對應)：(點 C)$\Gamma = 0 \leftrightarrow z = 1$(負載)；(點 L)$\Gamma = -1 \leftrightarrow z = 0$(短路)；(點 R)$\Gamma = 1 \leftrightarrow z = \infty$(開路)；(點 T)$\Gamma = j \leftrightarrow z = j$(電感)；(點 B)$\Gamma = -j \leftrightarrow z = -j$(電容)。

另外有四個◎符號：(點 1)$z = 1 + j \leftrightarrow |\Gamma| = 0.4472$、$\theta_r = 63.43°$($R$-$T$ 圓弧)；(點 2)$z = 1 + 2j \leftrightarrow |\Gamma| = 0.7071$、$\theta_r = 45°$；(點 3)$z = 1 - j \leftrightarrow |\Gamma| = 0.4472$、$\theta_r = -63.43°$($R$-$B$ 圓弧)；(點 4)$z = 1 - 2j \leftrightarrow |\Gamma| = 0.7071$、$\theta_r = -45°$。以點 1 爲例，$|\Gamma|$爲$\overline{C-1}$與$\overline{C-G}$線段長度比、$\theta_r$爲$\overline{C-1-G}$延伸至第一外圈的讀數。

注意 點 1、2、3、4、C 及 R 共在 $r = 1$ 圓上；點 1、2 與 $r = 1$ 圓的圓弧讀數分別為 j 及 $2j$；點 3、4 的圓弧讀數則為$-j$ 及$-2j$。參考 9-29 式，$|\Gamma|$圓與橫軸的交點即是駐波比(SWR)值；右側交點為最大駐波比，其讀數即為橫軸 r 的讀數；左側交點為最小駐波比值(9-7 節介紹)。【註】有些史密斯圖附有電壓透射係數角度讀數。

例題 9.12

利用圖 9.8 計算並驗證 $z_L = 2 + 2j$ 與 $z_L = 2 - j$ 的讀數與位置。

解 依題意，在C點的右側，順著讀數即可找到$r_L = 2$的圓。

$x_L = 2j$在R-2圓弧上，$r_L = 2$圓與R-2圓弧的交點即爲$z_L = 2 + 2j$，

$|\Gamma| = 0.6202$，$\theta_r = 29.74°$。

$x_L = -j$在R-B圓弧上，$r_L = 2$圓與R-B圓弧的交點即爲$z_L = 2 - j$，

$|\Gamma| = 0.4472$，$\theta_r = -26.57°$。

歸一化並改寫 9-30 式，距負載 d ($z = -d$) 處「看進」負載端的波阻抗爲

$$z(d) = \frac{1+\Gamma_d}{1-\Gamma_d} \tag{9-55}$$

$$\Gamma_d = \Gamma \cdot e^{-j2\beta d} = |\Gamma| \cdot e^{j(\theta_r - 2\beta d)} \tag{9-56}$$

例題 9.13

利用史密斯圖計算距負載端 $d = 0.1\ \lambda$ 處的 $Z(d)$。假設傳輸線為無損失 $Z_0 = 50\ \Omega$ 及負載 $Z_L = (100 - j50)\ \Omega$。

解　參考圖例9.13，依題意，(1) $z_L = 2 - j$，即 $r_L = 2$圓與$x_L = -j$弧的交點z，是負載端$d = 0$；(2)以C為圓心、$\overline{C-z}$為半徑，畫$|\Gamma| = 0.4472$圓；(3)延伸C - z直線得到第三外圈朝向電源的波長讀數為$0.287\ \lambda$；(4)順時針方向(朝向電源)在讀數為$0.287\lambda + 0.1\lambda$處($d$點)，得$C$ - d線；(5) C - d線與$|\Gamma| = 0.4472$圓的交點即為$z(d)$；(6)在距$z(d = 0)0.1\lambda$處的讀數分別為$r(d) = 0.6$、$x(d) = -0.66$，即$z(d) = 0.6 - j0.66$；(7) $Z(d) = Z_0 \cdot z(d) = (30 - j33)\ \Omega$。

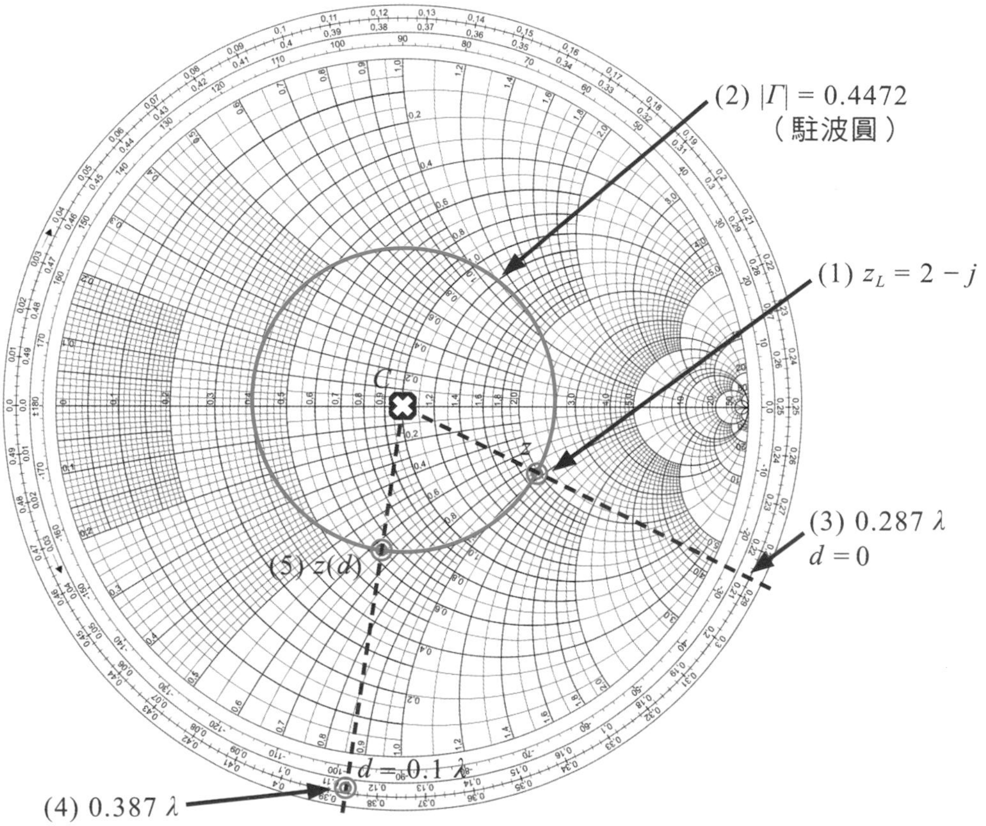

圖例 9.13
KPhilipp Wdwd@wikimedia commons (CC BY-SA 3.0)

例題 9.14

承例題 9.13，利用 9-55 式與 9-56 式計算距負載端 $d = 0.1\,\lambda$ 處的 $Z(d)$。假設傳輸線爲無損失 $Z_0 = 50\ \Omega$、負載 $Z_L = (100 - j50)\ \Omega$。

解　$z_L = 2 - j$，依9-25式得$\Gamma = \dfrac{2-j-1}{2-j+1} = \dfrac{1-j}{3-j}$、$|\Gamma| = 0.4472$、$\theta_r = -26.57°$。

在$d = 0.1\,\lambda$處$\beta d = 0.2\,\pi$、$\theta_r - 2\beta d = -98.57°$，代入9-55式得

$\Gamma_d = 0.4472 \cdot e^{-j98.57°} = -0.0666 - j0.4422$，$z(d) = \dfrac{1+\Gamma_d}{1-\Gamma_d} = 0.6 - j\,0.66$，

$Z(d) = Z_0 \cdot z(d) = (30 - j33)\ \Omega$。

結論　利用方程式與史密斯圖計算的結果一致。

如果傳輸線的長度爲 ℓ，則其輸入阻抗爲 $Z_{in} = Z_0 \cdot z(\ell)$。做法上是(1)定位 z_L；(2)畫$|\Gamma|$圓；(3)取得負載的θ_r及 λ_0，即爲負載端 $z = 0$ 的對應讀數；(4)順時針方向在第三外圈 $\lambda_0 + \ell$ 處，即爲輸入端 $z = -\ell$；(5)與史密斯圖中心點連線，並與$|\Gamma|$圓交於一點，即爲輸入阻抗 z_{in}，分別讀取 r_{in}(圓)與 x_{in}(弧)，$Z_{in} = Z_0(r_{in} + jx_{in})$。

9-7 駐波圓、電壓最大值與電壓最小值

利用史密斯圖的駐波(SWR)圓可以不經運算，直接讀取電壓最大值(P_{max})與電壓最小值(P_{min})，以及其在傳輸線上發生處，即可決定與負載端間波長數(距離)d_{max}與 d_{min}。定義電壓駐波比 P_{max}與 P_{min}發生在史密斯圖的橫軸與$|\Gamma|$圓交點上，P_{max}的讀數也是駐波比 S 值。參考圖 9.9，A 點爲 $z_L = 1 + j$，B 點爲 $z_L = 2 - 2j$，分別對應駐波圓爲$|\Gamma| = 0.4472$ 與 0.6202，以及 z_L的波長讀數，分別爲 0.162λ 與 0.292λ；P_{max}發生在(右交點)波長讀數爲 0.25 λ，所以電壓最大值分別發生在距負載端(0.25 – 0.162) λ 與(0.25 + 0.5 – 0.292) λ 處；P_{min}發生在(左交點)波長讀數爲 0.5λ，故分別發生在距負載端(0.5 – 0.162) λ 與(0.5 – 0.292) λ 處；對應的 S 值爲分別 4.2 與 2.6；P_{min}值爲 0.24 與 0.38。

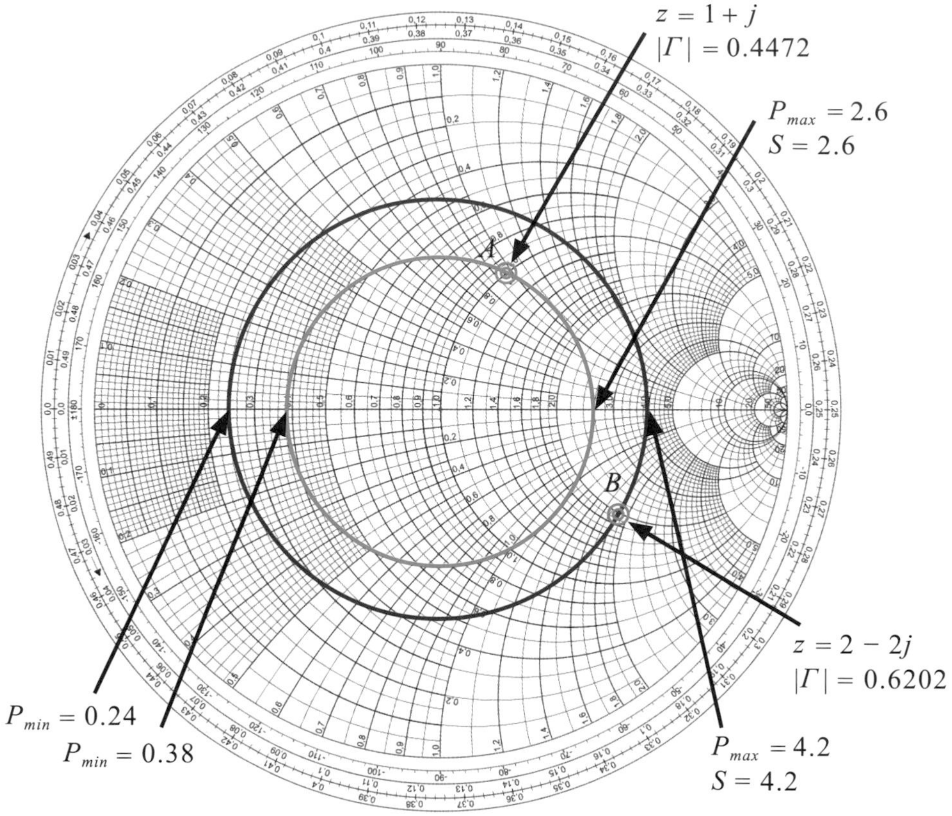

圖 9.9 史密斯圖、P_{max} 與 P_{min}。
KPhilipp Wdwd@wikimedia commons (CC BY-SA 3.0)

例題 9.15

假設負載 $Z_L = (100 + j\,50)\ \Omega$，利用史密斯圖計算 d_{max} 與 d_{min}。

解 因無特別說明，所以傳輸線爲無損失且$Z_0 = 50\ \Omega$。

據此$z_L = 2 + j$，依9-25式得$\Gamma = \dfrac{2 + j - 1}{2 + j + 1} = 0.4 + 0.2j$、$|\Gamma| = 0.4472$。

讀數$\theta_r = 26.57°$、$\lambda_0 = 0.213\,\lambda$；

$P_{Max} = S = 2.6$、$d_{max} = 0.25 - 0.213 = 0.037\,\lambda$；

$P_{min} = 0.38$、$d_{min} = 0.5 - 0.213 = 0.287\,\lambda$。

例題 9.16

假設 $Z_L = (100 + j\,50)\ \Omega$，利用史密斯圖 $Z(d)$，若 d 爲(a) 0.1；(b) 0.25；(c) = 0.4；(d) = 0.5；(e) = 0.6；(f) = 0.75；(g) = 0.9；(h) = 1 λ。

解 參考圖例9.16，設$Z_0 = 50\ \Omega$；在$A z_L = 2 + j$、$|\Gamma| = 0.4472$、$\lambda_0 = 0.213\ \lambda$；

(a) $d = 0.1\ \lambda \rightarrow 0.313\ \lambda$在$B$：$z = 1.6 - j1.1$、$z_B = (80 - j\,55)\ \Omega$；

(b) $d = 0.25\ \lambda \rightarrow 0.463\ \lambda$在$C$：$z = 0.4 - j0.2$、$z_C = (20 - j\,10)\ \Omega$；

(c) $d = 0.4\ \lambda \rightarrow 0.613\ \lambda = 0.113\ \lambda$在$D$：$z = 0.6 + j0.5$、$z_D = (30 + j\,25)\ \Omega$；

(d) $d = 0.5\ \lambda \rightarrow 0.713\ \lambda = 0.213\ \lambda$與$A$點讀數一樣；

(e) $d = 0.6\ \lambda \rightarrow 0.813\ \lambda = 0.313\ \lambda$與$B$點讀數一樣；

(f) $d = 0.75\ \lambda \rightarrow 0.963\ \lambda = 0.463\ \lambda$與$C$點讀數一樣；

(g) $d = 0.9\ \lambda \rightarrow 1.113\ \lambda = 0.113\ \lambda$與$D$點讀數一樣；

(h) $d = 1\ \lambda \rightarrow 1.213\ \lambda = 0.213\ \lambda$與$A$點讀數一樣。

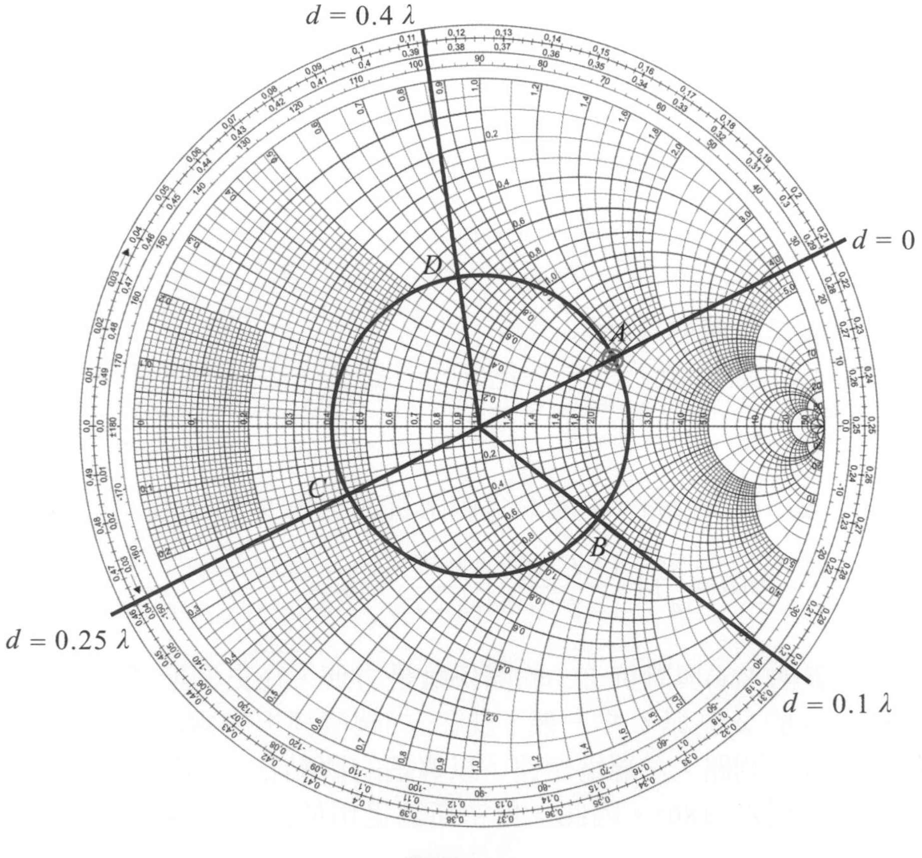

圖例 9.16

類題1 利用史密斯圖重作例題9.2、9.4、9.5、9.7。

值得注意的是：A 點的 z_A 與 C 點的 z_C 具有互爲倒數的關係即 $z_C = (z_A)^{-1}$，傳輸線上每四分之一波長處的阻抗爲原阻抗的倒數。另外，阻抗的倒數即爲導納。

9-8 阻抗-導納的轉換

定義阻抗 $Z = R + j\,X\,(\Omega)$的倒數爲導納 Y，導納的單位爲 Siemens(S)

$$Y = \frac{1}{Z} = G + jB\,(\mathrm{S}) \tag{9-57}$$

其中 G 爲電導(conductance)與 B 爲電納(susceptance)，分別爲

$$G = \frac{R}{R^2 + X^2} \tag{9-58}$$

$$B = \frac{-X}{R^2 + X^2} \tag{9-59}$$

定義導線的特性導納(admittance)$Y_0 = (Z_0)^{-1}$，其歸一化的導納爲

$$Y = \frac{Y}{Y_0} = g + jb \tag{9-60}$$

以反射係數 Γ 表示負載的導納

$$y_L = \frac{1}{z_L} = \frac{1-\Gamma}{1+\Gamma} \tag{9-61}$$

在距負載四分之一波長($2\beta d = \pi$)處的負載阻抗並引用 9-30 式得

$$z(d = \frac{\lambda}{4}) = \frac{1+\Gamma \cdot e^{-\pi}}{1-\Gamma \cdot e^{-\pi}} = \frac{1-\Gamma}{1+\Gamma} = y_L \tag{9-62}$$

數學上，導納 $Y(y)$與阻抗 $Z(z)$的關係雖是方便，在史密斯圖上只是 0.25 λ 之隔。如例題 9.16 的 A 點與 C 點一般，就在$|\Gamma|$圓直徑上的兩端點。在阻抗史密斯圖的實數軸右端爲開路，左端爲短路；以導納的觀點正好相反：右爲短路，左爲開路；或是兩者相差 180°。因此，史密斯圖適用於阻抗與導納計算。

例題 9.17

假設 $Z_L = 30 + j\,60\ \Omega$ 與 $Z_{in} = 50 - j\,50\ \Omega$，利用史密斯圖求 Y_L 與 Y_{in}，並利用數學計算驗證。

解 參考圖例9.17，設$Z_0 = 50\ \Omega$，

(a) $z_L = 0.6 + j\,1.2$，$|\Gamma| = 0.6325$，$y_L = 0.33 - j\,0.67$(讀數)，$r_L = 0.6$，$x_L = 1.2$，

$g_L = (0.6)/(0.6^2 + 1.2^2) = 0.33$，

$b_L = (-1.2)/(0.6^2 + 1.2^2) = -0.67$(公式計算值)，

$Y_L = (6.67 - j\,13.33)$ mS；

(b) $z_{in} = 1 - j$，$|\Gamma| = 0.4472$，$y_{in} = 0.5 + j\,0.5$(讀數)，$r_{in} = 1$，$x_{in} = -1$，

$g_{in} = (1)/(1^2 + 1^2) = 0.5$，$b_{in} = (1)/(1^2 + 1^2) = 0.5$(公式計算值)，

$Y_{in} = (0.01 + j\,0.01)$ S。

史密斯圖的讀數與數學計算結果一致。

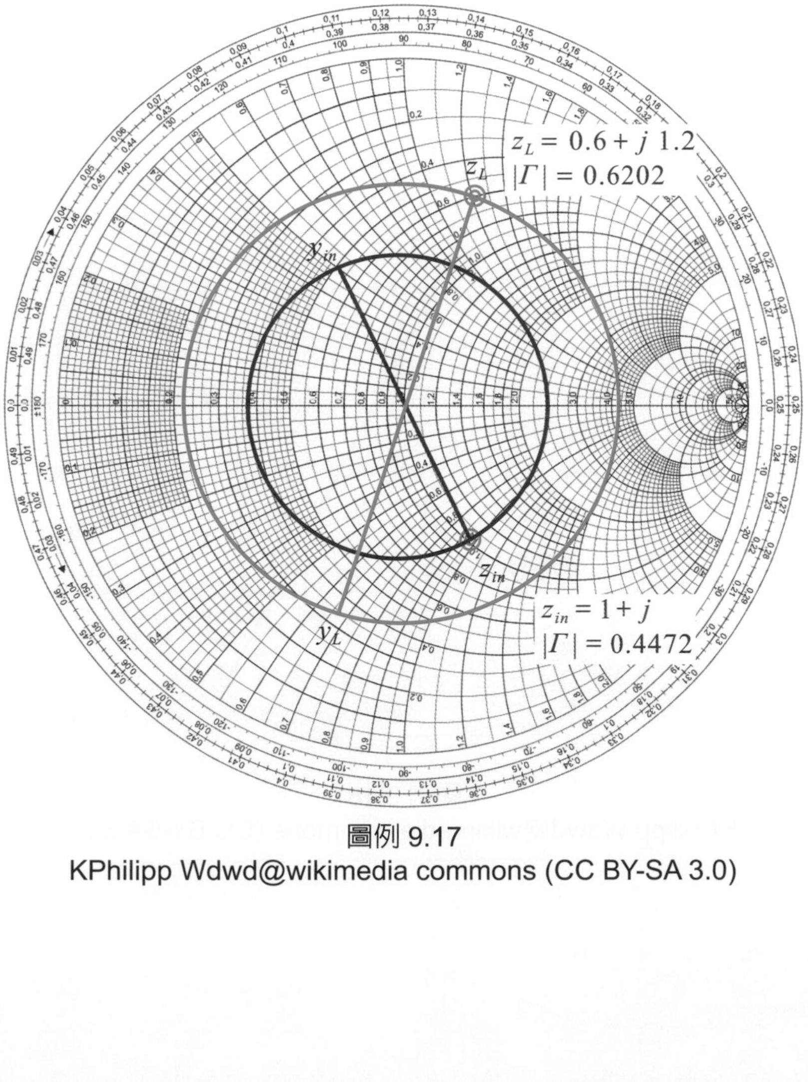

圖例 9.17

例題 9.18

假設 $Z_L = 30 + j\,60\ \Omega$ 與傳輸線 $Z_0 = 60\ \Omega$、長 $2.7\,\lambda$，求(a) Γ；(b) S；(c) d_{max} 與 d_{min}；(d) Z_{in}；(e) y_{in}。

解　參考圖例9.18，$z_L = 0.5 + j$，

(a) $\Gamma = \dfrac{0.5 + j - 1}{0.5 + j + 1} = 0.0769 + j0.6154$、$|\Gamma| = 0.6202$、$\theta_r = 82.9°$、$\lambda_0 = 0.135\,\lambda$；

(b) 畫 $|\Gamma| = 0.6202$ 圓得 $S = 4.26$；

(c) $d_{max} = 0.25 - 0.135 = 0.115\,\lambda$、$d_{min} = 0.5 - 0.135 = 0.365\,\lambda$；

(d) $2.7 + 0.135 = 2.835 = 0.335(\lambda)$，$z_{in} = 0.79 - j\,1.38$，$Z_{in} = 47.4 - j\,82.8\ (\Omega)$；

(e) $y_{in} = 0.31 + j\,0.55$，$Y_{in} = 5.2 + j\,9.2$ (mS)。

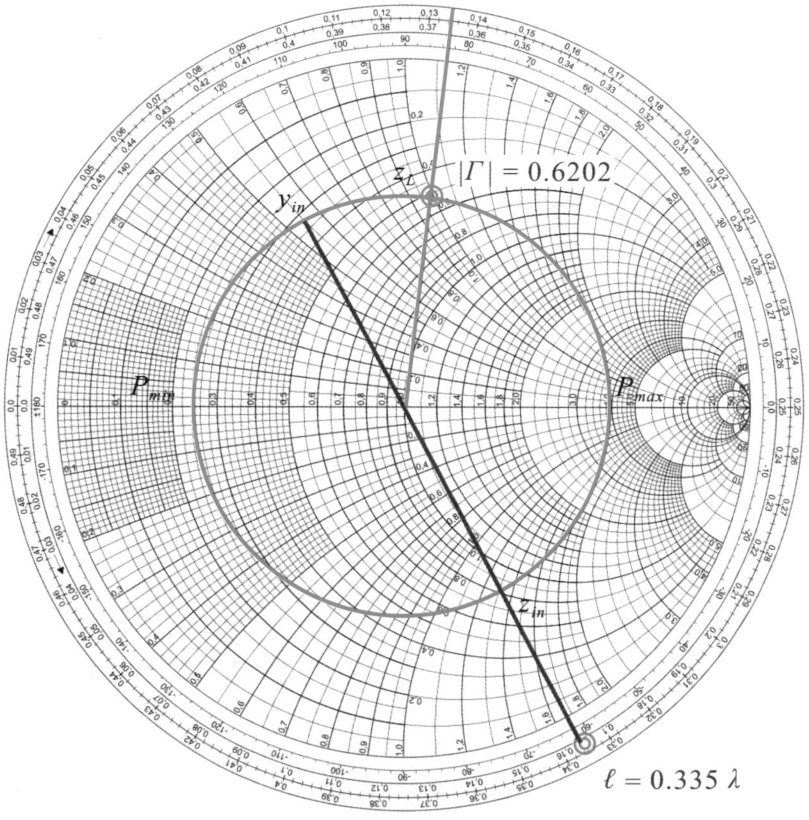

圖例 9.18

9-9 傳輸線與負載匹配

阻抗匹配的電路中，在傳輸線與負載的連接處，不會有反射波回到電源端的現象產生。所謂的傳輸線與負載匹配是指 $Z_0 = Z_L$，且在連接處的 $R_L = Z_0$ 及 $X_L \sim 0$。以下串接轉換器的方法也可達到匹配的目的，使得 $Z_0 = Z_{in}$。(1) $X_L = 0$，串聯四分之一波長轉換器；(2) $X_L \neq 0$，在 d_{max} 或 d_{min} 處串聯四分之一波長轉換器；(3)在 d_1 處並聯電容器；(4)在 d_2 處並聯電感器；(5)在 d_1 處並聯長度 ℓ 的短路導線(等效小電容、小電感)。小電容與小電感不容易製造，依 9-37 式 $Z_{sc}(\ell) = j \cdot Z_0 \tan(\beta\ell)$，故可以短路導線取代。

9-9-1 四分之一波長轉換器

當 $X_L = 0$、$Z_L = R_L$，導線(Z_0)長度 $\ell = \lambda/4$，$\beta\ell = \pi/2$，輸入阻抗 Z_{in} 與輸送端 $Z_{i/p}$ 匹配，而且滿足

$$Z_{in} = Z_0\left[\frac{z_L + j\tan(\beta\ell)}{1 + jz_L\tan(\beta\ell)}\right] = Z_0\left[\frac{R_L\cos(\beta\ell) + jZ_0\sin(\beta\ell)}{Z_0\cos(\beta\ell) + jR_L\sin(\beta\ell)}\right] = \frac{Z_0^2}{R_L} \tag{9-63}$$

參考圖 9.10，四分之一波長轉換器的特性阻抗為

$$Z_0 = \sqrt{Z_{in}R_L} = \sqrt{Z_{i/p}R_L} \tag{9-64}$$

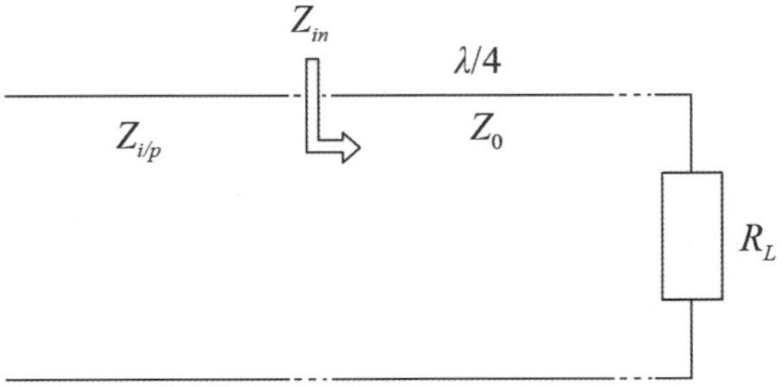

圖 9.10 四分之一波長轉換器。

四分之一波長轉換器的優點如下：對輸送端 $Z_{i/p}$ 沒有反射波(匹配)、功率全部送達 R_L。但缺點是：轉換器與負載不匹配 $R_L \neq Z_0$(故有反射波成分)、具固定的操作頻率。

9-9-2 集總元件的匹配

根據 9-37 式 $Z_{sc}(\ell) = jZ_0\tan(\beta\ell)$與 9-44 式 $Z_{oc}(\ell) = -jZ_0\cot(\beta\ell)$，說明末端短路及末端開路的傳輸線可以組成多種的電抗值，亦即原電路可藉由並聯開路或短路

的傳輸線以及調整其長度來補償負載的電抗以達到匹配。參考圖 9.11，從導納的觀點討論補償負載的電抗問題。在電路中的輸入導線(Y_{in})連接一集總電路，負載與一距負載端 d 處(Y_d)的電容器或電感器(Y_s，$G_s = 0$)並聯，因此，Y_{in} 看到的是 Y_d 與 Y_s 並聯的，其中 Y_d 爲長度 d 導線(Y_0)連接 Y_L 的結果。

$$Y_{in} = Y_d + Y_s$$

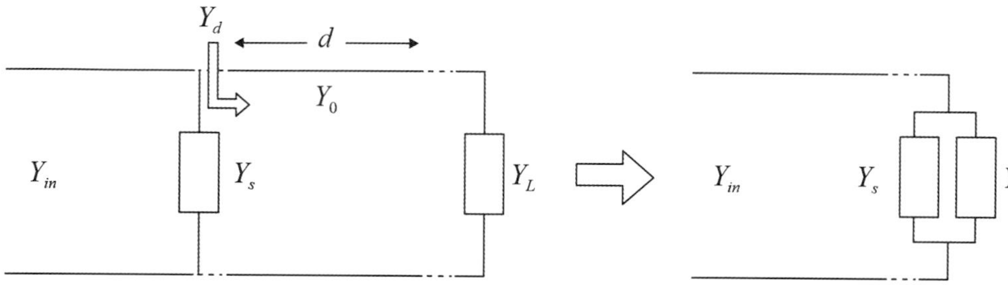

圖 9.11 集總元件的匹配。

$$Y_{in} = G_d + j(B_d + B_s) \text{或} \ y_{in} = g_d + j(b_d + b_s)$$

透過小心選擇 d 值與 Y_s 可以達到與 Y_{in} 端的匹配，包括(1)導線長度 d(與負載的距離)的選擇達到 $g_d = 1$，即 $r_d = 1$；(2) C 或 L 值的選擇達到 $b_d = -b_s$。匹配時，$y_{in} = g_d = r_d = 1$，該結果表示進行匹配的工作時，必須使用史密斯圖中 $r_d = 1$ 的圓(在右側、經過中心點)。

例題 9.19

負載 $Z_L = 25 - j\,50\ \Omega$，求並聯匹配的元件、大小與 d 值。設操作頻率爲 100 MHz，傳輸線爲無損、$Z_0 = 50\ \Omega$。

解 參考圖例9.19，

(1) $z_L = 0.5 - j$、$\Gamma = 0.08 - j\,0.62$，畫$|\Gamma| = 0.6202$圓；

(2) $y_L = 0.4 + j\,0.8$；

(3) 讀取$\lambda_L = 0.115\,\lambda$；

(4) 畫$g_d = r_d = 1$圓；

(5) $|\Gamma|$圓與$g_d = 1$圓交於$y_{d1} = 1 + j\,1.62$；

(6) 讀取$\lambda_{d1} = 0.179\,\lambda$，$d_1 = (0.179 - 0.115)\lambda = 0.064\,\lambda$；

(7) 匹配時，需要 $y_{s1} = -j\,1.62$，$z_{s1} = (-j\,1.62)^{-1} = j\,0.6173$，

$Z_{s1} = j\,30.86\ \Omega$(正值、電感)，

$Z_{s1} = j\omega L_{eq}$，$L_{eq} = 30.86/(2\pi \times 10^{8}) = 49.12$ nH；

(8) 另一$|\Gamma|$圓與$g_d = 1$圓交於$y_{d2} = 1 - j\,1.62$，讀取$\lambda_{d2} = 0.32\,\lambda$，

$d_2 = (0.32 - 0.115) = 0.205\,\lambda$；

(9) 匹配時，需要$y_{s2} = j\,1.62$，$z_{s2} = (j\,1.62)^{-1} - -j\,0.6173$，

$Z_{s2} = -j\,30.86\ \Omega$(負值、電容)，

$Z_{s2} = (j\omega C_{eq})^{-1}$，$C_{eq} = 1/(30.86 \times 2\pi \times 10^{8}) = 51.57$ pF。

結果一、在$d_1 = 0.064\,\lambda$處，並聯電感$L_{eq} = 49.12$ nH；

結果二、在$d_2 = 0.205\,\lambda$處，並聯電容$C_{eq} = 51.57$ pF。擇一而爲。

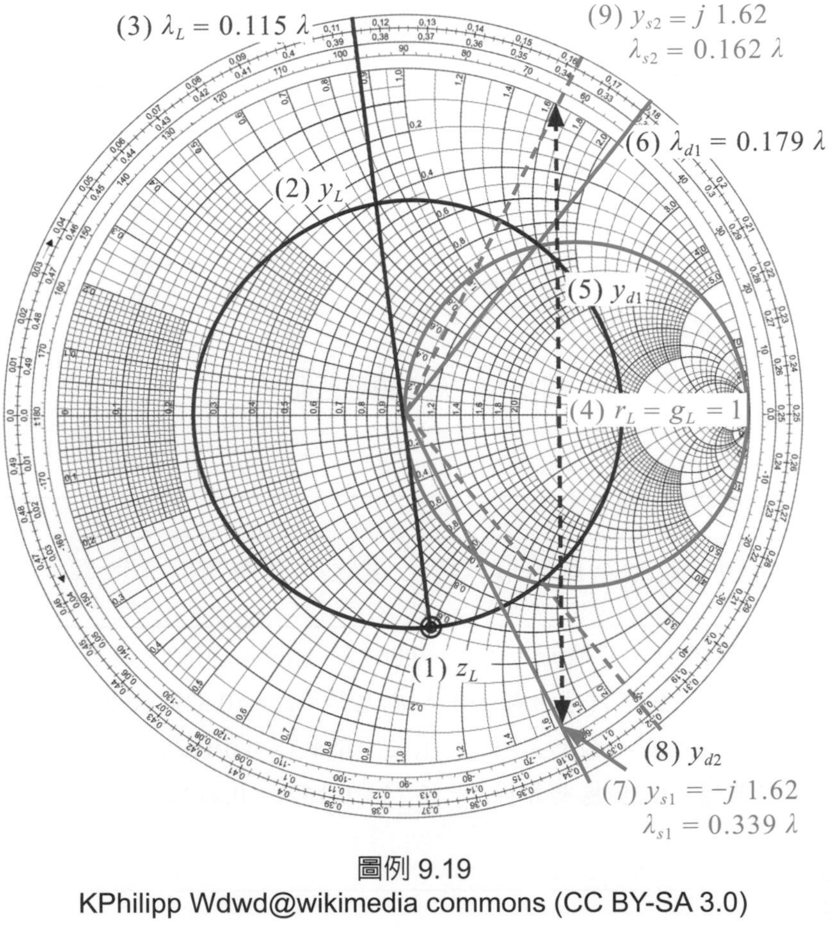

圖例 9.19

9-9-3 截線匹配(短路與開路)

如 9-37 式無損失短路導線(具電磁輻射洩漏少、做法簡易的優點)與 9-44 式開路導線(具不需在電路板打洞的優點)的阻抗都是純電抗，故可以應用於取代並聯的匹配元件，如前一節所介紹。因此，除了須找出正確位置的 d 值外，也須算出正確長度的 ℓ 值。如圖 9.12 所示，短路截線長度 ℓ 產生 $Y_s = -jB$ 是爲匹配在前的 $Y_d = Y_0 + jB$ 所製作，所以 $Y_{i/p}$ 只看見 Y_0。因爲短路截線是並聯，故利用導納計算較簡易：$y(d) = 1 + j\,b$、$y(\ell) = -j\,b$。

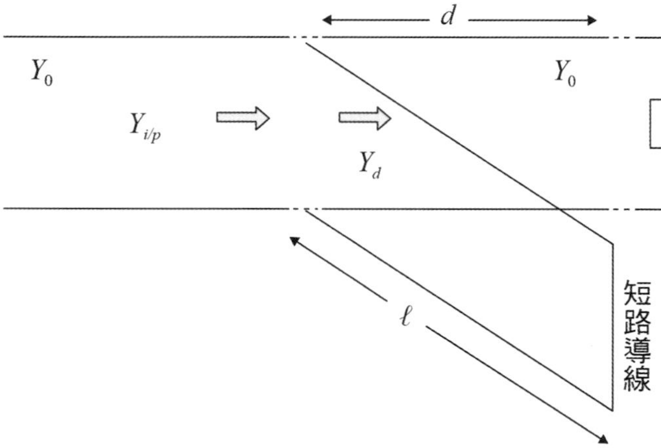

圖 9.12　短路截線匹配。

例題 9.20

承例題 9.19，以短路截線取代等效電感與等效電容，計算其長度。

解　延續例題9.19，步驟5～7：$d_1 = 0.064\,\lambda$、$y_{s1} = -j\,1.62$，讀取$\lambda_{s1} = 0.339\,\lambda$，短路截線從0.25 λ(導納圖爲短路)處起算得$\ell_1 = (0.339 - 0.25) = 0.089\,\lambda$；步驟8～9：$d_2 = 0.205\,\lambda$、$y_{s2} = j1.62$，讀取$\lambda_{s2} = 0.162\,\lambda$，短路截線從0.25$\lambda$處起算得$\ell_2 = (0.25 + 0.162) = 0.412\,\lambda$。

例題 9.21

承例題 9.20，計算以開路截線取代短路截線的長度。

解　開路截線從0 λ處起算，得$\ell_1 = (0.339 - 0) = 0.339\,\lambda$、$\ell_2 = 0.162\,\lambda$。

重要公式

1. 電壓波方程式：$\dfrac{d^2\widetilde{\mathbf{V}}(z)}{dz^2}-\gamma^2\widetilde{\mathbf{V}}(z)=0$

2. 電流波方程式：$\dfrac{d^2\tilde{\mathbf{I}}(z)}{dz^2}-\gamma^2\tilde{\mathbf{I}}(z)=0$

3. 複數傳播常數：$\gamma^2=(R'+j\omega L')(G'+j\omega C')=(\alpha+j\beta)^2$

4. 傳輸線的特性阻抗：$Z_0=\dfrac{V_0^+}{I_0^+}=\dfrac{V_0^-}{I_0^-}=\dfrac{R'+j\omega L'}{\gamma}=\sqrt{\dfrac{R'+j\omega L'}{G'+j\omega C'}}$

5. 電壓反射係數：$\Gamma=\dfrac{V_0^-}{V_0^+}=\dfrac{Z_L-Z_0}{Z_L+Z_0}=\dfrac{z_L-1}{z_L+1}$

6. 駐波比：$S=\dfrac{|\widetilde{\mathbf{V}}|_{max}}{|\widetilde{\mathbf{V}}|_{min}}=\dfrac{1+|\Gamma|}{1-|\Gamma|}$

7. 導線($d=\ell$)輸入端的阻抗：$Z_{in}=Z(\ell)=Z_0\dfrac{1+\Gamma_\ell}{1-\Gamma_\ell}$

8. 短路導線的阻抗爲純電抗：$Z_{sc}(d)=j\cdot Z_0\tan(\beta d)$

9. 短路導線的等效電感：$L_{eq}=\dfrac{Z_0\tan(\beta\ell)}{\omega}$

10. 短路導線的等效電容：$C_{eq}=\dfrac{\omega}{Z_0\tan(\beta\ell)}$

11. 等效電感的短路導線長度：$\ell_L=\dfrac{1}{\beta}\tan^{-1}\left(\dfrac{\omega L_{eq}}{Z_0}\right)$

12. 等效電容的短路導線長度：$\ell_C=\dfrac{1}{\beta}\left[\pi-\tan^{-1}\left(\dfrac{1}{Z_0\omega C_{eq}}\right)\right]$

13. 開路導線的阻抗爲純電抗：$Z_{oc}(d)=-j\cdot Z_0\cot(\beta d)$

14. 四分之一波長轉換器：$Z_{in}=\dfrac{Z_0^2}{Z_L}$

15. 導納：$Y=\dfrac{1}{Z}=G+jB$ (S)

16. 以反射係數 Γ 表示負載的導納：$y_L=\dfrac{1}{z_L}=\dfrac{1-\Gamma}{1+\Gamma}$

習題

★表示難題。

9.1 已知 $\Gamma = 0.5\angle -60°$、波長爲 24 cm，求第一個最小值與最大值發生處。

9.2 假設 $Z_0 = 150\ \Omega$、$Z_L = 300 + j\ 195\ \Omega$ 與波長爲 72 cm，求無損失傳輸線與負載的反射係數、駐波比、最小值與最大值發生處。

9.3 假設 $Z_0 = 60\ \Omega$、$S = 3$、距 Z_L 最近的 v_{min} 有 6 cm，而且相鄰兩 v_{min} 間距 24 cm，求 Z_L。

★ 9.4 假設 $Z_0 = 60\ \Omega$、$\ell = 3.1\ \lambda$、$Z_L = 60 + j\ 30\ \Omega$，求 Z_{in} 與 Y_{in}。

★ 9.5 (例題 9.19 的理論解)負載 $Z_L = 25 - j50\ \Omega$，求並聯匹配的元件、大小與 d 值。設操作頻率爲 100 MHz，傳輸線爲無損失、$Z_0 = 50\ \Omega$。

★ 9.6 承 9.5 題，計算以短路截線取代等效電感與等效電容的長度。

9.7 設操作頻率爲 10 GHz、$Z_{in} = -j\ 25\ \Omega$，分別以短路及開路傳輸線匹配，求長度。

9.8 設操作頻率爲 10 GHz、$Y_{in} = (-j\ 50)^{-1}$ S，分別以短路及開路傳輸線匹配，求長度。

★ 9.9 設操作頻率爲 3 GHz、$z_L = 0.4 - j\ 0.4$，分別以短路截線及開路截線匹配，求兩組 d 與 ℓ。

9.10 已知傳輸線長 0.31 λ 接負載 $z_L = 0.6 - j\ 1.4$，求 Z_{in}。

9.11 已知 $z_{in} = 1 + j\ 1.4$ 及傳輸線長 0.134 λ，求 Z_L。

9.12 已知 $z_L = 2 + j\ 2$，求傳輸線長使得 z_{in} (a)爲純實數及(b)爲 1。

9.13 證明當求傳輸線的長度使 z_{in} 爲 1 時，總得到兩正負電抗值。

9.14 以導納 Y_0、Y_L 表示反射係數 Γ。

9.15 討論 $z = a + jb$ 與 $y = a + jb$ 在 Γ 平面上的相對位置。

9.16 如圖 P9.16 $\ell = 0.314\ \lambda$、$Z_L = 80 + j130$ 與 $Z_1 = 85 - j\ 85$，求 Z_{in}。

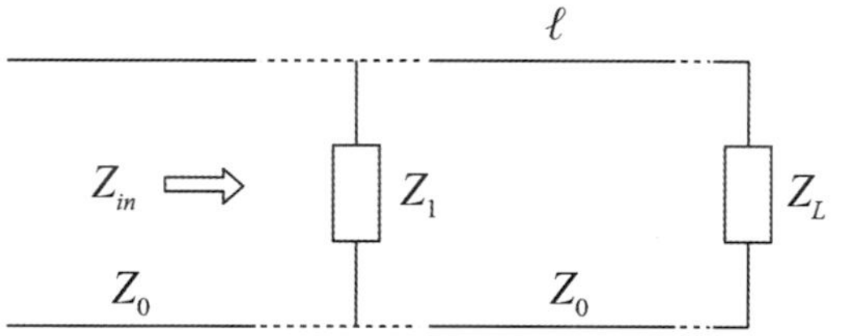

圖 P9.16

9.17 求短路與開路傳輸線(50 Ω)截線的長度(L)，使得 $Z_{in} = +j\ 20\ \Omega$。設操作頻率爲 1 GHz。

★ 9.18 求短路與開路傳輸線(75 Ω)截線的長度(L)，使得 $Y_{in} = +j\ 0.02$ S。設操作頻率爲 3 GHz。

9.19 傳輸線連接負載
$Z_L = 20 - j40\ \Omega$，
求(a) $|\Gamma|$；(b) θ_r；(c) S；(d) d_{min}；(e) $z(0.2\lambda)$；(f) $Z(0.2\lambda)$。

9.20 傳輸線(長 $\ell = 0.2\lambda$)連接負載 Z_L，已知傳輸線輸入端阻抗爲 $Z_{in} = 20 - j\,40\ \Omega$，求 Z_L。

9.21 傳輸線連接負載
$Z_L = 100 + j\,100\ \Omega$，
求匹配短路截線的位置(d_1、d_2)與長度(ℓ_1、ℓ_2)，設操作頻率爲 3 GHz。

★ 9.22 求匹配 $Z_L = 35 - j47.5\ \Omega$ 的短路截線位置與長度。設操作頻率爲 200 MHz，環境材質的 $\varepsilon_r = 9$。

★ 9.23 求匹配 $Z_L = 25\ \Omega$ 的短路截線位置與長度，並填入各點的 z、y、Γ。

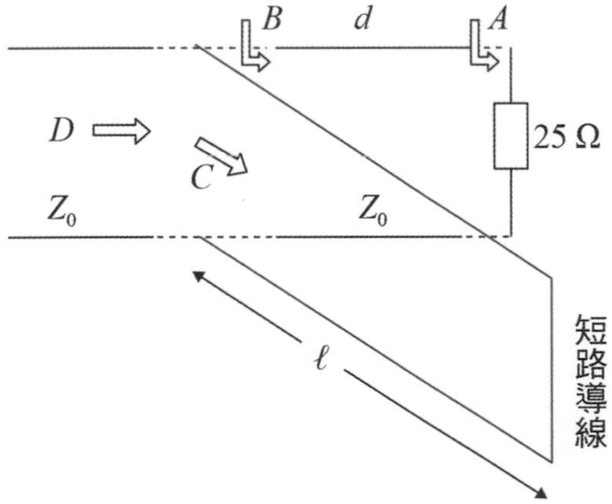

圖 P9.23

9.24 兩負載 25 Ω 與 64 Ω，各透過四分之一波長轉換器並聯後，串接並匹配傳輸線(50 Ω)，求四分之一波長轉換器的阻抗與長度。設操作頻率爲 1 GHz。參考圖 P9.24。

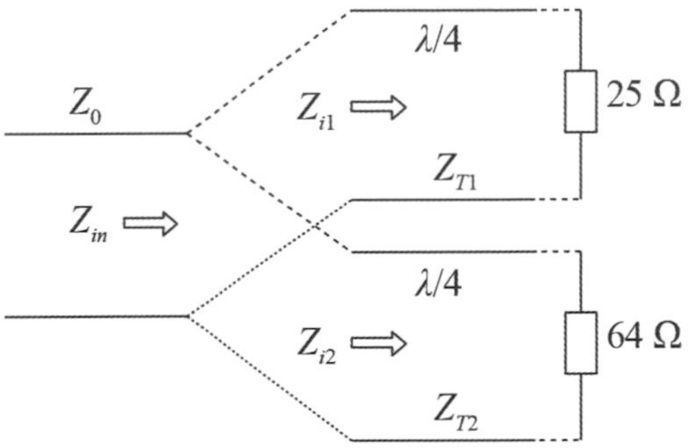

圖 P9.24

★ 9.25 求匹配 $Z_L = 50 + j\,100\ (\Omega)$的短路截線位置與長度。設操作頻率爲 200 MHz，環境材質的 $\varepsilon_r = 9$。

索引

G

H

I

J

K

L

M

N

O

P

R

S

T

部分習題解答

第一章

1.1 (a) $\widehat{\mathbf{A}} =$ $0.2673\hat{\mathbf{x}} + 0.5345\hat{\mathbf{y}} + 0.8018\hat{\mathbf{z}}$

(b) $\vec{\mathbf{V}} = -6\hat{\mathbf{x}} + \hat{\mathbf{y}} - 2\hat{\mathbf{z}}$

$\widehat{\mathbf{V}} = -\frac{6}{\sqrt{41}}\hat{\mathbf{x}} + \frac{1}{\sqrt{41}}\hat{\mathbf{y}} - \frac{2}{\sqrt{41}}\hat{\mathbf{z}}$

(c) 4

(d) 2

(e) 內積– 10；夾角 112.26°

(f) $\vec{\mathbf{W}} = -8\hat{\mathbf{x}} - 2\hat{\mathbf{y}} + 23\hat{\mathbf{z}}$

$\widehat{\mathbf{W}} = \frac{-8\hat{\mathbf{x}} - 2\hat{\mathbf{y}} + 23\hat{\mathbf{z}}}{\sqrt{597}}$

(g) 24.43

(h) 57

(i) 5

(j) – 2.43

(k) 夾角 67.74°

本題的結果為銳角(< 90°)而(e)的結果為鈍角(> 90°)，互為補角

1.3 $4\pi R^2$

1.5 61.26

1.7 18.85 m^2

1.9 $x = 2.5$，$y = 2.5$，$z \approx 3.54$

1.11 $\frac{24-3\pi}{4\sqrt{2}}$

1.13 $\cos\phi + r^2\cos\phi - 15re^{-3z}$

1.17 $r \le 2$ 區域電荷為– 64π；$r > 2$ 區域電荷為 0

1.19 $\hat{\mathbf{x}} + 2\hat{\mathbf{y}} + 3\hat{\mathbf{z}}$

1.21 $\hat{\mathbf{r}}\frac{e^{-r}}{r^2}\cos\phi + \hat{\boldsymbol{\phi}}e^{-r}\sin\phi$

1.23 $\hat{\mathbf{x}}\cos(x)\cos(y) + \hat{\mathbf{y}}\sin(x)\sin(y)$

第二章

2.1 $\vec{\mathbf{E}}_2 = 2\hat{\mathbf{x}} - 3\hat{\mathbf{y}} - \frac{3}{2}\hat{\mathbf{z}}$；

$\vec{\mathbf{D}}_2 = 4\hat{\mathbf{x}} - 6\hat{\mathbf{y}} - 3\hat{\mathbf{z}}$；入射角 74.5°；折射角 67.4°

2.3 $6\hat{\mathbf{r}}$ N

2.5 p 點在+ 20 μC 右側 7.243 米，即 $x = 11.7243$ 米

2.7 2.4 題：該處的電位為 297 kV；

2.5 題：該處的電位為– 1.88 kV；

2.6 題：該處的電位為+1.88 kV

2.9 0

2.11 (a) 0

(b) 200 μJ

2.13 323.66 μJ

2.15 48

2.19 $\hat{\mathbf{x}}\,432\pi$ kV/m

2.23 14 V

2.25 $\frac{\varepsilon_0\varepsilon_r 2\pi H}{\ln\left(\frac{R_0}{R_i}\right)}$

2.27 $\dfrac{\varepsilon_0\varepsilon_r H}{\phi}\ln\left(\dfrac{R_0}{R_i}\right)$

2.29 $\dfrac{\varepsilon_0\pi H}{\ln\left(\dfrac{R_0}{R_i}\right)}(\varepsilon_{r1}+\varepsilon_{r2})$

第三章

3.1 $a(Z_0-Z_i)\ln\left(\dfrac{R_0}{R_i}\right)$

3.3 $\hat{\mathbf{z}}\dfrac{I}{2}\left(\dfrac{1}{R_2}-\dfrac{1}{R_1}\right)$

[方向爲負 z(指進紙面)]

3.5 $\dfrac{\mu_0 IL}{2\pi}\ln\left(\dfrac{R_0}{R_i}\right)$

3.7 $\hat{\mathbf{z}}\dfrac{I}{4\pi}(45.2\times10^{-3})$ A/m

3.9 $\hat{\mathbf{z}}\dfrac{I}{4\pi}\left(\dfrac{\sin\alpha_{11}+\sin\alpha_{12}}{r_1}+\dfrac{\sin\alpha_{21}+\sin\alpha_{22}}{r_2}+\dfrac{\sin\alpha_{31}+\sin\alpha_{32}}{r_3}+\dfrac{\sin\alpha_{41}+\sin\alpha_{42}}{r_4}\right)$

3.11 $\vec{\mathbf{H}}=\dfrac{12\hat{\mathbf{x}}+7\hat{\mathbf{y}}+65\hat{\mathbf{z}}}{13\mu_0}$

$\vec{\mathbf{B}}=\dfrac{12\hat{\mathbf{x}}+7\hat{\mathbf{y}}+65\hat{\mathbf{z}}}{13}$

3.13 $\vec{\mathbf{H}}=\dfrac{12\hat{\mathbf{x}}+91\hat{\mathbf{y}}+5\hat{\mathbf{z}}}{13\mu_0}$

$\vec{\mathbf{B}}=\dfrac{12\hat{\mathbf{x}}+91\hat{\mathbf{y}}+5\hat{\mathbf{z}}}{13}$

3.15 $\vec{\mathbf{H}}_2=\dfrac{8\hat{\mathbf{x}}+30\hat{\mathbf{y}}-15\hat{\mathbf{z}}}{5}$

$\vec{\mathbf{B}}_2=\mu_0(8\hat{\mathbf{x}}+30\hat{\mathbf{y}}-15\hat{\mathbf{z}})$

3.17 $\hat{\mathbf{z}}\dfrac{I\sqrt{2}}{\pi L}$

第四章

4.5 (a) (1)不可能(可能只是電場)，所以無電荷；(2)不可能(可能只是磁場)，所以無磁荷；(3) ○；(4) ╳；(5) ○；(6) ╳。

(b) (1)可能；正；(2)不可能；(3) ╳；(4) ○。

(c) (1)可能；負；(2)不可能；(3) ╳；(4) ○。

第五章

5.1 在 T_1 時，下迴路的電流爲順時鐘，該變動感應上迴路一順時鐘電流；因 T_1 與 T_2 間爲穩定電流，所以無磁通變化，上迴路無感應電流；在 T_2 時，下迴路的電流驟減至零，因此感應上迴路一逆時鐘電流。

5.3 (a) 順時鐘(b)電流爲零(c)順時鐘

5.5 左側迴路電流爲 $I_a=\dfrac{B\ell u}{R_a}$，順時鐘；右側迴路電流爲 $I_b=\dfrac{B\ell u}{R_b}$，逆時鐘

5.7 (a) $B_0\pi r^2$

(b) $-a\pi r^2$

(c) $\dfrac{a\pi r^2}{R}$ 且方向爲順時鐘

5.9 三個線圈的感應電流相等，其方向以磁棒 N 極而言為逆時鐘

5.11 $\frac{M \cdot R}{3S}t^3$

5.13 $I(t<0)=0$；

$I(0 \le t \le 1.25) = -0.06\text{A}$

$=-60\text{mA}$；$I(1.25 \le t \le 3) = 0$；

$I(3 \le t \le 4.25) = 60\text{mA}$；

$I(t > 4.25) = 0$

5.15 – 28.42V

5.17 0.14T

5.19 (a) $-0.12\cos(2\pi \times 50 \times 10^3 t)\,\text{V}$

(b) 電流為零，方向為逆時鐘

5.21 0.18V

5.23 0.56V

5.25 傳導電流

$1.485 \times 10^{-4} \cos 120\pi t\ \mu\text{A}$；

位移電流 $148.5\cos(120\pi t)\,\mu\text{A}$；

導電流 = 位移電流

5.27 $-5\cos(2\pi \times 10^3 t)\,\text{mV}$

5.29 $0.3\pi\,\text{A}$

5.31 $-\frac{\varepsilon_0 \varepsilon_r (4\pi^2) fL}{\ln(b/a)} V_0 \sin(2\pi f t)$

5.33 (a) $\frac{\sigma A}{d} V(t)$

(b) $C\frac{\partial V(t)}{\partial t}$

5.35 10.8MHz

第六章

6.1 (a) $\vec{\mathbf{E}}(t,z) = 3e^{-j\pi/2}e^{j(\omega t - kz)}\hat{\mathbf{x}}$；

$E_x = 3\cos(\omega t - kz - \pi/2)$；

$E_y = 0$

(b) $\vec{\mathbf{E}}(t,z) = (2\hat{\mathbf{x}} + 5\hat{\mathbf{y}})e^{j(\omega t + kz)}$；

$E_x = 2\cos(\omega t + kz)$；

$E_y = 5\cos(\omega t + kz)$

(c) $\vec{\mathbf{E}}(t,z) = (3e^{j\pi}\hat{\mathbf{x}} + \hat{\mathbf{y}})e^{j(\omega t - kz)}$；

$E_x = 3\cos(\omega t - kz + \pi)$；

$E_y = \cos(\omega t - kz)$

(d) $\vec{\mathbf{E}}(t,z) =$

$(5e^{j\pi/3}\hat{\mathbf{x}} + 2e^{j\pi}\hat{\mathbf{y}})e^{j(\omega t + kz)}$；

$E_x = 5\cos(\omega t + kz + \pi/3)$；

$E_y = 2\cos(\omega t + kz + \pi)$

(e) $\vec{\mathbf{E}}(t,z) =$

$(5\hat{\mathbf{x}} + 6e^{j\pi/8}\hat{\mathbf{y}})e^{j(\omega t - kz)}$；

$E_x = 5\cos(\omega t - kz)$；

$E_y = 6\cos(\omega t - kz + \pi/8)$

(f) $\vec{\mathbf{E}}(t,z) =$

$(4e^{j\pi/8}\hat{\mathbf{x}} + 5e^{-j\pi/8}\hat{\mathbf{y}})e^{j(\omega t + kz)}$；

$E_x = 4\cos(\omega t + kz + \pi/8)$；

$E_y = 5\cos(\omega t + kz - \pi/8)$

(g) $\vec{\mathbf{E}}(t,z) =$

$(4e^{j\pi/4}\hat{\mathbf{x}} + 3e^{-j\pi/2}\hat{\mathbf{y}})e^{j(\omega t - kz)}$；

$E_x = 4\cos(\omega t - kz + \pi/4)$；

$E_y = 3\cos(\omega t - kz - \pi/2)$

(h) $\vec{\mathbf{E}}(t,z)=$
$(3e^{-j\pi/2}\hat{\mathbf{x}}+4e^{j\pi/4}\hat{\mathbf{y}})e^{j(\omega t+kz)}$；
$E_x=3\cos(\omega t+kz-\pi/2)$；
$E_y=4\cos(\omega t+kz+\pi/4)$

6.3 (a)線性極化(b)同相線性極化(c)反相線性極化(d)左旋橢圓極化(e)左旋橢圓極化(f)右旋橢圓極化(g)右旋橢圓極化(h)左旋橢圓極化

6.5 (a) 5×10^5 Hz
(b) 600 m
(c) 2 μs
(d) 265.3 mA/m

6.7 (a) $\frac{10^8}{3}$ m/s
(b) $\frac{10}{3}$ m
(c) 238.7 mA/m

6.9 (a) 2×10^8 m/s
(b) 2.13 cm
(c) 295.18 rad/m
(d) 250.77Ω
(e) 1.99 A/m

6.11 (a) 117.21 Np/m
(b) 117.21 rad/m
(c) $2.86\times10^{-6}e^{j\frac{\pi}{4}}$
(d) 3.22 m/s
(e) 5.36 cm

6.13 (a) 4
(b) 10^8 Hz
(c) $2\cos\left(\omega t-\frac{4\pi}{3}z+\frac{\pi}{6}\right)\hat{\mathbf{y}}$ A/m

6.15 (a) $2\pi/3$ rad/m
(b) 3×10^8 m/s
(c) $2\pi\times10^8$ rad/s
(d) 3m
(e) $\phi_x=0$；$\phi_y=90°$
(f) $\left(-\frac{j}{2}\hat{\mathbf{x}}+\hat{\mathbf{y}}\right)e^{-j\frac{2}{3}\pi z}$

6.17 (a) $\frac{(-6\pi e^{j\phi}\hat{\mathbf{x}}+12\pi\hat{\mathbf{y}})}{\eta_c}e^{-j\kappa z}$
(b) $\hat{\mathbf{z}}\frac{1}{2}\Re\left(\frac{1}{\eta_c^*}\right)[(12\pi)^2+(6\pi)^2]$

6.19 (a) 1.5×10^8 m/s
(b) 1m
(c) 2π rad/m
(d) $\frac{-\hat{\mathbf{x}}}{5\pi}e^{-j2\pi z}$

6.21 (a) 0.635 m
(b) 潛艇通信應採用較低的頻率

第七章

7.1 (a) 當 $\kappa^2=\kappa_x^2+\kappa_y^2$ 時，表示電磁波的頻率必須高於 ω_c 才能傳播
(b) 當 $\kappa^2>\kappa_x^2+\kappa_y^2$ 時，電磁波傳播
(c) 當 $\kappa_x^2+\kappa_y^2>\kappa^2$ 時，電磁波短暫、衰減傳播或稱消失模態

7.3 (a) 一般情況假設 $a > b$，所以 $\omega_{01} > \omega_{10}$，則兩最低截止頻率為 ω_{10} 與 ω_{01}

(b) 若 $a > 2b$，則 $\omega_{01} > \omega_{20}$，兩最低截止頻率為 ω_{10} 與 ω_{20}

(c) 若 $a > b > a/2$，則 $\omega_{20} > \omega_{01}$，兩最低截止頻率為 ω_{10} 與 ω_{01}

7.7 (a) 102.18 rad/m

(b) 4.88 GHz

(c) 5.86 GHz

(d) $j67.95\text{m}^{-1}$

(e) 6.15 cm

(f) 9.27 cm

(g) 1.81 c

(h) 208.39Ω

7.9 162.88 rad/m

7.11

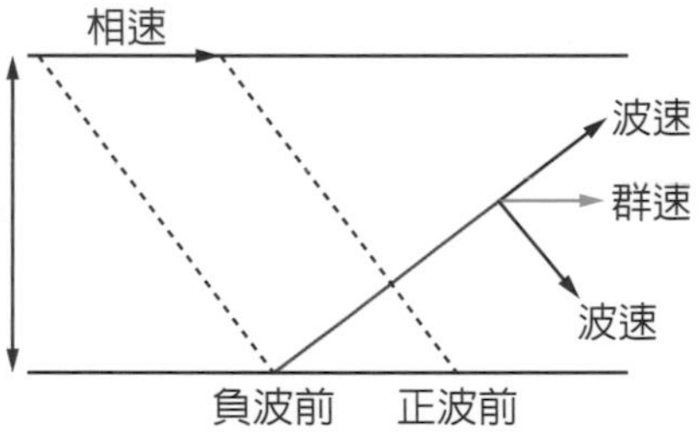

7.13 波速 $u = 2 \times 10^8$ m/s；

相速 $u_p = 2.7 \times 10^8$ m/s；

群速 $u_g = 1.48 \times 10^8$ m/s

7.15 $j101.39\Omega$

7.17 (a) 5 GHz

(b) 6 cm

(c) 1.66×10^8 m/s

(d) 5.43×10^8 m/s

(e) 9.05 cm

(f) 682 Ω

7.19 $f_{c10} = 6.56$ GHz $< f < f_{c20} = 13.12$ GHz

7.21 $f_{c30} = f_{c02} = 19.69$ GHz

第八章

8.1 等向性天線的平均輻射功率為 $P_t / 4\pi$；偶極天線的最大輻射功率為 $G \cdot P_t /(4\pi)$；半徑為 R 米的輻射功率密度為 $G \cdot P_t /(4\pi R^2)$；具有效面積 A_e 接收天線之接收功率為 $P_{rec} = \dfrac{GP_tA_e}{4\pi R^2}$

8.3 (a) $\cos^2\theta$

(b) $\dfrac{2\pi}{3}$ (sr)

(c) 7.78 dB

(d) 90°

8.5 輻射電阻 36mΩ；效率 68.7%

8.7 1.5×10^{-9} W/cm^2

8.9 (a) 36.6 dB

(b) 2.12°

(c) 39.6 dB

(d) 42.6 dB

(e) 1.5°

8.11 259.4 W

8.13 效率 62.1 %；增益 – 0.3 dB；發射功率 128.82 W

8.15 6.53 dB

8.17 (a) 30%

(b) – 3.5 dB

(c) 67.6 A

(d) 266.67 W

8.19 (a) 99.3%

(b) 2.1 dB

(c) 1.48 A

(d) 80.4 W

第九章

9.1 最小值 4 cm；最大值 10 cm

9.3 $30 - j40\ \Omega$

9.5 (1) 元件 = 電感；大小 = 50 nH；d 值 $0.063\,\lambda$

(2) 元件 = 電容；大小 = 50 pF；d 值 $0.207\,\lambda$

9.7 短路傳輸線 1.28 cm；開路傳輸線 0.528 cm

9.9 $y_{s1} = j1.15$；$d_1 = 0.154\lambda$；$\ell_1 = 1.36$ cm(開路截線)或 3.86 cm(短路截線)；$y_{s2} = -j1.15$；$d_2 = 0.014\lambda$；$\ell_2 = 3.64$ cm(開路截線)或 1.44 cm(短路截線)

9.11 $15 + j\,11.15$

9.17 短路 1.8 cm；開路爲 9.3 cm

9.19 (a) 0.62

(b) 96.6°

(c) 4.26

(d) $0.115\,\lambda$

(e) $0.3 + j\,0.55$

(f) $15 + j\,27.5\ \Omega$

9.21 $d_1 = 3.81$ cm；$d_2 = 2.2$ cm；$\ell_1 = 4.15$ cm；$\ell_2 = 0.89$ cm

9.23 $d_1 = 0.098\,\lambda$；$\ell_1 = 0.348\,\lambda$

$d_2 = 0.302\,\lambda$；$\ell_2 = 0.403\,\lambda$

	z	y	Γ	$\lvert\Gamma\rvert$
A	$0.5 + j\,0$	$2 + j\,0$	$-0.33 + j\,0$	0.33
B	$0.67 + j\,0.47$	$1 - j\,0.7$	$-0.11 + j\,0.31$	0.33
C	$0 - j\,1.4$	$0 + j\,0.7$	$0.32 - j\,0.95$	1
D	$1 + j\,0$	$1 + j\,0$	0	0

9.25 (1) 位置 $d_1 = 0.25\,\lambda = 12.5$ cm；長度 $\ell_1 = 0.074\,\lambda = 3.7$ cm

(2) 位置 $d_2 = 0.375\,\lambda = 18.75$ cm；長度 $\ell_2 = 0.426\,\lambda = 21.3$ cm

國家圖書館出版品預行編目資料

基礎電磁學 / 何銘子, 賴富順編著. -- 初版. --
新北市 : 全華圖書股份有限公司, 2022.10
面 ; 公分
ISBN 978-626-328-334-3(平裝)

1.CST: 電磁學

338.1 111015755

基礎電磁學

作者 / 何銘子、賴富順
發行人 / 陳本源
執行編輯 / 李孟霞
出版者 / 全華圖書股份有限公司
郵政帳號 / 0100836-1 號
印刷者 / 宏懋打字印刷股份有限公司
圖書編號 / 06509
初版一刷 / 2023 年 6 月
定價 / 新台幣 560 元
ISBN / 978-626-328-334-3(平裝)
全華圖書 / www.chwa.com.tw
全華網路書店 Open Tech / www.opentech.com.tw
若您對本書有任何問題，歡迎來信指導 book@chwa.com.tw

臺北總公司(北區營業處)
地址：23671 新北市土城區忠義路 21 號
電話：(02) 2262-5666
傳真：(02) 6637-3695、6637-3696

南區營業處
地址：80769 高雄市三民區應安街 12 號
電話：(07) 381-1377
傳真：(07) 862-5562

中區營業處
地址：40256 臺中市南區樹義一巷 26 號
電話：(04) 2261-8485
傳真：(04) 3600-9806(高中職)
(04) 3601-8600(大專)

廣 告 回 信
板橋郵局登記證
板橋廣字第540號

行銷企劃部 收

23671 新北市土城區忠義路21號
全華圖書股份有限公司

讀者回函卡

掃 QRcode 線上填寫 ▶▶▶

姓名：__________ 生日：西元______年______月______日 性別：□男 □女

電話：( )__________ 手機：__________

e-mail：(必填)__________

註：數字零，請用 Φ 表示，數字 1 與英文 L 請另註明並書寫端正，謝謝。

通訊處：□□□□□__________

學歷：□高中．職 □專科 □大學 □碩士 □博士

職業：□工程師 □教師 □學生 □軍．公 □其他

學校／公司：__________ 科系／部門：__________

．需求書類：

□ A. 電子 □ B. 電機 □ C. 資訊 □ D. 機械 □ E. 汽車 □ F. 工管 □ G. 土木 □ H. 化工 □ I. 設計

□ J. 商管 □ K. 日文 □ L. 美容 □ M. 休閒 □ N. 餐飲 □ O. 其他

．本次購買圖書為：__________ 書號：__________

．您對本書的評價：

封面設計：□非常滿意 □滿意 □尚可 □需改善，請說明__________

內容表達：□非常滿意 □滿意 □尚可 □需改善，請說明__________

版面編排：□非常滿意 □滿意 □尚可 □需改善，請說明__________

印刷品質：□非常滿意 □滿意 □尚可 □需改善，請說明__________

書籍定價：□非常滿意 □滿意 □尚可 □需改善，請說明__________

整體評價：請說明__________

．您在何處購買本書？

□書局 □網路書店 □書展 □團購 □其他__________

．您購買本書的原因？（可複選）

□個人需要 □公司採購 □親友推薦 □老師指定用書 □其他__________

．您希望全華以何種方式提供出版訊息及特惠活動？

□電子報 □ DM □廣告（媒體名稱__________）

．您是否上過全華網路書店？（www.opentech.com.tw）

□是 □否 您的建議__________

．您希望全華出版哪方面書籍？__________

．您希望全華加強哪些服務？__________

感謝您提供寶貴意見，全華將秉持服務的熱忱，出版更多好書，以饗讀者。

填寫日期： / /

2020.09 修訂

親愛的讀者：

感謝您對全華圖書的支持與愛護，雖然我們很慎重的處理每一本書，但恐仍有疏漏之處，若您發現本書有任何錯誤，請填寫於勘誤表內寄回，我們將於再版時修正，您的批評與指教是我們進步的原動力，謝謝！

全華圖書 敬上

勘誤表

書號		書名		作者	
頁數	行數	錯誤或不當之詞句		建議修改之詞句	

我有話要說：（其它之批評與建議，如封面、編排、內容、印刷品質等．．．）